U0303050

热力学史——能量与熵的学说

〔德〕因戈·穆勒（Ingo Müller） 著

吕广宏 程 龙 译

科 学 出 版 社

北 京

图字：01-2023-3881

内 容 简 介

本书深入讲述了热力学的起源、发展和演变，通过对热力学理论发展的历史回顾，帮助读者了解热力学从古典到现代演化过程中的重要里程碑和相关概念的演化历程，以及热力学在自然界和实际应用中的重要作用，内容涉及温度、能量、熵、化学势等热力学中的重要概念，以及热力学第三定律、辐射热力学、不可逆过程热力学、涨落、相对论热力学、新陈代谢等方面。

本书可供大学物理、化学、材料等专业的本科生、研究生及科研人员阅读参考，亦可供热爱自然科学、科学史的读者阅读。

版权说明

图书在版编目（CIP）数据

热力学史：能量与熵的学说 / （德）因戈·穆勒著；吕广宏，程龙译. 北京：科学出版社，2025.1. -- ISBN 978-7-03-079170-2

Ⅰ. O414.1

中国国家版本馆CIP数据核字第20241SK513号

责任编辑：范运年 / 责任校对：王萌萌
责任印制：吴兆东 / 封面设计：陈 敬

科学出版社 出版

北京东黄城根北街 16 号
邮政编码：100717
http://www.sciencep.com

三河市春园印刷有限公司印刷
科学出版社发行　各地新华书店经销

*

2025 年 1 月第 一 版　开本：720×1000 1/16
2025 年 2 月第三次印刷　印张：20 1/4
字数：403 000

定价：168.00 元
（如有印装质量问题，我社负责调换）

作 者 简 介

因戈·穆勒（Ingo Müller），1936 年生于德国达姆施塔特（Darmstadt），德国物理学家，热力学与材料科学领域专家。1962 年毕业于亚琛工业大学，1966 年获得博士学位。随后，穆勒陆续在美国约翰霍普金斯大学、德国杜塞尔多夫大学、帕德博恩大学任教，最后供职于柏林工业大学，并于 2005 年退休。

穆勒教授对热、功相关的热力学理论有着深厚造诣，撰写了多部著作；对广延热力学领域做出了突出贡献，进行了使热力学基本定律能够应用于部分非平衡物理过程的研究。

穆勒教授于 1988 年获德国科学基金会颁发的"莱布尼茨奖"，2006 年获意大利都灵科学院颁发的"理论力学奖"。

著作列表：

1. *Entropy, Absolute Temperature, and Coldness in Thermodynamics: Boundary Conditions in Porous Materials*, Springer-Verlag（New York, NY），1971.

2. *Thermodynamik: Die Grundlagen der Materialtheorie*, Bertelsmann-Universitätsverlag（Düsseldorf, Germany），1973.

3. *Thermodynamics*, Pitman（Boston, MA），1985.

4. （With Tommaso Ruggeri）*Extended Thermodynamics*, Springer-Verlag（New York, NY），1993.
   第二版为 *Rational Extended Thermodynamics*, Springer-Verlag（New York, NY），1998.

5. （With P. Strehlow）*Rubber and Rubber Balloons: Paradigms of Thermodynamics*, Springer-Verlag（New York, NY），2004.

6. （With Wolf Weiss）*Entropy and Energy: A Universal Competition*, Springer-Verlag（New York, NY），2005.

7. *A History of Thermodynamics: The Doctrine of Energy and Entropy*, Springer-Verlag（New York, NY），2007.

8. （With W. H. Müller）*Fundamentals of Thermodynamics and Applications*, Springer Verlag（Berlin. Heidelberg），2009.

中译本作者序

从事自然科学研究是一个人能从事的最伟大、最有价值的冒险。即使只是一个微小的自然规律，也会给第一个揭示它的人带来极大的满足，相比之下，其他的喜悦都显得索然无味。遗憾的是，大多数人缺乏数学知识又不愿意学习数学，因而无法参与到自然科学的研究中，这是一种极大的缺失。

热力学和电动力学共同塑造了当代世界。通过本书，我试图在尽量不涉及数学的情况下描述两门学科的发展历史，从而激发读者对科学的兴趣。数学推导以"插注"的形式穿插在行文中，如此一来，想跳过数学部分的读者也能很好地阅读本书。如果将销量作为衡量一本书成功与否的标准，那么这种写作方式在一定程度上是成功的，本书原版的销量要高于我其他所有的纯科学书籍。

希望本书的中译本能够激发读者对科学的兴趣。对于第一次阅读本书的新读者，希望你们能够领略先驱在科学研究的过程中是如何将看似荒唐的猜想转化为精妙的数学表达，并从中收获喜悦。

感谢译者们的努力。他们的工作并非易事。

因戈·穆勒

德国沃尔夫沙根

2021 年 4 月

中译本作者序原文(Preface of the Chinese edition)

The study of natural science is the greatest and most rewarding adventure a person can embark on. Even a tiny revelation of nature's strategy provides a maximal satisfaction to the person who first understands it. Everything else is dull by comparison. It is therefore infinitely sad that most people cannot participate in scientific research, because they lack the mathematical tools, and are unwilling to learn them.

I have now attempted here — largely without mathematics — to whet the reader's appetite for science by describing the history of thermodynamics which, along with electrodynamics, has shaped our modern world. Mathematics is relegated to "Inserts" so that a person may read the book without it, if he so wishes. That strategy has proved successful, to a degree, because this book in the original edition has been received better than all my other — purely scientific — books put together; if indeed sales are a measure for success.

Let this Chinese translation help to create an interest in science and let it amuse the new readers through an appreciation of the progress of the pioneers from hapless speculation and misinterpretation to glorious understanding of nature's working.

I thank the translators for their effort. Their task has not been easy.

Wolfshagen (Germany) in April 2021

Ingo Müller

中 译 本 序

我的本科和硕士专业都是材料科学，在柏林工业大学学习期间，有幸在穆勒教授门下攻读博士学位。穆勒教授是德国有名的理论物理学家，主要从事热力学研究，对我来说，理论物理是一个陌生的领域，需要补充学习很多知识，压力也是不小的。但经过几年的磨砺，这种跨领域的学习经历对我后续的科学研究工作产生了深远影响。这就是我想把穆勒教授的这本著作翻译成中文带给大家的初心。

穆勒教授是一位"老派"科学家，他的很多工作习惯对当时的我来说，感觉都是不可思议的。例如，穆勒教授对发表论文的质量要求极为严格。在我印象中，他每次写完论文初稿，都要邮寄给多位同行，通过信件进行充分的交流讨论后再投稿发表。还有穆勒教授帮我修改英文论文的经历，也成为我学术生涯中的一个"段子"。那是我第一次写英文论文，拿着初稿去他的办公室请他帮助修改，他跟我用德语讨论了论文中涉及的学术问题，讨论结束后，穆勒教授拿起他的铅笔，坐在我旁边，整整花了几个小时，把论文用英语重新写了一遍，而我的英文原稿则被放在一旁。这就是"我的"第一篇英文论文。后期的英文论文，我写得越发谨慎，穆勒教授才接受在我的英文初稿上进行修改，没有再全篇重写。穆勒教授有个习惯，他经常穿着一件深绿色的薄呢子大衣，大衣的口袋里永远装着三件办公用品：铅笔、橡皮、转笔刀。

因为穆勒教授是我的导师，国内很多人认为他是从事材料研究工作的。的确当年有不少从事材料研究的中国学者在他的团队，如中南大学材料学院的访问教授谭树松、吉林大学材料学院的博士后蒋青。但实际上材料研究只是穆勒教授工作的一小部分，他更多的是从事理论物理学特别是热力学的相关研究，在热力学基础理论、非平衡热力学方面做出了被同行科学家高度认可的贡献。

热力学或热物理是物理学中至关重要的基础学科之一，对当代科学和技术乃至人类日常生活都有着极为重要的影响。穆勒教授撰写的《热力学史》是一部讲述热和功等基本概念、重要历史人物、热力学理论与技术发展历程的优秀专著。热力学的发展建立在物理基础理论之上，因此不可避免地涉及一定的数学推导。穆勒教授在正文中力求以最少的数学演算得到相应的物理图像；对于必须大量推导的情况，采用了插注的形式进行单独表述。这样安排可以使不熟悉相关数学工具的读者也能迅速了解热力学领域令人兴奋的概念和多姿多彩的人物故事。

穆勒教授今年已经 88 岁高龄。为了表达对穆勒教授当年培养的感谢和敬意，同时也为国内读者带来一本囊括穆勒教授几十年来对热力学及其发展进程的理解的著作，我组织北航的多位老师和研究生，把这部《热力学史》翻译成中文，吕广宏和程龙两位老师无私付出，让更多的国内读者能够感受到穆勒教授和这部书的魅力。受限于翻译水平，尽管我们已做最大限度的努力，仍难免疏漏，希望读者批评指正，以便在后续版本中加以修正与完善。在此也衷心感谢北航同事赵新青、郑蕾、孙井永、周苗、金文涛等老师对翻译此书的前期准备、沟通、策划、翻译、编辑和出版事宜所做的努力，还有多名同学(刘尚胤、李丹阳、娄聪聪、李修凡、翟擎宇、高文晋、李昂、周思耘、任杰宇、徐逸伦、任海滨、刘传、罗昊迪)也参与了翻译和编辑工作，也感谢科学出版社范运年编辑对译稿的认真修改与编辑。在他们的帮助下，该书得以顺利出版，与读者见面。

2024 年 8 月于北京航空航天大学

前　言

19 世纪和 20 世纪初，最重要也是最激动人心的科学进步来自热力学和电动力学两门学科。人们认识到了热和温度的本质，发现了能量守恒定律，而质能等价转换关系的发现与应用为人类带来了近乎无限的新型能源。

这些科学进步与当时工业技术的高速发展息息相关：蒸汽机、电动机、内燃机、化工产业的制冷与精馏工艺等使社会生产力得到了空前提升。廉价的能源和燃料改变了社会生产与生活：人口增长、生活水平提高、环境清洁、交通便利、人类预期寿命提高。这是知识大爆炸的时代。作为技术发源地的西方国家在此过程中获得了影响力，这使得包括科学文化在内的西方文化在世界范围内传播至今。

技术进步的同时，热力学理论使人们意识到自然过程具有的随机性和概率性。世界运行的规则正是建立在能量与熵的学说之上：系统能量具有确定性，而熵使系统具有随机性。这两种趋势相互竞争，其所达成的不稳定平衡最终决定了一个系统是维持稳定还是发生变化。

传统意义上的哲学由于无法适应知识大爆炸而逐渐被边缘化。当前的哲学指两种文化：一种是指传统风格的主观思维，另一种是指科学文化，即使用数学并获得有形结果。

诚然数学能够准确表述科学文化的内涵，但这也将它的受众面限制在了那些不畏惧数学的少数人。这迫使我在本书中采用两种表述形式。第一种以叙述为主，尽可能减少公式的使用，第二种主要以插注的形式展示数学推导过程。虽然我不建议跳过插注内容，但对于首次阅读本书的读者，跳过插注应该也不影响理解正文，读者能够迅速体会到那些令人兴奋的原理及多姿多彩的人物——也正是因为他们，我们才有如今的繁华盛世。

因戈·穆勒
德国柏林
2006 年 7 月

目　　录

第一章 温 度

温度(temperature，早期也写作 temperament)用于表征物质的冷热程度。温度一词源自拉丁语 temperare，意为混合，主要是用于描述那些后续无法分离的液体的混合过程，如红酒与水混合。temperature 词尾的 "-tur" 为第三人称单数现在时被动语态，表明某种液体正在被混入另一种液体。

希腊传奇医生希波克拉底(Hippokrates，公元前 460～370 年)认为人体由血液、黏液、黄胆和黑胆四种体液组成，四者的适当混合对人体来说至关重要，混合失衡将引起人体异常的冷热干湿而使人患病。

另一位希腊著名医生克劳迪亚斯·盖伦(Klaudios Galenos，公元 133～200 年，俗称 Galen)是希波克拉底的推崇者，并继承和发展了其观点。盖伦认为，气候能够影响人体体液的混合，而体液的混合又决定人的性格或气质。因此，北方寒冷潮湿地区的居民通常莽撞野蛮，而南方炎热干燥地区的居民则温柔脆弱。只有在气候最为适宜地区居住的希腊人或罗马人才具有优秀的品性[1]。

盖伦曾将他认为最冷的物质——冰与最热的物质——沸水等量地混合在一起，并将混合后的温度定义为中性点[2]。他在中性点上下各设置四度来表示热冷程度。在那个抨击科学的黑暗时代，盖伦这一粗糙的九度温标法在阿拉伯医生的努力下得以保存，并在欧洲文艺复兴时期再次出现。

1578 年，瑞士伯尔尼的约翰尼斯·哈斯勒(Johannis Hasler)出版了《医学中的逻辑》(*De logistica medica*)一书，书中详细记述了人体温度与居住纬度之间的关系(图 1.1)。热带地区居民的体温被定义为热四度，爱斯基摩人的体温被定义为冷四度，而哈斯勒本人居住在纬度 40°～50°的地区，因温度不冷不热，居民体温被定义为中性的零度。

这种想法看似有道理，毕竟九个温度等级与赤道和极地间的 90°纬度完美契合。但这显然是错误的：无论居住在哪里，正常人体的温度都应该是相同的，这一点在温度计发明之后很快得到了证实。

---

[1] 盖伦: *Daß die Vermögen der Seele eine Folge der Mischungen des Körpers sind*(灵魂的功能来自身体的组成)，*Abhandlungen zur Geschichte der Medizin und Naturwissenschaften*. Heft 21. Kraus Reprint Liechtenstein(1977)。

[2] 盖伦并没有说自己是按等质量混合还是等体积混合。前者的中性温度为10℃，而后者则为14℃，二者均非盖伦本人医学专业上常见的温度。

早在 17 世纪初期，温度计就已问世，然而其发明历程却异常艰辛，诺尔斯·米德尔顿(W. E. Knowles Middleton)[3]和斯莫罗金斯基(Ya. A. Smorodinsky)[4]都曾对这段历史有过详细描述。但究竟是谁发明了温度计仍是个悬而未决的问题。米德尔顿对此曾抱怨道：“有关发明优先权之类的问题总是会让科学史的研究者们陷入为难”，并曾暗示问题的答案通常会受到国家主义本能的左右。

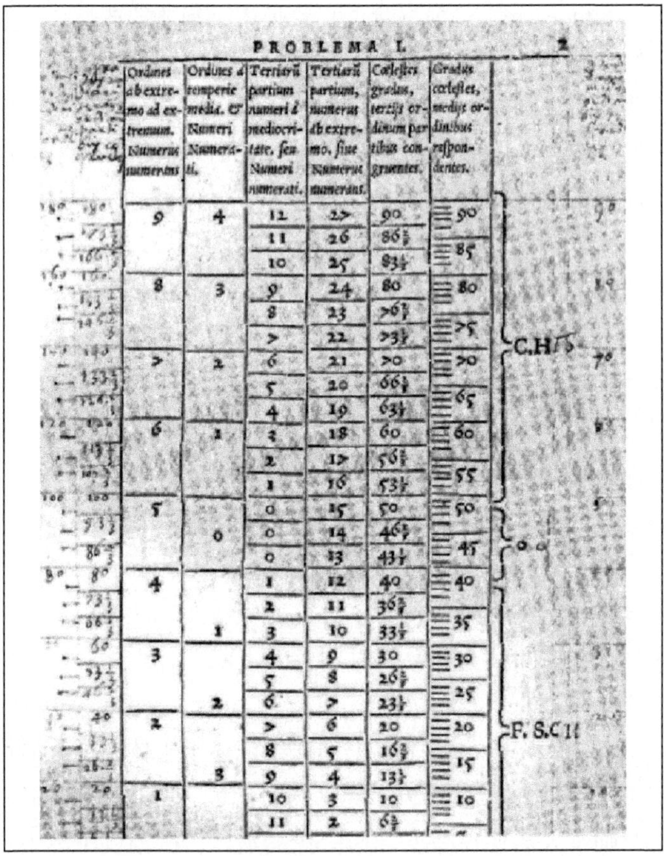
PROBLEMA I.　　2

Ordines ab extremo ad extremum. Numerus numerans	Ordines à temperie media. & Numeri Numerati.	Tertiarũ partium numeri à mediocritate, seu Numeri numerati.	Tertiarũ partium, numerus ab extremo, siue Numerus numerans.	Cœlestes gradus, tertijs ordinum partibus congruentes.	Gradus cœlestes, medijs ordinibus respondentes.
9	4	12	27	90	90
		11	26	$86\frac{2}{3}$	85
		10	25	$83\frac{1}{3}$	
8	3	9	24	80	80
		8	23	$76\frac{2}{3}$	
		7	22	$73\frac{1}{3}$	75
7	2	6	21	70	70
		5	20	$66\frac{2}{3}$	65
		4	19	$63\frac{1}{3}$	
6	1	3	18	60	60
		2	17	$56\frac{2}{3}$	
		1	16	$53\frac{1}{3}$	55
5		0	15	50	50
	0	0	14	$46\frac{2}{3}$	
		0	13	$43\frac{1}{3}$	45
4		1	12	40	40
		2	11	$36\frac{2}{3}$	
	1	3	10	$33\frac{1}{3}$	35
3		4	9	30	30
		5	8	$26\frac{2}{3}$	25
	2	6	7	$23\frac{1}{3}$	
2		7	6	20	20
		8	5	$16\frac{2}{3}$	15
	3	9	4	$13\frac{1}{3}$	
1		10	3	10	10
		11	2	$6\frac{2}{3}$	

图 1.1　哈斯勒记载的体温与纬度关系表格

温度计的发明优先权也不例外。根据米德尔顿的描述，从英格兰横跨阿尔卑斯山到意大利，相关的争吵就从来没有停止过。值得一提的是，著名科学家伽利略·伽利雷(Galileo Galilei，1564～1642 年)坚信自己是温度计的发明人，并得到

[3] W.E. Knowles Middleton: *The History of the Thermometer and its Use in Meteorology*. The Johns Hopkins Press, Baltimore, Maryland(1966).

哈斯勒的体温表即图 1.1，是该书的扉页。

[4] Ya.A. Smorodinsky: *Temperature*. MIR Publishers, Moscow(1984).

他的学生——威尼斯外交官萨格雷多(Gianfrancesco Sagredo)的认可。萨格雷多曾用温度计做过实验,并在 1613 年 5 月 9 日给导师伽利略的信中写道[5]:"使用您发明的量热装置,让我发现诸多神奇的事情,比如冬天的空气可能比冰雪更冷。"

1615 年 2 月 7 日,在萨格雷多写给伽利略的信中记录了另一个神奇的发现,如图 1.2[6]所示。萨格雷多表示,如果用手去触摸从深井中打到的水,夏天井水是凉的,而冬天井水却是温的。

萨格雷多献给佛罗伦萨的伽利略的书信

威尼斯,1615 年 2 月 7 日

我最尊敬的阁下:

…通过您设计的仪器,我清楚地看到:冬天的井水要比夏天时冷得多;这和我们的感觉恰恰相反。这让我相信,井水是具有稳定热量的地下流动水向上喷涌所形成的。

最后请让我亲吻您的手。

威尼斯,1615 年 2 月 7 日

阁下,

您的一切都是智慧。

图 1.2 伽利略·伽利雷(萨格雷多写给伽利略信件中的著名片段:"我清楚地看到:冬天的井水要比夏天时冷得多;这和我们的感觉恰恰相反。")

由对冷热程度的主观感知所引起的错误认识虽在 17 世纪逐渐得到修正,然而温度计的应用还面临一个严重的问题:不同温度计的测量结果无法相互参考,从而导致不同地区之间难以交流冷热信息。

此外,那时温度计温标的方向与现在的温标方向刚好相反:热的物质在温标起始段,而冷的物质在温标末端。米德尔顿[7]在他的书中给出了约翰·帕特里克(John Patrick)于 1700 年前后制作的温度计上所使用的温标——随着热量的增加,

[5] 参见第一章脚注 3,Middleton,p.7.

[6] *Le Opere di Galileo Galilei*, Vol. XII, Firenze, Tipografia di G. Barbera(1902)p.139. 萨格雷多在给伽利略的信中(当然也包括这封信)写满了长者爱听的奉承甚至是谄媚的话。这可能部分源于当时的礼仪,但即使在我们这个时代,只要是善于交际的人都会发现:一个科学家越杰出,他所需要的赞美也就越多。

[7] 参见第一章脚注 3,Middleton,p.61.

温度从 90° 逐渐降至 0°，温度的这一取值范围很可能受到了盖伦的九度温标的影响。

90°极端寒冷	55°冷空气	15°闷热
85°极端霜冻	45°温带空气	5°很热
75°严酷霜冻	35°暖空气	0°极端炎热
65°霜冻	25°热	

为了使不同温度计之间的示数能够进行比较，需要选取固定的参考点。最初人们选取在水或盐水中融化的冰块与沸水作为固定参考点。当然也可以选取其他的参考点，例如：

正在融化的黄油的温度，

巴黎天文台地下室的温度，

健康人体的腋下温度。

当下采用的摄氏温标以融化的冰块与沸水为界，将两者之间等分为一百格。实际上，安德斯·摄尔修斯(Anders Celsius，1701～1744 年)在建立该温标时为了避免冬天出现负温度，便以一个大气压下沸水的温度为 0℃、融冰为 100℃，这仍与今日的温标相反。直到摄尔修斯逝世后，人们才调换温标的方向，并形成了今天我们熟知的摄氏温标或百分度温标。

加布里埃尔·丹尼尔·华伦海特(Gabriel Daniel Fahrenheit，1685～1736 年)认为选取三个参考点比两个参考点更好。在华氏温标中，他选取了：

水与海盐的冰冻混合物(0°F)，

水中融化的冰(32°F)，

人体体温(96°F)。

之后他对温标进行了微调，使沸水温度成为 212°F，正好比融冰高 180°F。180°F 这个数字的选择不禁让人联想起弧度的取值范围。但是，在米德尔顿关于华氏温标的历史记载中并未提及这一类比，所以这可能仅是偶然。无论如何，在这次调整后，健康人体的温度变为 98.6°F，并在使用华氏度的国家(如美国)沿用至今。

从上述内容可以简单地获得摄氏温标(C)与华氏温标(F)之间的转换方程：$C=5/9(F-32)$。

不同时期、不同地域的人们提出了数量繁多的温标方法。18 世纪和 19 世纪初，一个测温装置旁通常要标记多种温标，最多的时候可能达到 18 种。米德尔顿[8]曾给出一个 1841 年制造的温度计使用的温标列表：

---

[8] 参见第一章脚注 3，Middleton, p.66.

旧佛罗伦萨(Old Florentine)	德利尔(Delisle)	阿蒙顿(Amontons)
新佛罗伦萨(New Florentine)	华伦海特(Fahrenheit)	牛顿(Newton)
海尔斯(Hales)	列奥米尔(Réaumur)	皇家学会(Société Royale)
福勒(Fowler)	贝拉尼(Bellani)	德拉希尔(De la Hire)
巴黎(Paris)	克里斯汀(Christin)	爱丁堡(Edinburg)
波黎尼(H.M.Poleni)	迈克尔(Michaelly)	克鲁奎斯(Cruquius)

这些温标在很大程度上依赖于其提出者主观使用的方法。因此，这些温标虽然都可以单独使用，但不同温标之间的转化使用则非常困难。

事实上，所有物质可能具有一个相同的最低温度，也就是绝对最小值，这为建立一套具有客观标准的温标提供了可能。经过两百年来对理想气体的实验研究，到 19 世纪中叶，人们已经得到了明确的结论：理想气体压强(p)与体积(V)的乘积与温度(这里以摄氏温标为例)呈线性关系，可以表示为

$$pV = m\frac{k}{\mu}(273.15℃ + t)$$

式中，m 为气体质量[9]。由此，在恒压 p 的条件下，温度的降低将导致体积的减小，最终使得体积消失，从而无法进一步降温。但一开始，人们并未重视这个推论，认为最低温度的存在简直是无稽之谈。当时普遍的认识是：低温下所有气体都将变为液体或固体，而上述方程及其推论对此均不再适用。

但到了 19 世纪，人们不得不接受这一推论。那时人们逐渐意识到物质是由分子和原子等粒子构成的，而温度正是这些粒子平均动能的量度。这意味着当温度下降时，无论气体、液体还是固体，组成它们的粒子的动能随之下降，粒子最终将处于静止状态，从而使得温度无法进一步降低。

因此，1848 年威廉·汤姆森(William Thomson，1824~1907 年，自 1892 年改名为 Lord Kelvin，即开尔文勋爵)建议将物质的最低温度命名为绝对零度(absolute zero)，并以摄氏温标的1℃依次向上定义其他温度，该温标称为绝对温标或开尔文温标。在开尔文温标下，1 个大气压下融化的冰和沸腾的水所对应的温度分别

---

[9] 19 世纪的文献通常将这个方程称为马略特-盖-吕萨克定律(law of Mariotte and Gay-Lussac)，而现在我们常称它为理想气体的物态方程(thermal equation of state)。罗伯特·波义耳(Robert Boyle，1627~1691 年)、伊丹·马略特(Edmé Mariotte，1620~1684 年)、纪尧姆·阿蒙东(Guillaume Amontons，1663~1705 年)、雅克·亚历山大·塞萨尔·查理(Jacques Alexandre César Charles，1746~1823 年)和约瑟夫·路易·盖-吕萨克(Joseph Louis Gay-Lussac，1778~1850 年)均对这一方程的导出做过贡献。他们的研究在一般的高中物理教材中都有详细介绍，这里不再赘述。只强调一点：273.15 这个值对所有气体都是相同的，它是盖-吕萨克通过将 0℃的气体加热 1℃来测量相对体积膨胀得到的。(273.15 这个数值，或更准确地说 273.15±0.02 是现代版本。当时盖-吕萨克和其他人得到的值误差高达 5%)(因子 k/μ 也是现代版，k 是玻尔兹曼常数，μ 是分子质量。这两个量在当时并没有出现，我这里使用它们只是希望在本书中避免出现理想气体常数和摩尔质量。)

为 273.15°K 和 373.15°K，单位 K 表示 Kelvin（开尔文）。使用开尔文温标时温度用符号 T 表示，并有如下关系式：

$$T = \left(273.15 + t(℃)\right)°K$$

开尔文绝对温标在提出后迅速得到广大科学家的认可，至今仍在全世界范围内使用。1954 年经国际协定，对绝对温标稍作调整：不再使用融冰和沸水两个标准点，而是以水的三相点作为单一标准点，即 T_{tr}=273.16°K。

水的三相点是指冰、液态水和水蒸气三相共存的状态，对应的气压为 6.1mbar，温度为 0.01℃（摄氏温标）。目前使用的度（degree）将 T_{tr}/273.16 定义为 1°K。在这一定义下，绝对温标的刻度与常用的摄氏温标刻度相同，因而在 1954 年的国际协定上得到了广泛认可。1967/1968 年的第 13 届测量与称重国际会议进一步将绝对温标中代表度的"°"删除。自此，在描述温度时仅需使用 K（开尔文）作为单位，而不再使用"开尔文度"或"°K"[10]。

目前实验室能达到的最低温度在 μK 量级（1K 的百万分之一），最高温度可为 1 千万开尔文。在第六章和第七章我们会讲到，一些星体的中心温度将高达 1 亿开尔文。

早期的研究人员并不在意温度这一物理量的定义，他们认为温度计插入井水或人体腋下时得到的示数就是所谓的温度。实际上这里隐含着一个假设：温度计使用的物质如气体、水银或酒精的温度与被测物体的温度相等。他们或许没有意识到这一假设的存在，或者认为这是不证自明的道理。其实，这是温度之所以为温度的一个特征：正是因为温度这一物理量在温度计表面会连续变化，温度才能够被测量。在公理化的体系下，这被称为热力学第零定律。之所以称其为第零定律，是因为当大家意识到需要给温度进行明确定义时，热力学第一和第二定律早已稳固地建立起来。

---

[10] 在极低温下进行温度测量仍然是个问题，感兴趣的读者可以参考 *Die SI-Basiseinheiten. Definition, Entwicklung, Realisierung*（SI 基本单位，定义、发展和实现），*Physikalisch Technische Bundesanstalt*, Braunschweig & Berlin（1997）p.31-35.

第二章 能 量

能量 (energy) 出自希腊语 ενεργεια (意为功效或有用的力)，是托马斯·杨 (1773~1829年) 在 1807 年提出的专有名词，用来描述物体的动能、重力势能和弹性势能的总和。根据牛顿运动定律和胡克弹性定律，能量中的各项组分可能会变化，但总量保持不变[1]。19 世纪下半叶，能量这一概念才被广泛接受，其内涵也从机械能推广到包含电磁能和内能。热力学第一定律 (first law of thermodynamics) 指出：机械能、热能、电磁能和原子能的总和是守恒的。本章将讲述能量这一概念诞生的艰难历程。

20 世纪初，爱因斯坦质能关系诞生，即 $E=mc^2$，其中，c 为光速。自此，能量被认为和质量等价。

热质说

热力学诞生初期，人们讨论的是热或力，而非能量，也无人懂得热的本质。弗朗西斯·培根 (Francis Bacon，1561~1626年) 在《新工具》(*Novum Organum*) 中提到了热，他坚信科学定律应来自大量的具体观测，因此列举了多种热的来源，如火焰、闪电、夏天、磷火和一些草本香料植物 (被人体消化时会有暖胃感)[2]。

随后，皮埃尔·伽桑狄 (Pierre Gassendi，1592~1655年) 将热和冷归为物质的不同属性。作为一名坚定的原子论者，他认为冷原子应按四面体构型排列，液体被这些原子渗透时会以某种方式凝固。

约瑟夫·布莱克 (Joseph Black，1728~1799年) 迈出了不同于这些古怪观点的重要一步。布莱克缓慢加热冰使其融化，发现在这个过程中温度不变。因此，他认识到应区分热的数量和强度，强度以温度表示；而数量，也就是融化过程中冰吸收的部分，称为潜热 (latent heat)。潜热一词一直沿用至今。

然而不幸的是，安托万·洛朗·拉瓦锡 (Antoine Laurent Lavoisier，1743~1794年) 下一步走错了方向。拉瓦锡是 18 世纪著名的化学家，被称为"现代化学之父"。他坚持精密测量，有人说他对化学的贡献堪比上个世纪伽利略对物理学所作的贡献。但拉瓦锡未能正确认识热的本质，他将热连同光一起列为基本元素[3]，认为

---

[1] 通常认为，机械能 (即动能与重力势能) 守恒是戈特弗里德·威廉·莱布尼兹 (Gottfried Wilhelm Leibniz，1646~1716年) 发现的，他在 1693 年提出这一定律。

[2] 弗朗西斯·培根：*Novum Organum* (1620).

[3] 安托万·洛朗·拉瓦锡：*Elementary Treatise on Chemistry* (1789).

热是一种流体，称为热质(caloric)。阿西莫夫写道[4]："热质说……在化学领域存在了半个世纪……部分原因是受他(拉瓦锡)的巨大影响力。"按照当时的认识，车床上加工金属所产生的碎屑会伴随热质的释放，从而加热金属。

本杰明·汤普森(1753～1814 年，拉姆福德伯爵)

本杰明·汤普森(Benjamin Thompson)，即拉姆福德伯爵[由巴伐利亚选帝侯卡尔·西奥多(Karl Theodor)授予爵位]，首先对热质说提出质疑。汤普森出生于马萨诸塞州的沃本，与 18 世纪另一位美国著名科学家本杰明·富兰克林(Benjamin Franklin，1706～1790 年)一样都生于贫困家庭，两人的出生地相距仅两英里。虽然同为科学家，但两人持有不同的政治立场。汤普森在独立战争中支持英国，为英国探听情报，甚至领导了一个由美国爱国者组成的保守党团，即美洲龙骑兵团[5]。

北美殖民地独立后，汤普森不得不离开美国，凭借他的聪明才智和翩翩风度，在英国宫廷和科学界广受欢迎。他发明了许多实用的东西，如配有水槽、高架橱柜和垃圾槽等的现代化厨房、滴漏式咖啡壶及烟囱挡板[6]。他还擅长管理事务：

- 向慕尼黑的穷人分发便宜、营养丰富的拉姆福德汤[7]；
- 在巴伐利亚选帝侯的英式花园中移植已长成的树木；
- 兴建一家由慕尼黑街头乞丐组成的军装工厂。

出于感谢，选帝侯授予他爵号：拉姆福德伯爵(图 2.1)。拉姆福德是汤普森曾居住过的马萨诸塞州的一个小镇，此地位于现在的新罕布什尔州，后来更名为康科德，这里曾是美国革命活动的温床。选帝侯其实并不认识拉姆福德，也不认识康科德。现在看来，选帝侯和汤普森当时也许为此而捧腹大笑，因为选帝侯对拉姆福德县并没有管辖权，汤普森也因他不合法的伯爵名号而不能在那里露面，除非冒着大祸临头的风险。

拉姆福德伯爵掌管加农炮筒的制造。他注意到，用钻头镗孔时，即使没有碎屑产生，钝的钻头也比锐利的钻头释放的热质多，钝钻头磨一段时间释放出的热量比熔化整个炮管所需的热量还多。唯一的结论就是：热质说是胡说八道！他说：

---

[4] 艾萨克·阿西莫夫(Isaac Asimov)：*Biographical Encyclopedia of Science and Technology*. Pan Reference Books, London(1975).

[5] 肯尼斯·罗伯茨(Kenneth Roberts)：*Oliver Wiswell*. Fawcett Publications, Greenwich, Connecticut(1940).

[6] 参见瓦里克·瓦纳迪(Varick Vanardy)：*Gen. Benjamin Thompson, Count Rumford: Tinker, Tailer, Soldier, Spy.* http://www.rumford.com.

[7] 直到 20 世纪，德国的监狱里还在分发这种汤的改进版，称为"Rumfutsch"。参见恩斯特·冯·萨罗蒙(Ernst von Salomon)：*Der Fragebogen* (The Questionaire), Rowohlt Verlag Hamburg(1951).

在热产生的同时，对金属施加的作用只有运动。因此，仅有的结论是：热就是一种运动[8]。

图 2.1　拉瓦锡(左)和汤普森(拉姆福德伯爵)(右)在不同时期娶了同一位女士(中)为妻

用当时的行话来说，这是一次直接的打击。即使在 50 年后，迈耶(Mayer)也找不到比"运动转化为热"更能清楚地表述第一定律的语句，但迈耶确实仍然在回避"热就是运动"这一说法。

拉姆福德伯爵还试图给出热功当量(mechanical equivalent of heat)的概念。他的钻机由两匹马转动绞盘杆来驱动(实际上一匹马就足够了)，拉姆福德伯爵指出，钻机摩擦炮管产生的热量等于九支大蜡烛燃烧时产生的热量。

他后来换了个更具体的说法："可以在 2 小时 30 分钟内把 26.58 磅的冰水混合物加热到 180°F[9]。" 50 年后，焦耳[10]基于上述实验计算了拉姆福德伯爵的热功当量，计算结果为 1034 英尺磅[11]。在计算中焦耳采用了瓦特对 1 马力的定义，即每分钟 33000 英尺磅。

认为拉姆福德伯爵曾考虑过能量守恒或许是一种过于引申的想法，但他确有以下言论：

> 如果燃烧掉马吃的饲料，那么获得的热量比马吃过这些饲料之后拉动钻机工作产生的热量更多。

这样他给人留下的印象是，他曾经以为这两个过程中的热量是相等的。

[8] 拉姆福德：*An inquiry concerning the source of the heat which is excited by friction. Philosophical Transaction*, Vol. XVIII, p.286.

[9] 参见第二章脚注 8，拉姆福德，p.286.

[10] 詹姆斯·普雷斯科特·焦耳(J.P. Joule)：*On the mechanical equivalent of heat. Philosophical Transaction*. (1850) p.61ff.

[11] 这意味着重量为 1 磅的物体从 1034 英尺的高度落下所产生的热量可以使 1 磅水的温度升高 1°F。

美国作家阿西莫夫[12]写道："拉姆福德傲慢，不讨人喜欢，这使得他在巴伐利亚州不再受欢迎。"他前往英国，并被英国皇家学会录取。他创建了皇家研究院，这是一所典型的研究生学院。拉姆福德聘请了两位同时代杰出的科学家托马斯·杨和汉弗里·戴维(Humphry Davy)为讲师。拉姆福德与戴维一起继续进行他关于热的实验：他在冷冻前后仔细称重了水，发现尽管在这个过程中存在放热，但水的重量不变。于是他得出结论，如果热质存在，那它应当是无重量的。这一观察结果本应证实热质不存在，但拉姆福德想错了方向，热质说又继续存在了40年。

继英国之后，拉姆福德去了巴黎。在那里，他娶了化学家拉瓦锡的遗孀，阿西莫夫写道：

> 他们的婚姻并不愉快。4年后他们分居，拉姆福德含沙射影地说，相较于同她做夫妻，被送上断头台对拉瓦锡来说是一件幸运的事[13]。但显然，拉姆福德本人同样不好相处。

拉姆福德对热的本质的洞察在很大程度上被忽略了，直到19世纪40年代，热质说还在盛行。但在之后不到10年的时间里，(人们至少可以列出)三个人都独立地[14]提出了热力学第一定律。一个物体的重力势能或动能可以通过撞击地面转化为热量，在19世纪40年代认识到这一事实的三个人分别是迈耶、焦耳和亥姆霍兹。尽管三人都耗费精力讨论过无重量热质(实际上成为对它的反驳)，但显然热质说气数已尽。迈耶以他惯用的诗人风格说到："让我们宣布这一伟大事实：这种无形的物质(热质)根本不存在。"

罗伯特·朱利叶斯·迈耶(1814～1878年)

罗伯特·朱利叶斯·迈耶(Robert Julius Mayer)最先认识到能量守恒，而且比其他人认识得更深入，他认为能量在一般意义上是守恒的。他考虑过潮汐能，并认为流星可能是热量和光辐射的来源之一；并在考虑化学能的基础上，又进一步考虑了与生命活动相关的化学能。

迈耶出生在符腾堡的海尔布隆市，并在那里度过了一生中的大部分时光。符腾堡王国曾是松散的德意志邦联中几十个自治王国之一，其统治者镇压一切促进

---

[12] 参见第二章脚注4，艾萨克·阿西莫夫：*Biographical Encyclopedia of Science and Technology.*

美国人不喜欢他们的同胞拉姆福德伯爵，因为他在独立战争中站在英国政府一边。他们鄙视、辱骂、冷落他，这是对一个站错队伍且站在败方队伍的人的惩罚。我们必须认识到，美国革命战争既是一场反对英国统治的战争，也是一场内战；而内战总能激起强烈的民族情感和长期的仇恨。

[13] 罗伯特·朱利叶斯·迈耶也提到了这一观察结果，参见 *On the mechanical equivalent of heat.* Philosophical Transaction (1850) p. 61 ff.

[14] 这是一般的说法，但并不完全正确。事实上，焦耳和亥姆霍兹可能并不知道迈耶的观点，但亥姆霍兹完全知晓焦耳的测量结果，并且引用了这些结果，见下文。

德国统一的运动。由于在兄弟会中的理想主义的学生们强烈呼吁统一，所以兄弟会被政府认定为违法组织。迈耶当时在图宾根大学学医，他和一些朋友匆匆创建了一个新的兄弟会。他被以"参加一个穿着不得体的舞会"的名义逮捕，并从大学退学一年。

迈耶充分利用被禁足的这段时间在慕尼黑和巴黎继续学医。之后，他成为一艘荷兰商船的随船医生，往返于爪哇与欧洲。他称："在公海，人们往往很健康"，这让他有许多空闲时间。他发现了两个重要现象，并将其记录在日记中：

● 导航员告诉他，在暴风雨期间海水会变暖[15]；
● 在热带地区给病人放血(治病)时，他观察到静脉血的颜色和动脉血相似。

第一个现象可以解释为水波的运动转化为热；第二个现象似乎在暗示，当身体不需要产生很多热量就能维持体温时，血液的脱氧速度会变慢。

当这艘船因托运糖浆而停泊在苏腊巴亚时，迈耶兴奋至极。他急忙赶回家，像变了个人似的狂热地宣传他的发现，想让全世界都知道[16]。

然而，这一理论尚待改进，至少当时没有人想听。从爪哇回来后，迈耶立刻写了一篇论文：《确定力的数量和质量》(*Über die quantitative and qualitative Bestimmung der Kräfte*)[17]。实际上，论文中并没有定量描述的内容，它叙述的理论完全是模糊的。他只是用数学和几何语言进行了一些无意义的探讨，唯一的可取之处是这句话："运动被转化为热"，这正是拉姆福德伯爵在40年前所说的。这篇论文以典型的迈耶风格结尾："人们无法解释星空中为何能够连续产生力，但大自然已经解决了这个问题。其结果是物质世界中最奇妙的现象，即永恒的光源。"迈耶满怀希望、热情洋溢地写下这篇文章的结束语：

Fortsetzung folgt = 未完待续

1841年6月16日，迈耶将这篇论文寄给负责《物理和化学年鉴》(*Annalen der Physik and Chemie*)的波根多夫(Poggendorff)，波根多夫不为所动。当然，这是可以理解的，他并不想鼓励这位作者。尽管迈耶提醒过好几次(第一次提醒于

---

[15] 罗伯特·朱利叶斯·迈耶也提到了这一观察结果，参见 *On the mechanical equivalent of heat*. Philosophical Transaction (1850) p. 61 ff.

[16] 后来，迈耶在1848年卷入一场政治争论。他被公开嘲笑远行到东印度却没有登陆，但根据迈耶的日记，这一说法似乎并不正确，他确实离开船只登陆并进行了短暂旅行。参见 H.施莫茨(H. Schmolz)，H.维克巴赫(H. Weckbach)所著的 *Robert Mayer, sein Leben und Werk in Dokumenten. Veröffentlichungen des Archivs der Stadt Heilbronn.* Bd.12. Verlag H. Konrad (1964) p.86.

[17] *On the quantitative and qualitative determination of forces.*

1841 年 7 月 3 日发出），但波根多夫从未承认收到过这些信，也没有把这篇论文[18]发表，他肯定认为迈耶是海尔布隆一个痴迷物理学的奇怪医生。

迈耶开始在海尔布隆行医，1841 年 5 月，他被任命为镇上的外科医生，并获得 150 弗罗林的固定薪水。后来，他以同等薪酬被调任为市医生，在这个职位上，他不得不免费诊治穷人及城镇的基层雇员，如狱卒或守夜人[19]。

迈耶在物理学上的问题在于他对力学不甚了解。他的朋友卡尔·鲍尔（Carl Baur）是斯图加特技术中学的数学教师，迈耶的物理知识就是卡尔·鲍尔私下教他的，但迈耶未能掌握重力势能和动能的转化关系：一个处于高度 H，质量为 m 的物体具有重力势能 mgH；当此物体从静止开始下落至速度 v 时，重力势能转化为该物体的动能，大小为 $\frac{1}{2}mv^2$，迈耶甚至不知道系数 $\frac{1}{2}$ 是怎么来的。但可以肯定的是，他从未使用过上述意义的能量一词，重力势能对他而言是下降力，而动能是生命力[20]。

迈耶认为，运动或运动物体的生命力可以转化为热量，他甚至得出热功当量的合理数值（插注 2.1）：

$$1℃热量 = 1g\ 重物处于 \begin{cases} 365m \\ 1130\ 巴黎尺 \end{cases} 高度$$

即一个重物从大约 365m 的高度下落时所获得的能量等于把同样重量的水从 0℃加热到 1℃所需的热量。后来根据焦耳更精确的测量结果，该数值改为 425m 或 1308 巴黎尺。迈耶的第二篇论文只记录了旧的数值，并不包含计算结果（图 2.2），这使他的第二篇文章比之前的更清晰。当尤斯图斯·冯·李比希（Justus von Liebig，1803～1873 年）把这篇文章发表在他的《化学和药学年鉴》（*Annalen der Chemie und Pharmacie*）上之后，就确认了迈耶是第一发现人。诚然，李比希别无选择；因为迈耶在寄来的信中奉承之至，再刻薄的编辑都无法拒绝（图 2.3），会德语的读者可以从这篇信中学习与编辑交流的技巧。

---

[18] 手稿保存了下来，迈耶的工作最终得到认可后，这篇论文被发表在有关科学史的期刊和书籍上。例如，P. 巴克（P. Buck）的 *Robert Mayer-Dokumente zur Begriffsbildung des Mechanischen Äquivalents der Wärme.*（Robert Mayer-documents on the emergence of concepts concerning the mechanical equivalent of heat）Reprinta historica didactica. Verlag B.Franzbecker, Bad Salzdetfurth（1980）Bd. 1, p.20-26.

[19] 参见第二章脚注 16，施莫茨，维克巴赫：*Robert Mayer, sein Leben und Werk in Dokumenten*, p.66, p.78.

[20] 此处的生命力不能和活力论者所说的生命力混为一谈。在德语中，动能当时被称为 lebendige Kraft，而生命能则被称为 Lebenskraft。在英语中，虽然行文中经常会解释二者的含义，但它们的区别并不清晰，有时并无严格的界限。

迈耶计算的热功当量

迈耶知道(或者说我们认为他知道)，空气的定压比热容和定容比热容分别是 $0.267\text{cal}/(\text{g·K})$ 和 $0.267/1.421\text{cal}/(\text{g·K})$，所以使密度为 $1.3\times10^{-3}\text{g}/\text{cm}^3$、体积为 1cm^3 的空气升高 $1\,^{\circ}\!C$ 所需热量为

定压加热，需 $0.347\times10^{-3}\text{cal}$；

定容加热，需 $0.244\times10^{-3}\text{cal}$。

定压加热时体积会膨胀。上述两个过程所需的热量之差是 $1.03\times10^{-4}\text{cal}$，这反映了在定压加热时，气体体积膨胀使 76cm 高的汞柱(质量为 1033g，对气体施加的压强为 1 个大气压)升高。根据马略特定律(即理想气体物态方程)，气体温度每升高 $1\,^{\circ}\!C$，汞柱上移 $1/274\text{cm}$。因此，这是一个简单的三元问题：

质量为 1033g 的物体处于 $1/274\text{cm}$ 高度时对应 $1.03\times10^{-4}\text{cal}$ 的能量，

那么 1cal 对应质量为 1g 的物体处于高度 H 为多少？

答案是 $H=365\text{m}$，因此迈耶写道：

$1\,^{\circ}\!C$ 的热量$=1\text{g}$ 物体位于 365m 的高度

注意，迈耶并没有进行任何测量。他从法国实验学家德拉罗什(Delaroche)和贝拉德(Bérard)那里得知空气的比热容；从杜隆(Dulong)那里得知比热容比。由于两组数据和准确值都有所偏差，所以迈耶得到的热功当量值的精确度较低。

插注 2.1

ANNALEN
DER
CHEMIE UND PHARMACIE.

XLII. Bandes zweites Heft.

Bemerkungen über die Kräfte der unbeleb-
ten Natur;
von J. R. Mayer.

Ausgegeben am 31sten Mai 1842.

图 2.2　罗伯特·朱利叶斯·迈耶(左)[节选自他第一篇论文的标题页(右)]

Hochverehrtester Herr Professor!
Beifolgenden kurzen Aufsatz bin ich so frei, Euer Wohlgeboren zur gefälligen Aufnahme in Ihren Annalen für Chemie und Pharmazie vorzulegen. – – –

– – –. Möchte es Euer Wohlgeboren gefallen, sich vom Durchlesen des kleinen Aufsatzes durch den vielleicht barock scheinenden Anfang nicht abhalten zu lassen und möchten Sie solchen der Erhaltung eines Plätzchens in Ihren weltverbreiteten Annalen für würdig erachten. Sollten Sie indessen von demselben keinen Gebrauch zu machen geneigt sein, so erlaube ich mir die Bitte um gefällige Zurücksendung des Manuskriptchens.

Mit vorzüglichster Hochachtung
verharre ich
Euer Wohlgeboren gehorsamster Diener
Dr. J. R. Mayer

图 2.3　节选自迈耶提交给李比希的论文中所附信件

这篇论文使用了一种特殊的推理方式。迈耶并不是单纯地假设运动转化为热并使之可信，而是基于已知的逻辑原因定理或假定的因果公理来证明他的发现，迈耶把能量守恒定律总结成如下口号：

无不生有，有不变无

但是我们有必要知道，迈耶几乎完全被孤立了，他偶尔向物理学家寻求科学建议，但物理学家通常以拿出实验结果才能证明理论来糊弄他，甚至有一次，他被搪塞的理由是科学领域已经足够广阔，不宜再花费精力进行扩展研究[21]。

他只能回到家人和几个朋友身边进行科学独白，而他们对前沿科学一无所知，所以认为迈耶有点疯狂。迈耶的精神压力越来越大，尤其是当他那杰出的论断被焦耳、亥姆霍兹和奥托·塞弗(Otto Seyffer)等忽略的时候[这位奥托·塞弗可算不上正人君子，他甚至在《每日新闻》(the daily press)上发表文章[22]奚落迈耶的想法]。不仅如此，迈耶的两个孩子相继逝世，他自己也在 1848～1849 年大革命期间被激进的共和党分子视为间谍。这一连串的打击使迈耶在 1850 年企图从家中 9m 高的三楼跳到院子中自杀，他幸存了下来，但双腿永久性伤残。

迈耶的亲戚向家族的一位精神病医生朋友寻求专业治疗。然而，这个人很年轻，也没有工作经验，他只是需要钱，所以他并不打算让迈耶很快离开，他对迈耶进行监禁并把他束缚起来。经过 13 个月的监禁，最终迈耶成功逃脱，穿着睡衣走回了家。之后，他确实有点神经质，病人们离他远远的，街上的顽童们也嘲笑他："他来了，疯疯癫癫的迈耶。"

---

[21] 参见迈耶在 1844 年 6 月 14 日写给他的朋友威廉·格里辛格(Wilhelm Griesinger)的信，迈耶与他朋友之间的一些往来信件被收录在他的作品集中，请参见历史重印版，第 1 版，p.121。

[22] *Augsburger Allgemeine Zeitung*，1849 年 5 月 21 日。

我先前对迈耶的评价可能会给读者留下这样一个印象，认为迈耶不是一个创新能力突出的科学家。虽然前面提到的论文确实写得很糟糕，但迈耶其实有能力写得很好，前提是他不强迫自己使用过于简洁的语言，或者说不去尝试使用数学语言。1845 年，海尔布隆的一家小印刷厂出版了迈耶的小册子：《有机运动和新陈代谢》(*Die organische Bewegung in ihrem Zusammenhang mit dem Stoffwechsel*)[23]，这本书的风格仍然很特别，但内容叙述很清晰。迈耶的那本回忆录内容丰富，我摘录了一些内容，以表明他的目的：

● 迈耶谈到热机时说："……从蒸汽中吸收的热量总是大于排出蒸汽释放的热量，两者的差值便是有用功。"他超越了卡诺和克拉珀龙，并为克劳修斯铺平了道路。

● 他详细解释了如何计算热功当量(插注 2.1)，这个论点在他 1842 年的论文中叙述得太过简短，以至于无法被他人理解和欣赏。热功当量的计算是热力学发展过程中的一个重要部分，现在看来非常基础，而且它与民间传说中用马拉动来搅拌大锅里的纸浆毫无关系。文章中确实提到了马，也提到了对纸浆温度的一些粗略测量，但这些远不足以计算热功当量。顺便说一句，迈耶行文中提到了拉姆福德，因此他知道拉姆福德制造加农炮筒的无聊经历。

● 他还写道：只点燃火焰不发射炮弹的炮管比发射炮弹的炮管要热得多。迈耶说这一现象是常识，也许当时是这样。无论如何，观察结果是合理的：如果炮管里有炮弹，火药的化学能一部分将转化为炮弹的动能，否则全部转化为热能。

● 迈耶将这一观察结果推广到动物和人类的新陈代谢。他指出：代谢的化学过程，或者说食物在人体内部因氧化而释放的热量可以部分转化为功，身体随之变冷。为了支持这一观点，他引用了发表在医学化学杂志 *Journal de Chimie médicale* 第八年第二月刊的一项观察结果，其中作者杜维尔(Douville)在不同条件下测量了一位黑人的体温：

组别	实验条件	实验结果
1	不运动且在小屋中	体温 37℃
2	不运动且在太阳下	体温 40.20℃
3	运动且在太阳下	体温 39.75℃

● 迈耶进一步探讨了这个想法，他说，锯木头的人用来拉锯子的手臂会变冷；同样，一个铁匠如果三下就把一块铁敲打成红色，那么使用锤子的手臂也会变冷。他说："已观察到在持续不断的工作中，身体的运动部位比不运动的部位出汗更

---

[23] *Organic motion and metabolism*, Verlag der C. Drechslerschen Buchhandlung, Heilbronn (1845)。

少"。针对这一观察结果,他引用圣经中的证据,即上帝对亚当说:"当你满头大汗时,你应该吃面包。"迈耶似乎认为,亚当后来用手和脚工作,所以这两个部位的汗水比头部的汗水少,因为头部几乎不运动。

● 在同一本回忆录中,迈耶强烈反对活力,这是当时的生理学家,甚至包括李比希在内的人,为解释有机过程而假设的力。迈耶宁可认为有机过程不可解释,也不愿接受这一理论。

● 迈耶解释说,温泉和火山的存在证明地球上存在热量,这些热量之和等于地球形成时其组成物质相互碰撞前的动能。他粗略估算出地球的初始温度为27600℃,这足以使地球成为液体,甚至气体。

必要的话,我们完全可以把迈耶关于力学、天文学、生物学和生理学的想法再罗列几十条。它们也许并不全是正确的,但都是原创的,如地热理论,或者太阳能来源于落入太阳的陨石。有时候他会妥协,如他无法解释为什么行星的轨道离心率相当小,他认为这或许可以用"运动转化为热量"这一想法来解释,但他做不到;计算潮汐力也远超出了他的数学能力。

迈耶在1845年的小册子中写的内容大多实事求是,在最后迈耶的夸张倾向显现出来,作品以这样一句话结束:"……生命现象可以比作一首优美动听而又铿锵有力的音乐;只有在所有乐器的协奏中才存在和谐,只有在和谐中才存在生命。"

尽管如此,迈耶仍旧困惑于热的本质是什么。在他1851年出版的小册子《关于热的机械当量的备注》(*Bemerkungen über das mechanische Äquivalent der Wärme*)[24]中,他说"……热和运动之间的联系是数量而不是质量",他倾向于假设"……运动必须停止才能变成热"。这点他是错的,他本可以知道的。事实上,此时热力学理论已经处于起步阶段,并且在短时间内会因麦克斯韦到达第一个高峰。根据热力学理论,物体运动的动能并未消失,而是在其原子之间重新分配,热就是这种重新分配的结果。迈耶曾抱怨亥姆霍兹没有给予他的工作应有的信任,但亥姆霍兹很好地解释了热和原子运动之间的关系。

从某种程度上讲,迈耶已经精疲力竭,在他发现能量守恒定律后,他错过了这一领域的后续发展,尽管他一直活到1878年,也就是麦克斯韦去世的前一年。具有讽刺意味的是,在他停止认真工作后,他反而得到了一些认可。约翰·丁达尔(John Tyndall,1820~1893年)是一位受人尊敬的物理学家,同时也是位著作颇丰的科学作家[25],他在迈耶与焦耳对热力学第一定律第一发现人的争论中支持迈

---

[24] *Remarks on the mechanical equivalent of heat*, Verlag von Johann Ulrich Landherr, Heilbronn (1851), Bd 1, p.169.

[25] 丁达尔最出名的是他在光散射方面的工作,较为知名的成就是解释了天空为什么是蓝色;他也写过一本关于热力学的书,名为 *Heat as a mode of motion*,1863年出版。

耶；迈耶获得了伦敦皇家学会颁发的科普利奖章(The Copley Medal)。1858 年，李比希称迈耶为"本世纪最伟大的发现之父"；1859 年，迈耶获得了他在图宾根母校的荣誉博士学位。

海尔布隆商会选举迈耶为荣誉会员，符腾堡国王表示"很高兴能奖励他的伟大成就"[26]，并封迈耶为符腾堡皇冠骑士，迈耶从此可以自称为冯·迈耶了。

尽管后人大都遗忘了迈耶，但他的家乡海尔布隆却没有。小镇档案馆[27]里的工作人员细心保管着他的遗物，他的青铜雕像被陈列在镇上显眼的位置，纪念碑上还有一首有些浮夸的四行诗：

Wo Bewegung entsteht, Wärme vergeht（运动开始之时，热就消失了）

Wo Bewegung verschwindet, Wärme sich findet（运动停止之时，热就产生了）

Es bleiben erhalten des Weltalls Gewalten（世界永远保有它的能量）

Die Form nur verweht, das Wesen besteht（其形式并不重要，但它的存在永恒）

詹姆斯·普雷斯科特·焦耳(1818～1889 年)

詹姆斯·普雷斯科特·焦耳(James Prescott Joule)的父亲是一位富有的酿酒师，他很支持儿子对科学的兴趣，并为他提供了一个家庭实验室。焦耳最著名的发现是电流通过导线时会产生焦耳热(Joule heating)，该热量与电流的平方成正比。研究过程中，焦耳提出猜想：电流产生的热量和转动发电机所需的机械功率之间可能存在某种联系。后来，他找到了其中的联系，并提出机械热值(mechanical value of heat)，表述为[28]：

在华氏温标下，使 1lb 磅水升高 1℃所需的热量是定值；把这些热量转化成机械力，可以使 838lb 水升高 1ft[29]。

焦耳的回忆录中满是记录观察结果的表格。他煞费苦心地描述他的实验，讨论实验误差的可能来源，并试图消除误差。从这个意义上说，他的论文已经树立了典范；直到今天，热量的测量仍然十分困难、耗时且不准确。

事实上，《空气膨胀和压缩引起的温度变化》(*On the temperature changes by expansion and compression of air*)[30]一文以类似的规范格式记录了后续实验，焦耳

---

[26] 迈耶的一本自传体笔记(第二章脚注 16)，Reprinta historica didactica. Bd.1, p.8.

[27] 当我参观档案馆时，我不得不把车停在一个不安全的地方。一个警察很快就出现了，但他一听说我对迈耶感兴趣，就答应帮忙照看我的车："先生，你想待多久就待多久。"

[28] 詹姆斯·普雷斯科特·焦耳：*On the heating effects of magneto-electricity and on the mechanical value of heat*. Philosophical Magazine, Series III, Vol. 23（1843）p. 263ff, 347ff, 435ff.

[29] 这篇论文宣读于 1843 年 8 月 21 日在科克举行的英国协会数学和物理科学会议。

[30] 詹姆斯·普雷斯科特·焦耳：*Philosophical Magazine*, Series III, Vol. 26(1845), p. 369ff.

测得的值是 820lb、814lb、795lb 和 760lb，而不是他在 1843 年的文章中使用的 838lb，此外还有一些来自其他实验的数据。因此，1845 年焦耳提出了一个平均值：817lb[31]。在写给《哲学汇刊》编辑的信中（图 2.4），他说：

焦耳曾批评卡诺和克拉珀龙对蒸汽机的分析（见第三章）。

他说："我认为只有造物主才拥有破坏的能力，所以我同意……法拉第的观点，即任何导致力被破坏的理论都必定是错误的[32]。"

图 2.4　詹姆斯·普雷斯科特·焦耳（热力学第一定律的忠实支持者）

每一位有幸生活在威尔士或苏格兰这样浪漫地区的读者，如果你们去测量瀑布顶部和底部的温度，便能证实我的实验。根据我的实验结果，817ft 高的瀑布坠落下来将使水温升高 1℃；而尼亚加拉瀑布的高度为 160ft，故底部水温将比顶部高大约 0.2℃。

阿西莫夫写道[33]，焦耳在蜜月期间和妻子参观一处风景优美的瀑布时，亲自做了这个实验。

1850 年，经过多次实验，焦耳得出热功当量更精确的值为 772lb（见下文[34]）。

我们已经看到，焦耳知悉拉姆福德的工作，事实上他还试图从拉姆福德的观察出发计算热功当量。最终他计算的结果为 1034 英尺磅，这一数值过大，但足够接近焦耳通过实验得出的数据范围，以至于他可以说拉姆福德的结果"令人满意地证实了我们的结论"[35]。

焦耳在附言中还说，他观察到水通过狭窄的管道会变热，根据这一现象他计算出另一个热功当量值 770 英尺磅。因此，他坚定了对能量守恒的信念："我坚信因为造物主的法则，大自然的强大力量是不可摧毁的！"

直到今天，能量守恒仍然是一个假设，不过可以肯定的是，这个假设得到了

[31] 詹姆斯·普雷斯科特·焦耳：*On the existence of an equivalence relation between heat and the ordinary forms of mechanical power*，见致 *Philosophical Magazine and Journal* 编辑的信，*Philosophical Magazine*. Series III, Vol. 27（1845），p.205 ff.

[32] 詹姆斯·普雷斯科特·焦耳：*Temperature changes by expansion and compression of air*，*Philosophical Magazine*. Series III, 26（1845）p. 369 ff.

[33] 参见第二章脚注 4，艾萨克·阿西莫夫：*Biographical Encyclopedia of Science and Technology*.

[34] 参见第二章脚注 15，詹姆斯·普雷斯科特·焦耳（1850）。

[35] 詹姆斯·普雷斯科特·焦耳在 1843 年回忆录（第二章脚注 28）的附言。

充分的证明。和迈耶一样，焦耳认为他需要证明这个定律，由于他不能做到这一点，于是他提出了一些奇怪的想法："我们可以先验地假设，认为将一切完全摧毁的力是不存在的；假使这种力存在，则上帝赋予万物的一切特质都将被摧毁，这显然是荒谬的。"

细心的读者可能会注意到，迈耶在得知焦耳的实验结果后曾把自己的热功当量值调整为

$$1℃量 = 1g重物处于 \begin{cases} 425m \\ 1308\ 巴黎尺 \end{cases} 高度处$$

让我们看看迈耶是如何得出这些数字的：将华氏温标转成摄氏温标需把 1308 巴黎尺乘以 5/9，得到 727 巴黎尺，这比焦耳测得的任何数值都要低得多。但是，英国的 1ft 是 30.5cm，而巴黎的 1ft 是 32.5cm，因此迈耶引用的数值是正确的，确实是 772 英尺磅。

当然，英尺磅这一单位已经过时了，年长的读者可能还记得大学时代学到的热功当量表述为

$$1cal = 4.18J$$

焦耳 (J) 是现代的能量单位，等于 $1kg·m^2/s^2$，也就是 $1N·m$。焦耳得到了这个荣誉，因为当时他的数据最精确，并且有许多精确测量作为支撑[36]。实际上，在引入 SI 单位制[37]后卡路里这一单位也被取缔了。现在所有的能量都以焦耳为单位，不管是机械能、热能、化学能、电能、磁能还是核能，统一单位对人们来说是一种简化。

热力学第一定律，即能量守恒定律，是 19 世纪最伟大的发现。它是如何被接受的呢？我们已经看到迈耶是如何卑躬屈膝才让他的论文被接受和发表的；焦耳的情况也好不到哪里去，阿西莫夫写道[38]：

他（焦耳）关于其发现的初始论文先后遭到了几家学术期刊和英国皇家学会的拒绝，他被迫在曼彻斯特公开演讲，然后由一位曼彻斯特的报纸主编（焦耳的弟弟担任其音乐评论家）不情愿地将其发表。

幸运的是，前途无量的年轻科学家威廉·汤姆森（William Thomson），即后来

---

[36] 当然，此处的 418m 和前文迈耶及焦耳使用的 425m 并不相等。差别在于重力加速度等于 $9.81m/s^2$，而迈耶和焦耳所用的磅是重量单位，而不是质量单位，对此我们必须加以修正。

[37] 国际单位制是 1960 年根据国际协议引进的。

[38] 参见第二章脚注 4，艾萨克·阿西莫夫：*Biographical Encyclopedia of Science and Technology*. 讲座于 1847 年 4 月 28 日在曼彻斯特圣安教堂阅览室举行，并于 5 月 5 日和 12 日在曼彻斯特快报上发表。

的开尔文勋爵(1824～1907年)听了焦耳的演讲。他认识到焦耳研究的价值,并帮忙宣传他的研究,随后两人成了朋友和合作者。

焦耳最终能够准确测量 0.005°F 的温差。在该精度下,焦耳和开尔文两位科学家的测量结果表明,气体向真空膨胀时温度会轻微下降,这种现象现在称为焦耳-汤姆森效应或焦耳-开尔文效应,这是由于气体分子膨胀时必须克服分子间引力导致的势能[39]。近代以来,这种冷却效应成为实现低温的重要手段,詹姆斯·杜瓦(James Dewar,1842～1923年)和卡尔·冯·林德(Karl von Linde,1842～1934年)都利用它实现了气体和蒸汽的液化(见第六章)。

焦耳毕生都在测量温度和热量。作为一名优秀的科学家,他肯定会思考热的本质是什么。拉姆福德推测热就是运动,焦耳说[40]:"我坚持热是物质粒子的运动这一理论",他引用约翰·洛克(John Locke,1632～1704年)在一个世纪前说的话[41]:

> 热是物体无意识部分的一种非常活跃的躁动,它在我们体内产生一种感觉,我们将这种感觉称为热。所以说,我们感觉到的热在物体中只是运动。

由于开尔文的宣传,焦耳的工作得到了广泛的认可和赞赏。1866年,他被授予英国皇家学会的科普利奖章,迈耶也获得了该奖章,不过比焦耳晚了5年。在焦耳生命的最后阶段,他的啤酒厂生意并不好,遇到一些经济困难,但维多利亚女王给他的一笔退休金拯救了他。

赫尔曼·路德维希·斐迪南德(冯)亥姆霍兹(1821～1894年)[42]

几个世纪以来,人们一直试图在重力场中仅通过组装重物或弹簧来制造永动机(perpetuum mobile),即推动车轮等机构转动,并在经过一个循环使机器回到初始状态。由于这种尝试总是失败,人们便得出永动机是不可能实现的结论。因此,早在1775年巴黎科学院就决定不再接收关于永动机的提案。人们开始坚信,包括动能、重力势能和弹性势能在内的机械能是守恒的(图2.5)。当然,这无法证明,因为重物、弹簧、齿轮等组件的组合方式无穷无尽,不可能一一尝试;而且对于复杂组合,对其运动方程的求解也极为困难。

---

[39] 理想气体中不存在冷却现象,但在蒸汽中却十分明显,如接近凝结的气体。不得不说焦耳和开尔文是非常严谨的实验者,能够在室温下从空气中发现这一现象。在此之前,盖-吕萨克(Gay-Lussac)也做过膨胀实验,但他并未注意到冷却现象。

[40] 詹姆斯·普雷斯科特·焦耳: *Heating during the electrolysis of water. Memoirs of the literary and Philosophical Society of Manchester*. Series II, Vol. 7 (1864) p. 67.

[41] 参见第二章脚注 15,詹姆斯·普雷斯科特·焦耳(1850)。

[42] 1883年,威廉一世授予亥姆霍兹爵位;1891年,他成为真正的枢密院议员,有资格被称为阁下。这是19世纪欧洲对成功科学家的奖励。

永动机的概念是一个力学命题。可以肯定，当时人们已经意识到摩擦和非弹性碰撞的存在会降低机械释放的可用功，因为它们分别吸收机械功和动能并产生热量。亥姆霍兹提出这个想法：

>……现今人们称为热的东西，首先是……（原子）热运动的生命力（即动能）；其次是原子之间的弹性力（即弹性势能）。人们称第一项为自由热，称第二项为潜热。

图 2.5　乌尔里希·冯·克拉纳赫(Ulrich von Cranach)于 1664 年设计的永动机

这个想法已经被前人表述过，或多或少是清楚的。但是，接下来的结论就体现出亥姆霍兹的洞察力：原子的运动及原子之间的吸引使这种力学系统比任何一个宏观系统都要复杂[43]。但是，永动机仍然不可能实现。就像能量在没有摩擦、没有非弹性碰撞的复杂宏观机器中是守恒的一样，如果考虑原子的运动和它们之间相互作用的势能，即使存在摩擦和非弹性碰撞，能量也是守恒的。摩擦和非弹性碰撞只是将能量从宏观形式重新分配到微观形式。而且在微观尺度上，基本粒子之间既不存在摩擦，也不存在非弹性碰撞。

亥姆霍兹在 1847 年提出该想法，参见他在热力学领域的第一篇论文：《论力的守恒》(*Über die Erhaltung der Kraft*)[44]，他曾在柏林物理学会讲述这篇论文。至此可以发现，热力学第一定律的三个早期发现者都使用了力这个词，而不是能

---

[43] 前已述及，有些宏观系统也很复杂(图 2.5)。

[44] *On the conservation of force.*

量。亥姆霍兹的论文以这样一句话开头："我们首先做一个假设，即不可能通过任何自然力的组合无中生有地持续创造生命力(动能)。"

亥姆霍兹最初可能不了解迈耶的工作，但他知道焦耳对热功当量的测量，并引用了这些数据。当他的作品在 1882 年重印时，亥姆霍兹增添了一个附录[45]，其中提到他在把论文送到印刷厂之前才刚了解焦耳的工作。在这个附录中，他也提到了迈耶，他说迈耶的风格"是如此抽象，以至于他的作品在别的地方被提出后不得不被重新创作"，这大概是指亥姆霍兹在重新创造。但有一件事是无疑的：迈耶甚至焦耳在某种程度上也在热和力之间犹豫不决、彷徨良久；他们引用了因果律和上帝法则来说明这个问题。相比之下，亥姆霍兹的论文叙述得非常清晰。

我们之前已经回顾过，迈耶和焦耳的作品的出版过程一波三折。亥姆霍兹的情况也差不多，他的论文被波根多夫(Poggendorff)斥为仅是哲学[46]。因此，亥姆霍兹不得不将其作为小册子自费出版，见图 2.6。

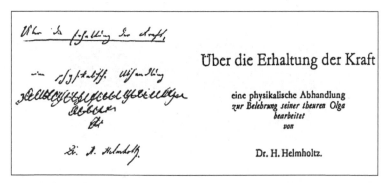

图 2.6　亥姆霍兹小册子的标题页(给予"亲爱的奥尔加"的赠言在出版前就被剔除了[47])

亥姆霍兹并不比其他两个人年轻多少，但他属于一个新的时代。当其他二人因第一定律的发现而心满意足时，亥姆霍兹却有足够的热情和数学知识来探索这个新领域。

亥姆霍兹为迈耶关于太阳辐射能来源的推测提供了数据。他首先否定了能量来自流星撞击的观点；相反，他假设太阳持续收缩，其势能下降转化为热量，随后辐射出去。亥姆霍兹认为太阳输出的能量在整个过程中是恒定的，等于当前太阳的辐射功率 3.6×10^{26}W，他计算出整个地球轨道在 2500 万年前还在被太阳占据(插注 2.2)。因此，地球的年龄肯定比 2500 万年更小。这一说法遭到了地质学

[45] 亥姆霍兹：*Über die Erhaltung der Kraft*(论力的守恒)，Wissenschaftliche Abhandlungen, Bd. I(1882)．

[46] 参见 C. Kirsten, K. Zeisler, *Dokumente der Wissenschaftsgeschichte*(科学史文件)，Akademie Verlag, Berlin(1982) p. 6.

[47] 奥尔加·冯·维尔腾(Olga von Velten，1826~1859 年)在 1849 年成为亥姆霍兹的第一任妻子。

亥姆霍兹的太阳能起源假说

尽管人们在讨论亥姆霍兹的贡献时经常提到他关于太阳能来源于引力的假说，但我在他长达 2500 页的作品集[48]中并没有找到这个假说。鉴于这一点，并结合当时的时代背景，我必须假定亥姆霍兹只是对这个假说进行了粗略估算，其对恒星物理学的贡献也谈不上重要。我认为我接下来的叙述和亥姆霍兹提出这个论点的过程相近。

在半径为 r，质量为 dM_r 的外球壳在半径为 s，质量为 dM_s 的内球壳的引力场中，引力势能为

$$E_{pot}^{rs} = -G\frac{dM_r dM_s}{r}，\text{因为}-\frac{dE_{pot}^{rs}}{dr} = -G\frac{dM_r dM_s}{r^2} = F^{rs}$$

式中，F^{rs} 为外球壳受到内球壳的万有引力；G 为万有引力常数。因此，外球壳受到 $s<r$ 的所有内层球壳的引力势能之和为

$$E_{pot}^r = -G\frac{dM_r}{r}M_r$$

进而整个恒星的引力势能为

$$E_{pot} = -G\int_0^R \frac{M_r}{r}dM_r \underset{\text{分部积分}}{=} -\frac{1}{2}G\frac{M_R^2}{R} - \frac{1}{2}G\int_0^R \frac{M_r^2}{r^2}dr$$

由此可见，E_{pot} 不仅由恒星质量 M_R 和恒星半径 R 决定，还由恒星内部 M_r 的质量分布决定。

我推测，亥姆霍兹当时假设密度 ρ 为常数，等于 $\frac{M_R}{4/3\pi R^3}$。这样可使计算结果大为简化，结果为 $E_{pot} = -\frac{3}{5}G\frac{M_R^2}{R}$。假设 $G = 6.67\times10^{-11}\mathrm{m^3/(kg\cdot s^2)}$，恒星质量 $M_R = 2\times10^{30}\mathrm{kg}$，分别代入太阳目前的半径 $R = 0.7\times10^9\mathrm{m}$ 和地球轨道半径 $R = 150\times10^9\mathrm{m}$ 计算，得到两种情况下引力势能的差值为 $\Delta E_{pot} = 22.76\times10^{40}\mathrm{J}$。假设太阳按照目前的辐射功率发射能量（见上文），则把上述能量辐射完仅需 $\Delta t = 20\times10^6$ 年。这和亥姆霍兹估算的时间接近。

我们将在插注 7.6 中用一个更详细的假设重新计算 E_{pot}。

插注 2.2

[48] 亥姆霍兹：*Wissenschaftliche Abhandlungen*, Vol. I (1882), Vol. II (1883), Vol III (1895).

家的反对，他们坚持认为地球的年龄必须远超过 10 亿年，这样才能与已知的地质演化过程吻合，他们是对的。亥姆霍兹的计算确实完美无缺，但他不可能明白太阳能量的真正来源是核能而非引力。

亥姆霍兹的母亲是宾夕法尼亚州创始人威廉·佩恩的后裔。他本人毕业于医学专业，曾在普鲁士军队当过一段时间的外科医生。亥姆霍兹早期在科尼斯堡当过生理学教授，这标志着他学术生涯的开始。任职期间，他研究了眼睛和耳朵的功能，并在这一领域做出了重要贡献。尽管没有接受过正式的数学教育，亥姆霍兹依旧成为了一位成功的数学家(图 2.7)。他研究过黎曼几何，并建立了流体力学中著名的亥姆霍兹涡旋定理。这一定理是在动量平衡条件下导出的特殊结果，这在当时是非凡的成就。晚年，他成为德国标准化研究院——帝国技术物理研究所[49]的第一任所长。

和迈耶一样，亥姆霍兹也是从医生变成了科学家。他研究了眼睛和耳朵的工作原理，并提出了"亥姆霍兹涡旋定理"。在那个时代，这一定理是非同小可的。

伦纳德[50]说："……亥姆霍兹，一个没有受过正规数学教育的科学家，能够做到这一点，表明在大学里大量开设的数学课程毫无用处。学生们被那些古怪的理论折磨，……而其中只有少数人能够在数学上有所成就，但这些人压根儿不需要接受这种折磨[51]。"

图 2.7　赫尔曼·路德维希·斐迪南德·冯·亥姆霍兹和伦纳德的一句名言
（后者为热力学专业的学生津津乐道）

尽管亥姆霍兹对热的本质有深刻的理解，同时在其他领域也表现出了优秀的数学天赋，但他仍然没能写出热力学第一定律的数学表达式，至少在他职业生涯的早期阶段并没有做到这一点。第一定律的建立还缺少最后一个重要步骤。这一步骤涉及内能及其与热和功的关系，留待克劳修斯去完成。此外，这一步骤与热力学第二定律的建立密切相关。后者建立的关键是寻找热机的最佳效率，我们将在第三章讨论这一话题。

---

[49] 现更名为 Physikalisch Technische Bundesanstalt(德国联邦物理技术研究院)。

[50] P. Lenard: *Große Naturforscher*, J.F.Lehmann Verlag München(1941).

[51] 不过，在 1921 年普朗克校订亥姆霍兹的两篇热力学论文时，他当时曾抱怨亥姆霍兹论文中存在的计算错误不计其数。这样看来，如果亥姆霍兹接受了正规的数学教育，他同样会从中受益。

直到生命的最后几年，亥姆霍兹还活跃在科学领域。他充分利用了克劳修斯发表的成果。在第五章中，我们将看到他提出的自由能概念，这就是与化学反应相关的亥姆霍兹自由能（Helmholtz free energy）。

电磁能

在 19 世纪中叶，要做一个有责任感的物理学家并不容易。他必须设法处理四种不同类型的以太（ether），分别是：引力、磁力、电力和光传播的载体。以引力以太为例。它可以传输引力，而引力决定恒星的运动。但引力以太本身对行星的运动却没有影响[52]。也就是说，物体在以太中运动时不会受到任何影响，就像在真空中一样。相对于以太静止的坐标空间被定义为绝对空间（absolute space）。

用于传播光的以太称为光以太（luminiferous ether）。按照定义，光以太在绝对空间中处于静止状态，这就产生了问题。事实上，光是一种横波且传播速度已知，为 $c=3\times10^5\text{km/s}$。众所周知，振动在弹性物体中以波的形式传播。同样地，我们也可以假设振动在以太中以波的形式传播。根据弹性理论，要想达到光波的传播速度，以太的弹性系数必须非常大，这样的以太近乎刚体。因此，物理学家必须想象一个类似于刚体的真空。阿西莫夫用他惯有的浮夸风格评论道："一代又一代的数学家……设法用花言巧语来掩饰刚性真空的不可思议[53]。"

其次是电和磁，两者都对电荷、电流和磁体存在作用力，这似乎需要另外两种类型的以太。迈克尔·法拉第（Michael Faraday，1791～1867 年）和詹姆斯·克拉克·麦克斯韦（James Clerk Maxwell，1831～1879 年）并没有受这种思想的影响。麦克斯韦详细阐述了电磁现象与不可压缩流体流经介质时产生的涡旋现象之间的相似之处。麦克斯韦强调，他根据介质中的汇（convergence）和涡旋（vortice）建立的方程组并不是依据事实推断得出的结果，而是采用了类比方法。然而，麦克斯韦理论的可视化是次要的，海因里希·鲁道夫·赫兹（Heinrich Rudolf Hertz, 1857～1894 年）认识到了这一点，并将其概括为："麦克斯韦理论正是麦克斯韦方程组"（图 2.8）。相较而言，开尔文更喜欢具体的事物：将理论与力学模型建立起明确关系。

麦克斯韦方程组与四个矢量场相关[54]（图 2.8）：

---

[52] 实际上，艾萨克·牛顿（Isaac Newton，1642～1727 年）设想过以太和月球之间的黏滞作用，正是这个想法引导他研究了流体中的剪切流。因此，他发现了牛顿摩擦定律（Newton's law of friction）：流体中的剪切应力和剪切速率是成比例的，比例因子就是黏度（viscosity）。满足这一定律的流体有很多，它们统称为牛顿流体。然而，牛顿没有探测到以太和月球之间的任何黏滞效应。因为这二者之间根本没有黏滞效应！

[53] I. Asimov: *Asimov on physics* 书中 *The rigid vacuum*, Avon Books, New York（1976）.

[54] 矢量由粗体字母或笛卡儿坐标分量表示。对于后一种表示法，公式中的重复指标表示求和。

B——磁感应强度　　　E——电场强度

D——电位移矢量　　　H——磁场强度

$$\frac{\partial B_i}{\partial t} + (\nabla \times \boldsymbol{E})_i = 0 \qquad \frac{\partial B_i}{\partial x_i} = 0$$

$$-\frac{\partial D_i}{\partial t} + (\nabla \times \boldsymbol{H}) = J_i \qquad \frac{\partial D_i}{\partial x_i} = q$$

图 2.8　詹姆斯·克拉克·麦克斯韦(左)，麦克斯韦方程组(右)

式中，J 为电流密度；q 为电荷密度。如果只考虑这些场量，我们无法确定麦克斯韦方程组的解。但再加入两个关系式就可以了，我们称为以太关系(ether relations)。这两个方程把 D 和 E、B 和 H 分别联系起来。它们是

$$D = \varepsilon_0 E , \quad H = \mu_0 B$$

式中，$\varepsilon_0 = 8.85 \times 10^{-12}$F/m、$\mu_0 = 12.5 \times 10^{-7}$F/m 是常数，分别为真空介电常数和真空磁导率常数。

真空中既没有电流也没有电荷，但存在电磁场，它们以波的形式传播。事实上，如果将旋度算符作用于第一个和第三个麦克斯韦方程，并利用以太关系，可以得到

$$\frac{\partial^2 E_i}{\partial t^2} - \frac{1}{\varepsilon_0 \mu_0} \frac{\partial^2 E_i}{\partial x_j \partial x_j} = 0 , \quad \frac{\partial^2 B_i}{\partial t^2} - \frac{1}{\varepsilon_0 \mu_0} \frac{\partial^2 B_i}{\partial x_j \partial x_j} = 0$$

这就是数学物理中著名的波动方程，波的传播速度为 $\dfrac{1}{\sqrt{\varepsilon_0 \mu_0}}$，正好等于光速 c！

至此，麦克斯韦将电磁波的传播与光联系起来了。他说："在假想介质以太中，横波的传播速度与光速完全相等……因此，我们得出结论：光是由介质的波动产生的，而这种波动也导致了电磁现象的产生[55]。"

因此，磁以太和电以太被摒弃了。现在还剩下光以太和引力以太，前者决定了真空是近乎刚性的。事实上，爱因斯坦在 1905 年就舍弃了光以太的概念，我

[55] 参见由作者翻译的 Giulio Peruzzi 的作品：*Maxwell, der Begründer der Elektrodynamik*(麦克斯韦，电动力学创始人)，*Spektrum der Wissenschaften*，德语版 *Scientific American*(《科学美国人》)，传记第 2 期(2000)。

们在第七章会讲到这一点。至今，引力以太对于物理学家来说仍然是一个棘手的问题。没有人相信它的存在，但据我所知，至今也没有发现引力波存在的令人信服的证据；另外，可以取代它们的假想粒子——引力子[56]，也没有发现。

这些都是很有意思的话题，但它们与本章主题无关，这里不再赘述。现在让我们回到本章主题——能量。结合图 2.8 中的麦克斯韦方程组和以太关系，可以推出四个方程，这就是电磁场动量和能量的平衡方程：

$$\frac{\partial (\boldsymbol{D} \times \boldsymbol{B})_l}{\partial t} + \frac{\partial \left(\left(\frac{1}{2} \boldsymbol{E} \cdot \boldsymbol{D} + \frac{1}{2} \boldsymbol{B} \cdot \boldsymbol{H} \right) \delta_{li} - E_i D_l - B_i H_l \right)}{\partial x_i} = -qE_l - (\boldsymbol{J} \times \boldsymbol{B})_l$$

$$\frac{\partial \left(\frac{1}{2} \boldsymbol{E} \cdot \boldsymbol{D} + \frac{1}{2} \boldsymbol{B} \cdot \boldsymbol{H} \right)}{\partial t} + \frac{\partial (\boldsymbol{E} \times \boldsymbol{H})_i}{\partial x_i} = -J_i E_i$$

式中，$(\boldsymbol{D} \times \boldsymbol{B})_l$ 为动量密度；$\left(\frac{1}{2} \boldsymbol{E} \cdot \boldsymbol{D} + \frac{1}{2} \boldsymbol{B} \cdot \boldsymbol{H} \right) \delta_{li} - E_i D_l - B_i H_l$ 为辐射压张量；$\frac{1}{2} \boldsymbol{E} \cdot \boldsymbol{D} + \frac{1}{2} \boldsymbol{B} \cdot \boldsymbol{H}$ 为能量密度；$(\boldsymbol{E} \times \boldsymbol{H})_i$ 为能流。

第一个方程的等号右边代表电磁场作用在电荷和电流上的洛伦兹力密度，第二个方程等号右边代表作用在电流上的洛伦兹力的功率密度。若电流由一个运动电荷 e 产生，则作用在电荷上的洛伦兹力为 $e\left(\boldsymbol{E} + \frac{\mathrm{d}x}{\mathrm{d}t} \times \boldsymbol{B} \right)$，瞬时功率为 $e\frac{\mathrm{d}x}{\mathrm{d}t} \cdot \boldsymbol{E}$。

压强张量的迹等于 $3p$，其中 p 为电磁场的压强。因此，根据平衡方程可以看出：

电磁场压强=1/3 电磁场能量密度

这个结论在玻尔兹曼对辐射现象的研究中很重要，参见第七章。

由麦克斯韦方程组导出的平衡方程组中出现了带电体所受的洛伦兹力及其功率这一项，这说明电磁能与其他能量一样遵循能量守恒定律。麦克斯韦说："当我谈到场的能量时，我希望人们能从字面上理解它。所有能量，不管是动能、弹性势能还是其他形式的能量，都等同于机械能。"

---

[56] 你仍然可以通过提出一个简单的问题，让一个正在愉快阐述黑洞性质的博学的物理学家停下来。没有任何东西能从黑洞中逃脱，即使是光也不行，这就是黑洞是黑色的原因所在。所以，你可能会天真地问："但是引力子确实会出来，不是吗？"

　　麦克斯韦的电磁场理论建立于 1856～1865 年，其标志是三篇论文的发表[57]。后来，麦克斯韦在两本书[58]（后者在麦克斯韦去世后才出版）中对这一理论进行了总结和扩展。

　　法拉第和麦克斯韦对工业社会的影响是巨大的，不过这种影响并没有立即显现出来。它主要体现在两个方面：无线电通信和能量传输。虽然有线电磁通信在麦克斯韦的工作之前就已经起步，但无线电通信确实是基于麦克斯韦的工作而发展起来的。1888 年，赫兹将第一个无线电信号从实验室的一端发送到另一端，这标志着无线电通信的建立。另一个重要成果是法拉第在 1831 年发明的发电机。他将磁场施加在一个持续旋转的铜盘上，使铜盘中持续产生电流。如果逆转该过程，即从外界输入电流使发动机转动，就制成了电动机。

　　发电机和电动机的问世使蒸汽发电得以集中在发电厂，而不需要让每个工厂都建造一台蒸汽机。但这一工作的完成需要时间，工业、交通和家庭的电气化直到 20 世纪才完成。

　　不过，法拉第对发电机的潜力有充分的认知。传说有这样一个故事：1844 年，法拉第觐见维多利亚女王时，女王问他这个发明可以用来干什么，法拉第回答道：“一百年后您就可以对它们征税了。”

　　麦克斯韦方程组同样对科学产生了巨大影响，但后来人们才认识到它的重要性。最早是在洛伦兹和爱因斯坦仔细研究麦克斯韦方程组时，他们发现：这些方程在任意时空变换下都是不变的，而以太关系只在洛伦兹变换下是不变的，详见下文。

　　麦克斯韦方程组的本质是电荷和磁通量的守恒定律，这一点是古斯塔夫·阿道夫·费奥多尔·威廉·米（Gustav Adolf Feodor Wilhelm Mie，1868～1957 年）发现的[59]。米氏把洛伦兹和爱因斯坦提出的变换规则改写成了简洁、优美的四维形式，这是电磁学的最高成就。克劳斯·雨果·赫尔曼·外尔（Claus Hugo Hermann Weyl，1885～1955 年）在他的著作中叙述了这一成就[60]。我将尽可能简洁地介绍这

[57] J.C. Maxwell: *On Faraday's lines of force, Transactions of the Cambridge Philosophical Society,* X（1856）。

J.C. Maxwell: *On physical lines of force*，第一和第二部分见于 *Philosophical Magazine* XXI（1861）；第三和第四部分见于 *Philosophical Magazine*（1862）。

J.C. Maxwell: *A dynamical theory of the electro-magnetic field, R Royal Society Transactions CLV*（1864）。

[58] J.C. Maxwell: *Treatise on electricity and magnetism*（电磁学通论）（1873）。

J.C. Maxwell: *An elementary treatise on electricity*，William Garnett（ed.）（1881）。

[59] G. Mie: *Grundlagen einer Theorie der Materie*（物质理论的基础），*Annalen der Physik* 37, pp. 511-534; 39, pp. 1-40; 40, pp. 1-66（1912）。

[60] H. Weyl: *Raum-Zeit-Materie*（空间-时间-物质），Springer, Heidelberg（1921）。英文版: Dover Publications, New York（1950）。

一成果，参见插注 2.3。这将有助我们理解最终的结论：能量就是质量，质量就是能量，二者完全等价。

电磁场的时空变换特性

最适合描述电磁场的公式是四维形式的。令 $x^A = (t, x_1, x_2, x_3)$，$A = 0,1,2,3$，式中，t 为时间，x_i 为事件在笛卡儿坐标系中的空间坐标。如果引入电磁场张量 (electro-magnetic field tensor) $\boldsymbol{\varphi}$ 和电荷密度矢量 $\boldsymbol{\sigma}$：

$$\boldsymbol{\varphi}_{AB} = \begin{bmatrix} 0 & -E_1 & -E_2 & -E_3 \\ E_1 & 0 & B_3 & -B_2 \\ E_2 & -B_3 & 0 & B_1 \\ E_3 & B_2 & -B_1 & 0 \end{bmatrix}, \quad \boldsymbol{\sigma}^A = (q, J_1, J_2, J_3)$$

磁通量守恒定律和电荷守恒定律的微分形式为

$$\varepsilon^{ABCD} \frac{\partial \boldsymbol{\varphi}_{CD}}{\partial x^B} = 0, \quad \frac{\partial \boldsymbol{\sigma}^A}{\partial x^A} = 0$$

为了得到第二个方程的形式解，可以令

$$\sigma^A = \frac{\partial \boldsymbol{\eta}^{AB}}{\partial x^B} = 0, \quad \text{其中，} \boldsymbol{\eta}^{AB} = \begin{bmatrix} 0 & D_1 & D_2 & D_3 \\ -D_1 & 0 & H_3 & -H_2 \\ -D_2 & -H_3 & 0 & H_1 \\ -D_3 & H_2 & -H_1 & 0 \end{bmatrix}$$

式中，$\boldsymbol{\eta}^{AB}$ 为电荷-电流势。因此，矢量 $\boldsymbol{D}$ 也称为电荷势；矢量 $\boldsymbol{H}$ 也称为电流势。二者更常用的名称是电位移矢量和磁场强度。

检查可知，加下划线的方程正是图 2.8 中的麦克斯韦方程组。因此，麦克斯韦方程组也代表了磁通量守恒定律和电荷守恒定律[61]。按照指标的习惯位置，设下标 AB 代表协变分量，上标 AB 代表逆变分量。对任意时空变换 $x'^A = x'^A(x^B)$，我们有

---

[61] 关于这些方程的积分形式，读者可以参考 I. Müller: *Thermodynamics*，Pitman，Boston，London（1985），第九章。关于 Mie 和 Weyl 对电动力学和相对论的处理方法，还可以参考 C.A. Truesdell 和 R. Toupin 的备忘录：*The classical field theories*，*Handbuch der Physik*（物理手册）第三卷第一章，Springer. Heidelberg（1960）. pp. 660-700，736-744。

$$\varphi'_{CD} = \frac{\partial x^A}{\partial x'^C} \frac{\partial x^B}{\partial x'^D} \varphi_{AB}, \quad \eta'^{CD} = \frac{\partial x'^C}{\partial x^A} \frac{\partial x'^D}{\partial x^B} \eta^{AB}$$

因此，麦克斯韦方程组在任意坐标系中都具有相同的形式。

特别地，**E** 和 **B** 的变换规则为

$$E'_i = -\frac{\partial x^A}{\partial t'} \frac{\partial x^B}{\partial x'_i} \varphi_{AB}, \quad B'_i = \frac{1}{2}\varepsilon_{ijk} \frac{\partial x^A}{\partial x'_j} \frac{\partial x^B}{\partial x'_k} \varphi_{AB}$$

根据此式可以写出任意坐标系中的 E'_i 和 B'_i。类似地，可以由 D_i 和 H_i 的表达式推导出 D'_i 和 H'_i。

一旦知道了 **E**、**B**、**D**、**H** 的变换规则，就可以找出保持以太关系 $D = \varepsilon_0 E$ 和 $B = \mu_0 H$ 不变的坐标变换，这就是洛伦兹变换，详见下文。

插注 2.3

阿尔伯特·爱因斯坦（Albert Einstein，1879～1955 年）

迈耶曾经随机统计了几种力，包括下降力、运动力、张力、热力、磁力、电力和化学分离力(图 2.9)。其中有三种力是无法测量的。已经证实这些力代表不同类型的能量，分别是势能、动能、弹性能、内能、电磁能和化学能。不同类型的能量之间可以相互转换，但总能量是守恒的。这是物理理论走向统一的重要一步。新生代的物理学家对能量这一概念相当熟悉。他们知道，能量和质量、动量一样，也是守恒量。

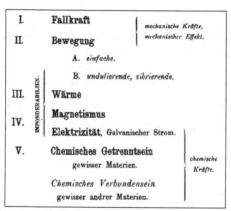

图 2.9　迈耶列举的各种力

从直观上看，似乎所有类型的能量都是无法称量的，如压缩的弹簧并不比松

弛的弹簧重。不过，根据爱因斯坦的工作，我们知道能量 E 和质量 m 是等价的；或者说，它们是两个联系紧密的物理量：

$$E=mc^2$$

式中，c 为光速。因此，如果能量和质量等价，而质量是可以称量的，那么所有类型的能量都是可以称量的。

事实上，一个物体处在高处或移动时的质量会变大，因此它具有势能或动能。同样地，弹簧在压缩时具有更大的势能，所以它比松弛时更重。而物体在热的时候其分子的平均速度更大，故它比冷的时候更重。如果两个原子结合成分子后，其势能小于分开时的势能，那么总质量会减小。

能量 E 和质量 m 的比例因子 c^2 很大，而上述例子中的能量变化则很小，因此它们的质量和重量变化都非常小，以至于无法被检测到。然而，对于涉及核力的物理过程，情况就不一样了。例如，He^4 原子核中质子与中子之间的核力非常强，结合能非常大，所以 He^4 原子核形成过程中存在明显的质量亏损（mass defect）：两个质子和两个中子的质量分别为 $2\times1.67239\times10^{-27}$g 和 $2\times1.67470\times10^{-27}$g，而它们所形成 α 粒子的质量为 6.64373×10^{-27}g，质量亏损达到了 0.76%。这一结果很容易被实验检测出来。

不过始终没有发现这一现象，直到 1905 年爱因斯坦（图 2.10）发表了关于狭义相对论（special relativity）的论文[62]。这篇论文至关重要，因为它建立了能量和质量之间的关系式。质量亏损现象的发现证明了这一关系式的正确性。不过，公式 $E=mc^2$ 在论文的最后才出现，这说明它几乎是一个事后补充的想法。当然，现在人们公认它是物理学中最重要的公式，但当时确实没有大张旗鼓地进行宣传。事实上，爱因斯坦在论文中讨论的主要问题根本不是质量或能量，而是以太和绝对空间。为了解释这一点，我们必须暂时离题。

"光以太"概念的引入将被证明是多余的，
因为下面介绍的理论不需要具有诸多特殊性质的
"绝对静止空间"，也不需要发生电磁过程的
空间点具有速度特性[63]。

图 2.10　阿尔伯特·爱因斯坦（左）和以太的摒弃（右）

[62] 参见第二章脚注 62，A. Einstein: *Zur Elektrodynamik...*

[63] 参见 A. Einstein: *Zur Elektrodynamik bewegter Körper*（关于运动物体的电动力学），*Annalen der Physik* 17（1905）。1923 年译本：*The principle of relativity, a collection of original memoirs of the special and general relativity*，W.Perrett，G.B.Jeffrey（eds），Dover Publications。介绍性评论。

洛伦兹变换

直到 20 世纪初，人们仍然认为宇宙中充满了光以太，而光以速度 c 在以太中传播。以太在绝对空间中处于静止状态；所有物体都在以太中运动且不会干扰其静止状态，地球和太阳也不例外。于是，问题出现了：地球在以太中运动的速度，即绝对速度是否可以测量？阿尔伯特·亚伯拉罕·迈克耳孙（Albert Abraham Michelson，1852～1931 年）首先提出了这个问题，之后他与爱德华·威廉姆斯·莫雷（Edward Williams Morley，1838～1923 年）合作并解决了这一问题。他们向距光源为 L 的镜子发射一束光线，然后测量光线往返一趟的时间间隔。如果地球、光源和镜子在以太中以速度 V 运动，那么最大的时间间隔应该为[64]

$$\Delta t = \frac{L}{c-V} + \frac{L}{c+V} = \frac{2L}{c} \frac{1}{1 - \frac{V^2}{c^2}}$$

然而，无论沿哪个方向发射光束，实验中测得的时间间隔始终为 $\frac{2L}{c}$。这似乎说明地球相对于以太静止，但这显然是不可能的[65]。因此，实验结论是：光的传播速度与光源的运动速度无关。

为了解释这一现象，物理学家进行了诸多尝试，其中一个假设十分重要：乔治·弗朗西斯·菲茨杰拉德（George Francis FitzGerald，1851～1901 年）在 1890 年左右提出：沿以太风方向的空间距离应该缩短，以补偿迈克尔孙实验的预期结果和实际结果之间的差异。亨德里克·安东·洛伦兹（Hendrik Anton Lorentz，1853～1928 年）在 1895 年做出了同样的假设[66]。为了解释这一假设，洛伦兹推测："以太对两个分子或原子之间的相互作用有影响，因此空间距离必须发生变化"[67]。

---

[64] 时间间隔应该取决于光束传播方向和地球运动速度之间的夹角。如果夹角为零，那么时间间隔最大。

[65] 迈克耳孙测量的实验细节是巧妙而烦琐的，因为 Δt 不容易测量。要了解细节，读者可以参考迈克耳孙的论文，这些论文为他赢得了 1907 年的诺贝尔物理学奖。

A.A. Michelson: *The relative motion of the earth and the luminiferous ether*, *American Journal of Science* 22（1881），p.122.

A.A. Michelson, E.W. Morley: *Influence of motion of the medium on the velocity of light*, *American Journal of Science* 31（1886），p.377.

[66] H.A. Lorentz: *Versuch einer Theorie der elektrischen und optischen Erscheinungen in bewegten Körpern*（运动物体中电学和光学现象理论的尝试），Leiden 1895 §§89-92。1923 年英文翻译参见第二章脚注 62，*The principle of relativity*……一书中标题为 *Michelson's interference experiment* 部分，Dover Publications。

洛伦兹勉强承认了菲茨杰拉德的优先权，他说："正如菲茨杰拉德亲切地告诉我的那样，他很长时间以来一直在讲座中讲述他的假设。"当时这一假设现象称为菲茨杰拉德长度收缩，但更常称为洛伦兹长度收缩。

[67] 我认为洛伦兹是在自欺欺人。事实上，在迈克耳孙的实验中，携带光源的杆子和镜子是由不同材料的黄铜和石头组成的；似乎很难想象以太会以同样的方式影响这两种材料。

爱因斯坦在论文中并没有提及迈克耳孙[68]，但他在文中写道："所有寻找地球相对于'光介质'运动的尝试都失败了"，这说明他接受了迈克耳孙的实验结果。不过，他没有试图对以太的性质做出假设以解释迈克耳孙实验的"失败"。相反，他开始着手建立不同坐标系之间的时空坐标变换。假设在两个相对作匀速运动的坐标系 K 和 K' 中，光速都等于 c，那么知道它们之间的坐标变换关系是十分必要的。通过建立适当的坐标系，这一问题可以得到简化：假设两个坐标系的坐标轴相互平行，它们的相对运动速度为 V，并沿 x_1 轴方向。在这种情况下，爱因斯坦得到：

$$x_1' = \frac{x_1 - Vt}{\sqrt{1 - V^2/c^2}}, \; x_2' = x_2, \; x_3' = x_3, \; t' = \frac{t - \frac{V}{c^2}x_1}{\sqrt{1 - V^2/c^2}}$$

逆变换为

$$x_1 = \frac{x_1' + Vt'}{\sqrt{1 - V^2/c^2}}, \; x_2 = x_2', \; x_3 = x_3', \; t = \frac{t' + \frac{V}{c^2}x_1'}{\sqrt{1 - V^2/c^2}}$$

这就是洛伦兹变换（Lorentz transformation）。洛伦兹根据麦克斯韦电磁方程在所有惯性系中都应该有相同形式的要求导出了它[69]。在爱因斯坦最初的论文中并没有提到洛伦兹。不过，在后来的重印版上，他在脚注中写道："当时作者（即爱因斯坦）并不知道洛伦兹写的回忆录[70]。"

对于 $V/c \ll 1$ 的情况，洛伦兹变换退化为经典力学中的伽利略变换（Galilei transformation）。但对于高速运动情形，它和伽利略变换略有不同。这很难直观理解，让我们参考一个例子。

洛伦兹勉强承认了菲茨杰拉德的优先权，他说："正如菲茨杰拉德亲切地告诉我的那样，他很长时间以来一直在讲座中讲述他的假设。"当时这一假设现象称为菲茨杰拉德长度收缩，但更常称为洛伦兹长度收缩。

假设有一个相对于坐标系 K' 静止的半径为 R 的球，球心位于坐标原点，球面方程为 $x_1'^2 + x_2'^2 + x_3'^2 = R^2$。根据洛伦兹变换，在坐标系 K 中观察到的是旋转椭球

[68] 参见第二章脚注 62，A. Einstein: *Zur Elektrodynamik...*

[69] H.A. Lorentz: *Electro-magnetic phenomena in a system moving with any velocity less than light*。英文版见 *Proceedings of the Academy of Sciences of Amsterdam*, 6（1904）。重印于 *The principle of relativity*……（参见第二章脚注 62）Dover Publications。

[70] 我找了好几个国家的图书馆，却没有在《物理年鉴》（Annalen der Physik）上看到爱因斯坦的论文。因为我在图书馆里找到当年的《物理年鉴》时，那些论文都已经被偷走了：或者被剪掉，或者被撕掉，大概是作为纪念品被带走了。这是科学家的终极荣誉！不过，这些论文已经被重印了很多次，有些重印版还附有爱因斯坦写的脚注，上面引用的 Dover 版也是如此。这是一件好事，因为有些脚注很有启发性。

面，并且沿运动方向的轴为短轴，此时椭球面方程为

$$\frac{x_1^2}{1-\dfrac{V^2}{c^2}} + x_2^2 + x_3^2 = R^2$$

相反地，在坐标系 K 中静止的球，球面方程为 $x_1^2 + x_2^2 + x_3^2 = R^2$；但在坐标系 K' 中看来，它也是旋转椭球，椭球面方程为

$$\frac{x_1'^2}{1-\dfrac{V^2}{c^2}} + x_2'^2 + x_3'^2 = R^2$$

根据爱因斯坦的理论，不存在绝对静止的坐标系。并且，正是不同坐标系的相对运动导致了空间形变。他没有提到以太的影响，也没有提出任何似是而非的解释。对于那些凭直觉理解现象而参与争论的人来说，这不是一个好消息。爱因斯坦依据一个可靠的实验结果进行纯粹的数学推导，并得出结论——仅此而已，没有任何投机倒把的假设。不同坐标系中观测到的时间间隔更加违反直觉。假设两个事件在 K' 系中的同一地点先后发生，时间间隔为 $\Delta t'$。根据洛伦兹变换，在 K 系中两事件的时间间隔为 $\Delta t = \dfrac{1}{\sqrt{1-V^2/c^2}}\Delta t' > \Delta t'$。

因此，K 系中的观察者看到的时间间隔变长，称为时间膨胀(time dilatation)。这一现象经常在科普文章中被提及，因为它引出了孪生子悖论(twin paradox)：让双胞胎 1 号待在家，即位于固定地点 x_1'；而双胞胎 2 号沿 x_1 轴以高速做长途旅行，之后以高速返回。由于时间膨胀效应，他的心跳频率下降，新陈代谢变慢，因此他回来的时候仍然年轻；而他的兄弟双胞胎 1 号，已经变老了。这一现象令人称奇。然而，这里存在一个悖论：这对双胞胎相对彼此都处于运动状态。因此，在双胞胎 2 号看来，他自己处于固定地点 x_1，而他的兄弟(相对于他)去长途旅行了；他自己的心跳周期为 $\Delta t = \sqrt{1-V^2/c^2}\Delta t' < \Delta t'$，所以他自己变老了，而他的兄弟双胞胎 1 号旅行回来后仍然年轻。如果事实确实如此的话，这就是一个真正的悖论[71]。

11 年后的 1916 年，爱因斯坦宣布，他对狭义相对论中的枯燥推理并不完全满意。在他关于广义相对论的论文开头，他写道[72]："在经典力学和狭义相对论

---

[71] 有人告诉我，如果把旅行开始和结束阶段的加速过程考虑在内，这对双胞胎再次相遇后会变得同样老。当然，只有双胞胎中真正去旅行的那个人才会经历这个加速过程。但加速过程是广义相对论的论题，我们不再进一步讨论。

[72] A. Einstein: *Die Grundlage der allgemeinen Relativitätstheorie*，*Annalen der Physik* 49(1916)。英译本: *The principle of relativity……*(参见第二章脚注 62)中的 *The foundation of the general theory of relativity* 部分，Dover Publications。

中，都有一个固有的认识论上的缺点，这个缺点恐怕是恩斯特·马赫最先清楚地指出来的。"仅声明匀速运动坐标系(即惯性系)是特殊的，这是不够的。在讨论完它们是通过伽利略变换还是通过洛伦兹变换相联系后，我们还需要知道是什么使得它们如此特殊。爱因斯坦认为，不同坐标系之间出现上述现象的原因在于远处物体和坐标系相对于这些物体的运动。因此，非惯性系会受到来自远处物体的引力影响，而惯性系则不受这种影响，这就是惯性系和非惯性系的本质区别。

$E=mc^2$

麦克斯韦的以太关系仅在洛伦兹变换下保持不变[73]，而图 2.8 中的麦克斯韦方程组在任意解析变换下一般是不变的(参见上文)。爱因斯坦认为这里存在问题，因为力学的基础——牛顿方程只具有伽利略不变性。他说道[74]："……对所有力学方程适用的参考系，……电动力学定律应该也适用。我们提出这个猜想(其核心观点后来称为'相对性原理')，并将其作为一个基本假设。"大量实验证明电动力学定律是可靠的，所以必须修正经典力学方程使其成为洛伦兹不变式。问题是如何进行修正?

经典力学和电动力学的大部分内容是不相干的，但它们之间确实存在交叉内容。例如，一个带电量为 e 的电荷处在电场 E_i 和磁场 B_i 中，其所受到的电磁力 F_i 称为洛伦兹力，表达式为

$$F_i = e\left(E_i + \varepsilon_{ijk}\frac{\mathrm{d}x_j}{\mathrm{d}t}B_k \right) \text{或} F_i' = e\left(E_i' + \varepsilon_{ijk}\frac{\mathrm{d}x_j'}{\mathrm{d}t_k'}B_k' \right)$$

前者为 K 系中的表达式，后者为 K' 系中的表达式。因此，两个参考系下的牛顿方程分别为

$$m\frac{\mathrm{d}^2 x_1}{\mathrm{d}t^2} = F_i \text{ 或} m'\frac{\mathrm{d}^2 x_1'}{\mathrm{d}t'^2} = F_i'$$

理论上讲，两个方程可以通过洛伦兹变换互相转换。然而，这一要求并不能被满足，即使 m 和 m' 相等也是如此。为了简单起见，设该电荷在 K' 系中静止，因此其在 K 系中的速度为 $\left(\dfrac{\mathrm{d}x_1}{\mathrm{d}t},0,0\right)$。根据 K 系到 K' 系的洛伦兹变换，有

$$\frac{m'}{\sqrt{1-\dfrac{1}{c^2}\left(\dfrac{\mathrm{d}x_1}{\mathrm{d}t}\right)^2}^{\,3}}\frac{\mathrm{d}^2 x_1}{\mathrm{d}t^2} = F_1 \text{ 和} \frac{m'}{\sqrt{1-\dfrac{1}{c^2}\left(\dfrac{\mathrm{d}x_1}{\mathrm{d}t}\right)^2}}\frac{\mathrm{d}^2 x_{2,3}}{\mathrm{d}t^2} = F_{2,3}$$

---

[73] 在洛伦兹坐标系中的光速不变性是由以太关系不变性导出的必然结果。

[74] 参见第二章脚注 62，A. Einstein: *Zur Elektrodynamik*……。

根据这一结果，爱因斯坦提出纵向质量和横向质量的概念[75]（纵向指沿 x_1 方向，横向指垂直于 x_1 方向，见插注 2.4）。

横向和纵向质量

显然，由麦克斯韦方程组形式的不变性可以推出光速不变性。除此之外，它还暗含着电场的变换规律（插注 2.3）：

$$E_1' = E_1, \quad E_2' = \frac{E_2 - VB_3}{\sqrt{1 - V^2/c^2}}, \quad E_3' = \frac{E_3 + VB_2}{\sqrt{1 - V^2/c^2}}$$

另外，如果一个物体在 K' 系中瞬时静止，那么它在 K' 系和 K 系中的加速度是由洛伦兹变换决定的。这个关系式很容易计算，即

$$\frac{\mathrm{d}^2 x_1'}{\mathrm{d}t'^2} = \frac{1}{\sqrt{1 - \frac{1}{c^2}\left(\frac{\mathrm{d}x_1}{\mathrm{d}t}\right)^2}^3} \frac{\mathrm{d}^2 x_1}{\mathrm{d}t^2}$$

$$\frac{\mathrm{d}^2 x_2'}{\mathrm{d}t'^2} = \frac{1}{1 - \frac{1}{c^2}\left(\frac{\mathrm{d}x_1}{\mathrm{d}t}\right)^2} \frac{\mathrm{d}^2 x_2}{\mathrm{d}t^2}$$

$$\frac{\mathrm{d}^2 x_3'}{\mathrm{d}t'^2} = \frac{1}{1 - \frac{1}{c^2}\left(\frac{\mathrm{d}x_1}{\mathrm{d}t}\right)^2} \frac{\mathrm{d}^2 x_3}{\mathrm{d}t^2}$$

将其代入牛顿定律：

$$m' \frac{\mathrm{d}^2 x_i'}{\mathrm{d}t'^2} = eE_i'$$

可以得到

$$\frac{m'}{\sqrt{1 - \frac{1}{c^2}\left(\frac{\mathrm{d}x_1}{\mathrm{d}t}\right)^2}^3} \frac{\mathrm{d}^2 x_1}{\mathrm{d}t^2} = F_1$$

---

[75] 洛伦兹在他的论文 *Electro-magnetic phenomena*……（1904）中已经介绍了横向质量和纵向质量的概念，参见第二章脚注 69。爱因斯坦后来说他当时并不知道这件事，参见上文。

$$\frac{m'}{\sqrt{1-\dfrac{1}{c^2}\left(\dfrac{\mathrm{d}x_1}{\mathrm{d}t}\right)^2}}\frac{\mathrm{d}^2 x_2}{\mathrm{d}t^2}=F_2$$

$$\frac{m'}{\sqrt{1-\dfrac{1}{c^2}\left(\dfrac{\mathrm{d}x_1}{\mathrm{d}t}\right)^2}}\frac{\mathrm{d}^2 x_3}{\mathrm{d}t^2}=F_3$$

因此，惯性质量在沿坐标系相对运动方向和垂直于坐标系相对运动方向是不同的。爱因斯坦将其称为横向质量和纵向质量。我们其实可以避免引入这一概念，不过要把牛顿定律改写一下：

从"质量×加速度=力"写为"动量变化率=力"

插注 2.4

事实上，纵向质量和横向质量可以合二为一。也就是说，上述关于 $x_1(t)$、$x_2(t)$ 和 $x_3(t)$ 的方程可以合并成一个：

$$\frac{\mathrm{d}}{\mathrm{d}t}\left[\frac{m'}{\sqrt{1-\dfrac{1}{c^2}\left(\dfrac{\mathrm{d}x_1}{\mathrm{d}t}\right)^2}}\frac{\mathrm{d}x_i}{\mathrm{d}t}\right]=F_i$$

合并后只剩下一个依赖于速度的质量，它和静止质量的关系是：

$m=\dfrac{m'}{\sqrt{1-\dfrac{1}{c^2}\left(\dfrac{\mathrm{d}x_1}{\mathrm{d}t}\right)^2}}$。上述运动方程的简化形式是由普朗克提出的，它等价于动量

平衡。爱因斯坦在后来添加的脚注中写到[76]："这里给出的力的定义并不是最佳的，马克斯·普朗克首次指出了这一点。事实上，根据动量和能量守恒定律定义的力在形式上最简单，也更切中要害。"

无论如何，这两种形式的方程都表明，如果物体的速度趋近于 c，其质量就会增加到无穷大。因此，不可能把一个物体加速到光速。

那么相对论下的能量守恒定律是什么形式呢？将一元的动量平衡方程乘以 $\dfrac{\mathrm{d}x_1}{\mathrm{d}t}$，得到作用在运动物体上的力的功率表达式，即

---

[76] 参见第二章脚注 62，A. Einstein: *The principle of relativity*，…，Dover Publications。

$$\frac{\mathrm{d}(mc^2)}{\mathrm{d}t} = F_1 \frac{\mathrm{d}x_1}{\mathrm{d}t}$$

功率在力学中就是能量的变化速率，所以 mc^2 就是能量，即

$$E = mc^2 = \frac{m'c^2}{\sqrt{1 - \frac{1}{c^2}\left(\frac{\mathrm{d}x_1}{\mathrm{d}t}\right)^2}} \approx m'c^2 + \frac{1}{2}m'\left(\frac{\mathrm{d}x_1}{\mathrm{d}t}\right)^2$$

当然，上式的第一项比第二项大得多，但它是个常数。因此，我们得到了经典力学中熟悉的能量平衡方程：动能 $\frac{1}{2}m'\left(\frac{\mathrm{d}x_1}{\mathrm{d}t}\right)^2$ 的变化率等于力的功率。

狭义相对论是一个关于通过洛伦兹变换相联系的参考系的理论，但它没有提到质量和势能的关系。根据狭义相对论，如果一个物体的运动速度很大，那么它的质量一般也比较大。不过，这么大的运动速度可能是从很高的地方掉下来产生的。如果质量或能量是守恒的，物体在坠落前静止在高处时，就一定有很大的质量[77]。这样一来，公式 $E=mc^2$ 不仅适用于动能，还可以外推到势能甚至所有其他类型的能量。例如，原子核中存在结合能，这就是通过质量损失表现出来的。

奇迹之年

2005 年（也正是作者写这本书的这一年）被世界各地的物理学家命名为"爱因斯坦之年"，以庆祝奇迹之年一百周年。1905 年之所以称为奇迹之年，是因为爱因斯坦在那年发表了三篇杰出的论文，刚刚讨论了其中一篇。另外两篇也与热力学有关，后面也会讨论，分别参见第七章和第九章。

以这种方式纪念科学成就是不同寻常的。这种纪念方式对于政治家、将军、足球运动员和体育教练来说更为常见。但无论如何，"奇迹之年"确实到来了。德国是爱因斯坦出生的地方，在那里他度过了一段充实的时光，但不包括 1905 年。不过在柏林，百年庆典仍然被认真对待，柏林的大多数公共建筑都贴上了爱因斯坦的智慧之语。柏林总理府上用鲜红的大字写道："国乃为人而立，人非为国而生。"公共汽车、火车、有轨电车和面包车上都印着这样的口号："如果你想过上幸福的生活，就给自己定一个目标。"

诚然，有些格言是陈词滥调，但爱因斯坦确实很会说俏皮话。他当初反对量

---

[77] 爱因斯坦的广义相对论专门讲述了加速坐标系和引力，从而使这些论点更加明确。

子力学的概率性时，就说道："上帝不掷骰子"。他对海森堡不确定性原理表示怀疑时，又说道："上帝难以捉摸，但不会心怀恶意"。顺便说一句，目前的主流认识是：爱因斯坦的这两次质疑都是错的。然而，当他建议物理学家们："理论应该尽可能简单，但不能过于简单"时，他无疑是正确的。

对比现在大张旗鼓的宣传，在当时也就是奇迹之年后的第四年，爱因斯坦才得到教授职位——这并不是因为他没有努力！八年后，在马克斯·普朗克的推动下，柏林的威廉皇家学院为爱因斯坦设立了一个特殊职位。1916 年，爱因斯坦发表了他关于广义相对论的论文[78]，这堪称是他最伟大的成就。1911 年，爱因斯坦提出"光线会被引力场偏转"的预测[79]；而在 1919 年的日食期间，这一现象被观测到，从而证实了他的预言。自此，爱因斯坦闻名世界。

1933 年希特勒掌权时，爱因斯坦预料到自己将失去在祖国的地位并被驱逐出德国的命运，因此，在访美之旅后他并未返回德国。从那时起，他一直留在普林斯顿生活和任教直到去世。

上面提到的质量亏损不仅存在于轻元素的聚变中，也存在于铀等重元素的裂变中。1939 年奥托·哈恩（Otto Hahn，1879～1968 年）和莉泽·迈特纳（Lise Meitner，1878～1968 年）称发现了裂变的实现。附带的现象还表明可能发生了裂变的链式反应，这为核爆提供了可行性。

链式反应是由利奥·西拉德（Leo Szilard，1898～1964 年）构想出来的，他是赫伯特·乔治·威尔斯（H.G. Wells，1866～1946 年）[80]科幻作品的崇拜者。威尔斯是一名科幻小说家，他在某篇小说中首次使用[81]了原子弹这个术语。西拉德本人是一位有才干的物理学家，他知道哈恩和迈特纳的工作，因此担心德国在即将到来的第二次世界大战中开发和使用裂变弹。他说服爱因斯坦（作为科学家和公众人物，爱因斯坦在当时是绝对的传奇）签署一封给罗斯福总统的信，信中推荐了美国研发核弹的应急计划。1941 年 12 月 6 日，也就是日本偷袭珍珠港的前夕，罗斯福总统签署并实施了曼哈顿计划（Project Manhattan）。

事实上，德国科学家对裂变弹的研究并不上心，而曼哈顿计划成功不久后德国就投降了。但那时日本还没投降，因而美国就使用了两颗名为胖子和小男孩的原子弹。它们分别在 1945 年 8 月 6 日被投入广岛、1945 年 8 月 9 日被投入长崎，

[78] A. Einstein：*Die Grundlagen der allgemeinen Relativitätstheorie*（论广义相对论的理论基础），*Annalen der Physik* 49，（1916）。

[79] A. Einstein：*Über den Einfluß der Schwerkraft auf die Ausbreitung des Lichtes*（论引力对光性质的影响），*Annalen der Physik* 35，（1911）。

[80] 赫伯特·乔治·威尔斯（Herbert George Wells，1866～1946 年）是一位科学幻想家和社会预言家，他最著名的作品是经典短篇小说 *The time machine*，首次出版于 1895 年。

[81] 参见 I. Asimov：*The sun shines bright* 中的 *The finger of God*，Avon Books（1981）。

共造成 30 万平民死亡。

与其他支持"科学战争"的科学家的境遇不同，西拉德和爱因斯坦及参与曼哈顿计划的其他物理学家，包括康普顿、费米和玻尔，他们都得到了极大的宽恕，甚至因他们的奉献而受到赞扬。这也可以用在民间更流行的版本的相对论来解释：任何事物都是相对的，或者说：真理永远站在胜利的一方。

然而必须承认一个事实：很多曾经推动了原子弹项目的科学家，在战争结束后改变了想法，并呼吁让原子弹武器退役，其中包括爱因斯坦、费米和玻尔。但政客对他们的倡议置之不理。更有甚者，当玻尔据理力争时，温斯顿·丘吉尔（Winston Churchill，1874～1956 年）甚至威胁要把他关进监狱[82]。

第二次世界大战后，核裂变被用作发电厂的一种能源，而且通过这种方式获得的能源在人类能源中所占的比例日益增多[83]。轻元素聚变反应固有的质量亏损被用于制造氢弹，但目前尚未用于战争。尽管核聚变领域的研究很活跃，但耗资巨大，而且将核能转化为可用能源的可控核聚变现在还无法实现。主要困难在于：要想克服原子核间的库仑排斥，必须达到极高的温度[84]。太阳中心是我们所在行星系中唯一可以达到这种温度的地方，事实上核聚变正是太阳的能量来源（参见第七章）。

20 世纪 90 年代，来自美国犹他州普罗沃的两位物理学家声称，他们通过催化的方式克服了金属内部的排斥作用，在室温下实现了核聚变。虽然这种可能性极小，但还是可以想象的[85]。然而，事后证实这是一个假新闻。在当时，冷核聚变实验无论如何都无法复现出来。事实上，在谎言被戳破之前，世界各地的几个实验室都加入了这股潮流，并报告说他们也看到了冷核聚变。这招致了一些非核物理学家的冷嘲热讽：可控核聚变过程如此简单，却这么多年都无法实现；他们自己的项目多年来常被拒绝资助，而几乎无穷无尽的资金被投入到无用的热核聚变研究中。真相曝光后，这些物理学家的世界再次变得灰暗。实现可控核聚变任重而道远。

---

[82] 参见第二章脚注 4，I. Asimov：*Biographies*……，p.614。

[83] 除了那些拥有恶毒的绿党或环保政党的不幸国家，因为这些党派通常也反对核能。

[84] 事实上，达到高温的难度并不大，但控制高温气体却很困难。在这种温度下，所有传统的容器壁都会融化甚至气化。

[85] 接触金属的确可以催化某些化学反应，但这类化学反应需要克服的能量势垒要比核能势垒小得多。

第三章　熵

熵(entropy)是理论物理和自然哲学中最精妙的概念之一，但熵的提出最早源自一个工程问题：如何提高热机效率。我们将在本章重温这段历史。

一直以来，熵在物理和工程中都有着广泛应用：机械工程专业学生案头必备的温熵图可用于设计发电厂和飞机喷嘴；化学工程师熟知的混合熵可用于构建相图；而对于在渗透压作用下树汁上升至树木顶端的过程，在物理学家看来是大自然在"熵的增加"和"能量的减少"这两者之间寻求折中的结果。

热机

丹尼斯·帕潘(Denis Papin，1647～1712 年)是克里斯蒂安·惠更斯(Christaan Huygens，1629～1695 年)的学生，他首次实现了水的凝结并用以提升重物[1]。帕潘使用了一根直径为 5cm 的黄铜长管，黄铜管底部存有一定量的水，另一端装有活塞；将黄铜管放入火中加热，底部的水蒸发并推动活塞上升；此时使用螺栓将活塞固定，并将管子从火中取出；随着温度降低，水蒸气凝结成水，管的内部形成了托里拆利真空(Torricelli vacuum)，即与蒸气压相等的低压环境。取下螺栓时，大气压力驱使活塞向下移动，从而能够举起 60lb 的重物。简而言之，这就是蒸汽动力(motive power of steam)的实现方法：通过冷凝获取真空。

帕潘非常熟悉饱和蒸汽的性质。例如，当气压高于 1atm 时，水的沸点将高于100℃。他利用这一现象制作了压力锅：在一个封闭容器中加热水和生肉；容器中积累的水蒸气在增大压强的同时提高了水的沸点，此时水温可能高达 150℃，这足以在短时间内将生肉充分煮熟。帕潘曾受伦敦皇家学会邀请展示他制作的蒸煮锅，并为国王查理二世做了一顿回味无穷的大餐[2]。

但帕潘的黄铜管还不能算作蒸汽机，它一次只有一个冲程。真正的蒸汽机是在18 世纪早期英国出现对能源的迫切需求之后发展起来的。当时，英国正遭受能源危机——"国家的森林被砍伐，剩下的树木需要供海军使用，不能用作燃料"[3]。与此同时，由于矿坑深处排水困难，煤矿的产量逐渐下降甚至有可能完全消失。这

---

[1] 对于希罗(Hero of Alexandria)是否在公元一世纪就已经利用蒸汽实现门和雕像的自动运行，我们不做讨论或推测。这些信息通常是牧师灌输给崇拜他们的信徒的，参见第二章脚注 4，I. Asimov: *Biographies*……，p. 38。

[2] 参见第二章脚注 4，I. Asimov: *Biographies*……，p. 204。

[3] 参见第二章脚注 4，I. Asimov，p. 145。

为发明家提供了强大的动力，蒸汽机应运而生。蒸汽机是由工程师托马斯·塞维利(Thomas Savery，1650～1715 年)和一个灵巧的铁匠托马斯·纽科门(Thomas Newcomen，1663～1729 年)发明的，起初只用于从矿井里抽水，以便将煤从更深的地方运上来。但这可能收效甚微——纽科门蒸汽机相当浪费燃料[4]，新产出的煤大多成为蒸汽机锅炉的热源而被浪费了。

后来，钢铁工业用蒸汽机驱动鼓风机、粉碎矿石，煤炭便成了钢铁厂的必需品。因此，蒸汽机的效率亟待提升。

让我们来看看纽科门蒸汽机的工作过程：纽科门蒸汽机通过将冷水注入汽缸(图 3.1)使蒸汽冷凝，在良好的真空环境下，活塞下移一个大的冲程。接着，锅炉里新冒出的蒸汽又把活塞推了上去，此时再向汽缸内注水，完成一个循环。

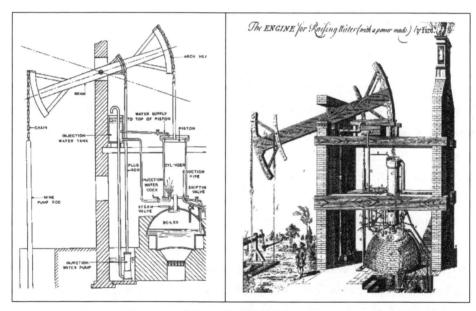

图 3.1　纽科门蒸汽机

詹姆斯·瓦特(James Watt，1736～1819 年)发现这一过程存在严重的浪费：由于汽缸和活塞刚被注水冷却过，因此在重新加热时，新产生的热蒸汽很大一部分发生了冷凝。瓦特设计了一个单独的冷却器(冷凝器)对机器加以改造——蒸汽在进入加热汽缸和活塞之前先进入冷凝器凝结成水，然后再被重新注入锅炉。瓦特还引入了其他改进，例如：

---

[4] 然而，这些机器获得了成功。"到 1775 年，仅在康沃尔一地就建了 60 座这样的机器，泰恩盆地也建了约 100 座"。见 R.J. Law: *The Steam Engine*，A science museum booklet，Her Majesty's Stationary Office，London(1965) p. 10。

● 用进入的蒸汽加热汽缸壁保温；

● 引入一种巧妙的阀门系统，使活塞在下冲程和上冲程都可以做功；

● 在冲程结束前关闭气阀：尽管每次循环输出的功减少，但消耗的蒸汽也随之减少，这不失为一种有效的方法。

　　更为重要的是，瓦特使蒸汽机的应用领域不再局限于水泵。他把活塞的上下运动替换为齿轮的回转运动，发明了著名的回转发动机(rotative engine)。这种"太阳行星结构"的传动齿轮极大地扩展了机器的适用范围，既可以驱动车床、钻头、纺车和织布机，还可以驱动轮船和机车。因此，瓦特蒸汽机成为工业革命(industrial revolution)中大规模使用的发动机(图 3.2)。

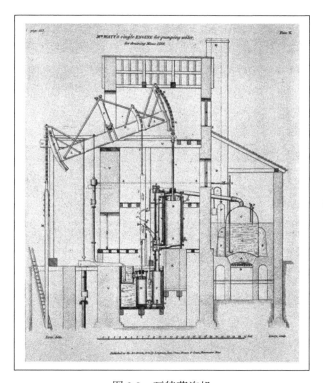

图 3.2　瓦特蒸汽机

　　瓦特出生于格拉斯哥，他曾在伦敦学过简单的仪器制造，后来进入格拉斯哥大学做实验助理。他因修好并改进了一台坏掉的纽科门蒸汽机模型而引起约瑟夫·布莱克(Joseph Black，潜热的发现者，详见上文)的注意。布莱克作为瓦特的第一任导师和资助者，把瓦特介绍给工业家约翰·罗巴克(John Roebuck)博士，二人建立了合伙企业，股份按一二分成(瓦特占一份)。后来，马修·博尔顿(Matthew

Boulton)接管了那2/3的股份，与瓦特一起售卖蒸汽机。这是一门相当成功的生意，劳(Law)写道[5]："……客户支付所有材料的费用，客户为机器的安装安排劳动力。客户公司送来了图纸和施工人员，并提供阀门、阀动装置等重要部件……作为回报，他们要求生产的机器比旧的纽科门蒸汽机能节省1/3的煤。"

这足以使瓦特成为一个富翁了，要知道瓦特机的效率要比纽科门机高出3～4倍[6]。瓦特于1800年退休，那时的他已经相当有名，他也因自己毕生的工作而获得过很多殊荣：他被选为伦敦皇家学会会员，并获得格拉斯哥大学荣誉博士学位，此前他曾在那里担任实验室的低级助理(图3.3)。

1783年，瓦特用一匹强壮的马做测试，发现它可以在1s内将150lb的重物举起近4ft，因此他把"马力"定义为550英尺磅/秒。这一功率单位现在仍在使用，尤其是在汽车行业中。在国际单位制中，功率的单位为瓦特，以纪念这位苏格兰工程师。1马力等于746W。

图3.3　詹姆斯·瓦特(左)和出自阿西莫夫作品的引文(右)[7]

实现热功转换的首选工质是液态水和水蒸气——液态水在锅炉中的吸热和水蒸气在冷却器中的放热都是等压过程，而且这些过程大多位于相图中沸水和饱和蒸气共存的"湿蒸汽"区，因此它们又是等温过程。这些特点非常类似下文要详细讨论的效率最高的卡诺过程(Carnot process)。

热也可以通过空气发动机或更一般的气体发动机转化成功。图3.4给出了典型焦耳过程(Joule process)的示意图。绝热压缩机提供的热空气等压吸热Q_+后在工作缸内绝热膨胀，冷却的空气被送入热交换器等压放热Q_-。绝热过程和等压过程交替进行，与蒸汽机非常类似。但在焦耳过程中，由于并未发生蒸汽机那样液态水和水蒸气之间的相变，因此等压线与等温线并不相似。

那些发明或改进蒸汽机、空气发动机的工程师们对热的本质或者说是否存在热质这一问题并不关心。他们只是通过实际操作证明了热可以转化成功，并且可以不断提高转化效率。

---

[5] 参见第三章脚注4，R.J. Law: *The Steam Engine*，p. 13。

[6] 实际上，这些机器的效率都很低：纽科门蒸汽机大约是2%，瓦特机是5%～7%，而现代发电站则在45%～50%。工程师们是在过去的200年里才将机器效率提升到现在这么高的。

[7] 参见第二章脚注4，I. Asimov: *Biographies*……，p.187。

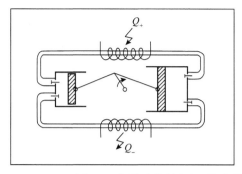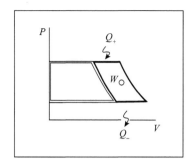

图 3.4　焦耳过程（左）和理想气体焦耳过程的 p-V 图（右）

在许多巧妙的改进下，发动机的效率缓慢而稳步地提高，在 19 世纪 20 年代已经达到了 18%。但这样的改进还能走多远？曾在巴黎综合理工学院（the École Polytechnique in Paris）学习的物理学家萨迪·卡诺提出了该问题，并试图自己寻找答案。

尼古拉·莱昂纳尔·萨迪·卡诺（Nicolas Léonard Sadi Carnot，1796～1832 年）

萨迪·卡诺是以 13 世纪深受法国督政府欢迎的波斯诗人萨迪·穆斯利赫丁（Saadi Musharifed Din）的名字命名的。其父拉扎尔·卡诺是法国督政府的部长之一，也是后来拿破仑（Napoléon）手下一名忠诚能干的将军，他在数学上也很有成就。他曾在 1803 年出版了一本机械方面的书——《平衡与运动的基本原理》（*Fundamental principles on equilibrium and movement*），书中表达了他坚信永动机不可能存在的观点。

也许是遗传的影响，他的儿子萨迪·卡诺提出了这样一个问题："热机效率的提升是否有一个确定的上限？"

1824 年，萨迪·卡诺在他出版的书中阐述了这样一个问题："关于火的动力及适合发展这种动力的机器的思考"[8]。在当时可以想象到的方法是

● 或许将恒压加热和恒压冷却改为恒容或恒温，效率会有所改善；

● 或许使用硫或汞作为工质比水的效率更高。

对于这两个命题，卡诺都给出了正确的结论。对于第一个命题，他认为：

对于一个工作在温度 T_L 和 T_H 之间的热机，其工作的最佳方式是热机只在这两个温度下进行热交换。现在人们称这种热机为卡诺热机（Carnot engine）。

[8] S. Carnot:（Reflections on the motive power of fire and on machines fitted to develop that power），à Paris chez Bachelier, Libraire. Quai des Augustin, No.55（1824）. R.H.Thurston 英译本: *Reflections on the motive power of fire by Sadi Carnot and other papers on the second law of thermodynamics by É. Clapeyron and R. Clausius*，　E.Mendoza（ed.）Dover Publ. New York（1960），pp.1-59。

因为卡诺热机的工作过程是"最有利的可能，没有不必要的热量重新平衡的过程(……le plus avantageux possible, car il ne s'est fait aucun rétablissment inutile d'équilibre dans la calorique)[9]"。

论证过程如下：卡诺假设，当机器工作在最佳状态时，工质的温度总是均匀分布的；工质温度随时间的变化只能由其体积的改变引起[10]，其他因素引起的温度变化是无用甚至有害的。很明显，蒸汽机不满足上述最优条件——冷凝器中的冷给水进入热锅炉时必然会发生无效的温度变化！卡诺这一合理的假设展现了他敏锐的洞察力和独创性，他曾在一个冗长的脚注中提议：当水蒸气部分膨胀、温度介于锅炉和主冷凝器之间时，对其进行部分冷凝来实现对给水的预热[11]。这种分步对给水预热的方式在现代发电站里很常见，称为蒸汽机过程中的卡诺化。当然，从实用的角度考虑，水蒸气的膨胀过程需要在涡轮而不是汽缸中进行，这个原理是卡诺最先意识到的。

至于第二个命题——有关非水工质的潜在优势，卡诺给出了以下结论：

对于卡诺热机，所有工质对外做相同的功。

用卡诺的话来说："热的驱动能力与实现它所用的工作介质无关；它的数值只取决于进行热量传输的两个热源的温度(La puissance motrice de la chaleur est indépendante des agens mis en oeuvre pour la réaliser; sa quantité est fixée uniquement par les temperatures entre lesquels se fait en dernier résultat le transport du calorique)[12]。"

这一论断可以这样证明：让两个卡诺机在相同的温度范围运行，使用不同的工质交换相同的热量。同时，这两个卡诺机的运行过程正好相反，一个作为热机，另一个作为制冷机或热泵。如果一个发动机需要的功大于另一个发动机所做的功，那么就可以"在不消耗热量或其他任何物质的情况下创造出动力。这与已知的力学定律完全相反，无异于动摇物理大厦的根基。因此，所谓"永动机"是完全不可接受的！[13]。"

上述两个论断仅源自卡诺对热机工作的观察，他本人并不清楚热的本质，上面的论证过程也与"热的本质"这一问题无关。事实上，卡诺推崇"热质说"，

---

[9] 参见第三章脚注 8，S. Carnot: *Réflexions*……，p.35。

[10] 参见第三章脚注 8，S. Carnot, p.23。

[11] 参见第三章脚注 8，S. Carnot, p.26。

[12] 参见第三章脚注 8，S. Carnot, p.38。

[13] 参见第三章脚注 8，S. Carnot, p.21。

他认为进入锅炉的热质与从冷却器出来的热质数量没有变化。因此，卡诺很自然地把热的驱动能力和瀑布的驱动能力进行类比(图3.5)。

将热的驱动能力与瀑布的驱动能力相比拟是相当准确的：无论是接受水作用的机器，还是接受热作用的任何物质，两者都有无法超越的功率上限。瀑布的功率取决于其高度和液体的数量；热机功率也取决于热量的多少及其下降的高度，即温度的差异。

图3.5　萨迪·卡诺与他对瀑布中热量的思考[14]

正是由于这一误解及对气体比热和水蒸气潜热的错误认识，他的论文后半部分的论述几乎毫无价值[15]。他一直无法解决气体比热的问题：他认为可以证明气体比热是密度的对数函数，但实际上它们是与密度和温度无关的常数。

尽管如此，他提出的"卡诺热机的温度范围对效率的影响"这一问题却意义深远。他曾指出[16]"如果热量下降一定(即温度差一定)，那么在低温下比在高温下将产生更多的动力。"这是正确的，但可惜的是，卡诺自己否定[17]了这一观点：他证明，如果比热与温度无关，则热机效率与温度范围无关。整个论证糟糕至极。

但卡诺给出的"工作在无限小温度范围 $t \sim t+\mathrm{d}t$ 内的卡诺热机的效率"的结果却相当精彩。按照他的记法，效率 $e=F'(t)\,\mathrm{d}t$，这里 $F'(t)$ 是一个普适函数，有时称为卡诺函数(Carnot function)。然而，卡诺并不能确定这个函数的具体形式，所以尽管他证明了卡诺热机的效率是最大的，但他却不知道最大值是多少，即使是对于无限小温度范围的循环。尽管如此，卡诺函数的普适性一直激励着人们对这一课题进行深入研究。克拉珀龙和开尔文都认识到确定卡诺函数具体形式的重要性，两人都曾尝试过测量或计算卡诺函数，但都以失败告终。直到25年后，这一问题才被克劳修斯解决。

卡诺在发表自己的工作之前似乎对其中的一些观点，尤其是"热质说"的合理性进行过审查。门多萨(E. Mendoza)曾引用卡诺原始手稿中的摘要[18]："我们

[14] 参见第三章脚注 8，S. Carnot：*Réflexions*……，p.28。

[15] 卡诺多次参考了德拉罗什和贝拉德的实验结果——他们测量的空气比热依赖于压强。第二章中提到，由于这两个人的测量，迈耶得出了一个错误的热功当量的值。

[16] 参见第三章脚注 8，S. Carnot：*Réflexions*……，p.72。

[17] 参见第三章脚注 8，S. Carnot，pp.73-78。

[18] 参见 E. Mendoza: Footnote to Carnot′s *Reflections*: Dover (1960) p.46。

提出的基本定律……在我们看来，似乎已经毋庸置疑。"而在出版的版本中，这个得意的句子被一个更为保守的句子取代："在我们看来，我们所提出的基本定律似乎需要……新的验证。它是以今天所理解的热的理论为基础的……但其基础似乎并不是无可挑剔地坚实。"

1832 年，卡诺死于流行性霍乱，时年 36 岁。在他尚未发表的遗稿中记录了[19]自己对热质说的怀疑及对"热功转换""运动(能量)守恒"和"热不可能在不向低温热源传递的情况下而产生功"的推测。如果他活得久一点，他可能会比克劳修斯早完成这一工作近 30 年。

然而现实是卡诺只卖 3 法郎的著作始终卖不出去。如果没有同样曾在巴黎综合理工学院就读的克拉珀龙，卡诺也许早已在历史的长河中销声匿迹了。

伯诺瓦·皮埃尔·埃米尔·克拉珀龙(Benoît Pierre Émile Clapeyron，1799～1864 年)

门多萨[20]写道，与早期巴黎综合理工学院(成立于 1794 年，是一所专为陆军工程师开设的学校)相关的人名列表看上去就像是一本数学物理教材中的作者索引。学院的第一批讲师有拉格朗日(Lagrange)、傅里叶(Fourier)、拉普拉斯(Laplace)、贝托莱(Berthollet)、安培(Ampère)、马吕斯(Malus)、杜隆(Dulong)；学生中后来留校任教的有柯西(Cauchy)、阿拉果(Arago)、德索姆(Désormes)、科里奥利(Coriolis)、泊松(Poisson)、盖-吕萨克(Gay-Lussac)、珀蒂(Petit)和拉梅(Lamé)；其他学生还有菲涅尔(Fresnel)、毕奥(Biot)、萨迪·卡诺(Sadi Carnot)和克拉珀龙(Clapeyron)。克拉珀龙在这些人中也许不是最杰出的，但他贡献之大已足以让世人铭记。

克拉珀龙的工作[21]在简明度上要比卡诺向前迈进了一大步，但它属于"热质说"时代的工作。他引入 p-V 图对热力学的可逆过程进行图示，可逆过程的功等于曲线下方的面积，这种可视化方法至今仍在使用(上方的图 3.4 便是一个例子)。除此之外，克拉珀龙的分析也相当完美，我相信如果不是因为论文中的物理水平有所欠缺，他的论文是可以成为经典的。

无论怎样，对于有些论证来说热究竟是物质还是运动并不重要。因此，克拉

---

[19] 参见 E. Mendoza(ed)：Appendix to Carnot′s *Reflections*：*Selection from the posthumous manuscripts of Carnot*，Dover(1960) p.60。

[20] 参见 E. Mendoza：*Introduction to Carnot′s Reflections* Dover p.ix。

[21] E. Clapeyron：*Mémoire sur la puissance motrice de la chaleur*，Journal de l′École Polytechnique. Vol XIV (1834)pp.153-190。英译版：*Memoir on the motive power of heat*，Scientific Memoirs Vol.1(1837)pp.347-376。德译版：*Über die bewegende Kraft der Wärme*，Annalen der Physik und Chemie Vol 135(1843)。

珀龙仍然能够正确地建立蒸汽压曲线 $p(t)$ 的斜率与蒸发潜热 $R(t)$ 之间的关系(插注3.1)。这一关系包含卡诺函数 $F'(t)$，只要测量出 $R(t)$ 和 $p(t)$，就可以求出卡诺函数。勒尼奥(Regnaut)[22]对此进行了广泛的测量并于 1847 年发表了该结果。当然这对克拉珀龙于 1834 年发表的工作来说毫无帮助，克拉珀龙得到的结果仍然是不确定的，正如他所说："……不幸的是，没有实验可以确定所有温度下卡诺函数的值。"

克劳修斯-克拉珀龙方程

克拉珀龙考虑湿蒸汽的卡诺过程，包括 p-V 图中水平线代表的等压过程及陡峭线代表的绝热过程。由于饱和蒸气压只与温度有关：$p=p(t)$，因而等压线也是等温线。如果过程是无限小的(对应温度差 dt，液态水在等温线上蒸发的质量分数为 dx)，则有

$$R\mathrm{d}x\text{——吸收的热量}$$

$$\frac{\mathrm{d}p}{\mathrm{d}t}\mathrm{d}t[(V''-V')\mathrm{d}x]\text{——对外做功}$$

式中，R 为蒸发潜热；$\mathrm{d}p$ 为 p-V 图中小循环的高度(图 3.6)。

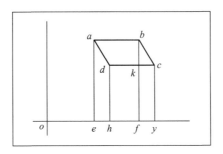

图 3.6　湿蒸汽无限小卡诺过程的 p-V 图

V' 和 V'' 为湿蒸汽组分——沸水和饱和蒸汽的体积。

对外做功与吸收热量之比即效率 e，比照卡诺的结果 $e=F'(t)\,\mathrm{d}t$，可以得到

---

[22] H.V. Regnault: *Relations des expériences ...pour déterminer les principales lois et les données numériques qui entrent dans le calcul des machines à vapeur*，Mémoires de l'Académie des Sciences de l'Institut de France，Paris, Vol. 21 (1847) pp. 1-748.

$$\frac{\mathrm{d}p}{\mathrm{d}t} = F'(t)\frac{R}{V'' - V'}$$

于是，卡诺函数可以通过测量温度为 t 时的蒸发潜热 R、蒸汽压曲线的斜率 $\mathrm{d}p/\mathrm{d}t$ 和蒸汽体积 V'' 来计算。（开尔文尝试过这样的计算，详见下文。）

1850 年，克劳修斯发现 $F'(t)=1/T$，其中，T 为绝对温度，因此关系式

$$\frac{\mathrm{d}p}{\mathrm{d}T} = \frac{R}{T(V'' - V')}$$

称为克劳修斯-克拉珀龙关系。目前，常用它结合蒸汽压曲线来计算新制冷剂之类的潜热 R；蒸汽压曲线的测量要比 R 容易得多。

插注 3.1

威廉·汤姆森（William Thomson，1824~1907 年，自 1892 年称开尔文勋爵）

自 1845 年毕业以来，开尔文把自己的一生投入了热力学领域，为热力学的发展奉献了五十多年光阴——他毕业后首先去了巴黎，在勒尼奥手下工作学习（我们在前面曾提到过，他是一位细心而有影响力的实验学家）；后来，开尔文热情地为焦耳提供帮助，在开尔文的鼓励和支持下，两人共同发现了实际气体中的焦耳-汤姆森（Joule-Thomson）效应（详见第二章和第六章）；开尔文曾提出以他的名字命名的绝对温标；此外，他还是热力学第二定律的先驱，他认为能量会不断地退化或耗散为热。但可惜的是，在热力学进入范式转变时期（paradigmatic changes）[23] 之后，开尔文未能有更多的建树。不过有一点可以肯定：在新的范式建立之初，开尔文是最早一批，甚至是第一个试图去解释范式、重述范式、应用范式的人。因此，不把开尔文放在突出地位的热力学史是不完整的。或许开尔文最大的成就是提出了对流平衡（convective equilibrium）的可能性（详见第七章），这在确定恒星结构和地球低层大气状态等方面都有很重要的作用。他的另一个独创性成果——"汤姆森公式"指出：沸腾和凝结过程中出现的过饱和现象是受表面能影响的结果。但在这里，我想选取开尔文提出的不同于我们熟知的开氏温标的另一种绝对温标来展现他思维的独创性（插注 3.2）。开尔文曾试图从勒尼奥的实验数据中计算

[23] 这个术语来自托马斯·塞缪尔·库恩（Thomas S. Kuhn）的著作 *The structure of scientific revolution*，The University of Chicago Press, Chicago and London. Third edition（1996）.

得到卡诺函数 $F'(t)$，正是在这一过程中，他提出了新的绝对温标。我们将看到，尽管这一温标与人们常用的温标之间呈对数关系，但在对数温标下绝对零度将成为 $-\infty$，这也是新的温标最有价值的地方。

开尔文提出的另一种绝对温标

前面提到，卡诺函数 $F'(t)$ 作为温度 t 的普适函数，其具体形式尚未被卡诺和克拉珀龙确定。在勒尼奥的数据公布后，开尔文曾利用这些数据来计算[24]在 $0\sim230℃$ 的 230 个 t 的取值所对应的 $F'(t)$ 值。此外，开尔文还提议重新标定温度：引入 $\tau(t)$，使其在温度降低一个小量 $\mathrm{d}t$ 时，卡诺热机的效率 $F'(t)\,\mathrm{d}t$ 就等于 $c\mathrm{d}\tau$，这里 c 是不依赖于 t 和 τ 的常数。$\tau(t)$ 的这一优良性质就连开尔文本人都不禁赞叹："将这个标度称为绝对标度再合适不过了。"通过积分得到

$$\tau(t) = \tau(0) + \frac{1}{c}\int_0^t F'(x)\mathrm{d}x$$

结合开尔文先前用解析函数对勒尼奥数据的拟合结果——$F'(x)$ 是双曲线，即

$$F'(t) = \frac{1}{273℃ + t}$$

可知，新标度 $\tau(t)$ 应该是对数的：

$$\tau(t) = \tau(0) + \frac{1}{c}\ln\frac{273℃ + t}{273℃}$$

式中，$\tau(0)$ 和 c 需要用两个固定温度点的 τ 值来确定，如可以选取融化的冰和沸腾的水作为固定温度点。

然而，尽管开尔文在拟合时使用了 230 组数据，$F'(x)$ 是双曲线的结论也不足以令人信服。

直到 1850 年克劳修斯通过理论推导出 $F'(t)$ 的表达式后，开尔文的对数温

---

[24] W. Thomson: *On the absolute thermometric scale founded on Carnot's theory of the motive power of heat, and calculated from Regnault's observations*. Philosophical Magazine, Vol. 33（1848），pp. 313-317.

标才真正建立起来。1882 年，开尔文在自己的论文被重印时添加了一个注释，正式提出了对数温标。

与对数温标这个大胆的想法相比，开尔文之前提出的绝对温标 $T(t) = (273℃ + t(℃))℃K$ 看起来是如此直接而清晰，以至于对数温标从未被人们认真考虑过，甚至连开尔文本人也没有。

或许是没有人希望温度计上的温标看起来像一个对数计算尺的缘故。但事实上，在气象学温度范围 $-30\sim +50℃$，函数 $\tau(t)$ 几乎是线性的；此外，在 $t\to -273℃$ 时，τ 趋于 $-\infty$，这对于绝对最低温度来说是个不错的值。一些情况下我们希望接受开尔文的提案，这样就很容易解释为什么最低温度不能达到了。

插注 3.2

鲁道夫·尤利乌斯·埃马努埃尔·克劳修斯（Rudolf Julius Emmanuel Clausius，1822～1888 年）

直到 1850 年，拉姆福德（Rumford）、迈耶（Mayer）、焦耳（Joule）和亥姆霍兹（Helmholtz）等人的努力终于使人们开始相信，认为"热在从锅炉传递到冷却器的过程中数量保持不变"的想法是有问题的——热在流动过程中会对外做功！但新的认识能否与以往建立的理论相容还是一个问题。开尔文对此表示不抱任何希望[25]："如果舍弃卡诺的原理，我们将遇到其他更多的困难……甚至整个热的理论都要推倒重建。"

克劳修斯则不像他那么悲观[26]："我认为我们不应该被这些困难吓倒。……而且，困难也没有汤姆森（即开尔文）说的那样严重。"事实上，克劳修斯凭借其天才般的洞察力，对卡诺和克拉珀龙的工作略加修改，便又重新得到了卡诺函数的表达式。前已提及，卡诺首先证明了 $e=F'(t)\,dt$，而克劳修斯则是第一个详尽而有力地论证了 $F'(t)=1/(273℃+t)=1/T$ 的人（插注 3.3）。

[25] W. Thomson: *An account of Carnot's theory of the motive power of heat*, Transactions of the Royal Society of Edinburgh 16（1849），pp.5412-5474。

[26] R. Clausius: *Über die bewegende Kraft der Wärme und die Gesetze, welche sich daraus für die Wärme selbst ableiten lassen*, Annalen der Physik und Chemie 155（1850），pp.368-397。W.F. Magie 译: *On the motive power of heat, and on the laws which can be deduced from it for the theory of heat*, Dover（1960），pp.109-152。

克劳修斯对内能的推导及对卡诺函数的计算

设物体吸收热量 đQ 后，其温度和体积的改变量分别为 dt、dV，比例系数由定容比热容 C_V 和潜热 λ[27] 决定，我们有

$$đQ = C_V(t,V)dt + \lambda(t,V)dV$$

文字功底深厚的特鲁斯德尔（Truesdell）把这个方程称为潜热-比热学说[28]。将上式应用于一个无限小的卡诺过程 abcd（图 3.7），有

$ab \cong (dV, \ dt=0)$ 　 $đQ_{ab} = \boxed{C_V(t, V)}$ 　dt+ λ 　(t, V) 　　　dV

$bc \cong (\delta'V, dt)$ 　 $\boxed{đQ_{bc}} = -C_V(t, V+dV)$ 　dt+ λ 　$(t, V+dV)$ 　 $\delta'V$

$cd \cong (d'V, \ dt=0)$ 　 $đQ_{cd} = \boxed{C_V(t-dt, \ V+\delta V)dt}$ 　− λ 　$(t-dt, V+\delta V)$ 　 d'V

$da \cong (\delta V, dt)$ 　 $\boxed{đQ_{da}} = C_V(t, V)$ 　dt− λ 　(t, V) 　　 δV

考虑到卡诺过程中，ab 和 cd 为等温过程、bc 和 da 为绝热过程，因而上式中用方框框出的部分均为零。将系数 C_V 和 λ 展开，保留到一阶项，容易得到

过程中交换的热量：$đQ_{ab} + đQ_{cd} = \left(\dfrac{\partial \lambda}{\partial t} - \dfrac{\partial C_V}{\partial V}\right) dt dV$

过程中吸收的热量：$đQ_{ab} = \lambda dV$

对外做功（p-V 图中平行四边形面积）：$dp dV = \dfrac{\partial p}{\partial t} dV dt$

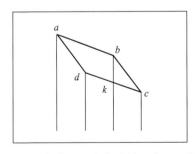

图 3.7　气体无限小卡诺循环的 p-V 图

[27] 在现代热力学中，潜热这一术语被保留下来成为相变热的一般表述，如熔化热或蒸发热，但在 19 世纪并非如此。

[28] C. Truesdell: *The Tragicomical History of Thermodynamics 1822-1854*，Springer Verlag New York（1980）（比热是单位质量的热容）。

根据热力学第一定律，交换的热量等于所做的功，因此有

$$\frac{\partial \lambda}{\partial t} - \frac{\partial C_V}{\partial V} = \frac{\partial p}{\partial t} \quad \text{或} \quad \frac{\partial (\lambda - p)}{\partial t} - \frac{\partial C_V}{\partial V} = 0$$

上式可看作全微分条件：

$$dU = C_V dt + (\lambda - p)dV \quad \text{或} \quad dU = đQ - pdV$$

这样克劳修斯便得到了一个新的状态函数——内能 U。一般而言，U 是 t 和 V 的函数。克劳修斯假定，理想气体的内能 U 仅为温度 t 的函数（后来证明这是正确的），即有 $\lambda = p$ 成立，因而理想气体卡诺过程的效率 e 为

$$e = \frac{\text{对外做功}}{\text{吸收的热量}} = \frac{\dfrac{m}{V}\dfrac{k}{\mu}}{\lambda} dt = \frac{1}{273℃+t} dt$$

至此，终于计算得到了卡诺函数 $F'(t)$ 的表达式：

$$F'(t) = \frac{1}{273℃+t} = \frac{1}{T}$$

（尽管克劳修斯于 1850 年做出的上述推导只是针对理想气体进行的，但在 1854 年他又将上式推广到任意流体[29]。）

插注 3.3

克劳修斯的推导方法与克拉珀龙的极为相似，就连记号都几乎与克拉珀龙的完全相同，但实际上二者有一个本质区别：克劳修斯认为，无穷小卡诺循环的净热交换并不为零，而是等于对外做的功，热量 Q 也不再是状态函数（state function）。事实上，确实存在一个关于 t 和 V 的状态函数，但它绝不是 Q。克劳修斯用 U 来表示这个函数（插注 3.3），他称 U 为"自由热量和做内部功消耗的热量之总和"，也就是所有分子的动能及由分子间作用力引起的分子势能的总和[30]。现在称 U 为

[29] R. Clausius: *Über eine veränderte Form des zweiten Hauptsatzes der mechanischen Wärmetheorie*, Annalen der Physik und Chemie 169（1854）。英译本：*On a modified form of the second fundamental theorem in the mechanical theory of heat*, Philosophical Magazine（4）12，（1856）．

[30] 1851 年，开尔文提出将 U 命名为能量：W. Thomson：*On the dynamical theory of heat, with numerical results deduced from Mr. Joule's equivalent of a thermal unit, and M. Regnault's observations on steam*，Transactions of the Royal Society of Edinburgh 20（1851），p. 475．

克劳修斯同意这种命名："……在续集里我将把 U 称为能量。"克劳修斯对名词的命名非常顽固，令人惊讶的是在能量的命名上他竟然让给了开尔文。克劳修斯在他的实际气体理论中发明了 *virial*（维里），用来表示某种事物（第六章）；他还提出用 *ergal* 来表示势能，可能是他觉得 *potential energy* 一词太长了；当然，下面将提到，*entropy*（熵）一词也是他发明的。

内能，以区别于流体流动的动能和引力场中流体的势能。

　　U 的变化要么是因为热交换，要么是因为做功，或者两者都有，即

$$\mathrm{d}U = \text{đ}Q - p\mathrm{d}V$$

　　有了这一关系式，热力学第一定律终于摆脱了诸如"热是运动""热等于功""永动机是不可能的"之类冗长的语句，而是变成了一个数学方程式，尽管它只适用于可逆过程和封闭系统（即质量恒定的系统）的特殊情形。

　　克劳修斯理性地（也是正确地）假定，理想气体的内能 U 与 V 无关——"……我们很自然地认为，粒子之间的相互吸引……在气体中不起作用"，因此 U 与粒子之间的距离、系统的体积均无关。不仅如此，他还认为 U 是 t 的线性函数，即气体比热为常数，因而对于理想气体，有[31]

$$U(T,V) = U(T_R) + mz\frac{k}{\mu}(T - T_R)$$

式中，T_R 为参考温度，通常选用 298K。因子 z 的值与气体种类有关，对于单原子、双原子、多原子气体分别取 $\frac{3}{2}$、$\frac{5}{2}$ 和 3。

　　克劳修斯的以上假定可以用第二章中提到的盖-吕萨克的实验证明（至少可以说明 U 不依赖于 V 这一命题）。理想气体在绝热自由膨胀过程中的 U 保持不变，而盖-吕萨克在实验中观察到该温度也保持不变；显然，膨胀前后的气体密度发生了变化。事实上，克劳修斯在他的论文中几乎每隔一页就会提到马略特和盖-吕萨克的 (p, V, t) 关系，但可惜的是他可能并不知道盖-吕萨克的膨胀实验，亦或是没有意识到它的重要性。

　　克劳修斯在他这篇 1850 年的论文中对理想气体和饱和蒸汽进行了讨论。在确定卡诺函数的表达式后，他顺利得到了如插注 3.1 所述的克劳修斯-克拉珀龙方程；他还获得了理想气体绝热过程的 (p, V, t) 关系，其雏形 "$pV^\alpha = $ 常数" 被所有学习热力学的人熟知，其中 $\alpha = C_p/C_V$ 是比热比。1854 年，克劳修斯[32]又用此式计算了理想气体在任意温度范围（而非无穷小过程）卡诺循环的效率 e（插注 3.4）：

$$e = 1 - \frac{T_L}{T_H}$$

　　可以看出，即使是最大的效率也小于 1，除非 $T_L = 0$ 成立，但这显然是不切实际的。

---

[31] 这是一个现代版本（虽然有点过时）。克劳修斯考虑的是空气，他使用了德拉罗什和贝拉德给出的非常不精确的比热值，类似情况在卡诺和迈耶的工作中也出现过。

　　要完全精细地计算出比热，哪怕是理想气体的比热，就足够写出一本书了。而那将是一本不同于本书的作品了。

[32] 参见第三章脚注 31，R.Clausius（1854）。

单原子理想气体卡诺循环的效率

图 3.8 是 T_{H} 和 T_{L} 之间卡诺循环的示意图。对于单原子理想气体，四个子过程中对外做功和热交换分别计算如下：

$$W_{12} = -m\frac{k}{\mu}T_{\mathrm{H}}\ln\frac{V_2}{V_1}, \quad Q_{12} = m\frac{k}{\mu}T_{\mathrm{H}}\ln\frac{V_2}{V_1}$$

$$W_{23} = m\frac{3}{2}\frac{k}{\mu}(T_{\mathrm{L}} - T_{\mathrm{H}}), \quad Q_{23} = 0$$

$$W_{12} = -m\frac{k}{\mu}T_{\mathrm{L}}\ln\frac{V_4}{V_3}, \quad Q_{34} = m\frac{k}{\mu}T_{\mathrm{L}}\ln\frac{V_4}{V_3}$$

$$W_{34} = m\frac{3}{2}\frac{k}{\mu}(T_{\mathrm{H}} - T_{\mathrm{L}}), \quad Q_{41} = 0$$

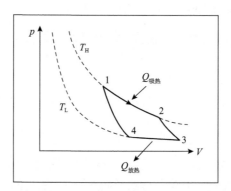

图 3.8　卡诺循环的示意图

因此，效率为

$$e = \frac{m\dfrac{k}{\mu}T_{\mathrm{H}}\ln\dfrac{V_2}{V_1} + m\dfrac{k}{\mu}T_{\mathrm{L}}\ln\dfrac{V_4}{V_3}}{m\dfrac{k}{\mu}T_{\mathrm{H}}\ln\dfrac{V_2}{V_1}} = 1 - \frac{T_{\mathrm{L}}}{T_{\mathrm{H}}}$$

上式最后一个等号是由于 $\dfrac{V_2}{V_1} = \dfrac{V_3}{V_4}$。

插注 3.4

克劳修斯在 1850 年的工作使整个热力学焕发出崭新的面貌。很快，克劳修斯的假设便得到了实验证实[33]，当然其中也包括他本人尚不知道或在论文中没有提及的以往实验。现在的热力学课程中有很大一部分都是基于克劳修斯的这篇论文，包括他对理想气体的处理及大部分对湿蒸汽的论述。

但对于克劳修斯本人来说，这仅是个开始。他接着又写了两篇论文[34,35]，将自己的理论向前推进了关键的五步，使其不再局限于：·无穷小卡诺循环·理想气体·卡诺循环·循环过程·可逆过程[36]。最后他提出了熵的概念及其性质，这是他最大的成就，我们即将回顾这些进展。

在以上讨论的这些人当中，克劳修斯是第一个一直生活和工作在即将成为"科学家自然栖息地"的、有终身教授制度[37]（通常是公职人员或公务员）的自治大学中的人。自克劳修斯之后，医生、酿酒师、士兵和间谍研究科学的时代结束了，至少在热力学领域如此；取而代之的是普通教育和义务教育的兴起；同时，为了满足高等教育的需要，大学应运而生。大学中也需要教职人员，人们便想到了一个一石二鸟的办法：当教授不能胜任科学家的工作时，他至少可以通过教书挣一部分生活费；相反，如果他能够胜任，则在教学工作之外留给他充足的空闲时间做研究[38]。克劳修斯就属于后者。作为苏黎世大学和波恩大学的教授，克劳修斯有着极高的成就：他建立了理想气体和实际气体的动理学理论，提出了熵的概念并发现了热力学第二定律。然而，他在气体动理论方面的成就在很大程度上被同一时期英格兰的麦克斯韦和维也纳的玻尔兹曼在该领域所取得的进展所掩盖；而在他的热力学研究中，除需要与无数的驳难作斗争外，他还不得不与几乎在同一时期有过类似想法、说过类似话语或写过类似句子的人争夺优先权。总的来说，克劳修斯在这些争论中是成功的，布鲁什（Brush）称克劳修斯是 19 世纪最杰出的

---

[33] W. Thomson, J.P. Joule: *On the thermal effects of fluids in motion*, *Philosophical Transactions of the Royal Society of London* 143（1853）.

[34] 参见第三章脚注 31，R.Clausius（1854）。

[35] R.Clausius: *Über verschiedene für die Anwendungen bequeme Formen der Hauptgleichungen der mechanischen Wärmetheorie*, Poggendorff's Annalen der Physik 125（1865）。英译本 R.B. Lindsay: *On different forms of the fundamental equations of the mechanical theory of heat and their convenience for application*, 收录于 *The Second Law of Thermodynamics*, J. Kestin（ed.）, Stroudsburgh（Pa）, Dowden Hutchinson and Ross（1976）.

[36] 在目前讨论的单一流体的情况下，可逆过程是指在整个过程中温度和压强在空间中始终保持均匀（等于一个常数），因此也等于边界上的温度和压强。如果将这个过程在时间上倒着进行，吸收的热量就会反转（原文如此）为释放的热量，反之亦然。可逆过程的一个标志是功 dW 可以用 $-pdV$ 表示，它并不适用于不可逆过程。不可逆过程可能会在膨胀或压缩过程中表现出湍流、剪切应力和温度梯度（如在发动机气缸内部），其不可逆性通常是由快速加热或快速做功所致。

[37] 终身任期的目的是保护思想自由，同时也保证财政安全。

[38] 这一体系良好运转了 100 多年，但最终被在工业界无法立足的求职者或失意的经理破坏了。他们并没有科学能力或科学兴趣，而是把大部分时间花在参加委员会议、重新制定课程和照料花园上去了。

物理学家之一[39]。

热力学第二定律

　　克劳修斯曾委婉地批评卡诺："……卡诺对循环中热的转化有一种独特的观点。"为了纠正这一观点，他从一个公理出发，这个公理就是现在人们熟知的热力学第二定律：

　　　　　　　热不可能自发地从冷的物体传递给热的物体。

　　这句话由于过于隐晦，常被批评为含糊其辞，就连克劳修斯本人也对这一表述不满意。他曾用一页相当长的评论试图使这句话更加严谨，但最终却使原句变得更加糟糕[40]。我们不打算在这个问题上做更多讨论，毕竟热力学第二定律最终会有明确的数学表述。

　　利用卡诺的思想，可以对这一公理进行进一步挖掘。让两个可逆卡诺机在同一温度范围 T_L 和 T_H 之间工作，其中一个作为热机对外做功，另一个则作为热泵或制冷机消耗功（图 3.9）。当泵反向运行时，它就变成了发动机，反之亦然；运行过程中交换的热量在反转前后变号。克劳修斯断言：在相同温度范围内工作的两台机器交换相同的热量，否则必然会出现公理所禁止的"热量从冷流向热"的现象。也就是说，两台机器都作为热机时的效率相等。此外，由于论证中并没有提到热机的工质，因此结论具有普遍性。目前为止，这些都与卡诺的论证相似。

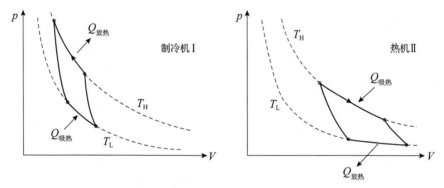

图 3.9　克劳修斯设想的两台按相反方向运行的可逆卡诺机

　　与卡诺不同的是，克劳修斯认识到，热机对外所做的功正是 $Q_{吸热}$ 和 $|Q_{放热}|$ 的

　　[39] Stephen G. Brush: *Kinetic Theory*，Vol I. Pergamon Press, Oxford（1965）.

　　[40] 例如，可以参考 Clausius: *Die mechanische Wärmetheorie*（热力学理论）（第 3 版），Vieweg Verlag, Braunschweig（1887）p.34。

差，所以对于任何热机（不一定是可逆卡诺热机），其效率为[41]

$$e = \frac{W_{\mathrm{O}}}{Q_{\text{吸热}}} = 1 - \frac{\left|Q_{\text{放热}}\right|}{Q_{\text{吸热}}}$$

单从此式看，$\left|Q_{\text{放热}}\right|$ 似乎可以等于零，至少这不违背热力学第一定律，因为热力学第一定律只要求 W_{O} 不大于 $Q_{\text{吸热}}$。对于可逆卡诺热机，亦不失一般性，其效率应等于理想气体卡诺循环的效率（详见上文），因而有

$$\frac{Q_{\text{吸热}}}{T_{\mathrm{H}}} = \frac{\left|Q_{\text{放热}}\right|}{T_{\mathrm{L}}}$$

从这个方程可以清楚地看出，通过卡诺热机后数量不变的不是热，而是 Q/T——熵。

克劳修斯发现热机工作过程中存在热的两种转变：热转化为功、热从高温物体向低温物体传递。因此，1865 年[42]，他建议把 Q/T 称为 "entropy（熵），……希腊语写作 $\tau\rho o\pi\eta$，意为转换、转变"，记为 S。克劳修斯说，他有意选择这个与能量（energy）相似的词，是因为他觉得这两个量 "……在物理意义上是密切相关的"。好吧，或许在克劳修斯看来是这样的，但如何将这两个具有不同量纲的量联系在一起仍是一个很重要的问题。

上述最后一个方程表明 $\left|Q_{\text{放热}}\right|$ 不可能等于零，因为 $T_{\mathrm{L}}=0$ 是不可能实现的。因此，即使对于最理想的机器——卡诺热机，也必须有一个冷却器。我们现在看到，我们可以获得的功不仅不能超过锅炉所提供的热量，就连相等也做不到——锅炉的热量不可能全部转化为功，因此试图仅通过冷却单个热源（如海洋）来获得功是不可行的。热力学的初学者喜欢用玩笑似的语言来表达这种情况：

第一定律：你不可能赢

第二定律：你甚至不可能保本

到目前为止，我们一直都在讨论循环过程，或者更准确地说，都在讨论卡诺循环过程。在插注 3.5 中，我们将以尽可能简洁的方式向读者展示克劳修斯是如何将这些结果推广到任意循环的，以及他是如何能够将熵确定为一个状态函数 $S(T,V)$ 而使熵的意义不再局限于循环过程的。克劳修斯最终得到热力学第二定律的数学表达式是一个不等式：对于任意一个从 (T_B,V_B) 到 (T_E,V_E) 的过程，熵的增加不小于该过程中交换的热量与交换时温度之商的总和：

---

[41] 定义热机或制冷机吸热时的热量取正号，放热时热量取负号。——译者注

[42] 参见第三章脚注 35，Clausius（1865）。

$$S(T_E, V_E) - S(T_B, V_B) \geqslant \int_B^E \frac{\text{d}Q}{T} \qquad \text{(等号适用于可逆过程)}$$

克劳修斯对热力学第二定律的推导

由于 $Q_{放热} < 0$，故关系式：

$$\frac{Q_{吸热}}{T_H} = \frac{|Q_{放热}|}{T_L}$$

可以改写为

$$\frac{Q_{吸热}}{T_H} + \frac{Q_{放热}}{T_L} = 0$$

为了将上式推广到任意循环，克劳修斯用无限小的等温过程将任意循环分解成若干个卡诺循环（图 3.10）。等温过程中交换的热量 $\text{d}Q$ 以 $\text{d}S = \text{d}Q/T$ 大小不变地从热的一端传递到冷的一端。对所有等温过程求和（或积分），得到

$$\oint \text{d}S = \oint \frac{\text{d}Q}{T} = 0$$

因此，对于从 B 点到 E 点的开放可逆过程（而非一个循环）有

$$S(T_E, V_E) - S(T_B, V_B) = \int_B^E \frac{\text{d}Q}{T}$$

由于 $S(T_E, V_E) - S(T_B, V_B)$ 与从 B 到 E 的路径无关，因此熵函数 $S(T,V)$ 是一个状态函数，这是克劳修斯继内能 $U(T,V)$ 之后发现的第二个态函数。

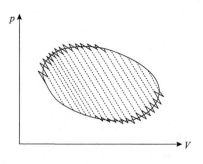

图 3.10　平滑循环分解为一系列狭窄的卡诺循环

对于不可逆过程，上述关系又会发生什么样的变化呢？为了解决这个问题，克劳修斯追溯到最初的模型——两个卡诺机沿相反方向运行，热机驱动制冷机工作。但现在，热机的工作是不可逆的。在这一情形下，热机的过程并不能用 p-V 图上的曲线表示。图 3.11 给出了此过程的示意图，但并不表示该过程沿曲线进行。如果在低温状态下工作的热泵吸收的热量比热机向低温输送的热量多，就会因违背克劳修斯的公理而被禁止。但相反的情形却允许存在，因为当机器作为热泵时，它的热交换情况就发生了变化。因此对于不可逆热机，有

$$\frac{Q_{吸热}}{T_H} + \frac{Q_{放热}}{T_L} < 0$$

由此可以得出，不可逆热机的效率比可逆热机的效率低。更重要的是，对于任意不可逆过程的起点 B 和终点 E，有

$$S(T_E, V_E) - S(T_B, V_B) > \int_B^E \frac{\text{đ}Q}{T}$$

上述这两个熵变关系式(分别针对可逆和不可逆过程)可以用"$\geq$"合并为一个不等式，我们在正文中就是这样做的。

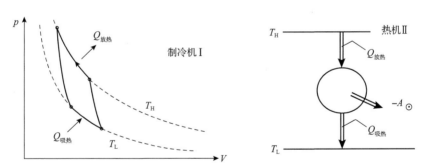

图 3.11 两个沿相反方向运行的卡诺机(其中热机不可逆)

插注 3.5

热力学第二定律的运用

从热力学第二定律出发，可以得到一个重要推论：对于无限靠近的 B、E 两点之间的可逆过程，有

$$dS = \frac{\mathrm{d}Q}{T}$$

将这个关系式和热力学第一定律 $\mathrm{d}Q = (\mathrm{d}U + p\mathrm{d}V)$ 比较，消去 $\mathrm{d}Q$ 得到

$$dS = \frac{1}{T}(\mathrm{d}U + p\mathrm{d}V)$$

这个方程称为吉布斯方程（Gibbs equation）[43]，该方程具有难以估量的价值——在化工行业中，这个方程的价值可达数十亿美元。因为它极大地减少了为确定热力学能 $U = U(T,V)$ 关于 T、V 的函数关系式而进行的测量，节省了大量的时间和金钱。

我们来做如下考虑。

对于几乎所有热力学过程的计算，都需要给出物态方程 $p = p(T,V)$ 和能态方程 $U = U(T,V)$ 的具体表达式。但它们都只能通过实验测量获得。现在，确定物态方程很容易（至少在原理上是这样）：p、T、V 都是实验上可测量的量，直接用表格、图表或光盘记录下来即可。但对于能态方程则不是这样，因为 U 是不可测的，所以必须通过测量热容 $C_V(T,V)$ 和 $C_p(T,V)$ 计算出来，但这样的测量既困难又耗时，不仅昂贵还不可靠。这就体现出了吉布斯方程的作用：它大幅减少了热量的测量（详见插注 3.6 和插注 3.7）。

通过测量热容计算 $U(T,V)$

热容 C_V 和 C_p 均由公式 $\mathrm{d}Q = C\mathrm{d}T$ 定义，它们确定了物体在恒定体积 V 或恒定压强 p 下吸热 $\mathrm{d}Q$ 前后的温度变化，只需测量这一温度变化就可以得到 C_V 和 C_p。由于 U 是 T 和 V 的函数（尽管我们不知道函数的具体形式），再结合 $\mathrm{d}Q = \mathrm{d}U + p\mathrm{d}V$，我们有

$$C_V = \left(\frac{\partial U}{\partial T}\right)_V, \quad C_p = \left(\frac{\partial U}{\partial T}\right)_V + \left[\left(\frac{\partial U}{\partial V}\right)_T + p\right]\left(\frac{\partial V}{\partial T}\right)_p$$

$$\text{或} \quad \left(\frac{\partial U}{\partial T}\right)_V = C_V, \quad \left(\frac{\partial U}{\partial V}\right)_T = \frac{C_p - C_V}{\left(\dfrac{\partial V}{\partial T}\right)_p} - p$$

---

[43] 实际上，这一方程最早是由克劳修斯提出并使用的，但是由于吉布斯把它推广到混合物（见第五章），因而人们将推广后的方程称为吉布斯基本方程（Gibbs's fundamental equation）。随着时间的推移，这个名字也被用于单个体系的特殊情况。

在测量得到 $C_V(T,V)$、$C_p(T,V)$ 和 $p(T,V)$ 后，通过积分可以在只相差一个积分常数下计算 $U(T,V)$。

吉布斯方程中隐含可积条件，即

$$\frac{\partial U}{\partial V} = -p + T\frac{\partial p}{\partial T}$$

因此，U 对 V 的依赖关系及 C_p 都不需要测量，可以从物态方程中直接计算出来。将上式对 T 求导得到

$$\left(\frac{\partial C_V}{\partial V}\right)_T = T\left(\frac{\partial^2 p}{\partial T^2}\right)_V$$

所以，C_V 对 V 的依赖关系也由 $p(T,V)$ 决定。因此，只需知道在一个给定体积 V_0 下 C_V 与 T 的函数关系式，即可得到 $U(T,V)$。这使得需要测量热量的次数大幅减小，这也是吉布斯方程和热力学第二定律的直接结果。

插注 3.6

再谈克劳修斯-克拉珀龙方程

考虑恒压(同时也是恒温)条件下液体的可逆蒸发，吉布斯方程可以写作

$$(U - TS + pV)'' = (U - TS + pV)'$$

这里，$'$ 和 $''$ 分别表示液体和蒸汽。因此，$U-TS+pV$(称为自由焓或吉布斯自由能)在液体和蒸汽的界面上连续，又因界面上的 T 和 p 也连续，所以蒸汽压只能是温度的函数，即 $p=p(T)$，其导数由克劳修斯-克拉珀龙方程给出(插注 3.1)。注意到蒸发热 $R=T(S''-S')$，故可将克劳修斯-克拉珀龙方程写为如下形式

$$\frac{U'' - U'}{V'' - V'} = -p + T\frac{\partial p}{\partial T}$$

蒸汽的这一关系与插注 3.6 中的可积条件类似。这个关系使我们不必测量蒸汽的潜热，而是可以用更容易测量的 p-T 关系来代替。

插注 3.7

获得物态方程和能态方程后，便可以对吉布斯方程积分，在只相差一个积分常数下计算熵 $S(T,V)$ 或 $S(T,p)$。对于质量为 m 的理想气体，可以求得

$$S(T,p) = S(T_R, p_R) + m\left((z+1)\frac{k}{\mu}\ln\frac{T}{T_R} - \frac{k}{\mu}\ln\frac{p}{p_R} \right)$$

可见，理想气体的熵随 $\ln T$ 和 $\ln V$ 的增加而增加，因此理想气体的等温膨胀是熵增过程。

热力学家中总有一群公理主义者，他们热衷于形式上的论证，从不考虑实际测量的可行性[44]。他们会说，温度 T 可以定义为 $\left(\frac{\partial U}{\partial S}\right)_V$。这确实可以从吉布斯方程中得出，但却忽略了一个事实：我们永远也不可能知道 U 或 S 的任何信息，更不用说 $U = U(S,V)$ 的函数表达式了，除非我们用前述方法事先测量 p、V、T 和 $C_V(T,V_0)$ 才能确定它们。

实际上之所以能够测量 T，是因为其在透热壁（能够导热的容器壁）上是连续的。这种连续性是温度真正的核心特性，它使温度处于热力学的中心地位。

但不幸的是，对温度做出正式诠释的主要是吉布斯，他是混合物热力学的杰出先驱。然而即使他穷尽所有智慧，他也是一个根深蒂固的理论学家，我相信他一生从来没有做过任何热力学测量。我们将在第五章化学势（化学势和温度有很多相似之处）的背景下再来讨论这个问题。

回到热力学第二定律，我们来看看它的另一个重要推论——绝热过程中（ đQ =0）熵不能减小，熵会一直增加直至最大。生活经验告诉我们，对于绝热系统，当我们不对其进行任何操作时，它会趋向于一种均匀的状态，即平衡态。在这种状态下，所有引起热传导和膨胀的驱动力都消失了[45]，这就是熵最大的状态。

克劳修斯曾骄傲地将自己的工作总结为[46]：

宇宙的能量是守恒的。

宇宙的熵力求最大。

以上表述中，"宇宙"作为终极的热力学系统，不受加热和做功的影响，所以恒有 dU =0 和 dS >0 成立。

所以说这个世界有一个目的，或者说有一个终点，那就是热寂（heat death）（图 3.12）。这可不是一个好的结局！

---

[44] 这种情况在物理学的其他分支中也很常见，在力学中就有人认为牛顿定律 $F=ma$ 是力的定义，而不是可测量物理量之间的物理定律。

[45] 第五章将正式对这一点进行证明并给出"均匀状态"的确切含义。

[46] 参见第三章脚注 35，Clausius（1865），p.400。

人们常说，世界是不断循环的，同样的状态总是重复出现，因此这个世界可以永远存在。热力学第二定律坚决否定了这一观点……熵趋于最大值。熵越接近最大值，可以变化的因素就越少，当熵达到最大值时，世界就不再发生变化；那时，世界将处于死气沉沉的停滞状态。

图 3.12　鲁道夫·克劳修斯和他对热寂的思考

熵和热力学第二定律的恐怖阴云

关于热寂说是否成立，现代科学似乎还没有完全做出决断。阿西莫夫[47]写道：

尽管热力学定律一如既往地站得住脚，宇宙学家们……在热寂问题上表现出了暂缓判断的意愿。

然而，在克劳修斯那个时代，热寂说的预言引起了广泛讨论，熵的目的论特性不仅引起了物理学家的兴趣，也引起了哲学家、历史学家、社会学家和经济学家的兴趣。从对前景黯淡而感到不安到一贯的悲观主义，人们的反应不一而足。我们来听听其中三种最为丰富多彩的观点：

物理学家约瑟夫·洛施密特(1821～1895 年)[48]对此深表遗憾：

热力学第二定律的恐怖阴云，使它成为毁灭宇宙中所有生命的法则[49]。

历史学家和历史哲学家奥斯瓦尔德·斯宾格勒(1880～1936 年)在著作《西方的没落》(The Decline of the West)[50]中有一段关于熵的论述。他认为"……熵是各种衰落的象征"，熵朝着热寂方向增长的过程正是日耳曼神话中众神的黄昏在科学领域的体现：

世界末日是演化的必然结果——就像是诸神的黄昏。因此，熵的学说是最后

[47] 参见第二章脚注 4，I. Asimov: Biographies，p.364。

[48] J. Loschmidt: *Über den Zustand des Wärmegleichwichts eines Systems von Körpern mit Rücksicht auf Schwerkraft*(物系在引力作用下的热平衡状态) Sitzungsberichte der Akademie der Wissenschaften in Wien, Abteilung 2, 73: pp.128-142, 366-372(1876), 75: pp.287-298,(1877), 76: pp.205-209,(1878)。

[49] 如果本书作者能够在与出版商的讨论中坚持他的想法，洛施密特的这一引言定将成为这本书的标题或副标题。但可叹的是，我们所有人都不得不屈服于现实及有些偏执的舆论。

[50] O. Spengler: *Der Untergang des Abendlandes: Kapitel VI. Faustische und Apollinische Naturerkenntnis. § 14: Die Entropie und der Mythos der Götterdämmerung*, Beck'sche Verlagsbuchhandlung. München(1919) pp.601-607。

一个非宗教的神话。

历史学家亨利·亚当斯(1838~1918 年)是人类退化理论的信徒，他根据热力学定律提出了一种历史理论并撰写了一本书。在书中他从不懂物理学的普通历史学家的视角出发，对熵做了评述：

……这仅仅意味着历史的灰烬堆积得越来越大。

好吧，也许确实是这样，但这并不能改变亚当斯是一个固执的悲观主义者的事实，亚当斯甚至认为乐观是愚蠢的表现[51]。

如今，熵及其性质在科学的各个领域都激发着人们的原创思考：

● 生物学家计算物种多样化过程中的熵增；

● 经济学家使用熵来估计商品的分配[52]；

● 生态学家从熵的角度讨论资源的消耗；

● 社会学家把种族融合归结为混合的熵，把种族隔离倾向归结为混合的热[53]。

当然，这种外推通常因疏于思考而显得不够深入，应当对上述每一项进行正确检验，避免仅停留在肤浅的类比上。

热力学第零、第一和第二定律的现代版本

热力学的发展史读起来固然有趣，但并不能让人充分理解该领域的一些微妙之处。例如，早期的研究人员并没有明确地说明热($\text{d}Q$)和功($\text{d}W$)其实是作用在物体表面上的。他们也没有说清楚热力学的等式或不等式中出现的 T 和 p 其实是物体表面上的均匀温度和均匀压强，它们与物体内部的均匀温度和均匀压强既可能相等也可能不相等。对于平衡态或可逆过程(由一系列连续的平衡态构成的准静态过程)，它们是相等的，而在其他情况下则不相等。

物体内部流场的动能，在迈耶、焦耳和亥姆霍兹看来，其向着热的转化是相当重要的部分，但却从未被卡诺和克劳修斯提及。不仅如此，他们也未曾提到过

[51] S.G. Brush: *The Temperature of History. Phases of Science and Culture in the Nineteenth century*, Burt Franklin & Co. New York(1978).

[52] N. Georgescu-Roegen: *The Entropy Law and the Economic Process*, Harvard University Press, Cambridge, Mass(1971).

[53] I. Müller, W. Weiss: *Entropy and Energy——A Universal Competition, Chap.20: Socio-thermodynamics*, Springer, Heidelberg, (2005).

在第五章末尾提出了一个社会热力学的简化版本。

物体在引力场中的势能(除非是在实在不能忽略的情况下)。

所有这些都必须加以整理并纳入一个系统的理论之中。这项费力不讨好的工作是由杜亥姆(Duhem)、焦曼(Jaumann)[54]和洛尔(Lohr)[55,56]这样的科学家及从事弹性理论、黏性和非黏性流体力学或塑性理论工作的力学家来完成的。他们已经认识到了热力学第一定律和第二定律的本质:它们都是平衡方程,或者说是与质量和动量平衡方程在形式上相同的守恒定律。

一般地,对于分布在区域 V 中的物理量 $\Psi = \int_V \rho\psi \mathrm{d}V$,设其以速度 u_i 运动,将区域表面记为 ∂V、外法线记为 n_i,则平衡方程具有以下形式:

$$\frac{\mathrm{d}}{\mathrm{d}t}\int_V \rho\psi\mathrm{d}V = -\int_{\partial V}\left[\rho\psi(v_i-u_i)+\phi_i\right]n_i\mathrm{d}A + \int_V \sigma\mathrm{d}V$$

式中,ρ 为质量密度;ψ 为 Ψ 的比量,这样 Ψ [57]的密度为 $\rho\psi$。体系(如流体)的速度为 v_i。在上式的面积分中,$\rho\psi(v_i-u_i)$ 是穿过面元 $\mathrm{d}A$ 的 Ψ 的对流通量;$\phi_i n_i$ 为非对流通量;σ 为 Ψ 的源密度,它在守恒定律中不出现。

当 Ψ 为质量、动量、能量或熵时,平衡方程中一般量的具体表达式见表 3.1。

表 3.1　Ψ 为质量、动量、能量或熵时,其比量、通量和源的规范表示法

Ψ	ψ	ϕ_i	Σ
质量 m	1	0	0
动量 P_l	v_i	$-t_{li}$	0
总能 $U+E_{kin}$	$u+1/2v^2$	$-t_{li}v_l+q_i$	0
内能 U	U	q_i	$t_{li}\dfrac{\partial v_l}{\partial x_i}$
熵 S	S	$\dfrac{q_i}{T}$ [58]	$\sigma \geqslant 0$

---

[54] G. Jaumann: *Geschlossenes System physikalischer und chemischer Differentialgesetze*,(物理化学微分定律构成的封闭系统)Sitzungsbericht Akademie der Wissenschaften Wien, 12(IIa)(1911).

[55] E. Lohr: *Entropie und geschlossenes Gleichungssystem*(熵与封闭系统)Denkschrift der Akademie der Wissenschaften, 93(1926).

[56] 相比于基本已被遗忘的洛尔,古斯塔夫·焦曼(Gustav Jaumann,1863~1924 年),作为 Jaumann derivative("共旋导数",即观察者跟随物体移动和旋转时所看到的物理量(如密度、速度)的变化率;共旋导数在流变学和塑性理论中起着非常重要的作用)的提出者被力学家所铭记。焦曼是厄恩斯特·马赫的学生,他怀着马赫对于原子说的偏见一直持续到 20 世纪,正因如此,他始终无法进入严谨的科学圈内。焦曼后来因一场登山事故而去世。

[57] 热力学习惯用大写字母表示整体量(与整个系统相联系),用相应的小写字母表示比量(即单位质量的某个物理量)。

[58] 熵通量的这种形式已被普遍接受,尽管气体动理学理论提供了另一种形式;但这两者的差别很小,我们这里暂时忽略它,第四章中再进行详细讨论。

其中，t_{li} 称为应力张量，其表达式的第一项是压强 $p\delta_{li}$，在忽略黏性应力的情况下，它是 t_{li} 中唯一的项，E_{kin} 为流场动能，q_i 为热流。质量、动量和总能是守恒的，因此它们的源密度为零[59]。但要注意，内能不是守恒的，因为它可以转化为动能。熵源被认为是非负的，以表示熵的增长特性。

为了阐明克劳修斯的热力学第一定律（即关于 $\mathrm{d}U$ 的方程）的特殊地位，我们首先注意到克劳修斯在热力学第一定律中并没有考虑黏性力。此外，由于他考虑的是封闭系统，所以区域表面跟随物体表面以相同的速度运动，因而无对流通量。因此，克劳修斯的能量平衡方程其实也可以写作

$$\frac{\mathrm{d}(U + E_{kin})}{\mathrm{d}t} = \dot{Q} + \dot{W}$$

式中，$\dot{Q} = -\int_{\partial V} q_i n_i \mathrm{d}A$ 为热量；$\dot{W} - \int_{\partial V} p v_i n_i \mathrm{d}A$ 为压强功。

内能平衡方程则应写成

$$\frac{\mathrm{d}U}{\mathrm{d}t} = \dot{Q} + \dot{W}_{\text{int}}$$

式中，$\dot{W}_{\text{int}} = -\int_V p \frac{\partial v_l}{\partial x_l} \mathrm{d}V$ 为内部功。

如果假设压强在边界 ∂V 上均匀，则第一个方程变为[60]

$$\frac{\mathrm{d}(U + E_{kin})}{\mathrm{d}t} = \dot{Q} - p \frac{\mathrm{d}V}{\mathrm{d}t}$$

如果我们假设压强在整个区域 V 中是均匀的，第二个方程就变成了

$$\frac{\mathrm{d}U}{\mathrm{d}t} = \dot{Q} - p \frac{\mathrm{d}V}{\mathrm{d}t}$$

通过两式对比可知，当 V 中的压强 p 均匀时，流场的动能不发生变化，这显然是合理的。事实上，根据动量平衡，此时的加速度为零。将上述所有这些限制性假设和 $\dot{Q}\mathrm{d}t = đQ$ 放在一起，就得到了克劳修斯热力学第一定律的形式。

---

[59] 这里忽略了引力和辐射。辐射问题将在第七章进行讨论。至于引力，它总是以一种微妙而有趣的方式影响着热力学——引力作用下的压力场在平衡状态下不可能是均匀的，无论是在边界 ∂V 上，还是在区域 V 中。但这里并不打算讨论引力效应，这会妨碍我们的论证，好在对于气体和蒸汽（只要不是行星的大气），引力作用通常很小，可以忽略不计。

[60] 注意到 $\int_{\partial V} v_l n_l \mathrm{d}A = \int_V \frac{\partial v_l}{\partial x_l} \mathrm{d}V = \frac{\mathrm{d}V}{\mathrm{d}t}$。

克劳修斯和他之前的先驱们，以及他的大多数追随者直到今天都心照不宣地做出了这些假设。事实上，热力学之所以被人们认为是一门晦涩难懂的学科，正是因为它有许多默认的假设。这一困难不是该领域固有的，而是由草率的教学造成的。

由表 3.1 可知，熵平衡中包含一个非负的源密度和一个非对流通量 q_i/T，因此熵平衡方程可以写作

$$\frac{\mathrm{d}S}{\mathrm{d}t} + \int_{\partial V} \frac{q_i n_i}{T} \mathrm{d}A \geqslant 0$$

这个不等式称为克劳修斯-杜亥姆不等式。如果 T 在表面 ∂V 是均匀的，上式可以写成

$$\frac{\mathrm{d}S}{\mathrm{d}t} - \frac{\dot{Q}}{T} \geqslant 0$$

式中，$\dot{Q} = -\int_{\partial V} q_i n_i \mathrm{d}A$。

上式外加 $\dot{Q}\mathrm{d}t = \mathrm{d}Q$ 也可以得到克劳修斯不等式的形式。克劳修斯只考虑了 T 在表面均匀的情况。皮埃尔·莫里斯·玛丽·杜亥姆(Pierre Maurice Marie Duhem，1861~1916 年)将这一不等式自然推广到 T 在 ∂V 上不均匀的情况。

杜亥姆是波尔多的理论物理学教授，当吉布斯在欧洲还默默无闻的时候，他已经在热力学领域取得成功。然而，杜亥姆同时以科学哲学家而著称，他认为物理定律不过只是符号结构而已，是无所谓对错的现实表征，他主张用形而上学的假设来试探性地理解大自然。杜亥姆的想法不知怎么从波尔多传到了维也纳，并在那里受到了厄恩斯特·马赫(Ernst Mach)的欢迎。马赫认为，科学应该专注于寻找所观察到的现象之间的关系(详见第四章)。杜亥姆的思想也为后来兴起的维也纳学派所推崇的实证主义思维提供了支撑。维也纳学派是对自然科学规律中的事实满腹牢骚的哲学家们的专属团体。这个学派的一位近代代表人物是卡尔·雷蒙德·波普尔(Karl Raimund Popper，1920~1994 年，1964 年后称为卡尔爵士)，在他的著作中，所有难题在很大程度上被归结为这样一个问题：在大约 90000 次脉搏跳动之后，我们如何知道、是否知道，以及为什么知道太阳明天会升起，还是它会无处不在、永远升起？波普尔关于这个重要的问题写了一本书[61]。

能量平衡意味着热流 q_i 的法向分量在透热壁(热可以透过的容器壁)上连续；

---

[61] K.R. Popper: *Objective knowledge – an evolutionary approach*, Clarendon Press, Oxford(1972).

另外，克劳修斯-杜亥姆不等式表明，在容器壁中无熵源的条件下，q_i/T 的法向分量也是连续的，因此 T 也必须是连续的。在这一意义下，热力学第零定律(见第一章)可以说是克劳修斯-杜亥姆不等式的一个推论。连续性是温度真正的核心特性，由此我们可以用接触式温度计测量温度，这也是温度在热力学变量中起重要作用的原因，我们将在第八章的插注 8.3 中回顾温度的作用。

熵究竟是什么?

物理学家喜欢凭借直觉用似乎合理的方式把握概念。然而在这方面，熵是令人失望的，尽管熵的重要性已经被证实和承认，但表达式 $\mathrm{d}S = \dfrac{\mathrm{d}Q}{T}$ 本身并没有给出启发性的解释。

在现代物理专业就读的学生所需要的是在原子和分子层面上对概念做出的诠释。以温度为例，虽然可以根据温度在透热壁上的连续性给出其定义，但只有在理解温度是分子平均动能的度量之后，学生才会有恍然大悟的感觉。

克劳修斯并没有在分子层面对熵做出诠释，这一工作是由玻尔兹曼完成的。我们必须承认，对熵的诠释要比对温度的诠释精妙得多，我们在下面将对此进行讨论。

第四章 熵与玻尔兹曼的关系

希腊和罗马的哲学家们都曾构想过原子模型，而且对原子模型的发展比我们通常认为的更详细。公元前5～4世纪，留基伯(Leukippus)和德谟克里特(Demokritus)认为空气中的原子朝各个方向运动，只有偶然发生碰撞时才会改变运动路径。这个超前的观点在当时蕴含着某种决定论的意味，与人们意识中随意降下惩罚、施与恩赐的上帝或诸神格格不入。经过伊壁鸠鲁(Epicurus，公元前341～270年)和卢克莱修(Lucretius，公元前95～55年)的发展，《物性论》(*Natura Rerum*，这是卢克莱修的一首长诗的标题)中的原子论哲学具有反宗教甚至是无神论的色彩，这在政治和社会上是不可接受的。于是原子论逐渐销声匿迹，最终沦为古代哲学的一个脚注。

在理性时代[1]，决定论以拉普拉斯妖的形象在皮埃尔·西蒙·拉普拉斯侯爵(Pierre Simon Marquis de Laplace，1749～1827年)的作品中再度出现："……如果一种智能生物能知道某一时刻所有的力……以及世界上所有物体的位置，并具备分析这些数据的能力，那它就能精确地算出宇宙中从最大的物体到最小的粒子的运动。对于这个妖来说没有什么是模糊的，因为它知晓过去和未来。"

同古代一样，这种决定论被认为与宗教背道而驰。作为拿破仑的内政部长，拉普拉斯曾向拿破仑讲述其著作《天体力学》(*Traité de Mécanique Céleste*)的部分内容。拿破仑曾质疑拉普拉斯在书中没有提及上帝，拉普拉斯答道："我不需要这个假设"。拉格朗日[2](拉普拉斯的同僚，与他合作频繁)听到两人的交谈后，他呼喊道："啊，但这是一个优美的假设，它解释了很多的事情。"

那些后革命时代的法国开明人士显然在放弃宗教后得到了许多乐趣。

化学领域中原子论的复兴

原子概念(至少在化学上)的牢固建立是贵格会虔诚教徒约翰·道尔顿(John Dalton，1766～1844年)的成就。道尔顿提出：化学反应中原子结合形成化合物分子，并且没有质量损失。使用他人尤其是约瑟夫·路易斯·普鲁斯特(Joseph Louis Proust，1754～1826年)收集的实验数据，道尔顿得以确定许多元素和化合物的相对原子质量和相对分子质量。采用道尔顿的假设后，相对原子质量和相对分子质

---

[1] 指17～18世纪末欧洲启蒙主义哲学盛行、以理性和常识占优势为特征的时期。——译者注

[2] 约瑟夫·路易斯·拉格朗日公爵(Joseph Louis Comte de Lagrange，1736～1813年)是一名杰出的力学家和数学家，拿破仑授予他伯爵称号以奖励其成就。

量的解释与计算就非常简单了：一氧化碳由碳和氧按精确的 3:4 的质量比合成。因此，如果认为一氧化碳分子由碳和氧各一个原子组成，那么氧原子质量必定是碳原子质量的 1.33 倍，这在随后被证实是正确的。

但这种推断偶尔也会出错，道尔顿就犯过类似的错误：他根据氢和氧以 1:8 的比例生成水，推断出氧原子质量是氢原子质量的 8 倍。众所周知，正确的倍数应该是 16，因为水分子中含有一个氧原子和两个氢原子。下面将看到盖·吕萨克和阿伏伽德罗是如何纠正这一错误的。

1808 年，道尔顿在《化学哲学新体系》(*New System of Chemical Philosophy*) 中发表了他的研究成果，他在书中给出了许多原子和分子的相对质量，其中大多数都是正确的。

习惯上，我们用 M_r 表示原子(或分子)的质量 μ 与氢原子的质量 μ_0 之比[3]。$M_r g$ 被定义为所谓的"1 摩尔(mol)"该物质的质量。如果 1mol 该物质包含 L 个微粒，那么它的总质量应为 $L\mu$，故有

$$M_r g = L\mu, \quad \text{于是 } L = \frac{1g}{\mu_0}$$

因此，1mol 任何元素(或化合物)都有相同数量的原子(或分子)。

原子的绝对质量(即多少千克)并不能通过这种方式获得，半个世纪后科学家们才发现获得原子绝对质量的方法。这一点我们很快会提及。

化学家们很快接受了道尔顿(图 4.1)的原子论。但是，还有一群固执的物理学家与原子假说进行了一场贯穿于整个 19 世纪的失败斗争。世纪之交的杰出的物理学家——马克斯·普朗克曾在 1882 年对原子的存在表示强烈怀疑[4]。

道尔顿是色盲症患者并对此开展了研究，色盲症有时称为道尔顿症(Daltonism)：

当道尔顿面见国王威廉四世时，他所在的贵格会[5]礼仪不允许他穿着觐见时所要求的色彩艳丽的宫廷礼服。在仪式举行之前，他的朋友们不得不让他相信他穿着的礼服是灰色的。

图 4.1　约翰·道尔顿

[3] 后来，相对质量以氧原子为参考，再后来(也就是现在)以碳原子为参考。我们不关注其中的原因，由此导致的 M_r 的变化也很小。

[4] M.Planck: *Verdampfen, Schmelzen und Sublimation.*(Evaporation, Melting and Sublimation), *Wiedemanns Annalen* 15, p.466(1882)。

[5] 贵格会(Quaker)，又称为教友派或公谊会，是基督教新教的一个派别。——译者注

对于理想气体，道尔顿的定比定律有一个推论，该推论有助于纠正道尔顿的错误（如之前提到的在判断水的组成时的错误）。化学家盖-吕萨克（提出理想气体物态方程的先驱）在研究反应物都是气体的化学反应中发现，反应物质量间存在的简单而确定的比例在体积中同样存在。例如，在相同的压强和温度下，1L 氢气与1L 氯气混合，得到的全部是氯化氢；2L 氢气和 1L 氧气混合，全部化合成水；3L 氢气和 1L 氮气混合，得到氨气。通过假设相同体积的气体包含相同数量的原子或分子，这些实验结果均得到了很好的解释。因此，1 个水分子应包含 2 个氢原子（而不是 1 个！），而 1 个氨气分子应包含 3 个氢原子。这个结论是斯德哥尔摩的化学家琼斯·雅各布·贝采利乌斯（Jöns Jakob Berzelius，1777～1848 年）和夸雷尼亚的伯爵阿莫迪欧·阿伏伽德罗（Amadeo Avogadro，1776～1850 年）共同得出的。阿伏伽德罗是一位物理学家，他发现的规律被编纂成教给小学生的口诀：

同温同压同体积，不同气体同粒数。

阿伏伽德罗是首位以我们现今习惯的方式使用原子和分子这两个词的人。而现在熟悉的化学式是化学家贝采利乌斯引入的，如 H_2O 表示水分子、NH_3 表示氨气分子。

在那个年代，化学在短时间内因原子这一概念的引入形成了完美的理论框架。但遗憾的是，或许是人类天性使然，开创这一切的道尔顿似乎是仅有的无法接受盖·吕萨克、阿伏伽德罗和贝采利乌斯的推论和命名法的化学家。他始终坚持自己提出的"水分子只包含 1 个氢原子"的观点，并使用他那烦琐累赘的记号。

气体动理论基础

在物理领域，丹尼尔·伯努利（Daniel Bernoulli，1700～1782 年）首次采纳了古老的原子论思想，即气体分子做随机自由运动。他解释道，容器壁所受压强来源于气体分子与墙壁不断碰撞时的动量变化。伯努利还提出，温度与分子（平均）速度的平方有关，并以此为基础解释了理想气体物态方程，也就是波义耳、马略特、阿蒙东、查理和盖-吕萨克发现的定律。

丹尼尔·伯努利来自一个杰出的数学家家族，他的父亲约翰（Johann，1667～1748 年）创立了变分法，他的叔叔雅各布（Jakob，1654～1705 年）对概率演算做出了巨大贡献；他本人则发现了大数定律（law of large numbers），并提出了伯努利分布（Bernoulli distribution），伯努利分布在大数极限下成为高斯分布或气体动理论中十分重要的麦克斯韦分布。雅各布还解出了非线性常微分方程，该方程最终以他的名字命名（这一点在第八章的加速度波中将提到）。丹尼尔最著名的理论是伯努利方程（Bernoulli equation），该方程表明不可压缩流体的压强随速度的增加而减小。该理论被收录在丹尼尔·伯努利于 1738 年出版的一本关于流体力学的书中，书中的第 10 节[6]详细记载了气体动理学理论，但该章节被大多数科学家所忽略，因而被遗忘了一个多世纪。

另外两名气体动理论先驱的情况并不比伯努利好，他们分别是工程师兼业余科学家约翰·赫帕斯(John Herapath，1790～1868 年)和孟买东印度公司的军事顾问约翰·詹姆斯·沃特斯顿(John James Waterston，1811～1883 年)，前者比伯努利所做的工作少一些，后者则多一些。他们俩都将自己的作品提交至伦敦皇家学会，并意图在《哲学汇刊》上发表，但都被拒绝了。沃特斯顿收到了一个不太客气的评价，认为他的工作"毫无意义[7,8]"。

19 世纪 50 年代，气体动理论迎来了转折。克劳修斯发表了那篇极具影响力并被麦克斯韦[9]大加赞赏的论文：《论我们称之为热的运动》(On the kind of motion we call heat)[10]。这篇论文对温度、气体物态方程、绝热压缩时的热量、基于分子运动理解固态和液态、冷凝和蒸发都给出了明确且令人信服的动理学解释。史蒂芬·布拉什把克劳修斯文章的标题当作自己的座右铭及两卷气体动理论历史综述著作[11]的标题。实际上，在推导物态方程与诠释温度两个方面，奥古斯特·卡尔·克罗尼格(August Karl Krönig，1822～1879 年)[12]对克劳修斯寄予厚望。克罗尼格曾提出一种极为简化的气体模型：所有粒子以相同的速率运动，并且仅沿垂直于矩形盒子墙壁的六个方向上运动(插注 4.1)。早在 1851 年，焦耳也提出过一

[6] D.Bernoulli: *Hydrodynamica, sive de vivibus et motibus fluidorum commentarii. Sectio decima: De affectionibus atque motibus fluidorum elasticorum, praecique autem aëris.* 第 10 节的英文版见: *On the properties and motions of elastic fluids, particularly air.* 收录于史蒂芬·布拉什(S.Brush): *Kinetic theory* Vol I, Pergamon Press, Oxford(1965).

[7] 参见 David. Lindley: *Boltzmann's atom.* The Free Press, New York(2001), p1.

[8] S.G.Brush 在他的回忆录: *The kind of motion we call heat, a history of the kinetic theory of gases in the 19th century.* Vol I pp.107-159.中详细回顾了两位科学家为发表论文所做的工作。North Holland Publishing Company, Amsterdam(1976).

布拉什提及，瑞利(Rayleigh)伯爵在英国皇家学会的档案馆里发现了沃特斯顿的论文，并在 1893 年出版，这时距论文提交已经过去了 48 年。瑞利附加了一个说明，对年轻的科学家们提出了很好的建议：

……极具创新性的研究，特别是由一个不知名作者所做的，最好是通过科学界之外的其他渠道呈现给世人。

瑞利赞扬了作者沃特斯顿的勇气，另外还提供了建议：

一位相信自己有能力做大事的年轻科学家，在迈向更高的台阶之前，通常需要通过范围有限、价值易于评判的工作以尽早获得学术界的认可。

我不清楚瑞利伯爵写这些句子时是认真的还是在挖苦人。

[9] J.C.Maxwell: *On the dynamical theory of gases.* Philosophical Transactions of the Royal Society of London 157(1867).

[10] R.Clausius: *Über die Art der Bewegung, welche wir Wärme nennen,* Annalen der Physik 100,(1857) pp. 353-380.

[11] S.G. Brush: *The kind of motion we call heat: a history of the kinetic theory of gases in the 19th century.*

[12] A.K·Krönig: *Grundzüge einer Theorie der Gase.*(Basic theory of gases) *Annalen der Physik* 99(1856), p. 315.

个类似的简单模型[13]。焦耳似乎是第一个证明"温度为 T 的气体分子的平均速率 $\bar{c}$ 满足 $\frac{\mu}{2}\bar{c}^2 = \frac{3}{2}kT$"的人。在室温下，$\bar{c}$ 为每秒几百米的数量级，这个结果引起了相当大的质疑，气象学家克里斯托夫·亨德里克·迪德里克·白贝罗（Christoph Hendrik Diederik Buys-Ballot，1817～1890 年）对此提出了严厉批评，他认为：

……如果他坐在一间长餐厅的一边，而管家从另一边端来晚餐，那他可能要等一会儿才能闻到他要吃的东西。如果原子以每秒几百米的速度运动……那么他应该一看到晚餐就能闻到香味。

分子平均速度

我们考虑在体积为 $V=LD^2$ 的矩形盒子中、原子数密度为 N/V 的静止的理想气体，并假定原子间作用力可以忽略不计。气体在盒壁上产生的压强 p 是由原子碰撞产生的，$-pD^2$ 是右壁对气体的作用力。根据牛顿运动定律，力等于撞击在面积为 D^2 的墙壁上的原子的动量变化率。为了简单起见，假定所有原子具有相同的速度 $\bar{c}$，并且垂直于每一个盒壁运动的原子都占原子总数的 1/6。当与面积为 D^2 的右壁发生弹性碰撞时，质量为 μ 的单个原子的动量变化等于 $-2\mu\bar{c}$，与这部分面积为 D^2 的盒壁的碰撞率为 $\bar{c}D^2\frac{1}{6}\frac{N}{V}$（图 4.2）。因此，动量变化率为

$$-2\mu\bar{c}^2\frac{1}{6}\frac{N}{V}D^2 = -\frac{m}{V}\frac{1}{3}\bar{c}^2D^2$$

上式必然等于 $-pD^2$，并且有 $pV = \frac{1}{3}\bar{c}^2$。

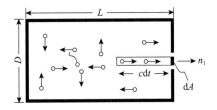

图 4.2 气体对盒壁的压强

与理想气体物态方程相比较，有

---

[13] J.P.Joule: *Remarks on the heat and the constitution of elastic fluids*. Memoirs of the Manchester Literary and Philosophical Society. November 1851. Reprinted in Philosophical Magazine. Series IV, Vol. XIV（1857），p 211.

$$\frac{1}{3}\overline{c}^2 = \frac{k}{\mu}T$$

因此，原子的平均动能为 $\frac{3}{2}kT$。

考虑在体积为 $V=1m^3$ 的盒子中的空气[14]，当压强 $p=1atm$，温度 $T=298K$ 时，空气质量为 $m=1.2kg$。计算可得 $\overline{c}=503m/s$，这可以看作是气体分子的平均速度。

插注 4.1

克劳修斯回答了这一反对意见。他认为："散发香味的气体分子（像所有气体分子一样）并不总是沿直线飞行。它们与空气中的其他分子碰撞，使运动方向发生偏转或反向，进而导致分子运动的锯齿形路径，该路径要比两点间的直线距离长得多。因此，分子在两点之间的移动时间长于没有碰撞的情形。"在做出该解释的过程中，克劳修斯提出了原子或分子平均自由程 l 的概念[15]：如果将粒子想象成半径为 r 的台球，它在平均两次碰撞之间扫过一个体积为 $l\pi r^2$ 的圆柱体，该圆柱体内应该只包含一个其他的粒子。因此，我们有 $l\pi r^2 n \approx 1$，其中 $n=N/V$ 是粒子数密度。于是，克劳修斯猜测，在 $p=1atm$ 和 $T=298K$（假设）的常温常压下，平均自由程 l 的值只有零点几毫米。但由于 r 和 n 的大小未知，他并不能完全确定，所以他的论证还是缺乏说服力。

现在需要确定，在给定参考压强和温度的情况下，一定体积的气体中到底有多少个粒子。可以肯定的是，1mol 气体中含有 $L=1g/\mu_0$ 个粒子，但氢原子的质量 μ_0 是多少呢？

阿伏伽德罗的实验结果表明，气体物态方程中包含一个恒定的常数。我们可以将该方程写成 $pV=NkT$ 的形式，其中（根据阿伏伽德罗的实验结果）k 是恒定常数，现在称为玻尔兹曼常数[16]。因为 N 未知且不可测量，所以 k 的值是未知的。当然，可能会有聪明人试图用气体质量 $m=N\mu$ 代替粒子数 N。虽然质量可以通过称重来测得，但这无济于事，因为用质量代替粒子数后，公式可以改写为 $pV=mk/(\mu T)$，

---

[14] 空气是由分子而不是原子组成的。此外，空气中至少有两种分子，氮气和氧气。但从目前的数量级来考虑，这是无伤大雅的。

[15] R.Clausius: *Über die mittlere Länge der Wege, welche bei Molekularbewegung gasförmiger Körper von den einzelnen Molekülen zurückgelegt werden, nebst einigen anderen Bemerkungen über die mechanische Wärmetheorie.* Annalen der Physik (2) 105 (1858) pp 239-258. English translation: *On the mean free path of the molecular motion in gaseous bodies; also other remarks on the mechanical theory of heat.* In S. Brush: *Kinetic theory.* Vol I, Pergamon Press, Oxford (1965).

[16] 在阿伏伽德罗去世的同时，玻尔兹曼出生了。当时，这个普适常数被称为理想气体常数，用 R 表示，即 k/μ_0。我避免这个常数的出现，相信读者应该会容忍这里的年代错误。

尽管可以通过质量计算 k/μ 的值，但 k 和 μ 各是多少依然是未知的。

实际上，这就是物理学家难以接受原子假说的尴尬之处：整个想法做了过多的假设。既不知道原子质量，也不知道原子半径 r，还不知道给定体积中有多少个原子。的确，粒子的速度是已知的（如前所述），但粒子间的平均距离和两次碰撞间粒子走过的距离仍然是未知的。

我们可以通过一个完美的假设定性地考虑原子半径。在密度为 ρ_{liq} 的液相中，粒子紧密靠近，所以至少在数量级上 $\rho_{liq} r^3 \approx \mu$ 成立。但同样，只有当 μ 已知时，r 才能被确定，反之亦然。因此，这似乎注定要成为一场无限恶性循环的游戏：每个新的想法都增加了一个新的变量，而为了确定新变量必须知道以前的变量之一。

好在，恶性循环的螺旋已经接近末端了，因为麦克斯韦计算出气体的黏度 η。他给出 $\eta = \dfrac{1}{3}\mu \dfrac{N}{V} l \bar{c}$，于是 η 被确定下来。那么，现在的 5 个未知数 k、N、μ、r、l 就有 5 个方程：

$$\frac{pV}{NT} = k, \quad m = N\mu, \quad \rho_{liq} r^3 = \mu, \quad \frac{N}{V} l \pi r^2 = 1, \quad \eta = \frac{1}{3}\mu \frac{N}{V} l \bar{c}$$

约瑟夫·洛希米特（Josef Loschmidt[17]，1821～1895 年）首先意识到麦克斯韦的黏度公式可以用来结束这场争论，并用此计算了未知的变量值。我之前重复过洛希米特在 p=1atm，T=298K，m=1.2×10^{-3}kg，$\bar{c}$ =503m/s（插注 4.1）的条件下，利用 $\rho_{liq} \approx$ 10^{3}kg/m^3 和 η =1.8×10^{-5}N·s/m^2 对 1L 空气进行过计算，所有这些量都是可测量、可计算或可以合理估计出结果的，因此最终得到

$$k = 1.1 \times 10^{-23} \text{J/K}, \ N = 3.2 \times 10^{22}, \ \mu = 37.8 \times 10^{-27} \text{kg},$$
$$r = 3.4 \times 10^{-10} \text{m}, \ l = 0.9 \times 10^{-7} \text{m}$$

因为空气是许多粒子的混合物，平均相对分子质量为 M_r=29，而氢原子的绝对质量为 μ_0=1.3×10^{-27}kg，因此 1mol 空气中的粒子数为 L=7.7×10^{23}，该数字被官方称为"阿伏伽德罗常数"，而在洛希米特居住的奥地利和德国则称为"洛希米特常数"。由于当时引入的各种假设和代入值较为粗糙，这些结果在现代看来都不是标准的。尽管如此，这些值的数量级是准确的[18]，这已经是物理学家在 19

[17] J.Loschmidt: *Zur Grösse der Luftmolecüle*. [On the size of air molecules] Zeitschrift für mathematische Physik 10，(1865)，p.511.

[18] 现代测得的阿伏伽德罗常数（the Avogadro constant）为 L=6.0221367×10^{23}，因此 μ_0 =1.660540×10^{-27}kg。于是玻尔兹曼常数为 k=1.38044×10^{-23}J/K。

世纪中叶所能做的全部了。

在当时,开尔文极力强调这个数字的巨大。他提出,即使用七大洋中的所有水稀释满满一杯标记的水分子,每杯海水中仍包含约 100 个标记分子!

詹姆斯·克拉克·麦克斯韦(1831～1879 年)

在麦克斯韦之前没有科学家意识到气体中的原子以不同的速度运动,他们并不认为原子运动的速度都相等,而是不知道如何从数学上处理不同的速度,在麦克斯韦着手解决这个问题后,情况发生了变化。

据近年来的一部传记[19]记载,麦克斯韦没有什么奇闻轶事,因为他专注于家庭和科学,过着平静的生活,他在 48 岁时便因癌症英年早逝,人们对他本人的兴趣源于对他科学工作的钦佩之情。的确,无论是作为数学家还是作为物理学家,麦克斯韦都是一位天才,他最广为人知的成就是统一了电与磁的方程组,这一理论在科学和技术上都发挥了巨大作用,没有电磁方程的现代生活将是无法想象的(第二章)。与麦克斯韦同时代的玻尔兹曼对麦克斯韦方程组(这是我们现在的叫法)产生了极大兴趣。他惊呼: "War es ein Gott, der diese Zeichen schrieb?"[20]麦克斯韦以法拉第整理的电磁现象为基础,提出光是一种电磁现象,这实在是一项革命性的发现(我们已经在第二章讨论了这一点)。

然而,接下来关注的并不是麦克斯韦在电磁学领域的贡献,而是他在气体动理学理论领域做出的突出贡献[21],尽管相比之下,这也许不像电磁学方程组那样影响深远。在早期工作中,麦克斯韦在公开奖励比赛的激励下研究了土星环[22],证明土星环不能由平的空心盘组成,因为那样的刚性盘会被潮汐力破坏。因此,那个看起来像实心环的东西其实是由许多小的结实的岩石和冰块组成的,它们像众多卫星一样以不同速度在椭圆轨道上绕着土星行进。这些团块有时可能会发生碰撞,从而撞向环内侧或环外侧,将轨道角动量传递到更快或更慢的相邻椭圆轨道中。麦克斯韦因赢得这场公开赛而闻名,这也使他在研究气体前就熟悉了粒子群的特性(图 4.3)。

---

[19] 参见 Giulio Peruzzi: *Maxwell, der Begründer der Elektrodynamik* [Maxwell the founder of electrodynamics] Spektrum der Wissenschaften, German edition of Scientific American. Biografie 2(2000).

[20] "是上帝写出的这些符号吗?"引用自歌德(Goethe)的《浮士德》。

[21] 麦克斯韦写了许多动理学理论的论文。这里我们只引用第一篇: J.C.Maxwell: *Illustrations of the dynamical theory of gases*. Philosophical Magazine 19 and 20, both(1860).

[22] J.C.Maxwell: *On theories of the constitution of Saturn's rings*. Proceedings of the Royal Society of Edinburgh IV(1859)

J.C.Maxwell: *On the Stability of the Motion of Saturn's Rings*. 1856 年获剑桥大学亚当斯奖(Adams Prize)。

玻尔兹曼对麦克斯韦的评价："……公式越来越混乱[23]。"

麦克斯韦对玻尔兹曼的评价："……我更愿意用六行文字说明清楚整个过程。"

图 4.3　詹姆斯·克拉克·麦克斯韦

麦克斯韦用函数 $\varphi(c_i)\mathrm{d}c_i (i=1,2,3)$ 表示气体原子在 i 方向上速度分量在 $c_i \sim c_i + \mathrm{d}c_i$ 的原子数比例。他证明了函数 $\varphi(c_i)$ 在平衡状态下是高斯函数（插注 4.2），其峰值位于速度为零处，其高度和宽度由温度确定。

$$\varphi_{\mathrm{equ}}(c_i)\frac{1}{\sqrt{2\pi\dfrac{k}{\mu}T}}\exp\left(-\frac{\mu c_i^2}{2kT}\right), \quad i=1,2,3$$

麦克斯韦分布

考虑体积为 V、具有 N 个原子的气体，该气体宏观上处于静止状态，由于原子具有速度 (c_1, c_2, c_3)，因而具有内能 $U = N\dfrac{3}{2}kT$。气体处于平衡状态，因此原子速度均匀分布且具有各向同性。

令 $\varphi_{\mathrm{equ}}(c_i)\mathrm{d}c_i$ 代表 i 方向上速度分量在 $c_i \sim c_i + \mathrm{d}c_i$ 的原子数比例，则 $\varphi_{\mathrm{equ}}(c_1)\varphi_{\mathrm{equ}}(c_2)\varphi_{\mathrm{equ}}(c_3)$ 代表速度为 (c_1, c_2, c_3) 的原子数比例。由于速度分布具有各向同性，该乘积只取决于速率 $c = \sqrt{c_1^2 + c_2^2 + c_3^2}$。于是，有

$$n(c) = \varphi_{\mathrm{equ}}(c_1)\varphi_{\mathrm{equ}}(c_2)\varphi_{\mathrm{equ}}(c_3)$$

在等式两边取对数后对 c_i 求导有

$$\frac{1}{c}\frac{\mathrm{d}\ln n}{\mathrm{d}c} = \frac{1}{c_i}\frac{\mathrm{d}\ln\varphi_{\mathrm{equ}}}{\mathrm{d}c_i}$$

---

[23] 原文为 "… immer höher wogt das Chaos der Formeln."

这样等式左右两边都必须是常数，于是通过积分有

$$\varphi_{\text{equ}}(c_i) = A \exp(-Bc_i^2)$$

其中，常数 A 和 B 由下式确定：

$$1 = \int_{-\infty}^{\infty} A \exp(-Bc_i^2) \mathrm{d}c_i \quad \text{和} \quad \frac{1}{2}kT = \int_{-\infty}^{\infty} \frac{\mu}{2} c_i^2 A \exp(-Bc_i^2) \mathrm{d}c_i$$

所以可以得到

$$\varphi_{\text{equ}}(c_i) \frac{1}{\sqrt{2\pi \dfrac{k}{\mu} T}} \exp\left(-\frac{\mu c_i^2}{2kT}\right)$$

插注 4.2

所以，速度在 $(c_1, c_2, c_3) \sim (c_1+\mathrm{d}c_1, c_2+\mathrm{d}c_2, c_3+\mathrm{d}c_3)$ 的原子数比例由如下速率 c 的函数确定：

$$f_{\text{equ}}(c_1, c_2, c_3) \mathrm{d}c_1 \mathrm{d}c_2 \mathrm{d}c_3 = \frac{1}{\sqrt{2\pi \dfrac{k}{\mu} T}^3} \exp\left(-\frac{\mu c^2}{2kT}\right) \mathrm{d}c_1 \mathrm{d}c_2 \mathrm{d}c_3$$

于是，速率在 $c \sim c+\mathrm{d}c$ 的原子数比例 $F_{\text{equ}}(c)\mathrm{d}c$ 为

$$F_{\text{equ}}(c)\mathrm{d}c = \frac{4\pi c^2}{\sqrt{2\pi \dfrac{k}{\mu} T}^3} \exp\left(-\frac{\mu c^2}{2kT}\right) \mathrm{d}c$$

由此大多数原子速度较低，只有少数原子会快速移动。但是低速率原子也很少，因为分速度都处于低速率的概率很小。平均速率可以表示为 $\bar{c} = \sqrt{3\dfrac{k}{\mu} T}$[24]。

这 3 个平衡分布函数通常称为麦克斯韦分布（Maxwell distributions，或者简称为 Maxwellians）。

---

[24] 实际上这是均方根速率。均方根速率、平均速率及被我们忽略的最概然速率之间有细微差别。

布拉什[25]曾提到同时代的人对麦克斯韦的推导过程（插注 4.2）是否具有新颖性和独创性感到迷惑。他认为"……这一证明过程或许只是从凯特勒（Quételet）的统计力学著作[26]或从赫歇尔发表在爱丁堡评论（*Edinburgh Review*）[27]中对凯特勒著作的综述中复制而来"。约翰·赫歇尔（John Herschel）的父亲是著名天文学家弗里德里希·威廉·赫歇尔（Friedrich Wilhelm Herschel，1738~1822 年），他在那篇综述中计算了球从高处落到既定目标的偏离概率，他与麦克斯韦的分析过程非常相似。

在同一篇论文中，麦克斯韦对气体的摩擦提出了一种精妙的解释（插注4.3[28]）。尽管文中没有提及，但这个解释的灵感可能来源于他对土星环的研究。牛顿假设维持流体或气体（或以太）中的速度梯度所需的力与速度梯度的值成正比，比例系数是黏度η。生活经验告诉我们，水（或蜂蜜）的黏度或剪切力（shear resistance）会随着温度的升高而降低，因此在预期气体中也有相同规律。

气体中的黏性摩擦

我们可以通过以下模型来阐述黏性摩擦的机理。考虑两个质量均为 M 的火车在相邻平行轨道上同向行驶，速度分别为 V_1 和 V_2。火车上的人们在两列火车间来回移动，以相同的质量交换率 μ 从一辆火车踏入另一辆火车，以此来改变火车的动量。人们一旦踏上新的火车，就必须依靠身前或身后的墙来支撑自己以便站稳脚步，这使新踏上的火车加速或减速，从而最终使两火车速度相等。火车的运动方程为

$$M\frac{\mathrm{d}V_1}{\mathrm{d}t} = \mu(V_2 - V_1)$$

$$M\frac{\mathrm{d}V_2}{\mathrm{d}t} = \mu(V_1 - V_2)$$

因此，有

$$M\frac{\mathrm{d}(V_1 - V_2)}{\mathrm{d}t} = -2\mu(V_1 - V_2)$$

由此得出，火车的速度差值呈指数下降，其原因是存在与速度差成正比的

---

[25] 参见第四章脚注 8，S.G. Brush, p342。

[26] Adolphe. Quételet: *La théorie des probabilités appliquées aux sciences morales et politiques*.

[27] J.Herschel: *Edinburgh Review* 92（1850）.

[28] 插注 4.3 提供一种直观理解麦克斯韦观点的方法，我发现这对学生理解气体摩擦机制很有帮助。

"剪切力"。质量交换率 μ 是其比例系数，μ 越大，火车的速度差减小得越快。

　　麦克斯韦使用了大体相同的方法来计算以流速 $V(y)$ 移动的两个气体层在 x 方向上的剪切力 τ。结果如下：

$$\tau = \frac{1}{3}\rho l \bar{c} \frac{\mathrm{d}V}{\mathrm{d}y}$$

式中，ρ 为质量密度；l 为平均自由程；$\bar{c}$ 为原子在两个气体层之间来回跳跃时的平均速率，类似于火车模型中乘客的行为。

插注 4.3

　　在前面谈到洛希米特计算空气分子大小的时候，我们已经引入了麦克斯韦得到的黏度公式 $\eta = \frac{1}{3}\mu\frac{N}{V}l\bar{c}$。其中，$\bar{c}$ 为原子的平均速率（至少在数量级上），而 l 是先前通过等式 $\frac{N}{V}l\pi r^2 = 1$ 引入的平均自由程。由此可得，黏度与气体密度无关，并随温度的升高而增大，因为平均速率与 $\sqrt{T}$ 成正比（见前文）。麦克斯韦说："……由此数学理论推导得到的结果令人震惊。"他对此表示怀疑，因为："……我知道的唯一一实验与计算结果不一致。"实际上他的理论是正确的，而实验结果是错误的。麦克斯韦过于谨慎了，玻尔兹曼在谈论这件事时说道[29]：

　　……观测结果只显示出麦克斯韦对自己武器的威力缺乏信心。

　　液体的黏度确实会随着温度的升高而下降，但对于气体这种关系却是相反的。麦克斯韦亲力亲为的新实验证实了这个关系，增强了人们对气体动理学理论的信心。当然，η 与 $\sqrt{T}$ 能够成正比是因为使用了一个简单模型。1867 年，麦克斯韦重新进行了更系统地讨论，推导了带有碰撞项的传递方程[30]（见下文）。为此，他必须研究两个原子之间的二体碰撞动力学，原子在短距离 r 上相互作用并产生一种形式为 $1/r^s$ 的排斥力[31]。结果表明，黏度对温度的依赖关系为 T^n，其中 $n = \frac{2}{s-1} + \frac{1}{2}$。特别地，$s$ 为无穷大时对应的台球模型，而 $s=5$ 时则对应于所谓的麦克斯韦分子。麦克斯韦从他自己的实验中得出结论：η 与 T 成正比一定是一厢情愿的想

---

[29] L.Boltzmann: *Der zweite Hauptsatz der mechanischen Wärmetheorie*（The second law of the mechanical theory of heat）. 此为 1886 年 5 月 29 日在 Kaiserliche Akademie der Wissenschaften 的演讲。

[30] 参见第四章脚注 9 中 J.C.Maxwell 引文。

[31] 该力其实分为排斥力和吸引力，见下文。但对于稀薄气体来说，通常简单的幂函数势就足够表示其所受到的力。

法，因为 $1/r^5$ 型的排斥力会使传递方程中的碰撞项变成一种特别简单的形式（见下文）[32]。

在动理学或热的力学理论中存在着概率因素，这是以前的力学中所没有的。其实，当我们说 $N\varphi(c_i)\mathrm{d}c_i$ 表示在 i 方向上具有速度分量 c_i 的原子数时，这个表述并不是很严格。由于原子在频繁的碰撞中不断地改变速度，导致速度分量 c_i 对应的原子数是波动的，而 $N\varphi(c_i)\mathrm{d}c_i$ 仅为该数的平均值或期望值。因此，$\varphi(c_i)\mathrm{d}c_i$ 是单个原子具有速度分量 c_i 的概率。假设单个原子的速度分量间是独立的，则单个原子具有速度 (c_1, c_2, c_3) 的概率为

$$\varphi(c_1)\varphi(c_2)\varphi(c_3)\mathrm{d}c_1\mathrm{d}c_2\mathrm{d}c_3$$

所以，物理学家需要学习概率计算。一些物理学家对此有特别的顾虑。麦克斯韦也是如此，作为虔诚的教徒，他的虔诚通常伴随着道德上的固执己见。他在一封信中写道：

> ……（概率计算），我们通常认为它只和赌博、掷骰子和博彩有关，因而是完全不道德的。但其实，概率计算恰恰是我们这些干实际工作的人必备的数学工具。

玻尔兹曼因子与能量均分定理

麦克斯韦于 1867 年重新研究气体动理论时就使用了概率论的论据。他借助概率计算了平衡分布的另一种推导方式（与插注 4.2 中的推导不同）。新的推导考虑了两个原子间的弹性碰撞：

碰撞前的能量分别为 $\dfrac{\mu}{2}c^2$、$\dfrac{\mu}{2}c'^2$，碰撞后的能量分别为 $\dfrac{\mu}{2}c'^2$、$\dfrac{\mu}{2}c'^{1^2}$。

玻尔兹曼对此并不满意。玻尔兹曼接受了麦克斯韦的结论，但认为其推导过程过于简洁而难以理解。所以玻尔兹曼用自己的方法重新推导了一遍，并进行了扩展。让我们来看一看他的推导过程[33]：玻尔兹曼将关注的重点放在总能量而不仅是平动动能。他考虑两个原子发生弹性碰撞，碰撞前的能量分别为 E 和 E^1，碰撞后的能量分别为 E' 和 E'^1。用 $G(E)\mathrm{d}E$ 表示能量在 $E\sim E+\mathrm{d}E$ 的原子数比例，则碰撞概率 P 显然与 $G(E)G(E^1)$ 成正比[34]，于是有

---

[32] n 的现代测量结果约为 0.8，对于氢气，n=0.816。

[33] L.Boltzmann: *Studien über das Gleichgewicht der lebendigen Kraft zwischen bewegten materiellen Punkten.* (Studies on the equilibrium of kinetic energy between moving material points) Wiener Berichte 58 (1868) pp. 517-560.

[34] 事实上，一个人看上去显而易见的东西，对其他人来说并非如此。所以关于这个乘法的有效性存在着永无休止且毫无意义的讨论。

$$P_{E,E^1 \to E',E'^1} = cG(E)G(E^1)$$

反碰撞概率为[35]

$$P_{E',E'^1 \to E,E^1} = cG(E')G(E'^1)$$

平衡状态下，两种碰撞的概率应相等。所以，$\ln G(E)$ 是一个碰撞过程中总的守恒量。事实上，平衡状态下，有

$$G(E)G(E^1) = G(E')G(E'^1)$$

因此，有

$$\ln G(E) + \ln G(E^1) = \ln G(E') + \ln G(E'^1)$$

根据碰撞过程的能量守恒，E 本身也是守恒量，那么 $\ln G_{equ}(E)$ 一定是 E 的线性函数，不妨设为

$$G_{equ}(E) = a\exp(-bE) = \frac{1}{kT}\exp\left(-\frac{E}{kT}\right)$$

式中，a 和 b 是常数，满足

$$\int_0^\infty G_{equ}(E)\mathrm{d}E = 1 \ \text{且} \ \int_0^\infty EG_{equ}(E)\mathrm{d}E = kT$$

玻尔兹曼注意到（并且可以证明）这个结论在大多数情况下与能量 E 无关。所以，可以简单地认为 $E = \frac{\mu}{2}c^2$（就像麦克斯韦的推导一样），但它也可能包含分子转动、平动和振动三个自由度的动能。根据玻尔兹曼的推导，每个自由度上的动能都为内能 U 贡献（平均）$\frac{1}{2}kT$ 的能量，称为能量均分定理（equipartition theorem）。

能量均分定理存在与部分实验结果不符的问题。理论上，比热 $c_v = \frac{\partial U}{\partial T}$ 在单原子分子气体中等于 $\frac{3}{2}kT$，在双原子分子气体中则为 $3kT$，但实验测得双原子分子气体的比热却是 $\frac{5}{2}kT$。玻尔兹曼认为，原子绕着连接轴的旋转不应该受到碰撞的影响，但他不知道为什么会这样，因而留下这个问题。此外，振动动能对能量似乎一点贡献都没有。这个问题直到量子力学出现才得以解决（第七章）。

---

[35] 论证中最难证明的是比例因子（这里用 c 表示）在两个公式中相等，此处跳过这个证明。

如果说玻尔兹曼对麦克斯韦的证明过程不满意，麦克斯韦同样对玻尔兹曼提出的改进也不完全满意。这里列举了两位杰出科学家之间竞争的范例，正是这一次次的竞争和辩论，才使得一个个伟大的结论接踵而出。

麦克斯韦认可玻尔兹曼的证明是"巧妙、令人满意的"[36]，但他也说道："……在分子科学中，这是一个非常重要的问题，需要从各个方面加以审视和检验……当我们考虑一个运动规律未知的系统的无规则运动时，这一点尤为必要。"事实上，麦克斯韦提出了两个有趣的新方法。

麦克斯韦将玻尔兹曼的结论推广到有外场作用的情况。以重力场为例，他推导出了地球大气分子的平衡分布：

$$f_{equ} = \frac{1}{\sqrt{2\pi \dfrac{k}{\mu} T}^{\,3}} \exp\left(-\frac{\mu c^2}{2kT} - \frac{\mu g z}{kT} \right)$$

指数因子中的第二项也称为气体压强公式，反映了等温大气的密度随高度增加而下降的关系。在同一篇论文中，麦克斯韦提出一种基于统计理论的新方法，为吉布斯提出正则系综奠定了基础（见下文）。

综上，玻尔兹曼和麦克斯韦推导得出了现在广为流传的玻尔兹曼因子：

$$\exp\left(-\frac{E}{kT} \right)$$

它表示平衡态条件下体系处于不同能量 E 的概率。

在物理、化学和材料科学领域，玻尔兹曼因子或许是玻尔兹曼最杰出的贡献，具有广泛的应用价值，同时也较他提出的熵的统计诠释更为实用。尽管从哲学上讲，玻尔兹曼对熵的统计诠释具有更深刻的含义。我们接下来考虑这个问题。

路德维希·爱德华·玻尔兹曼（1844～1906 年）

对于那些对在物理中使用概率持保留意见的物理学家们来说，一个坏时代正在逼近，而当路德维希·爱德华·玻尔兹曼（Ludwig Eduard Boltzmann）完成他最重要的工作[37]时，这个时代真正来临了。

几乎在同一时期，麦克斯韦和玻尔兹曼以两种稍有不同的方式研究着气体动理学理论。他们的结果大致相同，但有一点完全不同！麦克斯韦未考虑的结果涉

---

[36] J.C.Maxwell: *On Boltzmann's theorem on the average distribution of energy in a system of material points.* Cambridge Philosophical Society's Transactions XII（1879）.

[37] L.Boltzmann: *Weitere Studien über das Wärmegleichgewicht unter Gasmolekülen.*（Further studies about the heat equilibrium among gas molecules）Sitzungsberichte der Akademie der Wissenschaften Wien（II）66（1872）pp.275-370.

及熵及其统计或概率诠释。熵的统计诠释是对自然规律的深刻洞察，并对不可逆性做出了解释。熵的统计诠释是玻尔兹曼一生中最伟大的成就，他也因此成为历史上最杰出的科学家之一。

麦克斯韦在 1867 年导出分布函数矩的传递方程[38]，玻尔兹曼则在 1872 年导出分布函数本身的输运方程，并以他的名字命名。于是，麦克斯韦-玻尔兹曼输运理论（布拉什做此称呼[39]）应运而生。有趣的是，麦克斯韦和玻尔兹曼的回忆录中所记录的都不是清晰和系统的思想或论述，而且二人私下里都因此而互相批评对方（图 4.3）。所以，接下来以一种更现代的方式推导方程和结论。利用现在的知识，我们能够写出非常简洁的表达式，但在推导与讨论的过程中，我们仍需用到冗长的方程与算式。论证的基础为分布函数 $f(\boldsymbol{x}, \boldsymbol{c}, t)$，表示 t 时刻在 $\boldsymbol{x}$ 点处具有速度 $\boldsymbol{c}$ 的原子数密度。则玻尔兹曼方程是 $f(\boldsymbol{x}, \boldsymbol{c}, t)$ 的积分微分方程：

$$\frac{\partial f}{\partial t} + c_i \frac{\partial f}{\partial x_i} = \int (f'f'^1 - ff^1)\sigma g \sin\theta \mathrm{d}\theta \mathrm{d}\varphi \mathrm{d}c^1$$

等式右边的项来源于原子的碰撞。其中，$\boldsymbol{c}$ 和 $\boldsymbol{c}^1$ 分别为两个原子碰撞前的速度；$\boldsymbol{c}'$ 和 $\boldsymbol{c}'^1$ 分别为碰撞后的速度；角度 φ 标识两个原子相互作用的平面；θ 为一个原子碰撞前后的偏转角度，取值范围：$0 \sim \pi/2$；σ 为 (θ, φ) 对应的碰撞截面；g 为碰撞原子的相对速度。与 $f(\boldsymbol{x}, \boldsymbol{c}, t)$ 类似，碰撞积分中的 f' 是速度 $\boldsymbol{c}'$、$\boldsymbol{c}'^1$ 和 $\boldsymbol{c}$、$\boldsymbol{c}^1$ 对应的分布函数。碰撞项的形式代表前面提到过的 Stosszahlansatz[40]；这对于麦克斯韦分子来说十分简单，因为在这种情况下 σg 仅是 θ 的函数，而不是 θ 和 g 共同的函数。被积函数中的 $ff'^1 - ff^1$ 表示以下两个碰撞过程的概率差：

$$c'c'^1 \to cc^1 \ \text{和} \ cc^1 \to c'c'^1$$

这对玻尔兹曼来说很容易。从逻辑上讲，这是由玻尔兹曼推导玻尔兹曼因子的过程改编过来的（见上文）。

由玻尔兹曼方程出发，左右两边与 $\psi(\boldsymbol{x}, \boldsymbol{c}, t)$ 相乘，并对 $\boldsymbol{c}$ 积分，得到了传递

---

[38] 参见第四章脚注 9 中 J.C.Maxwell 引文（1867）。

[39] 参见第四章脚注 8 中 S.G. Brush 引文（1967），422 页及其后。

[40] 这个词对德国人来说也是异常烦琐，它描述了一个计算两个原子相互作用产生特定散射角的碰撞次数公式。当然，这个表达式既不是麦克斯韦也不是玻尔兹曼推导的。据我所知，保罗·埃伦费斯特（Paul Ehrenfest）和塔蒂安娜·埃伦费斯特（Tatiana Ehrenfest）在 *Conceptual Foundations of the Statistical Approach in Mechanics.*（再版：Cornell University Press，Ithaca，(1959)）中首次使用了它。

这个词大概是无法翻译的，它和 Kindergarten, Zeitgeist, Realpolitik, Ansatz 等词都被收录进英语中的德语小词库。

方程的一般形式：

$$\frac{\partial \int \psi f \mathrm{d}\boldsymbol{c}}{\partial t} + \frac{\partial \int \psi f c_k \mathrm{d}\boldsymbol{c}}{\partial x_k} - \int \left(\frac{\partial \psi}{\partial t} + c_k \frac{\partial \psi}{\partial x_k} \right) f \mathrm{d}\boldsymbol{c}$$

$$= \frac{1}{4} \int (\psi + \psi^1 - \psi' - \psi'^1)(f'f'^1 - ff^1) \sigma g \sin\theta \mathrm{d}\theta \mathrm{d}\varphi \mathrm{d}\boldsymbol{c}^1 \mathrm{d}\boldsymbol{c}$$

该方程具有一般量 Ψ 的平衡定律形式，有

密度：$\int \psi f \mathrm{d}\boldsymbol{c}$

流：$\int c_k \psi f \mathrm{d}\boldsymbol{c}$

内源：$\int \left(\frac{\partial \psi}{\partial t} + c_k \frac{\partial \psi}{\partial x_k} \right) f \mathrm{d}\boldsymbol{c}$

碰撞源：$\frac{1}{4} \int (\psi + \psi^1 - \psi' - \psi'^1)(f'f'^1 - ff^1) \sigma g \sin\theta \mathrm{d}\theta \mathrm{d}\varphi \mathrm{d}\boldsymbol{c}^1 \mathrm{d}\boldsymbol{c}$

式中，ψ^1、ψ' 和 ψ'^1 分别代表 $\psi(\boldsymbol{x}, \boldsymbol{c}^1, t)$、$\psi(\boldsymbol{x}, \boldsymbol{c}', t)$ 和 $\psi(\boldsymbol{x}, \boldsymbol{c}'^1, t)$。

当 ψ 选取为特殊情况，即 $\psi = \mu$，$\psi = \mu c_i$，$\psi = \frac{1}{2}\mu c^2$ 时，从一般方程中可以得到质量、动量和能量守恒定律（插注 4.4），因为在这几种特殊情况下，两个源的项都为零。虽然当 ψ 为其他情况时，碰撞项通常不等于零，但对 ψ 的一种特殊选取而言，即使源的项不为零，我们也可以得到一个有用的结论，这种选取就是当乘积有符号的情形。我在文章中特意暗示过，以便让细心的读者在仔细回顾那两个源的项之后，能够敏锐地发现这个特殊的 ψ。当然，这对玻尔兹曼来说并不困难，他选取 $\psi = -k \ln\frac{f}{b}$，其中 k 和 b 是未知正数，于是得到：

$$碰撞源 = \frac{k}{4} \int \ln\frac{f'f'^1}{ff^1}(f'f'^1 - ff^1)\sigma g \sin\theta \mathrm{d}\theta \mathrm{d}\varphi \mathrm{d}\boldsymbol{c}^1 \mathrm{d}\boldsymbol{c}$$

气体动理学理论中的应力和热流

由分布函数可得质量密度、动量密度和能量密度为

$$\rho = \int \mu f \mathrm{d}\mathrm{c}, \quad \rho v_i = \int \mu c_i f \mathrm{d}\mathrm{c}, \quad \rho\left(u + \frac{1}{2}v^2\right) = \int \frac{\mu}{2}\boldsymbol{c}^2 f \mathrm{d}\mathrm{c}$$

式中，u 为由 $C_i = c_i - v_i$ 对应的比内能。

$$\rho\mu = \int \frac{\mu}{2} C^2 f\mathrm{d}\boldsymbol{c}$$

对于单原子分子理想气体，内能 $U = \dfrac{3}{2}\dfrac{k}{\mu}T$，则有[41]

$$\frac{3}{2} kT = \frac{\displaystyle\int \frac{\mu}{2} C^2 f\mathrm{d}\boldsymbol{c}}{\displaystyle\int f\mathrm{d}\boldsymbol{c}}$$

式中，T 反映了原子的平均动能，这可以看作是温度的动理学定义，或者称为动理学温度。

如果把 $\psi = \mu$、$\mu\boldsymbol{c}_i$、$\dfrac{\mu}{2}\boldsymbol{c}^2$ 代入传递方程，就可以得到质量、动量和能量守恒定律：

$$\frac{\partial \rho}{\partial t} + \frac{\partial \rho v_i}{\partial x_i} = 0$$

$$\frac{\partial \rho v_j}{\partial t} + \frac{\partial \left(\rho v_j v_i + \int \mu C_j C_i f\mathrm{d}\boldsymbol{c} \right)}{\partial x_i} = 0$$

$$\frac{\partial \rho \left(u + \frac{1}{2} v^2 \right)}{\partial t} + \frac{\partial \left[\rho \left(u + \frac{1}{2} v^2 \right) v_i + \int \mu C_j C_i f\mathrm{d}\boldsymbol{c} v_i + \int \frac{\mu}{2} C^2 C_i f\mathrm{d}\boldsymbol{c} \right]}{\partial x_i} = 0$$

与相应的宏观守恒定律相比较（第三章），可以确定气体的应力和热流分别为

$$t_{ij} = -\int \mu C_j C_i f\mathrm{d}\boldsymbol{c}, \quad q_i = \int \frac{\mu}{2} C^2 C_i f\mathrm{d}\boldsymbol{c}$$

因此，应力也称为动量流。

插注 4.4

---

[41] 在动理学理论中，附加的能量常数通常被忽略。

这显然是非负的，因为 $\ln\dfrac{f'f'^1}{ff^1}$ 和 $f'f'^1-ff^1$ 总是符号相同。在平衡状态下，f 由麦克斯韦分布给出，此时两个表达式都消掉了，因而是无源的，二者都表明

$$S=-k\int f\ln\frac{f}{b}\,\mathrm{d}\boldsymbol{c}\mathrm{d}\boldsymbol{x}$$

这是气体动理学理论中熵的候选表达式之一（插注 4.5）。如果 k 是玻尔兹曼常数，那么 S 的确是熵。事实上，如果代入平衡状态下麦克斯韦分布的表达式，则有

$$S_{\mathrm{equ}}(T,p)=S_{\mathrm{equ}}(T_{\mathrm{R}},p_{\mathrm{R}})+m\left(\frac{5}{2}\frac{k}{\mu}\ln\frac{T}{T_{\mathrm{R}}}-\frac{k}{\mu}\ln\frac{p}{p_{\mathrm{R}}}\right)$$

这与克劳修斯计算的单原子气体的熵是一致的（第三章）。

熵　流

$-k\displaystyle\int f\ln\frac{f}{b}\,\mathrm{d}\boldsymbol{c}$ 被解释为熵密度是不严谨的，因为我们需要把熵的变化率（或通量）与热或加热联系起来。正因如此，克劳修斯第二定律 $\dfrac{\mathrm{d}S}{\mathrm{d}t}\geqslant\dfrac{\dot Q}{T}$ 在动力学理论中的地位才凸显出来。我们来考虑以下事实：

如果 $-k\displaystyle\int f\ln\frac{f}{b}\,\mathrm{d}\boldsymbol{c}\mathrm{d}\boldsymbol{x}$ 确实是熵，那么非对流情况下的熵通量应该由下式给出：

$$\phi_i=-k\int C_i f\ln\frac{f}{b}\,\mathrm{d}\boldsymbol{c}$$

我们用格拉德的 13 级矩近似计算这个表达式[42]，则有

$$f_G=f_{\mathrm{equ}}\Bigg[\underbrace{1+\frac{1}{2\rho\frac{k}{\mu}T}t_{\langle ij\rangle}\left(\frac{1}{\frac{k}{\mu}T}C_iC_j-\delta_{ij}\right)-\frac{1}{\rho\left(\frac{k}{\mu}T\right)^2}q_iC_i\left(1-\frac{1}{5}\frac{1}{\frac{k}{\mu}T}C^2\right)}_{\varphi}\Bigg]$$

---

[42] 所有这些看上去严重时代错位，但它确实属于这里。格拉德在 1949 年提出了分布函数的矩近似！参见 H. Grad: *On the kinetic theory of rarefied gases. Communications of Pure and Applied Mathematics* 2（1949）.

这是最常用也是最合理的对近平衡分布函数的近似。如果忽略 φ 中的二次项，代入则有

$$\rho s = \rho s_{equ} - \frac{t_{\langle ij \rangle} t_{\langle ij \rangle}}{4\rho \dfrac{k}{\mu} T^2} - \frac{q_i q_i}{5\rho \left(\dfrac{k}{\mu}\right)^2 T^3}, \quad \phi_i = \frac{q_i}{T} + \frac{2}{5} \frac{t_{\langle ij \rangle} q_j}{\rho \dfrac{k}{\mu} T^2}$$

其中，s 包含非平衡项。当忽略非线性项时，$\phi_i = \dfrac{q_i}{T}$ ［熵流的杜亥姆表达式（第三章）］保持不变。

插注 4.5

玻尔兹曼基于分布函数 f 和它的对数，提出了熵的一种动理学诠释。这种诠释在直观上并没有多少吸引力或建设性，所以这并不是我曾说的对自然规律的洞察，至少当下还不是。

为了找到合理的解释，必须按照插注 4.6 中所述方式对 S 的积分进行离散化和外推。外推的本质在于含有主观因素，外推不能仅是推论。在当前对 S 积分的重新表述中，我通过用加粗的"**如果**"来强调外推步骤的推测性本质。

离散化约定 $(\boldsymbol{x}, \boldsymbol{c})$ 空间的体积元 $\mathrm{d}\boldsymbol{x}\mathrm{d}\boldsymbol{c}$ 内有有限的 $P_{\mathrm{d}\boldsymbol{x}\mathrm{d}\boldsymbol{c}}$（比如说）个可被原子占据的格点 $(\boldsymbol{x}, \boldsymbol{c})$，并且 $P_{\mathrm{d}\boldsymbol{x}\mathrm{d}\boldsymbol{c}}$ 与单元格体积 $\mathrm{d}\boldsymbol{x}\mathrm{d}\boldsymbol{c}$ 成比例，比例系数为 Y。于是，$1/Y$ 是最小单元元胞占据的体积，即仅包含一个格点的体积。在这样的操作下，$(\boldsymbol{x}, \boldsymbol{c})$ 空间被量子化。实际上，玻尔兹曼的计算过程预示着量子化方法的存在，尽管在当前阶段它仅被认为是一种计算方法，而不是一种物理观点。玻尔兹曼本人也是这样想的，他说："……似乎没有必要强调，（对这个计算来说）我们关心的并不是一个真正的物理问题。"并补充道："……这个假设不过是一个辅助工具而已。"[43]

如果 $\mathrm{d}\boldsymbol{x}\mathrm{d}\boldsymbol{c}$ 中所有点（或元胞）的占据率 N_{xc} 相等，那么通过选择适当的 b（即选取 $b=eY$），玻尔兹曼就能得到（插注 4.6）：

$$S = k \ln \frac{1}{\prod_{xc}^{P} N_{xc}!}$$

式中，P 为 $(\boldsymbol{x}, \boldsymbol{c})$ 空间中可占据点的元胞总数。

---

[43] 参见第四章脚注 37 中 L.Boltzmann 引文（1872）。

我们稍后会看到（第六章和第七章）是萨特延德拉·纳特·玻色仔细考虑了这些小格子，对它们赋值并给出物理解释。

重新推导 $S=-k\int f\ln\dfrac{f}{b}\mathrm{d}c\mathrm{d}x$

设单元 $\mathrm{d}x\mathrm{d}c$ 中有 $P_{\mathrm{d}x\mathrm{d}c}$ 个可占据点，并且 $P_{\mathrm{d}x\mathrm{d}c}=Y\mathrm{d}x\mathrm{d}c$；进一步设 $\mathrm{d}x\mathrm{d}c$ 中的每个点被相同数量 N_{xc} 个原子占据，如图 4.4 所示。这样我们有 $N_{xc}P_{\mathrm{d}x\mathrm{d}c}=f\mathrm{d}x\mathrm{d}c$。于是，$\mathrm{d}x\mathrm{d}c$ 对 S 的贡献可以写成：

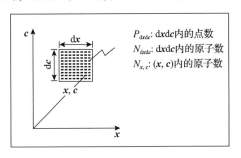

$P_{\mathrm{d}x\mathrm{d}c}$: $\mathrm{d}x\mathrm{d}c$内的点数
$N_{\mathrm{d}x\mathrm{d}c}$: $\mathrm{d}x\mathrm{d}c$内的原子数
$N_{x,c}$: (x,c)内的原子数

$$-kf\ln\frac{f}{b}\mathrm{d}c\mathrm{d}x=-kN_{xc}P_{\mathrm{d}c\mathrm{d}x}\ln\frac{N_{xc}Y}{b}$$
$$=-k\sum_{xc}^{P_{\mathrm{d}x\mathrm{d}c}}N_{xc}\ln\frac{N_{xc}Y}{b}$$

图 4.4 (x,c) 空间中的单元

这实际上是对 $P_{\mathrm{d}x\mathrm{d}c}$ 相等项的求和。b 可以任意选取，不妨设 $b=eY$，其中 e 是欧拉数，则有

$$-kf\ln\frac{f}{b}\mathrm{d}c\mathrm{d}x=-kN_{xc}P_{\mathrm{d}c\mathrm{d}x}\ln\frac{N_{xc}Y}{b}$$
$$=k\ln\frac{1}{\prod\limits_{xc}^{P_{\mathrm{d}x\mathrm{d}c}}N_{xc}!}$$

如果 a（也就是这里的 N_{xc}）远大于 1，则最后一步利用的斯特林公式 $\ln a!=a\ln a-a$ 就是合理的。因此，总熵为

$$S=k\ln\frac{1}{\prod\limits_{xc}^{P}N_{xc}!}$$

式中，P 为 (x,c) 空间中的总占据点数。

插注 4.6

这依然不是一个便于理解的表达式，但已经很接近了。实际上，**如果我们在对数项中乘以因子 $N!$** 可以得到

$$S=k\ln W$$

式中，

$$W = \frac{N!}{\prod_{xc}^{p} N_{xc}!}$$

这个表达式是可以理解的，因为根据组合数学的规则，W 是 N 个原子的分布 $\{N_{xc}\}$ 可能存在的状态［通常称为微观状态（microstates）］的数目。（如果交换两个处于不同点 (x, c) 处的原子将导致不同的可能状态，那么这里使用的组合规则就是贴切的。）

S 的公式的第一个外推是我们现在可以摒弃"体积元 $dxdc$ 中 N_{xc} 都相等"这个要求。这对气体动理学理论来说或许是一个恰当的约束条件，在那里体积元中的气体只由一个值 $f(x, c, t)$ 来表征，但它在 S 的新统计诠释中无关紧要。特别地，我们可以想象，所有原子可能处在同一个元胞中，那么它们都具有相同的位置和速度。在这种情况下，原子分布只有一种可能的状态，熵显然为零。

根据 $S=k\ln W$，我们有一个非常简单且具有说服力的对熵的诠释，更确切地说，我们可以解释熵增加的原因。其思想是，有 N 个原子的气体中每个可能状态都被先验地认为以同频率（或等可能性）出现。这意味着，所有原子处于同一位置且具有相同速度状态的概率与其中 N_1 个原子位于一个位置 (x, c)，其他 $N-N_1$ 个原子位于另一个位置的概率相同，以此类推。在前一种情况下，W 等于 1；在后一种情况下，W 等于 $\dfrac{N!}{N_1!(N-N_1)!}$。在无规则热运动过程中，状态是不断变化的，因此，很明显随着时间的推移，气体会向更可能出现的分布移动并最终达到可能状态数最大的分布，也就是有最大的熵。接下来原子分布将保持不变，此时我们说气体达到了热力学平衡状态。

这就是我所说的玻尔兹曼发现和确定的自然策略。确切地说，这称不上是一个策略，因为它对气体中发生的事件放任自流，还允许未知的事情顺其自然。然而，$S=k\ln W$ 却轻易地成为了物理学界第二重要的公式，仅次于 $E=mc^2$ 或与其不相上下。它强调了热力学过程中固有的随机分量，我们将在后面看到，这意味着当我们试图阻止导致系统向着更可能状态运动的原子的随机游走时，会感受到有相当强度的熵力。

公式 $S=k\ln W$ 不仅是可以理解的，它还可以由单原子分子气体推广到任何由许多理想单元组成的系统，如聚合物链中的键、溶液中的溶质分子、人群的财富或栖息地中的动物。总之，当 W 被赋予恰当的含义时，$S=k\ln W$ 在很多领域中都具有普适性，远不止气体动理学理论这一源头领域。

实际上，玻尔兹曼没有在任何地方写过 $S=k\ln W$ 这样形式的公式（至少肯定不可能在 1872 年的论文[44]中)。然而，从 1877 年的一篇论文[45]中可以明显看出，他已经明白了 S 和 W 之间的关系。在玻尔兹曼关于动理学理论的著作[46]的第一卷中，他重述了那场报告的结论；也正是这个部分(第 40～42 页)最接近 $S=k\ln W$。这个公式刻在了玻尔兹曼的墓碑上，墓碑建于 20 世纪 30 年代，当时人们已经认识到公式的全部含义(图 4.5)。从图中的引文中可以看出，玻尔兹曼完全领会了不可逆性的本质是一种向更大概率分布演化的趋势。

由于一个给定的多体系统永远不可能进入一个等可能性的状态，它只会趋向于演化为一个可能性更大的状态，……因此想要构建一个能够周期性回到初态的永动机是不可能的[47]。

图 4.5　位于维也纳中心公墓的玻尔兹曼的墓碑

玻尔兹曼关于第二定律的演讲[48]以这样一句话结束："我说的也许有很多是不真实的，但我相信这一切。"多亏了玻尔兹曼这样说！因为前面几页中提到那四个加粗的"如果"对玻尔兹曼提出熵的最终诠释看似是必须的，但它们都被现代物理证明是错误的：

- $\mathrm{d}x\mathrm{d}c$ 中所有 (x, c) 的 N_{xc} 都不是相同的，

- 并非所有的 $N_{xc} \gg 1$，

- 原子的交换不一定能产生新的状态，

- 对 $N!$ 的任意叠加也并非无伤大雅。

[44] 参见第四章脚注 37 中 L.Boltzmann 引文(1872)。

[45] L.Boltzmann: *Über die Beziehung zwischen dem zweiten Hauptsatze der mechanischen Wärmetheorie und der Wahrscheinlichkeitsrechnung respektive den Sätzen über das Wärmegleichgewicht.* (On the relation between the second law of the mechanical theory of heat and probability calculus, or the theories on the equilibrium of heat.) Sitzungsberichte der Wiener Akademie, Band 76, 11. Oktober 1877.

[46] L.Boltzmann: *Vorlesungen über Gastheorie I und II.* [Lectures on gas theory] Verlag Metzger und Wittig, Leipzig (1895) and (1898).

[47] L.Boltzmann: *Der zweite Hauptsatz der mechanischen Wärmetheorie* (热力学第二定律)，此为 1886 年 5 月 29 日在 Kaiserliche Akademie der Wissenschaften 的演讲。又见 E.布罗达 (E. Broda): *Ludwig Boltzmann. Populäre Schriften*, Verlag Vieweg Braunschweig (1979)，p. 26。

[48] 参见第四章脚注 37 中 L.Boltzmann 引文(1886)，p. 46。

尽管如此，公式 $S=k\ln W$ 及熵的统计概率诠释都已经深入人心。这个公式是如此合理，以至于不管它的理论基础是什么，它都不可能不正确。事实上，尽管后来对 W 的表达式进行了修正，而且这一公式的理论基础也发生了巨大的改变，但这个公式依然保留了下来(第六章)。

可逆性和可重复性

在第三章中讲到，克劳修斯在提出热力学第二定律后遭受了许多质疑、批评和反对。但与玻尔兹曼在气体动理学理论中发现正熵源后所经历的一切相比，克劳修斯经受的逆境是微不足道的。玻尔兹曼一开始提出的解释是纯粹基于力学的，但这对解决他当时面临的困难无济于事。此外，他的观点给力学研究者们带来了挑战，他们提出了两个相当合理的反对意见：

可逆性和可重复性

双方对这些反对意见进行了激烈讨论，尤其是对可重复性的讨论，但这些讨论是卓有成效的。正是在这些争论中，玻尔兹曼逐步敲定了熵的统计诠释，即对 $S=k\cdot\ln W$ 的理解，参见上文。这种诠释比根据动理学理论导出的熵的正则不等式更基本。

关于可逆性的反对意见是由洛施密特提出的：如果一个多原子系统自发地朝着最概然概率分布演化，然后突然停止演化且所有的速度方向都被反转，那么它应该朝着初始的那个概率更小的分布演化回去。这一点毋庸置疑，因为力学方程具有时间反演对称性：把时间 t 变换为$-t$，力学方程不发生改变。因此，洛施密特认为，向着熵减少方向演化的系统应该和向着熵增加方向演化的系统同样多。当然，玻尔兹曼的回复中并没有质疑原子运动的可逆性；不过，他强调了初始条件的重要性，从而在概率意义上使反对意见与问题不再相关。我们考虑如下事实。

根据前述论点，所有可能的宏观状态或微观状态都等概率地出现。因此，系统的概率分布会朝微观状态数最大的方向演化，并且与初始条件无关，所以在上下文中并不需要考虑初始条件。但严格地说，即便洛施密特提出的使系统向状态数更少的分布演化的初始条件是可能存在的，上述观点也并不正确。玻尔兹曼[49]认为，在所有可能的初始条件中，只有少数初始条件会使系统向可能性更小的分布演化，而大多数初始条件都会使系统向可能性更大的分布演化。因此，当随机选取一个初始条件时，我们几乎总是选取到一个导致熵增加的初始条件，而几乎从来选不到一个导致系统熵减少的初始条件，所以熵增加的情况比熵减少的情况

[49] L. Boltzmann: *Über die Beziehung eines allgemeinen mechanischen Satzes zum zweiten Hauptsatz der Wärmetheorie*(一般力学定理与热力学第二定律的关系)Sitzungsberichte der Akademie der Wissenschaften Wien(II) 75 (1877).

发生得更频繁。

与玻尔兹曼同时代的一些人并不认同他的这一观点；在他们看来，争论初始条件无非是在回避这个问题，他们认为这仅仅是把"所有微观状态的概率相等"这一先验假设重新表述了一遍而已。然而，这个推理似乎已经说服了那些准备被说服的科学家，吉布斯就是其中之一，他简洁地表述了这个结论：熵减小似乎不是不可能，而是可能性不大（图 4.6）。

……无补偿的熵减从"不可能"退化成了"可能性不大"[50]。

图 4.6　约西亚·威拉德·吉布斯

开尔文[51]早在洛施密特之前已经就可逆性提出了反对意见，但他自己也试图努力推翻它。毕竟，这与开尔文自己在自然中观测到的耗散和能量消散的普遍趋势相矛盾。他认为速度永远不可能精确地反演，因而任何阻止能量消散的措施都只能是暂时的——时间越短，涉及的原子也就越多。

在很长的一段时间里，普朗克也不相信玻尔兹曼提出的这个理论。不过，他可能觉得亲自加入这场争论可能有失身份。然而，普朗克的助手恩斯特·弗里德里希·费狄南·策梅洛（1871～1953 年）却非常积极地反对玻尔兹曼的理论[52]。但包括玻尔兹曼在内的大多数物理学家都不重视策梅洛。即使在今天，大多数物理学专业的学生也认为他野心勃勃、傲慢自大，而且不太聪明；他们通常认为策梅洛的反对意见站不住脚。然而，策梅洛后来成为一位杰出的数学家，也是集合论公理（axiomatic set theory）的创始人之一。所以，我们可以相信他具有出色的逻辑思维能力[53]。我们应该认识到，他的批评使玻尔兹曼对熵的概率本质有了更

[50] J.W. Gibbs: *On the equilibrium of heterogeneous substances*, Transactions of the Connecticut Academy 3（1876）p. 229.

[51] W. Thomson: *The kinetic theory of energy dissipation*, Proceedings of the Royal Society of Edinburgh 8（1874）pp. 325-334.

[52] 对于那些了解德国大学体系的人来说（尤其是在 19 世纪），如果没有导师普朗克的批准和鼓励，策梅洛就不可能与玻尔兹曼这样的名人展开一场重要的讨论。但其实普朗克在接受新思想时是出了名的迟钝，包括他自己的新思想（第七章）。

[53] 后来，策梅洛还通过编辑吉布斯的 *Elementary principles of statistical mechanics* 的德语译本，帮助统计力学在物理学家中普及，见下文。

清晰的表述，甚至使他对自己的理论也有了更好的理解。

策梅洛提出了一个新的观点，主要基于亨利·庞加莱（1854～1912 年）的一个证明[54]：对于一个由原子构成的力学系统，原子会发生相互作用且作用力是位置的函数，那么该系统必定会回到（或几乎回到）它的初始状态。熵毕竟是原子位置的函数，所以显然不可能单调增长，称为可重复性反对意见。实际上，策梅洛认为错误发生在力学理论上，因为他认为不可逆性已经得到完美的证明而天衣无缝了，但他无法接受玻尔兹曼基于概率的任何观点[55]。

在这场争论中，玻尔兹曼起初试图用复原需要很长时间来回避这个问题，策梅洛接受了这个解释，但称这一事实无关紧要。接下来公开进行的讨论焦点集中在玻尔兹曼的主张上[56-60]，即在任何时候，导致熵增加的初始条件都多于导致熵减少的初始条件，策梅洛不理解这个假设，认为它十分荒唐。但事实上，一些可能很深刻的思想在讨论中诞生了，玻尔兹曼承认了这一点，尽管从未用这么长的语句承认（！），他说道：

> ……宇宙几乎处处处于平衡状态，也就是死寂的，我们的恒星空间中一定有相对较小的区域（称为世界）……在相对较短的亿万年时期，世界偏离了平衡状态。在这些世界中，系统状态随时间的演化使状态概率增加的世界和减少的一样多……生活在这样的时间、这样的宇宙中的生物，会认为向可能性更低的状态所演化的时间方向与反过来的方向不同：前者是过去、是开始；后者是未来、是结束。在这样的习惯下，小的区域、小的世界"最初"总会发现自己处于一种可能性更低的状态。

因此，尽管在某个单独的世界中，使熵增加和减少的初始条件的数量可能不相等，但在所有的世界中它们确实可能是相等的。玻尔兹曼似乎相信宇宙整体处于平

---

[54] H. Poincar: *Sur le problème des trois corps et les équations de dynamique*（关于三体问题和动力学方程）Acta mathematica 13（1890），pp. 1-270.

又见 H. Poincaré: *Le mécanisme et l'expérience*（力学和经验），Revue Métaphysique Morale 1（1893），pp. 534-537。

[55] 十年后，策梅洛一定重新考虑过这一立场。1906 年，他将吉布斯关于统计力学的回忆录翻译成德语，如果他仍然认为统计或概率不重要，他肯定不会承担这项任务。策梅洛的翻译使吉布斯的统计力学在欧洲广为人知。

[56] E. Zermelo: *Über einen Satz der Dynamik und die mechanische Wärmelehre*（关于动力学定理和热力学理论）Annalen der Physik 57（1896），pp. 485-494.

[57] L. Boltzmann: *Entgegnung auf die wärmetheoretischen Betrachtungen des Hrn. E. Zermelo*（回复 E. Zermelo 先生关于热理论的思考）Annalen der Physik 57（1896），pp. 773-784.

[58] E. Zermelo: *Über mechanische Erklärungen irreversibler Vorgänge. Eine Antwort auf Hrn. Boltzmanns "Entgegnung"*（关于不可逆过程的力学解释，对 Boltzmann 先生"回复"的回应），Annalen der Physik 59（1896），pp. 392-398.

[59] L. Boltzmann: *Zu Hrn. Zermelos Abhandlung "Über die mechanische Erklärungirreversibler Vorgänge"*（论 Zermelo 先生的论文《关于不可逆过程的力学解释》），Annalen der Physik 59（1896），pp. 793-801.

[60] 参见第四章脚注 47 中 L. Boltzmann 引文（1898）p.129。

衡状态，但存在偶然的、符合我们这个大爆炸世界尺度的时空涨落。涨落会在一段时间内远离平衡，然后弛豫回到平衡。在这两种情况下，尽管不断增长的涨落在客观上偏离了平衡，但生物主观看到的时间方向都是朝平衡发展的。为了使这个令人难以置信的想法更贴近生活，玻尔兹曼[60]类比了地球上的上和下的概念：在欧洲和在地球对面的人在主观上都认为自己是正立的，但客观地说，其中有一个人是倒立的。然而，似乎在当今的物理学中，把这个类比应用到时间上的做法并没有得到认可；相反地，它被忽视了，至少在科幻小说之外是这样，或许这是对的（？）。

玻尔兹曼试着预测对他大胆的时间和时间逆转概念的批评从而提前说道：

> 当然，没有人会把这种推测看作是一个重要发现，或者如同那些老哲学家一样将其看作是科学的最高目标。然而是否有理由嘲笑它为完全徒劳的东西，这是一个有待商榷的问题。

然而玻尔兹曼在发表上述声明时说的可能并不全是真心话，事实上在之后的几年里，他又多次向他人宣扬自己的宇宙学模型。他在和策梅洛的讨论中发展了这个理论，并在自己关于动理学理论的书中对其进行了扩展，在圣路易斯世界博览会的通识演讲[61]中再次对其宣传。

总而言之，玻尔兹曼和策梅洛之间的争论，尽管言辞相当激烈，但却是在一个高度复杂的水平上进行的，这绝对有别于麦克斯韦和开尔文为了应对随机性和概率而进行的更常规的尝试，那些尝试包括麦克斯韦妖（Maxwell demon）。

麦克斯韦妖

麦克斯韦为了把单一温度趋势中的不可逆性与动理学理论协调起来，发明了麦克斯韦妖[62]："……一种有着可以知道每个原子运动路径的精妙能力的生物。"设想有初始温度相同的两部分气体通过一个小通道连接，麦克斯韦妖负责看守位于小通道中一个滑动的阀门。它通过开关阀门，让其中一边速度快的原子通过，让另一边速度慢的原子通过。由于阀门质量可以忽略不计，故它可以在不做功的情况下使两边气体具有温度差。

麦克斯韦妖无论在曾经还是现在都被广泛讨论，我想主要原因应该是连那些对数学一无所知的人也能愉快地谈论这个模型。在开尔文的著作[63]中，这个概念被描述得十分荒谬：他发明了"……一支由聪明的麦克斯韦妖组成的军队，驻扎在冷气和热气的交界处，而且……装备着棍棒和分子板球棒，或者之类的东西……

[61] L. Boltzmann: *Über die statistische Mechanik*（论统计力学）此为在一个与1904年圣路易斯世界博览会（World Fair in St. Louis）有关的科学会议上的演讲。又见：E. Broda（1979），pp. 206-224。

[62] 参见第四章脚注19中 G. Peruzzi 引文（2000）pp. 93-94。在1867年 Tait 写给麦克斯韦的信中首次提到麦克斯韦妖。它出现在麦克斯韦的 *Theory of Heat* 中，Longmans，Green & Co. London（1871）。

[63] 参见第四章脚注51中 W. Thomson 引文（1874）。

它的质量是分子的数倍大……除非他们有必须执行的命令，否则麦克斯韦妖不能离开他们指定的地方。”

这真是够了！布拉什[64]为那些想要了解麦克斯韦妖衍生文献的读者们推荐了一篇克莱茵的文章[65]。但我们应该尽快远离这个话题，它有些陈词滥调了，与其纠结于此，还不如为一个可以提高我们在骰子游戏中获胜机会的恶魔而发牢骚。

玻尔兹曼与哲学

有传闻说，晚年的玻尔兹曼开始怀疑自己的工作，也很气馁，最终在情绪低落时选择了自杀，这不可能是真的。的确，知名人士并不喜欢被批评，他们沉迷于被赞美，可能每时每刻都需要赞美；但玻尔兹曼确实得到了这样的关注：他是一位名人，薪水与当代人相比高了很多，也得到了众多知名人士的充分认可。就连策梅洛的反对似乎也只在他的脑海中隐隐刺痛了一下：在他的随笔《一位德国教授的埃尔多拉多之旅》(The Journey of a German Professor to Eldorado)中，玻尔兹曼幽默地写道，菲利克斯·克莱因迫使他写一篇关于统计力学的综述文章。克莱因威胁说，如果玻尔兹曼继续拖延，他会让策梅洛来写。

所以不是的！这种使玻尔兹曼的生活黯然失色的神经衰弱的状态，似乎更像是通常折磨一部分人的一种压抑情绪。现如今，这种压抑的情绪能够通过某些俗称幸福药丸的精神药物进行有效治疗。

诚然，玻尔兹曼在维也纳的科学界并非至高无上，还有一位在气体动理学方面颇有名气的物理学家恩斯特·马赫(1838～1916年)。马赫是玻尔兹曼的眼中钉，因为他坚持物理学应该仅限于我们所能看到、听到、感觉到、闻到或尝到的事物，这类事物不包括原子。直到 1897 年，马赫还坚持认为原子不存在[66]，所以很明显，他对气体动理学理论毫无了解。

马赫还讲授哲学，渴望汲取他优秀哲学智慧结晶的学生们挤满了他的课堂。玻尔兹曼讲授自然科学，并坚持要求他的学生掌握大量的数学技能，所以来听他的课的学生很少，这种情况使玻尔兹曼很是恼怒，他决定自己也要教授哲学。

玻尔兹曼带着对哲学家们的轻蔑来执行这项任务，马赫退休后，玻尔兹曼在维也纳教授“自然哲学”(Naturphilosophie)，在他的就职演说中，他讲述了学习哲学的失败经历[67]：

---

[64] 参见第四章脚注 8 中 S.G. Brush 引文(1976)。

[65] M.J. Klein: American Science 58(1970).

[66] 我推荐一篇关于 Boltzmann 的专业工作和心理的优秀文章 D.Lindley: *Boltzmann's atom*, The Free Press, New York, London(2001)。Lindley 在开场白中引用了 Mach 的话：“I don′t believe that atoms exist.”(我不相信原子存在)

[67] L. Boltzmann: *Eine Antrittsvorlesung zur Naturphilosophie*(自然哲学讲座)，重印版参见杂志 Zeit, December 11, 1903。见第四章脚注 61 中 E. Broda 引文。

为了研究最深奥的哲学思想，我拿起了黑格尔的著作；但是，我在黑格尔的书中发现的是多么含糊不清、毫无意义的语言洪流啊！这种厄运使我从黑格尔转向了叔本华……但即使在康德的书中，也依然有许多东西是我难以理解的。从他在其他方面的敏锐思维来判断，我怀疑他在戏弄读者，甚至是在欺骗读者。

在维也纳哲学协会的一次演讲中，他提出了这样一个题目：

证明叔本华是一个愚蠢、无知的哲学家，他乱写废话、空谈空话进而从根本上永远地腐蚀人们的大脑。

当组织者对此提出反对时，他指出自己只是在引用叔本华评价黑格尔的话，但这个解释毫无作用。玻尔兹曼不得不将题目改得温和些：《论叔本华的一个议题》(On a Thesis of Schopenhauer)[68]。但他通过向观众详细解释争议之处来反击：显然，叔本华是在一气之下写下了关于黑格尔的那句话，所以当时黑格尔并没有支持他担任某个学术职位。与此相反，玻尔兹曼选取它作为题目是基于对叔本华作品的"客观评价"（玻尔兹曼是这样说的）。

很明显，玻尔兹曼并非传统哲学教师的最佳人选，不管有没有受到挑衅，他都会经常表达出对哲学、对那种哗众取宠的教条和无聊的奇思妙想的蔑视。玻尔兹曼没有投身于神学教育也许是一件好事，因为事实上，正如下面一段话所说的那样，他在这一领域的思想也是极其非传统的[69]。

……只有疯子才会否认上帝的存在。然而，事实是我们脑海中所有的上帝形象都只是不充分地拟人化，其实我们想象的上帝并不以我们想象的形象存在。所以如果有人说他相信上帝的存在，有人说他不相信上帝，也许这两个人的思想是完全一致的……

然而，玻尔兹曼由衷地钦佩达尔文的发现，他每一次公开演讲都在宣传达尔文的工作，因为达尔文的作品中蕴含的自然哲学与玻尔兹曼的主张完美地契合。事实上，这两位科学家(达尔文和玻尔兹曼)在强调热力学或生物进化过程中潜在的随机性时有一些共同之处：绝大多数的突变对后代有害，就像气体中绝大多数的碰撞会导致混乱一样；然而，与气体不同的是，占少数的有利突变得到了自然选择的帮助，于是大自然可以在生物体间创造秩序。在这个观点中，自然选择扮

---

[68] L.玻尔兹曼于 1905 年 1 月 21 日在维也纳哲学学会的演讲 Über eine These von Schopenhauer。见第四章脚注 61 中 E. Broda 引文。

[69] L. Boltzmann: *Über die Frage nach der objektiven Existenz der Vorgänge in derunbelebten Natur*（论无生命事件的客观存在问题）Sitzungsberichte der kaiserlichen Akademie der Wissenschaften in Wien. Mathematisch-naturwissenschaftliche Klasse; Bd. CVI. Abt. II（1897）83 页及其后。

演臭名昭著的麦克斯韦妖的角色(如前所述)[70]。

尽管玻尔兹曼支持达尔文的观点，但他声称"自己的观念中没有任何与宗教背道而驰的东西"[71]。

在他生命的最后十年里，玻尔兹曼没有做任何真正原创的研究，也没有追跟其他人的研究。1900 年普朗克的辐射理论和 1905 年爱因斯坦关于光子、$E=mc^2$ 及布朗运动的工作都与他无关。最终，他的神经衰弱症在一个暑假发作了，他将家人送去海边度假后自缢于旅馆一扇窗户的横梁上。

橡胶动理论

之前提到，公式 $S=k\ln W$ 可以从单原子气体向外推广。20 世纪 30 年代，化学家们开始研究聚合物，并试图建立橡胶的热物态方程。于是，一个重要的、可信度极高的推广诞生了。橡胶动理论(kinetic theory of rubber)是热力学和统计热力学的杰作，为物理学和工艺学的一个现代重要分支奠定了基础：高分子科学(Polymer science)。

橡胶动理学理论的基础是吉布斯方程(第三章)。吉布斯方程中，$-pdV$ 表示外界对气体所做的功，当长度为 L 的橡胶棒受单轴载荷 P(与 L 和 T 有关)作用时，这一项则被 PdL 代替(图 4.7)。因此，橡胶棒吉布斯方程的恰当形式是

$$TdS = dU - PdL$$

由吉布斯方程显然可得

$$P = \frac{\partial U}{\partial L} - T\frac{\partial S}{\partial L}$$

由上式可知，载荷包含一个能量项和一个熵项。

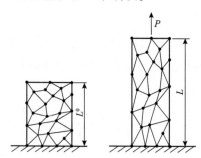

图 4.7　未拉伸和拉伸的橡胶棒结构示意图

---

[70] 玻尔兹曼可能不是这样论述的。这是我在阿西莫夫的一篇科学随笔中读到的，参见 I. Asimov: *Asimov on Physics* 中的 *The modern demonology*, Avon Publishers of Bard, New York (1979)。

[71] 一些教会领袖不同意这一点。教皇 Benedikt XVI 也是。他在 2005 年 4 月 24 日的就职演讲中说："……每个存在都是上帝的意志，而不是盲目的进化过程的产物。"天主教不喜欢随机的进化，美国第 43 任总统乔治·沃克·布什也不喜欢。他主张在美国学校里讲授智慧设计论。

吉布斯方程本身隐含一个可积性条件：

$$\frac{\partial U}{\partial L} = P - T\frac{\partial P}{\partial T}$$

则有

$$\frac{\partial S}{\partial L} = \frac{\partial P}{\partial T}$$

于是，可以认为载荷的熵项是固定长度 L 下橡胶棒 (P, T) 曲线切线的斜率，这个 $(P \sim T)$ 图很容易测量，能量项由该切线的纵坐标截距确定（图4.8）。

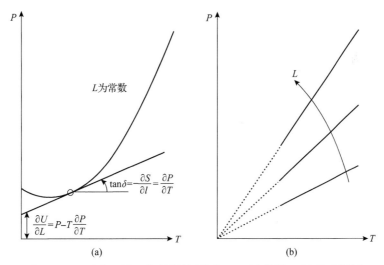

图 4.8　$P \sim T$ 图：(a) 一般材料的 (载荷、温度) 曲线；(b) 橡胶材料的 (载荷、温度) 曲线 (其斜率等于力的熵项和能量项)

橡胶材料的 (P, T) 曲线是一条穿过 (P, T) 图原点的直线。所以在橡胶中，$\frac{\partial S}{\partial L}$ 与 T 无关，并且 U 与 L 无关。则对于橡胶材料有

$$P = -T\frac{\partial S}{\partial L}$$

这种关系有时可以表述为橡胶的弹性是与熵有关的，或者说橡胶的弹性力是由熵变引起的；能量对橡胶的弹性没有贡献。

库尔特·H.迈耶和切萨雷·费里首先注意[72]到了这一点，他们这样描述他们

[72] K.H. Meyer & C. Ferri: *Sur l'élasticité du caoutchouc*, Helvetica Chimica Acta 29, p. 570（1935）。

的发现：

> L´origine de la contraction [ducaout-chouc] se trouve dans l´orientation par la traction des chaînes polypréniques. A cette orientation s´opposent les mouvements thermiques qui provoquent finalement le retour des chaînes orientées à des positions désordinées（variation de l´entropie）.

> 橡胶收缩的原因在于牵引力赋予聚合物链的取向。该取向与热运动方向相反，而热运动最终导致聚合物链收缩到无序位置（引起熵变）。

除了橡胶和一些合成聚合物，熵弹性只存在于气体中。事实上，尽管气体和橡胶在外观上不同，但从热力学的角度来看，这些材料实际上是相同的。一个思维跳脱、爱开玩笑的学者曾对这种相似性做出了这样的评价，他说："橡胶是固体中的理想气体。"[73]

很明显，如果想计算橡胶的物态方程 $P(T, L)$，那么需要作为 L 函数的 S。我们知道 $S=k\ln W$ 成立，为了计算 W，需要一个描述无序聚合物链的模型。维尔纳·库恩（1899~1963 年）[74]提出了一个这样的模型，他将橡胶分子想象成由 N 个长度为 b、取向独立的连杆组成的长链，长链首尾的距离为 r。图 4.9 为该分子及其一维图像，其中 $N_\pm$ 表示连杆指向右或指向左。显然，对于这里使用的简化模型，一定有

$$N_+ + N_- = N$$
$$N_+ b + N_- b = r$$

则有

$$N_\pm = \frac{N}{2}\left(1 \pm \frac{r}{Nb}\right)$$

这对数字 $\{N_+, N_-\}$ 称为连杆的分布，这个分布可能存在的状态数是

$$W = \frac{N!}{N_+!N_-!} = \frac{N!}{\left[\frac{N}{2}\left(1+\frac{r}{Nb}\right)\right]!\left[\frac{N}{2}\left(1-\frac{r}{Nb}\right)\right]!}$$

[73] I. Müller, W. Weiss: *Entropy and energy——A universal competition*, Springer, Heidelberg（2005），书中第五章将橡胶和气体的热力学性质放在一起来突出二者的相似性。

[74] W. Kuhn: *Über die Gestalt fadenförmiger Moleküle in Lösungen*（论溶液中丝状分子的形状）Kolloidzeitschrift 68, p.2（1934）。

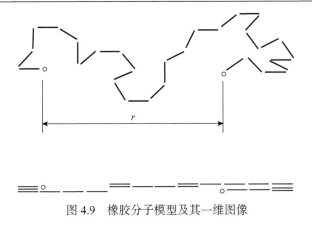

图 4.9　橡胶分子模型及其一维图像

于是，W 和 1mol 分子的熵 $S_{\text{mol}} = k\ln W$ 写成了一端到另一端距离 r 的函数。这个函数可以通过使用斯特林公式或将对数展开成级数来化简，即

$$\ln a! = a\ln a - a \quad \text{或} \quad \ln\left(1 \pm \frac{r}{Nb}\right) \approx \pm\frac{r}{Nb} - \frac{1}{2}\left(\frac{r}{Nb}\right)^2$$

左式当 a 值很大时成立，所以可以将其用于 $a = N$ 和 $a = N_{\pm}$ 的情况。对数的级数展开只有对 $\dfrac{r}{Nb} \ll 1$，即一条高度折叠的分子链成立，有

$$S_{\text{mol}} = Nk\left[\ln 2 - \frac{1}{2}\left(\frac{r}{Nb}\right)^2\right]$$

由上式可得，当分子链首尾距离 r 较小时，熵较大。

与气体相比，对橡胶分子的理解可能更有助于理解熵的概念和熵增长的特性。让我们考虑以下过程。

一个基础的先验公理是：所有可能状态(或微观状态)出现的概率相等。因此，在热运动的过程中，任何一个微观状态出现的概率都和其他所有微观状态出现的概率一样。具体而言，这意味着如图 4.10 所示的分子链完全伸展开的微观状态出现的概率应当与图中部分折叠导致端到端距离 $r < Nb$ 的微观状态出现的概率相同。然而，这也同样意味着，折叠起来的 $r < Nb$ 的分布 $\{N_+, N_-\}$ 比完全展开的分布 $\{N, 0\}$ 出现的概率更大，因为前者可以由更多的微观状态实现，而后者只有一种可能的状态。

如果链状分子从直链 $W=1$，也就是从 $S_{\text{mol}}=0$ 开始演变，热运动会很快把它搞乱，使分子趋向于有许多微观状态的分布，并最终以压倒性的概率使分子处于微观状态最多的分布，也就是我们说的平衡。平衡态下，有 $N_+ = N_- = \dfrac{1}{2}$，所以 r

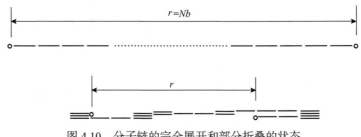

图 4.10　分子链的完全展开和部分折叠的状态

为零。在这个过程中，熵 S_{mol} 从零增长到 $k \ln \dfrac{N!}{\dfrac{N}{2}! \dfrac{N}{2}!}$。因此，熵增长是在分子链

微观状态之间随机游走的结果。

　　当然，我们可以抑制熵增长。如果想维持初始时直链的微观状态，或者维持 $0 \sim Nb$ 任何距离 r 的状态，那么只需要在每次热运动影响分子的时候，在分子两端施加一个拉力。如果热运动每秒对分子作用 10^{12} 次（这个数字是合理的），我们就可以在两端施加一个恒定的力。这就是熵力和熵弹性的本质，也是维持橡胶分子伸展所需力的本质。如果 $r \ll Nb$，那么熵与 r^2 呈线性关系（见上文），力与 r 成正比，比例系数与温度 T 呈线性：热运动越剧烈，熵力越大。力学家习惯上将其称作熵弹簧，其特点是弹性模量与 T 成正比。

　　通常认为一个分布对应的熵是衡量粒子排列无序程度的指标，这个解释对于橡胶分子来说非常容易理解。事实上，图 4.10 中的伸展状态是有序分布，熵为零，因为它只有一个微观状态；折叠状态是无序分布，熵大于零，最无序的分布有最多可能的微观状态，熵最大。因此，熵向平衡状态的增长包含了无序的增大。

　　说到这里，我想强调一下，有序和无序不是明确定义的物理概念。确切地说，在上面的陈述中，这两个概念与我们的直觉相符，但通常它们并不总是相符。例如，合金中的立方晶系在我们直观认识上是有序的，但却比更无序的单斜晶系具有更高的熵。因此，立方晶系的相通常是高温相，因为在金属中，温度越高，自由能中的熵就越起决定性作用（第五章）。这明显违反了熵与无序的等价性，这种现象也可以得到合理的解释，但这个解释并未使用晶体学中有序或无序的概念。

　　一个橡胶棒是由多个橡胶分子组成的网状结构。如图 4.7 所示，所有橡胶分子都有不同的长度矢量 $(\theta_1, \theta_2, \theta_3)$ 和不同的长度 $r = \sqrt{\theta_1^2 + \theta_2^2 + \theta_3^2}$。橡胶棒在未拉伸状态和拉伸状态的熵分别为

$$S_0 = \int S_{mol} z_0(\theta_1, \theta_2, \theta_3) \mathrm{d}\theta_1 \mathrm{d}\theta_2 \mathrm{d}\theta_3, \quad S_0 = \int S_{mol} z(\theta_1, \theta_2, \theta_3) \mathrm{d}\theta_1 \mathrm{d}\theta_2 \mathrm{d}\theta_3$$

式中，$z_0(\theta_1,\theta_2,\theta_3)\mathrm{d}\theta_1\mathrm{d}\theta_2\mathrm{d}\theta_3$ 和 $z(\theta_1,\theta_2,\theta_3)\mathrm{d}\theta_1\mathrm{d}\theta_2\mathrm{d}\theta_3$ 分别为 θ_1、θ_2、θ_3 处 $\mathrm{d}\theta_1\mathrm{d}\theta_2$ $\mathrm{d}\theta_3$ 体积内长度矢量的个数。

$z_0(\theta_1,\theta_2,\theta_3)$ 和 $z(\theta_1,\theta_2,\theta_3)$ 的确定再次归功于库恩[75]。1936 年，他巧妙地使用了 $S_{\mathrm{mol}}=k\ln W$ 的逆：他假设 $z_0(\theta_1,\theta_2,\theta_3)\mathrm{d}\theta_1\mathrm{d}\theta_2\mathrm{d}\theta_3$ 与长度为 $r=\sqrt{\theta_1^2+\theta_2^2+\theta_3^2}$ 的链的状态数 $W=\exp(S_{\mathrm{mol}}/k)$ 成正比，并由此得到：

$$z_0(\theta_1,\theta_2,\theta_3)=\frac{n}{\sqrt{2\pi Nb^2}^3}\exp\left\{-\frac{\theta_1^2+\theta_2^2+\theta_3^2}{2Nb^2}\right\}$$

式中，n 为总链数。对于 $z(\theta_1,\theta_2,\theta_3)\mathrm{d}\theta_1\mathrm{d}\theta_2\mathrm{d}\theta_3$，库恩假设有

$$z(\theta_1,\theta_2,\theta_3)=z_0\left(\frac{1}{\lambda}\theta_1,\sqrt{\lambda}\theta_2,\sqrt{\lambda}\theta_3\right)$$

这样，长度矢量分量的改变就与（不可压缩的）橡胶棒边缘的形变完全一样了——橡胶棒沿外力方向的形变为 $L=\lambda L_0$。

库恩得到：

$$S=S_0-\frac{1}{2}nk\left(\lambda^2+\frac{2}{\lambda}-\frac{3}{2}\right),\quad P=\frac{nkT}{L_0}\left(\lambda-\frac{1}{\lambda^2}\right)$$

右边的公式为橡胶棒的物态方程，这说明外载荷 P 是温度 T 和相对形变 $\lambda=\dfrac{L}{L_0}$ 的函数，(P,λ) 的关系显然是非线性的。

这个公式标志着聚合物科学[76]和非线性弹性理论的开端，它的推导为聚合物弹性的热力学机理提供了深刻的理解。虽然对橡胶的定量描述还不尽人意，尤其是对于双轴载荷的情况[77]，但它的影响是深远而重要的。

吉布斯统计力学

学生们或许有些厌倦用理想气体来阐释统计理论的威力。事实上，平衡态气体的原子理论或统计理论的发展与对理想气体性质的各种古老猜想、观察和测量

[75] W. Kuhn: *Beziehungen zwischen Molekülgröße, statistischer Molekülgestalt und elastischen Eigenschaften hochpolymerer Stoffe*（高分子的分子大小、统计分子构型与弹性性能的关系），Kolloidzeitschrift 76, p. 258（1936）.

[76] 该领域现代的发展可在 P.J. Flory 的专著 *Principles of Polymer Chemistry* 中找到，Cornell University Press, Ithaca（1953）。这本书之后被多次再版和重印。

[77] 关于橡胶弹性和橡胶动理论局限性更为详细的讨论请参见 I. Müller 和 P. Strehlow 的 *Rubber and Rubber Balloons–Paradigms of Thermodynamics*, Springer Lecture Notes in Physics, Springer, Heidelberg（2005）.

密不可分。在丹尼尔·伯努利用运动原子来解释压强之前（插注 4.1），理想气体物态方程 $p=p(v,T)$ 就已经提出来了，并且伯努利的观点还暗示了理想气体的内能仅依赖于 T。这个结论在很久之后才被克劳修斯预测并由焦耳和开尔文用实验证实。从某种意义上讲，不管怎样，学生们在气体分子理论提出之前就已经知道了关于气体的一切，因此无聊感随之而来。

但橡胶不是！统计理论给出了一个前所未有的物态方程 $P=P(L,T)$。根据我的经验，这就是能让那些有能力反应过来的学生们振作起来的地方。他们或许会要求再来一次：根据下式求熵的最大值，然后推导获得液体或金属的物态方程！

$$S = k\ln W, \quad W = \frac{N!}{\prod_{xc}^{P} N_{xc}!}$$

这是一个不错的想法，但很可惜并不可行，我们无法满足学生们的这个合理要求。让我们考虑以下过程：

液体中的 N 个原子 $(\alpha = 1, 2, \cdots, N)$ 之间相互作用，每个原子与其他所有原子都有相互作用，所以内能包括动能和势能，后者是对所有原子势能对 $\Phi(|x_\beta - x_\alpha|)$ 的求和。则有

$$U = \sum_{\alpha=1}^{N} \frac{\mu}{2} c_\alpha^2 + \frac{1}{2} \sum_{\alpha,\beta=1}^{N} \Phi(|x_\alpha - x_\beta|)$$

或用 N_{xc} 来表示：

$$U = \sum_{xc} N_{xc} \frac{\mu}{2} c^2 + \frac{1}{2} \sum_{xc,x'c'} N_{xc} N_{x'c'} \Phi(|x - x'|)$$

因此，当在 N 和 U 固定的约束中求 S 最大值时有

$$-k\ln N_{xc}^{\text{equ}} - \alpha - \beta\left[\frac{\mu}{2} c^2 + \frac{1}{2}\sum_{x'c'} N_{x'c'}^{\text{equ}} \Phi(|x - x'|)\right] = 0$$

平衡分布 N_{xc}^{equ} 一定是从拥有与 (x, c) 空间中元胞数量一样多方程的系统导出的[78]。这些方程无法解析地求解出 N_{xc}^{equ}，所以无法计算 U 和 S 的平衡值。求解步骤一开始就遇到了阻碍。

吉布斯也没能用统计力学解决这个问题。然而，他用一个配分函数（partition function）来表示 U 和 S，从而把求解的困难从开头转移到了末尾。当然，配分函数同样不能用类似于体积 V 和温度 T 那样的热力学量来表示（除了气体和橡胶等

---

[78] 因为没有 $\Phi(|x - x'|)$ 这一项，于是对气体来说能量常数与 N_{xc} 呈线性关系，这使问题变得简单。

简单情形），但有时可以近似得到。

吉布斯的统计热力学是对玻尔兹曼的思想大胆而巧妙的外推。玻尔兹曼和麦克斯韦一直将概率论应用于成分相同的系统：气体中的原子、顺磁流体中的偶极子或橡胶链中的链节。在这些成果的基础上，吉布斯通过提出下述观点取得了巨大的进步：

> 然而，出于某些目的，从更广的角度看待问题是可取的……我们可以想象大量性质相同的系统，但在给定时刻其结构和速度不同，也不仅是无限小的不同，而是包含所有可能结构和速度的组合[79]。

这样大量的系统被吉布斯称为系综(ensemble)。他引入了不同种类的系综：

● 具有相同能量的系综，称为微正则系综(microcanonical)。

● 具有相同体积和温度的系综，"由于其在统计平衡理论中独特的重要性，我冒昧地将其称为正则系综(canonical)"[80]。

● 一个由 h 个小号系综组成的……巨大的系统[81]，适用于 h 种组分的混合。

系综的概念有什么作用？为了更好地说明这一点，让我们把注意力集中在正则系综上。设正则系综由 v 种液体组成，总能量为 ε，总熵为 σ；每种液体的体积为 V，粒子数为 N，并互相保持热接触，所以温度相同。在 v 种液体中，处于 $x_1 \cdots c_N$ 的状态，能量为 $U(x_1 \cdots c_N)$ 的液体有 $v_{x_1 \cdots c_N}$ 种，则有

$$\varepsilon = \sum_{x_1 \cdots c_N} U(x_1 \cdots c_N) v_{x_1 \cdots c_N}$$

式中，求和号是对所有的 $x_i \in V$ 及所有的速度求和。

作为将气体的玻尔兹曼熵推广的重要一步，吉布斯写下了系综的熵：

$$\sigma = k \ln W, \quad W = \frac{v!}{\prod_{x_1 \cdots c_N} v_{x_1 \cdots c_N}!}$$

它表示分布 $v_{x_1 \cdots c_N}$ 的状态数。

为了求出平衡分布 $v_{x_1 \cdots c_N}^{\text{equ}}$，他将 σ 最大化(插注 4.7)。进而就能计算出单种液体的平均能量 $U = \epsilon / v$ 和平均熵 $S = \sigma / v$ 分别为

[79] J. W. Gibbs: *Elementary principles in statistical mechanics–developed with especial reference to the rational foundation of thermodynamics*, Yale University Press(1902)。这份回忆录现在可以在 Dover 版中找到，它在 1960 年首次出版，我的页码数对应 Dover 版本。

[80] 参见第四章脚注 80 中 J.W. Gibbs 引文 p. XI.

[81] 参见第四章脚注 80 中 J.W. Gibbs 引文 p. 190.

$$U = kT^2 \frac{\partial \ln P}{\partial T}, \quad S = k \frac{\partial}{\partial T}(T \ln P)$$

式中，U 和 S 都是配分函数 $P = \sum_{x_1 \cdots c_N} \exp\left(-\frac{U(x_1 \cdots c_N)}{kT}\right)$ 的函数。

正 则 系 综

我们感兴趣的是单一液体的热力学物态方程。设由 N 个原子组成的液体，体积为 V，能量为

$$U(x_1 \cdots c_N) = \sum_{xc} N_{xc} \frac{\mu}{2} c^2 + \frac{1}{2} \sum_{xc, x'c'} N_{xc} N_{x'c'} \phi(|x - x'|)$$

但我们考虑由 v 种这样的液体组成的总能量为 ε 的液体系综。在 v 种液体中，$v_{x_1 \ldots c_N}$ 种液体处于 $x_1 \cdots c_N$ 的状态，忽略这几种液体间的相互作用，则有

$$\varepsilon = \sum_{x_1 \cdots c_N} U(x_1 \ldots c_N) v_{x_1 \cdots c_N}$$

系综的熵 σ 为

$$\sigma = k \ln W, \quad W = \frac{v!}{\prod_{x_1 \cdots c_N} v_{x_1 \cdots c_N}!}$$

式中，求和与乘积分别涵盖所有的位矢 $x_i \in V$ 与所有的速度。固定 ε 和 v，将 σ 最大化，求得平衡分布 $V_{x_1 \ldots c_N}$，称为正则分布，即

$$v_{x_1 \cdots c_N} = v \frac{\exp[-\beta U(x_1 \cdots c_N)]}{\sum_{x_1 \cdots c_N} \exp[-\beta U(x_1 \cdots c_N)]}$$

进而，系综的能量和平衡熵分别为

$$\varepsilon = v \frac{\partial \ln P}{\partial \beta} \text{ 和 } \sigma = vk\left(\beta \frac{\varepsilon}{v} + \ln P\right)$$

式中，$P=\sum_{x_1\cdots c_N}\exp[-\beta U(x_1\cdots c_N)]$ 为配分函数；β 为对应于能量约束的拉格朗日乘数。

根据能量均分定理，每个原子的动能必须等于 $\frac{3}{2}kT$，对比可以得到 $\beta=\frac{1}{kT}$，这是因为：

$$\varepsilon_{\mathrm{kin}} = \sum_{x_1\cdots c_N} \nu^{\mathrm{equ}}\left(\frac{\mu}{2}c_1^2+\cdots+\frac{\mu}{2}c_N^2\right)_{x_1\cdots c_N} = \nu\cdot N\frac{3}{2}\frac{1}{\beta}$$

于是，单种液体的平均能量和平均熵分别为

$$U = \frac{\varepsilon}{\nu} = kT^2\frac{\partial\ln P}{\partial T}$$

其中，$P=\sum_{x_1\cdots c_N}\exp\left[-\frac{U(x_1\cdots c_N)}{kT}\right]$。

$$S = \frac{\sigma}{\nu} = k\frac{\partial}{\partial T}(T\ln P)$$

根据自由能 $F=U-TS$ 可得

$$F = -kT\ln P$$

插注 4.7

综上所述，吉布斯勉强得到了最终结果，尽管对于液体和大多数其他非平凡系统来说，计算配分函数的求和并明确得到 $P(V,T)$ 是不可能的。

但是，吉布斯的结果将难点归结为多重和的计算，在这种形式下，它成为对数学家的一个挑战，而人们可能会想到用各种精妙的近似来解决。事实上：

● 对于液体，J.E.迈尔和 M.G.迈尔提出了一种麻烦但很有效的聚类法来近似实际气体的物态方程[82]；

● 拉斯·昂萨格能够精确地求出铁磁体伊辛模型的配分函数（虽然我认为这仅限于二维情况）；

[82] J.E. Mayer, M.G. Mayer: *Statistical Mechanics*, John Wiley & Sons, New York（1940）Chap. 13.

●最近，奥利弗·卡斯特[83]近似求解了形状记忆合金的配分函数，并且能够模拟这类合金中典型的奥氏体↔马氏体相变。

因此吉布斯的想法被证明是非常有用的。然而，它依然存在一些问题：我们当然可以很好地构想出系综，但实际拥有的只是一种液体，而不是系综，所以我们怎样做才能把系综从脑海中抛开而只关注事实上的单一液体呢？传统观点认为，系综只是为这种液体提供了一个温度条件。从这一观点出发就可以迈出从概念上完全遗忘系综的简单一步，取而代之的是为我们实验室中实际拥有的这一种液体提供热浴（heat bath）。

无论是吉布斯本人还是众多统计力学的书籍，都没有解决这个挥之不去的困惑[84]。直到在一次思想研讨会上，薛定谔的书面报告[85]中提及了如下内容，这个困惑才得以解决。他说：

> ……所谓 v 个完全相同的系统，其实是对所考虑系统，即一个实验台上的宏观装置的 v 个假想复制品。那么，对这 v 个复制品平均分配能量 ε 究竟有什么物理意义呢？我的观点是，你可以认为所考虑的系统真的有 v 个复制品，它们之间真的通过"很弱的相互作用（weak interaction）"关联，但与世界上的其他东西相隔绝。现在，把注意力集中在其中一个复制品上，你会发现它其实处在由剩余 $v-1$ 个思维复制品组成的特殊"热浴"中。

据我所知，仅有的对一个恰当且真实的系综进行的操作来自麦克斯韦的论文《论质点系统的玻尔兹曼能量均分定理》（*On Boltzmann's theorem on the average distribution of energy in a system of material points*）[86]。麦克斯韦考虑了由 $v·N$ 个原子组成的气体，并（在想象中）把它分成 v 种气体，每种气体有 N 个原子。之后，他得到如下分布[87]：

$$v_{x_1\cdots c_N}^{\text{equ}} = \frac{1}{V^N} \frac{1}{\sqrt{2\pi\mu kT}^{3N}} \exp\left(-\frac{\mu c_1^2 + \cdots + \mu c_N^2}{2kT}\right)$$

这就是在这种情况下的正则分布。当 $N=1$，即单个原子时，分布即退化为麦克

---

[83] O. Kastner: *Zweidimensionale molekular-dynamische Untersuchung des Austenit | Martensit Phasenübergangs in Formgedächtnislegierungen*（形状记忆合金中奥氏体与马氏体相变的二维分子动力学研究）, Dissertation TU Berlin, Shaker Verlag（2003）.

[84] 在关于统计力学的现代书籍中，配分函数大多出现在前半页，其余部分则是配分函数在多种具体情形下的计算。这就是所谓的演绎法（deductive approach），或者说在实践中理解（understanding by doing）。

[85] E. Schrödinger: *Statistical thermodynamics. A course of seminar lectures*, Cambridge at the University Press（1948）.

[86] 参见第四章脚注 36 中 J.C.Maxwell 引文（1879）。

[87] 这篇 1879 年的论文包含了麦克斯韦对麦克斯韦分布的第三种推导，另外两种推导我们已经在前面回顾了。麦克斯韦的第三种推导是物理学专业学生的热门练习题，因为它可以使学生熟悉多维度球体的体积和表面积。

斯韦起初用两种不同方式推导出的麦克斯韦分布（见上文）。麦克斯韦得到了吉布斯的认可，吉布斯认为麦克斯韦与克劳修斯、玻尔兹曼都是统计力学的主要创始人。

此外，吉布斯自然而然地提出了另一个关于系综平均值的问题：系综平均值对我们考虑的单种液体有什么意义呢？各态历经假说（ergodic hypothesis）给出了答案：如果液体在足够长的间隔下被观察 v 次，那么在有 v 个液体系统的系综中计算得到的 $v^{equ}_{x_1 \cdots c_N}$ 也等于一个液体系统处于状态 $x_1 \cdots c_N$ 的概率。该假说通常做如下表述：

系综平均值=单个液体系统的期望值[88]

于是，假想出系综的平均值就立刻能够与实际观测的唯一单个系统关联起来。显然这种求时间平均值（或期望值）的方法只适用于平衡态。

到目前为止，所有论述的讨论和推导都集中在液体上，这仅是为了描述准确和便于理解，在其他体系上应用统计力学也是一样的套路。其中一个更令人惊奇的应用[89]是单个氢原子，即一个质子和一个可能占据 $2n^2$ 个轨道（$n=1,2,\cdots$）的电子。根据原子结构的玻尔模型[90]，其能量为

$$E_n = \frac{2\pi^2 e^4 \mu}{(4\pi\varepsilon_0 h)^2}\left(1 - \frac{1}{n^2}\right) = 2.171 \cdot 10^{-18}\,\text{J}\left(1 - \frac{1}{n^2}\right)$$

在统计力学的语言中，我们把原子放入温度为 T 的热浴中并写下它的配分函数，即

$$P = \sum_{n=1}^{\infty} 2n^2 \exp\left(-\frac{E_n}{kT}\right)$$

然后，得到原子的熵和自由能：

$$S = k\frac{\partial}{\partial T}\left\{T\ln\left[\sum_{n=1}^{\infty} 2n^2 \exp\left(\frac{E_n}{kT}\right)\right]\right\}, \quad F = -kT\ln\left[\sum_{n=1}^{\infty} 2n^2 \exp\left(\frac{E_n}{kT}\right)\right]$$

在地球上的任何正常温度下，只有 $n=1$ 时第一项对求和有明显贡献，于是有

---

[88] 举一个简单的例子：假设在一座城市的航拍照片上，你能够确定以 50km/h 速度行驶的汽车数占汽车总数的比值。接下来，假设你自己驾驶一辆汽车在城市中随机行驶了很长一段时间，并记下车速为 50km/h 的行驶时间占总行驶时间的比值。各态历经假说认为这两个比值是相等的。

数学家们曾经尝试证明各态历经假说。他们的工作开创了集合论的一个分支：遍历理论。然而，对物理学家而言，这一理论却并没有什么用。

[89] 我是在 J.D. Fast 的书中看到了这个简单的问题：*Entropie. Die Bedeutung des Entropiebegriffs und seine Anwendung in Wissenschaft und Technik*（熵，熵概念的含义及其在科学技术中的应用）Philips's Technische Bibliothek（1960）这本书也有荷兰语、英语、法语和西班牙语的译本。

[90] 设基态能量为 0，e 和 μ 分别为电荷量和电子质量，$h=6.625\times10^{-34}$ 是普朗克常数，ε_0 为真空介电常数。

$$S = k \ln 2, \quad F = -kT \ln 2$$

式中，2 表示电子处在零能量的两种可能：自旋向上或自旋向下。

写到这里，我想起了两位著名热力学家在一次会议上的交流。参加那次会议时我还只是个年轻人。其中一位是诺贝尔奖得主(姑且称他为 P)强烈反对另一位(且称他为 T)将统计力学应用到单个原子上。二人争论的高潮部分记录如下：

P：你的应用是不被允许的，如果你认真读我的书，你就明白我说的意思了。

T：我读书要比你写书更认真，并且……

后续对话淹没在观众爆发出的欢笑声中。

其他扩展　信息

将熵解释为一个分布的可能状态数和有序无序的度量使熵这个概念被外推到了气体以外的广泛领域。我们已经讨论了橡胶的性质，稍后还将讨论混合物中的混合熵，这两个应用都属于主流的热力学。除此之外，还有一些相当深奥的推论流行于一些喜欢假装自己对异常很敏感的物理学家中。

这些深奥的理论有时会伴随着挑战而来。例如，有人指出，相较于由单词和字母构成的随机分布而言，一部伟大的文学作品如《哈姆雷特》《浮士德》显然是高度有序的，那么它的熵应该会很小，所以莎士比亚或歌德一定违背了熵增加的普遍趋势。在这个问题中，我们面临的挑战是：诗人是如何做到这一点的？为了抵消文学作品产生的熵减，不可避免增加的总熵是在哪里增加的？这个问题没有严格的答案！

然后就有了信息论，由克劳德·艾尔伍德·香农(1916~2001 年)在 1948 年创立。香农[91]给一条信息附加了一个数字，并以某种方式来代表它的信息价值(插注 4.8)。在某些情况下，计算这个数字的公式与玻尔兹曼熵的公式 $S = k \ln W$ 和

$$W = \frac{N!}{\prod_{xc}^{P} N_{xc}!}$$ 一样。

香农的信息

如果信息包含一个"记号" a，它发生的概率为 $p(a)$，香农把它称作信息量(或者简称为信息)：

---

[91] C.E. Shannon: *A mathematical theory of communication*, Bell Systems Technology Journal 27,(1948), pp. 379-423, 623-657.

$$\mathrm{Inf} = \log_2 \frac{1}{p(a)}\,\mathrm{bit}$$

"记号"出现的概率越小，我们接收到的信息就越多。

1bit 是信息的单位，意为二进制不可约信息单元，这个名字似乎来源于一个简单的例子：当信息 a 的概率为 $\left(\dfrac{1}{2}\right)^n$ 时，它可以被 n 个连续的二元决策（每个概率为 $\dfrac{1}{2}$）所识别。

例如，当我们从一堆 {7,8,9,10,knave,queen,king,ace} 混合成的 32 张牌中抽出一张时，我们可能会这样给出抽到牌的信息："黑色"：$p=1/2$、"黑桃"：$p=1/4$、"不是数字的黑桃"：$p=1/8$，"黑桃皇后或国王"：$p=1/16$，或"黑桃皇后"：$p=1/32$。其中，从占据 1bit 的"黑色"信息到占据 5bit 的"黑桃皇后"信息，概率越小的"记号"占据的 bit 数越高。当"记号"的概率最小时（如"黑桃皇后"），这条信息就完整了，也就是说卡片被完全识别了。对"二"对数的偏爱是因为我们（或者说香农）在这个简单的例子中想要以整数作为信息。

当一条消息由概率分别为 $p(a_1), p(a_2), \cdots, p(a_n)$ 的多个独立记号 $a_1, a_2, \cdots, a_n$ 构成时，选择对数可以使信息具有可加性。于是，有

$$\mathrm{Inf} = \left(\sum_{i=1}^{n} \log_2 \frac{1}{p(a_i)}\right)\mathrm{bit}$$

如果标识 a_i 在信息中出现了 N_i 次（有 $\sum_{i=1}^{n} N_i = N$），则显然有

$$\mathrm{Inf} = \left(\sum_{i=1}^{n} N_i \log_2 \frac{1}{p(a_i)}\right)\mathrm{bit}$$

这就是香农称作熵的表达式。

如果标识 a_i 的概率 $p(a_i)$ 与相应的出现频率 $\dfrac{N_i}{N}$ 相等——这种情况会在信息非常长的时候发生，则有

$$\mathrm{Inf} = -\left(\sum_{i=1}^{n} N_i \log_2 \frac{N_i}{N}\right)\mathrm{bit}$$

即

$$\mathrm{Inf} = \left(\log_2 \frac{N!}{\displaystyle\sum_{i=1}^{n} N_i!}\right)\mathrm{bit}$$

最后一步应用了斯特林公式。因此，在相差一个可乘常数的情况下，信息熵与玻尔兹曼熵是一致的。

　　如果愿意的话，现在就可以给莎士比亚在《哈姆雷特》中传递给我们的信息分配一个熵：查找英语字母表中每个字母 a_i 对应的概率，数出它在《哈姆雷特》中出现的频率并计算 Inf。人们确实是这样做的，我们姑且认为他们知道其中的原因。

插注 4.8

　　于是，香农称他的这个数字为信息熵(entropy of the message)。登比[92]报道了这样一个故事：

　　当香农发明了这个数字并向冯·诺伊曼请教如何称呼它时，冯·诺依曼回答说："叫它熵好了。毕竟它已经在这个称呼下被使用了，而且它将在辩论中给你一个巨大的优势，因为没有人知道熵是什么。"

　　毫无疑问，香农和冯·诺依曼认为这是一个有趣的笑话，但实际上这恰恰暴露出香农和冯·诺依曼自诩才智高人一等。这听起来有些古板，但一名科学家必须要言辞清楚，至少应该尽可能地清楚，并不惜一切代价避免肆意混淆。如果冯·诺依曼不理解熵，那他就无权通过主张熵与信息存在某种关系来为其他人(不管是学生还是老师)复杂化这个问题。

　　对于头脑冷静的物理学家来说，熵或者说有序无序本身没有意义，它们只有与温度、热量、能量和功放在一起讨论时才有意义。所以，如果要把熵推广到其他领域，那么温度、热量和功也必须随之推广。如果缺少这一步，这种推广就和下面这种文字游戏属于一个水平，它在一定程度上讽刺了西方文化的日益混乱：

[92] K. Denbigh: *Maxwell's demon, entropy, information, computing* 中的 *How subjective is entropy?*, H.S. Leff, A.F. Rex (eds.) Rrinceton University Press, (1990) pp. 109-115.

哈姆雷特：to be or not to be（生存还是毁灭）

加缪（法国哲学家）：to be is to do（存在即行动）

萨特（法国哲学家）：to do is to be（行动即存在）

辛纳特拉（美国摇滚乐手）：do be do be do be do

这个笑话确实风趣横生，但它也能博君一笑，别无他用。

第五章 化 学 势

　　人类需要的自然资源很少会以纯物质或富含该资源的混合物的形式存在。最明显的例子就是水：尽管地球存在一定量的淡水，但不能饮用也不能用于生产生活的盐水占据了地球总存水量的绝大部分。类似地，天然气和石油需经提炼后才能使用，矿石也必须由熔炼炉做熔炼处理。人类古时就已掌握一定程度的蒸馏与熔炼技术，虽然效率不高，但也能够通过蒸馏海水同时获得淡水和纯盐（淡水还需再进行冷凝处理）。实际上，古时淡水的缺乏程度可能不及当代严重，但同当代一样对烈酒有着巨大需求，而生产这些烈酒需要蒸馏葡萄酒或发酵水果及蔬菜汁。

　　古时人们虽然有着非常精巧的酿酒技巧，但对相关的热力学规律与知识缺乏了解，分离和浓缩等过程存在诸多不确定因素，工艺参数并未达到最优化。

　　类似的问题也存在于涉及合成或分解等化学反应的工艺当中：一些反应需要加热激活，而另一些可以自发发生，有时甚至可以爆炸性地发生。近代化学家（或炼金术士）掌握了许多化学反应知识，但缺乏系统性，因为当时尚未存在化学热力学和化学动力学。

　　现在看来，涉及能量转换的热力学与涉及化学反应的化学热力学对于人类社会的持续发展都是必不可少的；两者相互支持，如电厂需要精炼厂提供的燃料，而精炼厂需要电厂提供的电能。但是从历史上看，研究能量转换关系的热力学理论发展的较早，而以混合物、溶液、合金为研究对象的化学热力学发展的要晚一些。早在1876～1878年，吉布斯就在其著作中建立了较为全面的化学热力学理论，但在19世纪最后25年，关于化学热力学的相关研究仍然寥寥无几。

约西亚·威拉德·吉布斯（1839～1903年）

　　"19世纪的美国和俄罗斯一样人迹罕至，吉布斯在美国过着安静、隐蔽的生活。"[1]吉布斯（Josiah Willard Gibbs）曾作为博士后在法国和德国做了6年研究，随后成为耶鲁大学的数学物理学教授，并在那里度过了一生。他的代表作《论非均相物体的平衡》（*On the equilibrium of heterogeneous substances*）发表在*Transactions of the Connecticut Academy of Sciences*[2]上。当时学报编辑很不情愿发表这篇文章，一方面他们对热力学这门学科一无所知，另一方面长达316页的篇

---

[1] 参见第二章脚注4，I. Asimov：*Biographies*……

[2] J.W.Gibbs：Vol Ⅲ，part 1（1876），part 2（1878）.

幅会耗费他们相当多的精力和时间。吉布斯在论文开头引用克劳修斯关于宇宙能量和熵的论述(第三章)作为引言；论文内容方面，吉布斯在克劳修斯工作的基础上做了相当程度的延伸。

吉布斯的工作并未完全被人忽视。实际上，位于波士顿的美国艺术与科学学院于 1880 年授予了吉布斯以拉姆福德伯爵命名的拉姆福德奖章。但在当时的欧洲，吉布斯仍籍籍无名。

弗里德里希·威廉·奥斯特瓦尔德(Friedrich Wilhelm Ostwald，1853~1932年)是物理化学的奠基人之一，他对吉布斯的工作最初被忽视做出如下解释：一小部分原因是康涅狄格学报的读者较少；另一方面，他指出了吉布斯论文本身存在的缺陷："……论文行文抽象、表达方式难以理解，这使读者在阅读时需要非常专注。"吉布斯经常使用长句以最大限度保证表述的一般性与准确性，结果事与愿违地阻碍了读者的理解。但我们必须理解吉布斯彼时所面临的难处：相比单相液体或气体体系中使用的非常直观的概念，用来描述混合物理论的相关概念并非不言自明，而且相当程度地偏离了人们的日常经验与直觉。

吉布斯的工作由奥斯特瓦尔德在 1892 年翻译成德语，由勒夏特列(le Chatelier)在 1899 年翻译成法语。人们发现吉布斯预言了过去几十年欧洲研究者的诸多工作，甚至在某些领域做出了远超欧洲同行的成果。奥斯特瓦尔德鼓励研究者学习吉布斯的工作，因为"……尽管吉布斯的工作已经提供了大量的丰硕成果，但仍有隐藏的宝藏值得深入挖掘。"在出版前吉布斯阅读过奥斯特瓦尔德的译文，"但吉布斯缺乏时间做注释，而翻译者(即奥斯特瓦尔德)不敢做注释"[3]。

这些译作使吉布斯广为人知，他的工作开始得到广泛认可。1901 年，吉布斯获得伦敦皇家学会的科普利奖章。在吉布斯去世近 50 年后的 1950 年，他被选为美国伟人名人堂的一员。

吉布斯最伟大的成就或许就是发现了混合物中各组分具有相应的化学势。一种成分的化学势代表混合物中该成分的存在，就像温度代表热的存在一样。接下来将对此做深入讲解。

人类的进化使我们可以非常直观地感受温度，相比之下化学势的概念就远不如温度容易理解：虽然通过嗅觉和味觉我们可以分辨出空气或水中掺杂的混合物，但这只是一种低水平的辨别。因此，在研究混合物所遵循的热力学规律时，仅凭直觉是不够的，必须理性地开展研究工作。在这点上吉布斯给我们做了最好的示范。

为了完整解释吉布斯的这项工作，必须花费相当多的篇幅介绍一些技术细节，

---

[3] 奥斯特瓦尔德如此写道，参见其译作前言：*Thermodynamische Studien von J.Willard Gibbs*(吉布斯的热力学研究工作)，Verlog W. Engelmann, Leipzig(1892).

仅用几个插注是无法囊括这些内容的。虽然我想极力避免，但本章接下来的部分内容可能读起来像是一本教科书。

混合熵　吉布斯佯谬

化学热力学的研究对象是混合物、溶液与合金。现代第一个提出描述混合过程规律的人是第四章提到的约翰·道尔顿，他重新发现了原子论。按照现在的理解，道尔顿定律包含两部分内容。

第一部分对所有的混合物和溶液都适用：平衡状态下，混合物的压强 p、质量密度、能量密度和熵密度分别等于各组分对应分量之和。如果有 ν 个组分，编号为 $\alpha = 1,2,\cdots,\nu$ ，那么可以得到[4]

$$p = \sum_{\alpha=1}^{\nu} p_\alpha, \ \ \rho = \sum_{\alpha=1}^{\nu} \rho_\alpha\left(T, p_\beta\right), \ \ \ \rho u = \sum_{\alpha=1}^{\nu} \rho_\alpha u_\alpha\left(T, p_\beta\right), \ \ \ \rho s = \sum_{\alpha=1}^{\nu} \rho_\alpha s_\alpha\left(T, p_\beta\right)$$

道尔顿定律的第二部分是关于理想气体的：如果把一个混合物看作理想气体，那么各物理量的分量 ρ_α、u_α 和 s_α 依赖于温度 T 和相应分量的压强 p_α，而且这种依赖性和单一气体中的依赖性是相同的，参见第三章，即

$$p_\alpha = \rho_\alpha \frac{k}{\mu_\alpha} T, \ \ \ u_\alpha = u_\alpha\left(T_R\right) + z_\alpha \frac{k}{\mu_\alpha}\left(T - T_R\right)$$

$$s_\alpha = s_\alpha\left(T_R, p_R\right) + \left(z_\alpha + 1\right)\frac{k}{\mu_\alpha}\ln\frac{T}{T_R} - \frac{k}{\mu_\alpha}\ln\frac{p}{p_R}$$

一个典型的混合过程如图 5.1 所示。在压强 p 和温度 T 下，ν 个单一组元在连接阀打开后混合。混合完成时，混合物的体积、内能和熵可能与混合前的值不同，可以表示为

$$V = \sum_{\alpha=1}^{\nu} V_\alpha + V_{Mix}, \ \ U = \sum_{\alpha=1}^{\nu} U_\alpha + U_{Mix}, \ \ S = \sum_{\alpha=1}^{\nu} S_\alpha + S_{Mix}$$

这样，就确定了混合后的体积、内能和熵。

对理想混合气体来说，V_{Mix} 和 U_{Mix} 都是零，S_{Mix} 表示为

$$S_{Mix} = -k \sum_{\alpha=1}^{\nu} N_\alpha \ln\frac{N_\alpha}{N}$$

---

[4] 混合物使用记号注释：一般来说，$\rho_\alpha\left(T, p_\beta\right)$ 表明组分 α 的密度与所有组分的分压有关，$u_\alpha\left(T, p_\beta\right)$、$s_\alpha\left(T, p_\beta\right)$ 同理。

式中，N_α 为气体 α 的原子数，有 $N = \sum\limits_{\alpha=1}^{\nu} N_\alpha$。根据阿伏伽德罗定律和物态方程

$p_\alpha = \rho_\alpha \dfrac{k}{\mu_\alpha} T$，$N_\alpha$ 的取值与气体性质无关。因此，无论混合的气体是什么，混合熵都是相同的。这是吉布斯的观察结果，吉布斯佯谬(Gibbs paradox)[5]与该结果紧密相关：若开始时是同种气体充满整个体积，那么阀门打开前后气体的情况是相同的，但由前述结果推得该过程前后的熵应该发生变化，因为混合熵并不取决于混合气体的性质，而只取决于其原子或分子的数量。

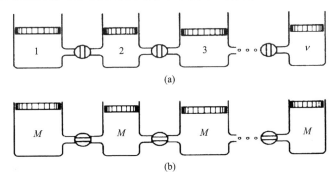

图 5.1 一个典型的混合过程：(a)混合前在 T、p 条件下的纯组元；(b) T、p 条件下的均质混合物(注意混合前后体积可能改变)

　　关于吉布斯佯谬的讨论延续至今。它的论述过程简单到让人难以置信。大多数物理学家认为吉布斯佯谬已由量子热力学解决，然而事实并非如此！吉布斯佯谬至今仍未能基于前述道尔顿定律给出的混合物及其组分物态方程得到解决[6]。

　　吉布斯本人曾试图通过讨论混合气体自发分离的可能性，以及单一气体条件下这种分离过程不可能发生来解决这个佯谬。在这个背景下，吉布斯给出了他那经常被引用的格言："……熵的无补偿减少似乎由完全不可能被降低为不那么可能"，见图 4.6。吉布斯还建议把不同气体的混合想象成越来越相似的气体的混合，并指出混合的熵与气体的相似程度无关。在我看来，这些都无助于真正解决佯谬，只是给后来的科学家们提供了一种似是而非的观点。因此，阿诺德·阿尔弗雷德·索末菲(Arnold Alfred Sommerfeld，1868～1951 年)[7]指出气体本质上都是不同的，无法使它们逐渐变得越来越相似。随后索末菲就不再接触该课题，这给人

[5] 参见第五章脚注 2，J.W.Gibbs: pp. 227-229.

[6] 处理佯谬最简单的方法就是坚持它不存在，或者不再存在了。吉布斯佯谬特别容易得到这种解答，因为在统计热力学中也碰巧发生了表面上相似的现象。这个统计悖论建立在一个不正确的计算分布实现方法的基础之上，它确实通过理想气体的量子统计得到了解决，参见第六章。这两种现象很容易混淆。

[7] A.Sommerfeld: *Vorlesungen über theoretische Physik, Bd. V, Thermodynamik und Statistik*，Wiesbaden, 1952, p.76. 中译本(译者注)：索末菲理论物理学教程第五卷《热力学与统计学》，胡海云等译，北京：科学出版社，2018.

们留下了他似乎讨论过吉布斯佯谬的印象，但在我看来他并没有实际做过什么。

单一物质吉布斯自由能的均匀性

到目前为止，当我们讨论平衡的趋势、无序的增加或即将到来的热平衡时，我们可能认为平衡时所有的变量都是均匀分布的。事实上，平衡时温度 T 和压强 p[8]确实是均匀的，但质量密度不是，或者说不是必须的，如不同相平衡共存时的质量密度就不是均匀的了。一定均匀分布的是温度、压强及比吉布斯自由能 $u - Ts + pv$ [9]。比吉布斯自由能通常用字母 g 表示，也称为化学势（chemical potential）[10]，尽管化学势用在单一物质时可能并不太合适。

接下来我们简要说明乍一看毫无关联的 u、s、v 和 T、p 的组合如何在热力学中发挥核心作用，以及能够发挥作用的原因。我们知道对于一个表面不发生物质和能量交换的闭合物体，静止时物体的熵趋于一个最大值，并在平衡态时取最大值。在最开始物体内部可能处在任意非平衡态，如存在湍流、具有很大的温度和压强梯度。在物体趋于平衡的过程中，物体的质量 m 和能量 $U + E_{kin}$ 是常数。因此，为了找到物体处于平衡的必要条件，需要在 m 和 $U + E_{kin}$ 是常数的约束下使 S 取最大值。若使用拉格朗日乘子 λ_m 和 λ_E 处理约束条件，则必须找到使下式取最大值的条件，即

$$\int_V \rho s \mathrm{d}V - \lambda_m \int_V \rho \mathrm{d}V - \lambda_E \int_V \rho \left(u + \frac{1}{2} v_l^2 \right) \mathrm{d}V$$

假设熵 s 和内能 u 在局部满足吉布斯方程[11]：

$$T \mathrm{d}s = \mathrm{d}u + p \mathrm{d}v \text{ 或等价于 } T\mathrm{d}(\rho s) = \mathrm{d}(\rho u) - g \mathrm{d}\rho$$

由于 u 是 T 和 ρ 的函数，所以要取最大值的表达式中变量是函数 $T(\boldsymbol{x})$、$v_l(\boldsymbol{x})$ 和 $\rho(\boldsymbol{x})$ 处于 $\boldsymbol{x}$ 点时的值。通过微分可以求得处于热力学平衡的必要条件为

$$v_l = 0 \text{ 和 } \frac{\partial \rho s}{\partial T} - \lambda_E \frac{\partial \rho u}{\partial T} = 0$$

结合吉布斯方程有

---

[8] 只有在忽略重力的前提下，平衡态时的压强是均匀分布的。

[9] $v = \dfrac{1}{\rho}$ 是比体积。

[10] 在欧洲大陆，g 也称为比自由焓（specific free enthalpy）。

[11] 这个假设称为局部平衡原理（principle of local equilibrium）。如前文所述，吉布斯方程适用于可逆过程，即一系列的平衡过程。吉布斯在使用该原理时指出过程前后元素的类型和状态变化必须很小。

$$\frac{1}{T} = \lambda_E$$

$$\frac{\partial \rho s}{\partial \rho} - \lambda_m - \lambda_E \frac{\partial \rho u}{\partial \rho} = 0, \; g = -T\lambda_m$$

因此在热力学平衡状态下，静止物体的 V、T 和 $g = u - Ts + pv$ 都是均匀的，这正是我们想要求得的。压强 p 的均匀性来自动量平衡，因为当宏观运动停止时，力学平衡要求满足 $\frac{\partial p}{\partial x_i} = 0$。

有人可能会有疑问：既然 u、s、v 乃至 g 都是 T 和 p 的函数，那么 g 的均匀性可以当作 T 和 p 均匀性的必然结果，因此上述结果并不太令人兴奋。然而实际上两种均匀性之间并没有必然关系，因为函数 $g(T, p)$ 在物体的不同部分可能有不同的形式，例如，一部分可能是具有 $g'(T, p)$ 形式的液相，而另一部分可能是具有 $g''(T, p)$ 形式的蒸汽相。两相在平衡时具有相同的温度、压强和比吉布斯自由能，但 u、s 和 v 的值有很大不同，特别是密度差异极大。由于此时 $g'(T, p)$ 和 $g''(T, p)$ 的取值相同，因此相平衡时 p 和 T 之间满足一定的关系式，使相平衡条件下蒸汽气压是温度的函数。该关系式也称为饱和蒸汽或沸腾液体的物态方程。

吉布斯相律 各组分化学势的均匀性

通过非常相似的论述过程可以得到混合物的平衡条件。可以肯定的是，混合物中局部吉布斯方程不能像在单一物体中写为

$$T\mathrm{d}(\rho s) = \mathrm{d}(\rho u) - g\mathrm{d}\rho$$

因为 s 和 u 通常取决于所有组分各自的密度 ρ_α，而不仅取决于混合物密度 ρ。由此，可以将其改写为

$$T\mathrm{d}(\rho s) = \mathrm{d}(\rho u) - \sum_{\alpha=1}^{v} g_\alpha \mathrm{d}\rho_\alpha$$

式中，g_α 可以理解为偏吉布斯自由能，但吉布斯称其为势能，现在称为化学势[12]。显然它们是 T 和 $\rho_\beta (\beta = 1, 2, \cdots, v)$ 的函数。下面讨论平衡时化学势的性质。

上节提到，物体处于热力学平衡时 S 取最大值，现在约束条件为

$$m_\alpha = \int_V \rho_\alpha \mathrm{d}V \, (\alpha = 1, 2, \cdots, v), \; U + E_{kin} = \int_V \left(\rho u + \sum_{\alpha=1}^{v} \frac{\rho_\alpha}{2} v_\alpha^2 \right) \mathrm{d}V$$

---

[12] 吉布斯引入符号 μ_α 以表示 α 组元的化学势。本书使用符号 g_α，因为 μ_α 已经用于表示分子质量。此外，使用符号 g_α 也表明化学势正是混合物中 α 组元的比吉布斯自由能。

同时，物体的体积确定，物体表面静止且不能交换能量或粒子。

和之前一样，使用拉格朗日乘子 λ_m^α 和 λ_E 处理约束条件，得到热力学平衡所满足的必要条件为

$$v_e^\alpha = 0 , \quad \frac{1}{T} = \lambda_E , \quad g_\alpha = -T\lambda_m^\alpha$$

因此，在热力学平衡中，所有组元都处于静止状态，并且 T 和所有 $g_\alpha(\alpha = 1, 2, \cdots, v)$ 在体积 V 中都是均匀的。压强 p 也是均匀的，和之前一样这是一个力学平衡条件。

此外，如果物体仅有一个相，如液相，那么 T 和 g_α 的均匀性使得所有密度 ρ_α 都是均匀的。但如果有在 f 个空间上相互分离的相，相的编号为 $h = 1, 2, \cdots, f$ ，那么 g_α 的均匀性意味着

$$g_\alpha^h\left(T, \rho_\alpha^h\right) = g_\alpha^f\left(T, \rho_\alpha^f\right), \quad \alpha = 1, 2, \cdots, v, h = 1, 2, \cdots, f-1$$

所以，所有组分的化学势在所有相中都有相等的值，该结论称为吉布斯相律（Gibbs phase rule）。

由于压强 p 在所有相中也是相等的，因此 $p = p\left(T, \rho_\alpha^h\right)$ 对所有相 h 都成立，吉布斯相律为 $f(v-1) + 2$ 个变量提供了 $v(f-1)$ 个约束条件。因此，独立变量的数量为 $F = v - f + 2$ ，或者称为平衡状态下的自由度[13]。具体来说，若单一物体有三个相，则三相共存要求 T 和 p 取唯一值，所以在一个 (p, T) 图中只有一个三相点；若单一物体有两个相，则两相可以沿 (p, T) 图中的一条线共存，如前面提到的蒸气压曲线（插注 3.1 和插注 3.7）。下面会介绍更多的例子。

质量作用律

如果静止单相物体的表面不能交换粒子或热量，同时 T 和 ρ_α 都是均匀的，那么吉布斯方程两侧同时乘以体积 V 即可得到

$$T\mathrm{d}S = \mathrm{d}U - \sum_{\alpha=1}^{v} g_\alpha \mathrm{d}m_\alpha$$

该物体一定处于力学和热力学平衡态，但不一定不处于化学平衡。在化学反应中，根据质量平衡方程，化学计量系数 γ_α^a 和质量 m_α 随时间变化[14]：

---

[13] 该结论有时也称为吉布斯相律。

[14] 通常情况下会有多个化学反应同时进行，使用编号 $a(a = 1, 2, \cdots, n)$ 来标记这些反应。n 是独立化学反应的个数。在选择独立反应时有一些任意性，这里我们不做深入探讨。

$$m_\alpha(t) = m_\alpha(0) + \sum_{a=1}^{n} \gamma_\alpha^a \mu_\alpha R^a(t)$$

其中，反应程度 R^a 决定了反应过程中所有组元的质量。同时，当达到平衡时，质量 m_α 的取值应在 U 为常数的约束下使 S 取最大值。我们使用一个拉格朗日乘子并求表达式 $S - \lambda_E U$ 的最大值，该表达式是关于 T 和 R^a 的函数。由此可以得到化学平衡发生时的必要条件，即

$$\frac{\partial S}{\partial T} - \lambda_E \frac{\partial U}{\partial T} = 0$$

可得

$$\frac{1}{T} = \lambda_E$$

由于

$$\sum_{\alpha=1}^{v} \left(\frac{\partial S}{\partial m_\alpha} - \lambda_E \frac{\partial U}{\partial m_\alpha} \right) \gamma_\alpha^a \mu_\alpha = 0$$

可得

$$\sum_{\alpha=1}^{v} g_\alpha \gamma_\alpha^a \mu_\alpha = 0, \quad a = 1, 2, \cdots, n$$

这个关系式称为质量作用律(Law of mass action)，其中式子的个数取决于独立化学反应的个数。

半透膜

上文提到的吉布斯相律和质量作用律都是以包含化学势 g_α 的某种复合形式给出的，但通常需要化学平衡中对质量 m_α 或相平衡中组元的质量密度 ρ_α^h 的预测。为此，显然需要知道 $g_\alpha\left(T, p, m_\beta\right)$ 的函数形式。一般来说，除测量外没有其他方法可以确定这些函数形式。那么，如何测量化学势呢?

关于混合物的热力学中有一个重要的理想工具——半透膜。半透膜是一种允许一些组元的微粒通过而其他组元不能渗透的壁。那么，哪些物理量在壁上是连续的? 可能的答案之一是这些可以通过的组元密度 ρ_α 或分压 p_α。但正确答案并不是这样: 一般来说，两者都不是，在壁上连续的物理量是化学势

$g_\alpha\left(T,p,m_\beta\right)$。

这给我们提供了一种原理上测量化学势的可能：让一个壁只对一个组元γ有渗透性，然后想象这样一种情形，在壁的 I 侧有压强为 p^{I} 的上述纯组元，在 II 侧有压强为 p^{II} 的包括γ的任意混合物。由此根据热力学平衡可得

$$g_\gamma\left(T,p^{\mathrm{I}}\right)=g_\gamma\left(T,p^{\mathrm{II}},m_\beta^{\mathrm{II}}\right)$$

单组元或纯组元γ的吉布斯自由能 $g_\gamma\left(T,p^{\mathrm{I}}\right)=u_\gamma\left(T,p^{\mathrm{I}}\right)-Ts_\gamma\left(T,p^{\mathrm{I}}\right)+pv_\gamma$ $\left(T,p^{\mathrm{I}}\right)$ 在 T 为线性函数的条件下是可以计算的，因为$u_\gamma(T,p)$、$s_\gamma(T,p)$ 和 v_γ (T,p)是可以测量和计算的，其中前两个各自具有一个积分常数，见第三章[15]。因此，对于一个给定 $(v+2)$ 元的 $\left(T,p^{\mathrm{II}},m_\beta^{\mathrm{II}}\right)$，可以确定 $g_\gamma\left(T,p,m_\beta\right)$ 的值。改变这些变量使我们可以通过一些烦琐的实验步骤来确定整个 $g_\gamma\left(T,p,m_\beta\right)$ 的函数形式。

然而在现实中这一操作并不可行：首先，上述测量耗时极长，实验成本更是天文数字；此外，现实中总有一些物质和一定类型的混合物和溶液找不到对应的半透膜。实际上我们目前只拥有宝贵的极少数的半透膜种类。

但是，假设理想状态下能够找到所有物质和混合物的半透膜就可以得到化学势 g_γ 的一个假设定义：γ渗透膜上连续变化的物理量。在此基础上可以给出化学势和温度之间的相似性：温度表征物体的冷热程度，化学势 g_γ 表征物体内组分γ的多少。两者的测量都是通过接触方式从外部进行的。

化学势的定义与测量

然而，吉布斯定义的化学势与半透膜无关。他写道[16]：

定义：设想一个无限小质量的物质被加到一个质量均匀的物质中，并保持熵和体积不变；那么增加的能量和增加的质量之商就是该质量物质在此情况下的势能。

显然这个定义是从基本方程中得到的，即

$$TdS = dU + pdV - \sum_{\alpha=1}^{v} g_\alpha dm_\alpha$$

[15] 这只需要测量 (p,V,T) 和 v_0 一定时的 $c_\mathrm{v}(T,v_0)$。

[16] 参见第五章脚注2，J.W.Gibbs：p.149.

吉布斯忽略了一件事：在用化学势 $g_\gamma\left(T,p,m_\beta\right)$ 计算能量增量之前，能量增量是未知的。

这与温度的定义式 $\left(\dfrac{\partial U}{\partial S}\right)_V$ 使用了同一逻辑，这种定义忽略的事实是，在使用 $U(S,V)$ 和涉及温度测量结果进行定义式的计算前，$U(S,V)$ 的函数形式是未知的。此前我已经尽最大努力质疑这种定义方式，参见第三章。

从上述讨论可以看到使用半透膜定义化学势虽然在逻辑上是完善的，但也涉及很强的假设。剩下的问题是如何确定化学势。这没有简单的答案或解决方法，实际上这是一个棘手的过程，要从理想气体混合物出发做猜想、修正和外延。

对于理想气体，前述讨论过的道尔顿定律可以提供全部信息。特别是我们明确知道了吉布斯自由能可以表示为

$$G = \sum_{\alpha=1}^{v} m_\alpha \left\{ u_\alpha\left(T_R\right) + z_\alpha \frac{k}{\mu_\alpha}\left(T - T_R\right) \right.$$
$$\left. -T\left[s_\alpha\left(T_R, p_R\right) + \left(z_\alpha + 1\right)\frac{k}{\mu_\alpha}\ln\frac{T}{T_R} - \frac{k}{\mu_\alpha}\ln\frac{p_\alpha}{p_R} \right] + \frac{k}{\mu_\alpha}T \right\}$$

$$G = \sum_{\alpha=1}^{v} m_\alpha \left\{ u_\alpha\left(T_R\right) + z_\alpha \frac{k}{\mu_\alpha}\left(T - T_R\right) - T\left[s_\alpha\left(T_R, p_R\right) + \left(z_\alpha + 1\right)\frac{k}{\mu_\alpha}\ln\frac{T}{T_R} \right.\right.$$
$$\left.\left. - \frac{k}{\mu_\alpha}\ln\frac{p}{p_R} \right] + \frac{k}{\mu_\alpha}T + \frac{k}{\mu_\alpha}T\ln X_\alpha \right\}$$

最后一项代表混合熵，见上文。根据基本方程，我们得到了所有化学势的典型表达式，即

$$g_\alpha\left(T,p,m_\beta\right) = \frac{\partial G}{\partial m_\alpha} = g_\alpha(T,p) + \frac{k}{\mu_\alpha}T\ln X_\alpha$$

式中，$g_\alpha(T,p)$ 为单组元理想气体 α 在 T 和 p 下的比吉布斯自由能；$X_\alpha = N_\alpha/N$ 为组元 α 的摩尔分数。因此，在理想气体这一特定情形可以用吉布斯的定义，因为得到了通常不知道的 $G\left(T,p,m_\alpha\right)$ 的具体函数形式。

上式已经成为化学势的典型表达式，有时甚至被用于溶液和合金。此时，$g_\alpha(T,p)$ 是单组元液体或固体的吉布斯自由能。最开始这个外延结果是范托夫根据一个非常粗糙的猜测给出的，因此备受质疑。但对于稀溶液来说，这个猜想又因有时又能给出合理的结果而被接受了。现在它通常用于定义理想混合物，这种

混合物可以是气体、液体或固体。

但是，即使混合物、溶液或合金是非理想的，理想气体混合物的表达式仍然可以作为参考：偏离理想的程度用修正因子 γ_α 或 φ_α 表示，可以表示为

$$g_\alpha\left(T,p,m_\beta\right) = g_\alpha(T,p) + \frac{k}{\mu_\alpha} T \ln\left(\gamma_\alpha X_\alpha\right)$$

或

$$g_\alpha\left(T,p,m_\beta\right) = g_\alpha\left[T,p_\alpha(T)\right] + \frac{k}{\mu_\alpha} T \ln\left[\frac{p}{p_\alpha(T)} \varphi_\alpha X_\alpha\right]$$

前者主要用于溶液，活度系数(activity coefficient) $\gamma_\alpha\left(T,p,m_\beta\right)$ 不等于 1 时可以表示偏离理想溶液的程度。后者主要用于蒸汽，逸度系数(fugacity coefficient) $\varphi_\alpha\left(T,p,m_\beta\right)$ 不等于 1 时表示蒸汽偏离理想混合气体的程度。$p_\alpha(T)$ 是单一组元 α 的蒸气压。

这方面不再进一步讨论。现代有大批化学工程师正忙于测定活度系数和逸度系数，并将结果汇总为表格。他们使用的工具多种多样，包括使用半透膜，或者测量初始沸腾和冷凝时的温度，偶尔也用插注 5.1 提到的化学势的可积条件。他们的任务很重要，但过程相当艰苦。一些理论学家处在理解单原子分子气体性质就理解热力学理论的崇高世界中，而这与化学工程师的世界相去甚远。[17]

吉布斯基本方程

在一个具有均匀 T 和 ρ_β 的物体中，局部吉布斯方程 $T\mathrm{d}(\rho s) = \mathrm{d}(\rho u) - \sum_{\alpha=1}^{v} g_\alpha \mathrm{d}\rho_\alpha$ 在所有位置成立。如果考虑体积 V 发生缓慢变化(可逆过程，因此均匀性不被破坏)，等式两侧乘以 V 可得

$$T\mathrm{d}S = \mathrm{d}U - \rho\left(u - Ts - \sum_{\alpha=1}^{v} g_\alpha \frac{\rho_\alpha}{\rho}\right)\mathrm{d}V - \sum_{\alpha=1}^{v} g_\alpha \mathrm{d}m_\alpha$$

若物体为闭合系统，有 $\mathrm{d}m_\alpha = 0(\alpha = 1,2,\cdots,v)$，则 $T\mathrm{d}S = \mathrm{d}U + p\mathrm{d}V$ 成立，这要求 p 是确定的，由此可以写出

---

[17] 这些务实的人对自己的工作有着自豪感，当然理应如此，他们喜欢调侃理论学家患有辩论症，暗示理论学家主要研究惰性气体。

$$u - Ts + \frac{p}{\rho} = \sum_{\alpha=1}^{v} g_\alpha \frac{p_\alpha}{\rho}$$

因此，有

$$\underline{TdS = dU + pdV - \sum_{\alpha=1}^{v} g_\alpha dm_\alpha}$$

另一方面，考虑整个物体的均匀性可得

$$G = \sum_{\alpha=1}^{v} g_\alpha m_\alpha$$

因此，有

$$\underline{dG = -SdT + Vdp - \sum_{\alpha=1}^{v} g_\alpha dm_\alpha}$$

第一个等式称为吉布斯-杜亥姆关系，有下划线的微公式是吉布斯基本方程的两种形式。它们适用于一个均匀物体能发生的所有变化，包括体积变化和所有质量 m_α 的变化。然而，这两个等式隐含了条件

$$\sum_{\alpha=1}^{v} m_\alpha dg_\alpha = -SdT + Vdp$$

因此，$g_\alpha\left(T, p, m_\beta\right)$ 要求物体尺寸变化任意倍数时，m_β 之间的分配仍保持不变；化学势应取决于浓度 $c_\beta = \rho_\beta/\rho$ 或摩尔分数 $X_\beta = N_\beta/N$。

如果我们知道所有化学势 $g_\alpha\left(T, p, m_\beta\right)$ 作为所有变量的函数，就可以利用吉布斯-杜亥姆关系计算混合物的吉布斯自由能 $G\left(T, p, m_\beta\right)$，通过微分得到 $S\left(T, p, m_\beta\right)$ 和 $V\left(T, p, m_\beta\right)$，最后得到 $U\left(T, p, m_\beta\right)$。

吉布斯基本方程隐含可积性条件，即

$$\frac{\partial g_\alpha}{\partial m_\varepsilon} = \frac{\partial g_\varepsilon}{\partial m_\alpha}, \quad \frac{\partial g_\alpha}{\partial T} = -\frac{\partial S}{\partial m_\alpha}, \quad \frac{\partial g_\alpha}{\partial p} = \frac{\partial V}{\partial m_\alpha}$$

这可以用于测定化学势 $g_\alpha\left(T, p, m_\beta\right)$。

插注 5.1

渗透

　　虽然理想的半透膜十分罕见，但也有一些很有效的膜，尤其是对于水。植物学家威廉·普费弗（Wilhelm Pfeffer，1845～1920 年）用这些半透膜做了实验。他发明了普费弗管，它的一端用透水膜[18]密封，并被黏在水槽中（图 5.2）。这样水管和水槽中的水面相平。然后，将一些盐溶于管子的水中，薄膜对盐在溶液中解离出的钠离子 Na+ 和氯离子 Cl− 没有渗透性。人们观察到管中液面上升，因为水在一个称为渗透（osmosis）[19]的过程中进入管子。在如下实际条件，2L 的水槽，1cm² 的直径，1g 盐，即有

$$T = 298 \text{ K}, \quad p = 1 \text{ atm}$$

管中溶液竟上升到近 10m[20]的高度！

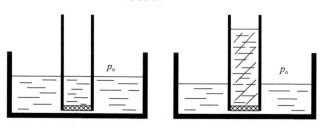

图 5.2　普费弗管

　　达到平衡态后，半透膜需要支撑一个相当大的压差，即渗透压 $P = p^{\mathrm{I}} - p^{\mathrm{II}}$。

　　普费弗在 1877 年报道了他的实验，刚好在吉布斯发表那篇重要论文的两年中间。如果普费弗知道吉布斯的工作，他是可以写出公式计算膜上方压强 p^{II} 的，即

$$g_{\mathrm{Water}}\left(T, p^{\mathrm{I}}\right) = g_{\mathrm{Water}}\left(T, p^{\mathrm{II}}, m_{\mathrm{Na}^+}, m_{\mathrm{Cl}^-}, m_{\mathrm{Water}}^{\mathrm{II}}\right)$$

当然，他也一定会明白需使用函数 g_{Water} 来计算 p^{II}，或者说计算渗透压 $P = p^{\mathrm{II}} - p^{\mathrm{I}}$。

　　然而现实是普费弗没有做任何计算，也未给出任何公式。但他知道如何测量渗透压，而且注意到当给定溶质质量时，压强随溶解物分子尺寸的增大而减小。作为植物学家，他溶解了有机大分子，如蛋白质，这使他成为第一个对大分子尺度实现合理且可靠测量的人[21]。

---

[18]　一种铁青铜膜。

[19]　希腊词"osmos"意思是"推"。

[20]　普费弗管现在是高中实验室很流行的展示品。这些实验中的溶液通常达不到理论的最大高度。

[21]　参见第二章脚注 4，I.Asimov：*Biographies*……，p. 441.

　　一位植物学家能够关注半透膜并不是偶然。植物和动物广泛利用渗透现象来输运物质，通常是通过细胞边界来输运水，而生命的存在离不开这一过程。

　　树木的根位于地下的水中，它们的表层膜对水具有渗透性。因此，水可以进入树木根系，稀释根部的营养液，同时把它通过树根到树梢的管道向上推。据估计，在一棵树中，这种渗透作用可以克服 100m 的高度差。

　　动物和人类的细胞边界对水也具有渗透性，血细胞壁的渗透压达到 7.7 个大气压！因此，给病人注射纯水会使细胞破裂。固定在病床上的点滴中的液体是一种盐溶液，每公升水含 8.8 克盐，通过施加 7.7 个大气压的反向压强来平衡细胞内的渗透压。这种溶液称为生理盐水(physiological salt solution)。从医学上讲，它与细胞的内容物是等渗的。

　　稀溶液在某些方面类似于理想气体。这是著名化学家和物理化学家雅各布斯·亨里克斯·范托夫(Jacobus Henricus van't Hoff，1852～1911 年)提出的假设，他在 1901 年成为第一位诺贝尔化学奖获得者。范托夫假设 $\nu-1$ 个溶质分子在溶液中自由运动，类似于气体分子在空间的运动。因此，溶液在对溶质 ν 有渗透性的半透膜上的渗透压应为

$$P = \sum_{\alpha=1}^{\nu-1} \rho_\alpha \frac{k}{\mu_\alpha} T$$

这类似于理想气体混合物的压强。该关系称为范托夫定律(van't Hoff's law)。

　　范托夫的想法遭到了保守化学家的强烈反对，但后来他拿出了实验证据，证明这条定律有时是正确的，并于 1886 年将结果发表。当然结果中的一部分已在吉布斯的工作中出现过。根据前述吉布斯的理论，假设系统是理想溶液，溶剂 ν 在半透膜上化学势的连续性可以表示为

$$g_\nu\left(T, p^{\mathrm{I}}\right) = g_\nu\left(T, p^{\mathrm{II}}\right) + \frac{k}{\mu_\nu} T \ln X_\nu$$

　　假设单一溶剂是不可压缩的，密度为 ρ_ν，$g_\nu(T, p)$ 是以 $1/\rho_\nu$ 为系数的 p 的线性函数。若是稀溶液，则有

$$\ln X_\nu \approx -\sum_{\alpha=1}^{\nu-1} \frac{N_\alpha}{N_\nu^S}$$

式中，N_ν^S 为溶液中溶剂分子数。由此可以得到渗透压为

$$P = p^{\mathrm{II}} - p^{\mathrm{I}} = \frac{\rho_\nu}{\rho_\nu^S} \sum_{\alpha=1}^{\nu-1} \rho_\alpha \frac{k}{\mu_\alpha} T$$

在稀溶液中，ρ_v 和溶液中溶剂密度 ρ_v^S 的比非常接近 1，因此可以近似认为范托夫定律是基于吉布斯热力学理论发展的。

在此必须做些说明：人们有时会过于热情地将研究成果归功于吉布斯。然而，吉布斯确实给出了关于化学势连续性的一般规律，也得到了化学势在理想混合气体中的形式。但在理想混合气体之外，他并未设想更多的理想混合物，所以不能达到范托夫稀溶液定律的高度。

在范托夫本人和同时代的人们看来，他根据理想气体性质来外推溶液性质是个疯狂的想法，在化学界看来也不大可靠。但这种想法也是幸运的，为什么呢？答案，或者至少一个好的尝试，可以在玻尔兹曼对熵的微观解释中找到，参见插注 5.2。

溶液中的混合熵

我们已经认识到特定项 $\dfrac{k}{\mu_v}T\ln X_v$ 来自理想气体的混合熵，即

$$S_{\text{Mix}} = -k\sum_{\alpha=1}^{\nu} N_\alpha \ln \frac{N_\alpha}{N}$$

同时，基于熵有的分子尺度微观解释（第四章），可将 S_{Mix} 写作 $k\ln W$，这里 W 是混合前后微观状态数的增量。假设混合后 V 中位置 x 处的粒子分布 $\{N_x\}$ 是均匀的，混合前在 V_α 中位置 x 处的分布 $\{N_x^\alpha\}$ 也是均匀的，则有

$$S_{\text{Mix}} = k\left(\ln\frac{N!}{\prod\limits_{x\in V}N_x!} - \sum_{\alpha=1}^{\nu}\ln\frac{N^\alpha!}{\prod\limits_{x\in V_\alpha}N_x^\alpha!}\right),\quad N_x = \frac{N}{XV},\quad N_x^\alpha = \frac{N^\alpha}{XV_\alpha}$$

式中，X 为 V 中位置个数和 V 本身大小的比例因子[22]。利用斯特林公式可得

$$S_{\text{Mix}} = -k\ln\sum_{\alpha=1}^{\nu}N_\alpha\ln\frac{V_\alpha}{V}$$

在气体中 V/V_α 与 N/N_α 是等同的，但在液体中不一定，除非所有组元的粒子大小相同。在这个附加条件下，玻尔兹曼熵很好地解释了混合理想物质的熵。

插注 5.2

---

[22] 回想前文中玻尔兹曼的量子化处理方法。由于 X 在最后被约去，这种方法可以看作一种辅助计算方法。

拉乌尔定律

弗朗索瓦·马里·拉乌尔(Francois Marie Raoult, 1830~1901年)是物理化学的奠基人之一。他从实验上观察到在混合物的液-气相平衡中, 蒸汽成分的分压与溶液中该组分的摩尔分数成正比。显然, 此时一定有[23]

$$p''_\alpha = X'_\alpha p_\alpha(T)$$

式中, $p_\alpha(T)$ 为单一组分 α 的蒸汽压。

因此, 碳酸矿泉水(即含有 CO_2 的溶液)在 CO_2 气压下保存在瓶中, 打开瓶子时可以听到气体逸出时发出的嘶嘶声, 可知在低 CO_2 压强下水中释放出 CO_2 气泡。

如果蒸汽是在压强 p 下的理想混合气体, 则有 $p''_\alpha = X''_\alpha p$, 从而得到拉乌尔定律, 即

$$X''_\alpha p = X'_\alpha p_\alpha(T), \quad \alpha = 1, 2, \cdots, v$$

拉乌尔在 1886 年提出该定律, 其中有相当部分的运气成分, 因为只有极少数溶液遵循该定律。在两相系统中, 根据吉布斯相律有

$$g''_\alpha \left(T, p, m''_\beta\right) = g'_\alpha \left(T, p, m'_\beta\right)$$

这揭示了拉乌尔定律成立的条件:
- 溶液必须是理想的[24];
- 液体组分必须是不可压缩的;
- 蒸汽必须是理想混合气体;
- 蒸汽密度必须远小于液体密度。

在拉乌尔定律有效的前提下将其应用于二元系统, 两个方程可以用来计算 X'_1 和 X''_1, 因此 $X'_2 = 1 - X'_1$ 和 $X''_2 = 1 - X''_1$ 在 T 给定时是 p 的函数。这些函数通常被倒转写为 $p(X'_1; T)$ 和 $p(X''_1; T)$。拉乌尔定律的解析形式为

$$p = p_2(T) + \left(p_1(T) - p_2(T)\right) X'_1, \quad p = \frac{p_2(T)}{1 - \left(1 - \dfrac{p_2(T)}{p_1(T)}\right) X''_1}$$

如图 5.3(a)所示。该图显示了所有 (p, X_1) 相压图的基本形式, 包括独立的沸腾线、冷凝线和中间的两相区。该图是针对组分 1 为高沸腾液体、组分 2 为低沸腾液体

---

[23] 和前述某些情况相似, 我们用单撇号标识液体, 用双撇号标识蒸汽。

[24] 二氧化碳溶于水并不构成理想溶液, 因此上述关于矿泉水的讨论需要持怀疑态度。

的情况绘制的。作为单一液体，它们分别在高温和低温下沸腾。

固定 p 时解方程可求得 T，得到曲线 $T(X_1';p)$ 和 $T(X_1'';p)$，并将其绘制在 (T,X_1) 相图中。这是以非解析的形式，因为蒸气压函数 $p_\alpha(T)$ 是未知的。图 5.3(b) 定性显示了一个 (T,X_1) 相图。

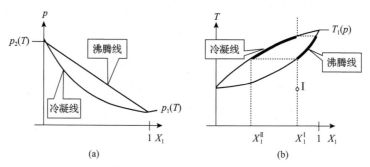

图 5.3　(a)相压图；(b)相图

这类图表是化学工程师和冶金学家的重要工具，提供了浓缩溶液或合金成分甚至分离组分[25]所需的知识。让我们考虑如下情况。

我们从图 5.3(b) 中的点 I 开始讨论，该点代表摩尔分数 X_1^I 的原溶液，并处在有利于液体形式存在的低温下，然后升高温度直至达到沸腾线，此处形成的蒸汽摩尔分数为 X_1^{II}，即组分 2 中的主要组成。因此，组分 1 中的沸腾液体逐渐增多。在新的成分比例下，溶液沸腾需要更高的温度，在更高的温度下新蒸汽与之前相比组分 2 的含量变少，但仍比 $X_2^I = 1 - X_1^I$ 高。蒸发过程继续进行，剩余溶液的状态沿沸腾线向上移动，蒸汽状态沿冷凝线向上移动直到蒸汽达到 X_1^I，此时溶液耗尽。进一步加热只会使蒸汽在恒定的 X_1 下更热。

聪慧的化学工程师会在某个中间点中断这一过程，得到富含组分 2 的蒸汽和富含组分 1 的液体，两者都是目标产物。

如果希望完全分离这两种组分，必须将原溶液放进由多级沸腾液体组成的精馏塔(rectifying column)中进行分离，见图 5.4[26]。从进料液位上升的蒸汽被引导通过上面的溶液，混合蒸汽中高沸点的组分在此处冷凝。在通过多个这样的液位后，蒸汽到达顶部，此处基本只含低沸点组分。然后，在冷却器中冷却得到的蒸汽就能得到近乎纯液体成分，即馏分。同样地，富含高沸点组分的液体从其级别的液位边缘溢出，滴入下一个较低液位的溶液中，使其中高沸点组分的富集程度

---

[25] 冶金学家主要研究合金和固体-熔体平衡体系。除溶液和合金中的物质形态不同外，溶液和合金的热力学理论几乎相同。同时，由于熔体和固体受压强的影响极小，所以冶金学家更倾向于使用 (T,X_1) 图而不是 (p,X_1) 图。

[26] 在化学工程术语中，精馏是指提纯或分离出尽可能纯净的组分。精馏塔中的过程也称为逆循环蒸馏(distillation by reverse circulation)。

超过其蒸发得到的富集程度。经过几个这样的步骤,底部液体是近乎纯的高沸点组分,最后将其引出。在稳定过程中,每一级液体在与其组成相适应的温度下沸腾。

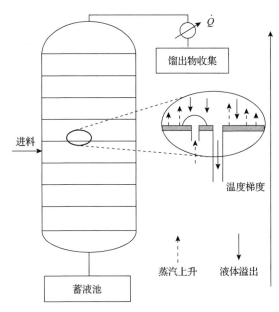

图 5.4 精馏塔的示意图

精馏塔高达 30m,直径 5m,可包括 30 级。不幸的是,该方法对矿物油等复杂多组分溶液的提纯效果并不好。对于此类溶液,人们满足于获得某些馏分,如汽油、石油或重汽油等,而这些并不是纯物质,但纯度足够在汽车等机械上得以高效使用。

图 5.4 描绘的精馏塔及类似的现代设计是化工行业工程师努力优化产量和能量消耗的成果。但通过蒸馏实现精馏过程是一种非常古老的技艺,因此无法追溯其发明者。但可以肯定的是发明者一定不关心矿物油,而是为了满足自己和他人对高浓度烈酒,如白兰地、威士忌、杜松子酒、郎姆酒和格拉巴酒的迫切需求。这就需要煮沸发酵的果汁或谷物醪将酒精从水中分离后冷凝。这个过程过去和现在都是在蒸馏间或蒸馏釜中进行的。

熵增加原理的等价表述

在吉布斯的著作中有一节是"论物理量 ψ、χ 和 ξ"[27],讲述了当物体表面是非绝热且固定时会发生什么。我们继续讨论这一点。

[27] 参见第五章脚注 2,J.W. Gibbs: p144.

根据克劳修斯的理论，拥有绝热表面 ∂V 的物体的熵只增加不减少；当物体达到平衡时，熵也达到最大值。这是因为当系统边界绝热且固定不动时，能量 $U + E_{kin}$ 是恒定的[28]。但这就存在一个问题，当边界不绝热或不固定时，或者两者同时存在时会发生什么呢？简单来说，此时系统一般无法达到平衡。

但这一回答太简单了。除了绝热和固定状态，在一些特殊的边界条件下也可以达到平衡，其中一些边界条件具有如下特征：

- 边界 ∂V 上温度 T_o 恒定且分布均匀，且固定不动。
- 边界 ∂V 上压强恒定且分布均匀，且绝热。
- 边界 ∂V 上温度 T_o 和压强 p_o 恒定且分布均匀。

参考第 4 章能量和熵的平衡方程，有

能量[29]： $$\frac{\mathrm{d}(U + E_{kin})}{\mathrm{d}t} = -\int_{\partial V} q_i n_i \mathrm{d}A - \int_{\partial V} p v_i n_i \mathrm{d}A$$

熵： $$\frac{\mathrm{d}S}{\mathrm{d}t} \geqslant \int_{\partial V} \frac{q_i n_i}{T} \mathrm{d}A$$

很明显，在上述三组边界条件下，可以分别得到

- $$\frac{\mathrm{d}(U + E_{kin} - T_o S)}{\mathrm{d}t} \leqslant 0$$

- $$\frac{\mathrm{d}(U + E_{kin} + p_o V)}{\mathrm{d}t} = 0, \quad \frac{\mathrm{d}S}{\mathrm{d}t} \geqslant 0$$

- $$\frac{\mathrm{d}(U + E_{kin} - T_o S + p_o V)}{\mathrm{d}t} \leqslant 0$$

这意味着

- $U + E_{kin} - T_o S \rightarrow$ 在 T_o 恒定和 ∂V 固定时取最小值；
- $S \rightarrow$ 在绝热表面条件下取最大值；
- $U + E_{kin} - T_o S + p_o V \rightarrow$ 在 T_o 恒定和 p_o 恒定时取最小值。

第一个和最后一个条件是熵增加原理的等价表述，分别适用于上述特定情况。无论系统离平衡状态有多远，系统始终沿上述趋势演化。对于以 ∂V 为边界的系统，最初的演化过程可能需要用湍流场、温度和压强的强梯度场及化学平衡或相平衡来描述。但最后，当系统演化到近平衡态时，E_{kin} 可以忽略，温度和压强场

---

[28] 在本节中我们继续忽略万有引力和辐射。

[29] 这里简化了做功项，因为我们没有考虑黏性应力。

恒定且均匀，这就是吉布斯考虑的情况。

实际上，吉布斯使用了一种类似于力学中虚位移（virtual displacement）的方法。在这一方法中，方程中不会出现动能项，且温度和压强总是等于边界值。因此，他总结道：

● 与其他具有相同 T 和 V 的状态相比，平衡状态的自由能 $F = U - TS$ 是最小的；

● 与其他具有相同 p 和 $H = U + pV$ 的状态相比，平衡状态的熵 S 是最大的；

● 与其他具有相同 T 和 p 的状态相比，平衡状态的吉布斯自由能 $G = U - TS + pV$ 是最小的。

在吉布斯的著作中，自由能、焓和吉布斯自由能分别用希腊字母 ψ、χ 和 ζ 表示。在 (T,V) 或 (T,p) 等于常数的情况下，他将 ψ 和 ζ 统称为力函数（force functions）。本书在之前的内容中使用了这些物理量目前常用的名称及其对应的符号 F、H 和 G。[30]

还有一个问题是：当系统内部的 (T,p) 或 (T,V) 已经达到恒定值时，还会发生什么变化？一种情况是，对于存在化学反应的混合物，在 T 和 p 恒定时，不同组分的质量 m_α 会发生变化，从而使 G 最小化。该情况的讨论详见上文质量作用律所在章节，在该节后面还讨论了相图。另一种情况是，当 T 和 V 恒定时，系统内不同的相之间会发生相变，从而使 F 最小化，并使化学势处处相等。

熵和能量的竞争

已知自由能

$$F = \text{energy} - T \cdot \text{entropy}$$

在系统接近平衡时趋于最小值，这不仅仅是等式和不等式以某种形式重新排列的结果。事实上，这一公式体现了对自然界驱动力的深刻洞察。根据该公式，能量的减少和熵的增加都有利于使自由能变小。如果 T 很小，那么 F 中熵的部分可以忽略，因此自由能随内能一起趋于最小值。如果 T 很大，那么 F 中熵的部分占主导，随着熵趋于最大值，自由能也趋于最小值。当然，这些是极端情况。当温度介于两者之间时，能量无法达到最小值，熵也无法达到最大值，二者折中的结果是自由能达到最小值。

普费弗管是一个非常有指导意义的例子。在如图 5.2 所示的情形下[31]，重力

---

[30] 在吉布斯的著作中，用 ψ 表示自由能并不少见，其他人更喜欢用字母 A 表示可用的自由能。焓的字母 H 代表热含量（heat content），热容量是希腊词 enthalpos：en（内部）+ thalos（热）的直译。这是个好名字，因为焓在所有热力学量中最接近外行所说的热。当然，吉布斯自由能的符号 G 是为了纪念吉布斯。

[31] 此处需要说声抱歉：之前提到过论证不涉及万有引力，但在这个例子中万有引力无法避免。

势能使管和水槽中的液面位置趋于相等，系统能量达到最小。另外，熵趋向于把所有的水从水槽推入管中，使水和盐完全混合，从而使系统的熵达到最大。能量和熵都没有战胜对方。管中的液面高于水槽；而水槽中仍然留有一些水，当温度升高时，水槽中的水也会变少。

从另一个角度来看，这个现象也很有趣：水付出了代价，因为它的势能明显增加了；盐获得了好处，因为它的熵随管内溶液体积的增大而增加。我们可以得出结论：自然界不允许混合物中的组分自私，而是要使整个系统的利益趋于最大化，即自由能达到最小值。

地球大气层是一个更贴近生活的例子：如果空气分子都静止在大气层表面，则其重力势能最大；如果所有分子都均匀分布在无限空间中，则熵达到最大。折中的结果使自由能达到最小值，即地球具有一层薄薄的空气。如果地球变得像水星那样热，大气层就会消散；如果地球变得像火星那样小，大气层就会更稀薄。[32]

类似的思考过程有助于对吉布斯力函数的重要性建立一种直观的感受。不过需要注意的是，上述例子提到的能量都是重力势能，并不是系统的内能。

相图（phase diagrams）

在 T 和 p 的取值一定时，可以把质量 $m = m_1 + m_2$ 二元混合物的吉布斯自由能 G 表示为 m_1 的函数，如图 5.5（a）的凸曲线。它服从插注 5.1 中的关系式，起始和终止位置分别是 $g_2(T,p)$ 和 $g_1(T,p)$。如果在某个点 $G\left(T,p,m_1^*\right)$ 处画切线，切线在竖直线 $m_1 = 0$ 和 $m_1 = m$ 上的截距分别代表化学势 $g_2\left(T,p,m_2^*\right)$ 和 $g_1\left(T,p,m_1^*\right)$，见图 5.5（a）。

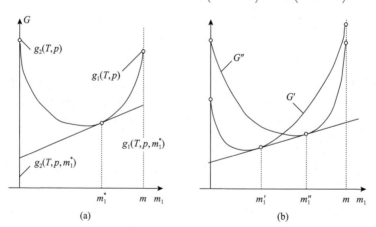

图 5.5　（a）吉布斯自由能和化学势；（b）相平衡的公切线

[32] 这些例子由穆勒和韦斯在最近出版的书中给出。参见 I. Müller, W. Weiss: *Entropy and energy-a universal competition*, Springer, Heidelberg（2005）.

如果有两条这样的曲线，分别对应于′和″两相，如图 5.5(b)所示，那么两个图像的交点对应一对 (T,p) 值。当这两相达到相平衡时，吉布斯相律要求化学势 g'_α 和 $g''_\alpha(\alpha=1,2)$ 相等。这一要求为确定相平衡中的 m'_1 和 m''_1 提供了一种简单的图解法，实际上 m'_1 和 m''_1 是图像 G' 和 G'' 公切线与各自图像交点的横坐标，见图 5.5(b)。

对于 p 固定而 T 变化的情形，由于两相的端点 $g_2(T,p)$ 和 $g_1(T,p)$ 随 T 的变化而移动，所以公切线也随之移动。在高温下，气相的吉布斯自由能 G'' 处处低于 G'。因此，物体全部处于气相从而使吉布斯自由能最小。同样，在低温下，$G'<G''$ 恒成立，与 m_1 的值无关。此时液相占主导地位，因为它的吉布斯自由能更小。更有趣的情形是曲线 G' 和 G'' 相交，此时两相可以共存，并且质量分别对应于公切线切点的横坐标 m'_1 和 m''_1。对于 $m'_1<m_1<m''_1$ 的情形，吉布斯自由能的值均落在公切线上，因为在这一区间，公切线上的值低于两相中任意一相的值。

对于上述讨论，吉布斯采用了较为复杂的方式来描述，并写了一个关于"几何可视化"的冗杂章节[33]。后来，将不同温度下的公切线投影到 (T,m_1) 图或 (T,X_1) 图中相应的等温线上成为一种普遍做法。最后，把这些投影的切点连接起来，就能形成如图 5.3(b)所示的沸腾曲线和冷凝曲线。

图 5.5 的凸图像适用于理想溶液或理想合金，其中 S_{Mix} 是唯一的非零混合量。另外，当 U_{Mix} 和 V_{Mix} 非零时，它们组成的混合热 $H_{\mathrm{Mix}}=U_{\mathrm{Mix}}+pV_{\mathrm{Mix}}$ 也会影响吉布斯自由能。混合热可正可负，这是因为相邻分子之间的相互作用能可能是正的，也可能是负的。在后一种情况下，如果要保持温度恒定，混合过程中必须伴随冷却；而前一种情况需要加热，以免混合物在混合过程中变凉，这种情形很有趣，因为如果混合热足够大，吉布斯自由能就可以变成非凸的。

现在考虑一种特殊情形：只有液相受混合热的影响，而蒸气相的分子间距很大，可以认为是理想气体。在这一情形下，有如图 5.6(a)所示的吉布斯自由能 G' 和 G''。这个图像是在 (T,p) 取某个固定值时绘制的。显然，这个图像存在两条公切线。当温度下降时，曲线 G' 相对于曲线 G'' 下降；极限情况时两条公切线重合，两种液体相和一种蒸气相达到三相平衡。在较低温度下，一条公切线可以连接图像中的两条液体相凸曲线，如图 5.6(b)所示。这说明 a 和 b 两种溶液可以共存，它们分别富含 1 和富含 2 且不混溶，在液相中存在一个混相间隙。

如前所述，相图是通过将公切线投影到 (T,m_1) 图中合适的等温线上建立的。当投影的端点被连接起来时，我们得到如图 5.6(b)所示类型的图。其中，E 点称为共晶点(eutectic point)。按共晶点组分配比得到的合金熔点最低，这正是共晶在希腊语中的意思：共晶=易于熔化。

---

[33] 参见第五章脚注 2，J.W. Gibbs：pp. 172-187.

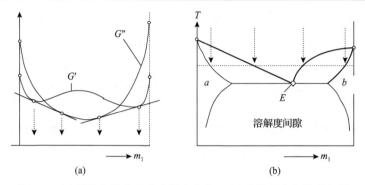

图 5.6　（a）蒸汽和液体的吉布斯自由能；（b）有溶解度间隙的相图

在溶液中，溶解度间隙的存在有助于分离不同组分。如果一种溶液总是比另一种溶液轻，那么它始终浮在上面，可以像从牛奶中提取脂肪一样被舀走。

吉布斯没有画过相图，但他知道这个理论。二元溶液在共晶点处的三相平衡允许有 $F=2-3+2=1$ 个自由度，如上文所述。这意味着共晶点在三维 (p,T,X_1) 图像中将形成一条线。

图 5.5 和图 5.6 类型的相图及更复杂的溶液和合金相图至今仍在测量和完善中。第一个明确阐述吉布斯这部分工作并从中得出结论的人是亨德利克·威廉·巴克斯·鲁兹博姆（1854～1907 年），他从范德瓦尔斯那里了解到吉布斯的工作，并做了很多实验来验证相律。现代合金物理和合金化学就是从他的工作开始的。

理想混合物的质量作用律

回顾吉布斯得到的质量作用律，并将其与对理想溶液有效的化学势形式相结合，从而得到理想溶液的质量作用律，即

$$\prod_{\alpha=1}^{\nu} X_\alpha^{\gamma_\alpha^a} = \exp\left[-\frac{\displaystyle\sum_{\alpha=1}^{\nu} \gamma_\alpha^a \mu_\alpha g_\alpha(T,p)}{kT}\right], \quad a = 1,2,\cdots,n$$

虽然右侧表达式取决于 T 和 p，但它与成分无关，因此通常称为化学常数。当然，每个独立反应都对应一个化学常数，一共有 n 个常数。左侧表达式代表带有相应指数的生成物和反应物的摩尔分数的商。通常认为生成物的化学计量数为正，反应物的化学计量数为负。化学计量数中最负的一个通常设置为–1[34]。因此对反应有

---

[34] 这里有一定的任意性，书中提到的规定并未被普遍接受。有些人喜欢将 γ_α^a 绝对值的最小值设为 1，从而避免了分数系数。这两种惯例还有其他一些规定都是非常好的，但它们之间不能混用，因此在使用化学常数或反应热表之前，必须知道编表时采用的规定。

$$C + \frac{1}{2}O_2 \longrightarrow CO \quad \text{或} \quad -C - \frac{1}{2}O_2 + CO = 0$$

令 $K(T,p)$ 为化学常数，此时质量作用律的形式是

$$\frac{X_{CO}}{X_C\sqrt{X_{O_2}}} = K(T,p)$$

式中，$X_C + X_{O_2} + X_{CO} = 1$。

因此，降低氧气的摩尔分数 X_{O_2} 会提高 CO 的产量。

质量作用意指混合物中一个组元质量的增加所引起化学平衡的移动。不过早期化学家如托伯恩·奥洛夫·伯格曼(1735~1784 年)或克劳德·路易斯(贝托莱伯爵，1748~1822 年)[35]对质量作用有些困惑。伯格曼考虑了物质之间的亲和力，例如，如果 A 和 B 之间的亲和力很强，而 A 和 C 之间的亲和力很小，那么物质 A 与 B 反应但不与 C 反应。伯格曼制作了很多个那个时代经常使用的亲和力表。但后来伯格曼发现只要存在的 C 量足够多，A 和 C 还是会发生反应。如此我们可以理解质量作用这个有点奇怪的名字是如何产生的了。伯格曼写了一本书记录他的发现[36]，在书中他展示了对化学反应本质的深刻见解，但未能给出质量作用律的恰当形式。

卡托·马克西米利安·古尔贝格(1836~1902 年)和彼得·瓦格在一篇论文中提出了这个定律的正确表达式，他们都是挪威克里斯蒂安尼亚大学(现更名为奥斯陆大学)的化学教授，而且是姻兄弟。这篇论文是用挪威语写的，所以大多数化学家都没有注意到，即使 1867 年有了法语译本也没有起到作用，直到 1879 年的德语译本的出现才使这项工作广为人知。所以这一次吉布斯失去了发现质量作用律的优先权，当然吉布斯的论文也使很多人在随后的几年中失去了优先权。

古尔贝格和瓦格的论点非常简单，他们非常明智地认为：只有当所有反应物分子按化学计量方程所要求的数目在某一点相遇时，反应才会发生。他们另一个合理的猜想是认为反应物 α 分子在某一点上的概率与 X_α 成正比。因此，正向反应：反应物→生成物发生的概率为

$$P_\rightarrow = C_\rightarrow \prod_{\alpha=1}^{\nu_-} X_\alpha^{|\gamma_\alpha|}$$

[35] 贝托莱是另一位被拿破仑授予爵位并任命为参议员的科学家。拿破仑知道如何培养忠诚的追随者，但对贝托莱他犯了错，因为贝托莱这个化学家后来投票赞成罢免其皇位，所以他被回到政治舞台的波旁王室封为贵族，参见第二章脚注 4，I. Asimov: *Biographies...*

[36] C.L. Berthollet: *Essai de statique chimique*(论化学静力学)，1803.

式中，v_- 为反应物的数量；$C_\rightarrow$ 为比例系数。相应地，逆向反应：生成物→反应物发生的概率为

$$P_\leftarrow = C_\leftarrow \prod_{\alpha=v_-+1}^{v} X_\alpha^{\gamma_\alpha}$$

平衡状态下两个概率应该相等，因此古尔贝格和瓦格以如下形式得到了化学平衡条件，即

$$\prod_{\alpha=1}^{v} X_\alpha^{\gamma_\alpha} = \frac{C_\leftarrow}{C_\rightarrow}$$

等号右侧表达式的本质及其对 T 和 p 的依赖关系无法通过这种简单的方式来确定。这个定律确实应该是质量作用律，而非压强作用或温度作用的定律。

因此尽管吉布斯关于质量作用的发现晚于古尔贝格和瓦格，但他的贡献却超过了挪威人，因为他知道右侧式子的结构，即 $K^a(T,p)$ 的表达式：

$$K^a(T,p) = \exp\left[-\frac{\displaystyle\sum_{\alpha=1}^{v} \gamma_\alpha^a \mu_\alpha g_\alpha(T,p)}{kT}\right]$$

前面讨论过，$g_\alpha(T,p)$ 可以通过测量 (p,V,T) 和某个 V_o 下的热容 $C_V(T,V_o)$ 来确定。我们已经证明，这种测量会在 U 和 S 的表达式中保留未知的积分常数。因此，$K^a(T,p)$ 含有一个 T 的线性函数：

$$\Delta h_R^a - T\Delta s_R^a = \sum_{\alpha=1}^{v} \gamma_\alpha^a \mu_\alpha h_\alpha(T_R, p_R) - T\sum_{\alpha=1}^{v} \gamma_\alpha^a \mu_\alpha s_\alpha(T_R, p_R)$$

式中，反应比热 Δh_R^a 和反应比熵 Δs_R^a 是未知系数。

值得一提的是，除非涉及化学反应，这些常数在热力学中没有任何作用。事实上，当一个组分消失或出现时，该组分的能量和熵会随着质量消失或出现，并融入能量和熵中的积分常数项。

如果保持温度和压强不变，那么可以通过测量反应所需要加热或冷却的热量来测量反应 a 的热，即 Δh_R^a。在 Δh_R^a 已经通过这种方法得到后，反应的熵 Δs_R^a 是对反应产物定量分析的结果，为此需要一个系统实验。不过，这并不是吉布斯需要做的工作。

总之，吉布斯已经做得足够多了。我们甚至没有考虑他对固体热力学的贡献，在固体热力学中，弹性应力取代了流体中的单一压强而决定了第一定律中的做功项。我们也没有考虑吉布斯关于热力学稳定性的工作，更没有考虑他伟大著作第二大部分中的《毛细理论》(Theory of Capillarity)，其中吉布斯处理了表面效应、液滴、气泡和夹杂物。这些都是热力学中的重要贡献，但它们代表的是历史上该领域次要的支流而非主流。

拉瓦锡已经对反应热进行了测量。G.H.盖斯(1802～1850 年)测量了足够多的反应热，从而在 1840 年宣布了盖斯定律，即包含多个连续反应的反应热等于这些连续反应各自反应热的加和，该定律有助于确定难以直接研究的反应热数值。了解了吉布斯理论之后，盖斯定律显然是该理论的必然结果。

反应热通常是在弹式量热计(calorimetric bombs)中测量的，该量热计具有在恒定体积下能够承受高压的坚固腔室。皮埃尔·欧仁·马塞林·贝特洛(1827～1907 年)测量了数百个反应热，汉斯·彼得·约根·汤姆森(1826～1909 年)测量了数千个反应热。因此，可以假设反应热对一般化学家而言都是可以得到的。但如此大量实验的重要性并未得到普遍认可。尤其是贝特洛对反应热的作用感到困惑，他认为反应热应是反应的唯一驱动力，因此只有放热[37]反应才可以自发进行，即那些有负 Δu [38]的反应。这个想法是合理的，事实上通常是正确的。当它不成立时，则是由于反应熵的干扰：反应中熵的增加 Δs 可能很大，以至于在当时的温度下，它可以抵消正值 Δu，但仍满足自由能必要的减少 Δf。

一个著名的例子是反应

$$H_2 + I_2 \rightarrow 2HI$$

该反应是吸热的，在 450℃下有 $\Delta \bar{h}_R = 25 \dfrac{kJ}{mol}$，HI 占平衡状态中总分子的 4/5。事实上，表格提供了值 $\Delta \bar{s}_R = 166 \dfrac{kJ}{mol}$，因此通过产生 HI 气体的形式使熵增加，而自由能减少，这是自由能和熵均期望的变化方向。那么，尽管只有 20%的小比例，H_2 和 I_2 是如何剩下来的呢？答案在 $\Delta \bar{h}$ 和 $\Delta \bar{s}$ 中 T 和 p 的部分。处理氨合成时，我们将讨论类似的情况。

亥姆霍兹在 1882 年指出了贝特洛对反应热起到决定性作用的误解[39]。我们现

---

[37] 贝特洛创造了吸热和放热两个词。

[38] 在弹式量热计中反应以恒定体积进行，因此反应热等于 Δu；对于在恒压下发生的反应，反应热为 $\Delta h = \Delta u + p\Delta v$，因为部分能量变化转化为功。

[39] H. Helmholtz: *Die Thermodynamik chemischer Vorgänge*（化学过程的热力学），Sitzungsberichte der preussischen Akademie der Wissenschaften, Berlin（1882）.

在知道这一点，但亥姆霍兹当时不知道吉布斯已经预言了这个结果。但大多数科学家是从亥姆霍兹那里知道 Δu 和 Δs 之间的微妙平衡，这就是在英语语言国家中将自由能 $F = U - TS$ 称为亥姆霍兹自由能的原因。

世纪之交最著名的化学家勒夏特列(1850～1936 年)没有沉迷于理论推测。他简单直接地报道了他观察到的情况，并在 1888 年提出最小约束原理，或者简称勒夏特列原理：平衡中每一个因素的改变(如压强或温度)都会导致系统(实际应为系统的各个组分)原有平衡被破坏而重组，系统朝着减弱这种变化的方向进行。例如，吸热反应(反应热为正)在升高温度的情况下继续进行，因此最终的温度将低于没有反应时的温度。类似地，降低压强有助于一个体积增加反应的进行，故最终的压降小于没有反应情况下的。

勒夏特列在 1899 年将吉布斯的著作译成法语，当看到自己提出的原理在十年前已经被吉布斯证明时，他的心情一定是复杂的。但值得欣慰的是，吉布斯的证明只对理想混合气体有效，而勒夏特列的表述是普遍有效的。

吉布斯著作的德语版译者奥斯特瓦尔德曾说，他接受这项任务是因为他相信吉布斯作品中有隐藏的财富。他是正确的，勒夏特列和后来的哈伯和贝吉乌斯都是获得这些宝藏的化学家。当然，在他们之前的鲁兹博姆也是受益人之一，参见上文。

弗里茨·哈伯(1868～1934 年)

弗里茨·哈伯(Fritz Haber)是一名化学家，他非常了解吉布斯的研究成果，并将其运用到用空气中氮气(N_2)生产氨(NH_3)的过程中，其化学计量方程式为

$$H_2 + \frac{1}{3}N_2 \rightarrow \frac{2}{3}NH_3$$

反应热和反应的熵分别为[40]

$$\Delta \overline{h}_R = -30.8 \frac{kJ}{mol} \text{ 和 } \Delta \overline{s_R} = -59.5 \frac{J}{mol \cdot K}$$

因此，在常温 T_R 和常压 p_R 下能量或焓下降，有利于氨的生成；该过程中的熵也会下降，但这对氨的生成不利。但由于 $\Delta \overline{h}_R - T_R \Delta \overline{s}_R = -13.1 \frac{kJ}{mol}$，使得能量项占主导地位，因此根据吉布斯自由能可知反应有利于氨的生成。理论上也是如此，图 5.7 展示了吉布斯自由能随反应程度的变化关系。对于参考态 $T_R = 298K$ 和

---

[40] 化学家，至少是有机类型的化学家，喜欢使用摩尔量 $\overline{a}_\alpha$，它通过 $\overline{a}_\alpha = a_\alpha M_\alpha$ 与比质量 a_α 相关，这里 $M_\alpha = M_\alpha^r \frac{g}{mol}$ 是摩尔质量，$M_\alpha^r = \frac{\mu_\alpha}{\mu_o}$ 是相对分子质量。

$p_R = $ latm , G 有最小值时氨气的生成率非常接近 100%。

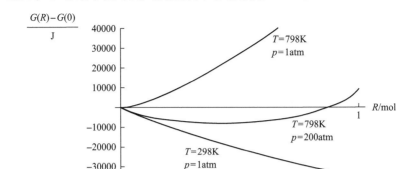

图 5.7 合成氨反应的吉布斯自由能是反应程度的函数

　　然而，当氢气和氮气混合时什么都不会发生，也没有形成氨。混合物处于非常稳定的状态。因为如果要形成氨，必须首先切断或减弱 H_2 和 N_2 中原子之间的强化学键。

　　为此，哈伯使用了穿孔铁皮，铁皮表面在 500℃ 高温下的催化分解为 $H_2 \rightarrow 2H$ 和 $N_2 \rightarrow 2N$。不幸的是，这样的高温使 $\Delta \bar{s}_R$ 的负值突出，因此吉布斯自由能的最小值位于以氮气和氢气形式存在的一侧，见图 5.7，所以仍然没有发生反应。但是，后来哈伯知道该做什么：化学计量方程表明，如果反应继续进行，分子数量会减少一半，而且由于所有成分都是理想气体，故体积也会减半。因此，根据勒夏特列原理和吉布斯公式，高压应该有助于反应的进行。哈伯将混合物置于 200 个标准大气压下，获得了很好的氨输出[41]，见图 5.7。

　　氨很容易转化成硝酸盐，全世界都渴望得到硝酸盐来生成化肥和炸药。在哈伯之前，硝酸盐的主要来源是南美西海岸的鸟粪田，智利、秘鲁和玻利维亚在那里打过鸟粪战争。最终智利胜利了，而玻利维亚失去了出海的通道。

　　1908 年，哈伯-博施合成技术被研发出来，这时正好赶上第一次世界大战。很明显，一旦发生战争德国将被英国海军封锁港口切断鸟粪进口。因此，德国人在萨克森建立了一座巨大的合成氨工厂。在四年的战争中它的产量很容易满足德军需要的补给。这个国家耗尽了人、食物和士气，但从未耗尽炸药。哈伯获得了 1918 年的诺贝尔奖。战后他被任命为凯撒·威廉物理化学研究所[42]所长。

---

　　[41] 这个过程称为哈伯-博施合成法。当然，在哈伯之后，卡尔·博施(1874~1940 年)提出了一种优质又坚固的压力容器材料。该仪器在卡尔斯鲁厄大学的校园里展出。最后，在一个杂乱无章的地方锈迹斑斑。

　　[42] 在魏玛共和国时期和国家社会主义统治时期，尽管君主政体彻底失去信誉，但凯撒·威廉学院保留了它的名称，这是两次世界大战期间德国政治精神分裂的一个迹象。后来，又经历了一次世界大战这个名字才被动摇。该学院在 1946 年改名为马克思·普朗克学院，参见 M. Planck: *Physikalische Abhandlungen und Vortraeg*(关于物理的论文与讲座)，Vieweg, Braunschweig(1958)，M.von Laue 作序。

　　哈伯在西部战线宣扬并指导使用氯气和芥子气作为战争手段。1915 年 4 月 22 日在伊普尔对阵加拿大军队时氯气被首次使用，加拿大军队逃离并使前线出现了前所未有的 5 英里长的缺口。然而该作战的战略影响为零，这是因为德国总参谋部不相信作战会奏效，所以没有做好后续进攻的准备[43]。

　　不久哈伯成了一个悲剧人物。他是犹太人，在希特勒上台后他被剥夺了所有职位并被流放。当然，他并不是唯一有如此遭遇的人，但其他人在英国受到了一个由欧内斯特·卢瑟福领导的国际科学家倡议组织的欢迎，而哈伯(图 5.8)因释放毒气的行为没有被邀请。他在前往意大利的途中去世。

　　在灾难性的战争之后，哈伯继续履行他所认为的爱国义务。他尝试从海水中分离出黄金，希望帮助德国偿还《凡尔赛和约》要求的巨额战争赔款，但这一努力失败了。然而这完全没有必要，因为赔款最终也没有支付。

图 5.8　弗里茨·哈伯

　　化学对战争的影响在第二次世界大战得到了证实。这场战争的主力是机械化部队和飞机，最大的后勤问题是燃料的供应。德国没有天然矿物油，但大量的煤，包括褐煤和矿井煤。这两种煤很及时地被发现可以转化成汽油，这是弗里德里希·卡尔·鲁道夫·贝吉乌斯(1884～1949 年)[44]的贡献，他在能斯特和哈伯的指导下研究了催化高压化学。他开发了贝吉乌斯法(Bergin process)，在高温高压下将煤和氢结合起来。德国建造了巨大的氢化工厂以供应德国武装部队(纳粹国防军)。奇怪的是盟军轰炸机司令部最初忽视了这些脆弱工厂的战略重要性，到 1944 年德国已建成 54 座化工厂。不过在 1944 年 5 月化工厂就都被炸毁了[45]。

　　在那之后燃料变得非常稀少，很快德国军队的车辆被改装成使用木材气体。这是一种低水平技术：在车辆内部一个桶形炉中，木材在空气供给不足的情况下燃烧并产生一氧化碳，并提供给发动机使用。记得小时候，即使是很缓的山丘的半山腰，司机也必须停车添加燃料才能继续前进。显然这种方法对飞机是行不通的。

---

　　[43] 参见第二章脚注 4，I. Asimov: *Biographies ...*

　　[44] 贝吉乌斯和卡尔·博施共同获得了 1931 年的诺贝尔奖，后者是哈伯在哈伯-博施法合成氨方面的同事和助手。

　　[45] 根据 A. Galland: *Die Ersten und die Letzten, die Jagdflieger im Zweiten Weltkrieg*(第一位也是最后一位二战中的战斗机飞行员)，Verlag Augsburg (1953).

　　阿道夫·加兰德在得到这一份办公室工作之前，本身就是一位功勋卓著的战斗机飞行员；他成为二战中德国空军最后一位侦察员，后来在 1956 年成为战后德国空军第一位侦察员。

社会热力学（socio-thermodynamics）

在前几章中我曾经表示热力学概念可以用在与热力学没有直接关联的领域。如果不对此做具体讨论，读者可能就无法体会到这类热力学外推理论的精华，也会使前文中的表述看起来不知所云。大多数这个类型的主题更偏向于热力学理论的未来而非历史。这些理论正在努力争取被认真对待以获得热力学领域的认可。无论如何，本节将讨论社会热力学这一重要主题，它将前面二元溶液相图构建过程中使用的概念扩展到鹰鸽混合种群中不同竞争策略的选择问题中。

我们从一个经常被讨论的博弈论模型[46]入手。在该模型中鹰（hawk）和鸽（dove）的混合种群会争夺同一资源，资源的价值（或说价格）用 τ 表示。价格对鸟类而言是不受控制的，但我们必须将其纳入模型中。在竞争中鸟类可能采取两种不同的策略，我们称为 A 策略和 B 策略，详见如下。

A 策略

如果两只鹰同时遇见资源，它们会搏斗直到一方受伤，胜利者获得价值 τ 的资源，而受伤的失败者需要时间来愈合伤口。因此，受伤的鹰必须购买 2τ 的资源以在恢复期养活自己。如果两只鸽子同时相遇，它们不会打架，只进行象征性的冲突。它们通常摆好姿势吓唬对方，但并不进行真正地搏斗。其中一个最终会赢得价值 τ 的资源，但平均来说，两只鸽子都损失了时间，以至于鸽子每次相遇后，它们都需要购买价值为 0.2τ 的资源来弥补损失。如果一只鹰遇到了一只鸽子，鸽子就会走开，鹰赢得了资源，不会造成伤害，也不会损失任何时间。

假定在搏斗或装腔作势的比赛中胜负的概率相等，我们可以得出结论：每一次相遇的基本收益期望值由胜负收益的算术平均值给出，即

$$e_A^{HH} = 0.5(\tau - 2\tau) = -0.5\tau$$
$$e_A^{HD} = \tau$$
$$e_A^{DH} = 0$$
$$e_A^{DD} = 0.5\tau - 0.2\tau = 0.3\tau$$

[46] J. Maynard-Smith, G.R. Price: *The logic of animal conflict*, Nature 246（1973）.

P.D. Straffin: *Game Theory and Strategy*, New Mathematical Library. The Mathematical Association of America 36（1993）.

这些讨论面临的问题是其证明过程：如果物种遵循适当的竞争策略，那么两个物种的混合种群在进化的角度上看就可能是稳定的。当前社会热力学的考量目标是不同的：种群不被允许进化，但可以选择两个不同的策略，这两种策略都取决于竞争资源的价格。

上述结果分别对应四种可能的相遇情况：HH、HD、DH、DD。

注意到鹰的搏斗和鸽子的装腔作势都是不理性的，或者说都是奢侈行为。如果它们减少或完全放弃这些活动，那么两个物种都会获益。此外，鸽子面对鹰时的温顺也被认为是过度谨慎。这些观察结果将引出如下的 B 策略。

B 策略

鹰会根据资源的价格 τ 调整搏斗的严重程度，从而调整伤害的严重程度。如果资源的价格高于 1，它们战斗的次数就会减少，这样在失败情况下的恢复时间更短，恢复期间购买的价值也会从 2τ 减少到 $2\tau(1-0.2(\tau-1))$。同样，鸽子会调整装腔作势的持续时间，从而使损失时间的花费从 0.2τ 降低到 $0.2\tau[1-0.3(\tau-1)]$。还有一种情况：在 B 策略中，当鸽子与鹰相遇时，同样不会与之争斗。但鸽子会试图夺走资源然后逃跑，假设这种情况下成功的概率是 4/10。但是，如果鸽子失败，它们就可能被愤怒的鹰伤害，从而需要一段时间来恢复，代价是 $2\tau[1+0.5(\tau-1)]$。

因此，在 B 策略下收益的基本期望值可以写为

$$e_B^{HH} = 0.5(\tau - 2\tau(1-0.2(\tau-1))) = (0.2\tau - 0.7)\tau$$
$$e_B^{HD} = 0.6\tau$$
$$e_B^{DH} = 0.4\tau - 0.6 \cdot 2\tau(1+0.5(\tau-1)) = -(0.6\tau+0.2)\tau$$
$$e_B^{DD} = 0.5\tau - 0.2\tau(1-0.3(\tau-1)) = (0.06\tau+0.24)\tau$$

数字的分配一直是博弈论中的一个问题。此处选择的数字是为了符合对物种行为的某种设想，考虑如下情况。

对鸽子来说，"抢了就跑"策略显然不是明智之举，因为会为此遭受惩罚。那它们为什么要采用这种策略？我们可以用这样的假设来解释：鸽子并不比人类聪明，他们会为了快速获利而发动战争，然后遭受灾难。这种案例在人类历史上不胜枚举。

注意当 $\tau > 1$ 时，种群内部对搏斗或装腔作势的惩罚会减少，因为我们假设这些活动在执行成本增加时会减少。然而，种族之间的惩罚，或者说鸽子所受的伤害会增加。因为当偷来的资源更有价值时，鹰将对莽撞的鸽子施加更多的暴力。

当 $\tau = 1$ 时，除了 B 策略中"抢了就跑"的情况，两种策略给出的结果一致。对任何允许的 τ 值，无论是对搏斗还是对装腔作势的惩罚都不应该转化为奖励。

该条件对 τ 的允许值加了一个限制：$0 < \tau < 4.33$。[47]

假设 z_H 和 $z_D = 1 - z_H$ 是鹰和鸽子所占的比例，所有的鹰和鸽子都使用 A 策略或 B 策略。因此，鹰和鸽子每次遇到另一只鸟时的基本收益期望 e_i^H 和 $e_i^D (i = A, B)$ 可以写为

$$e_i^H = z_H e_i^{HH} + (1 - z_H) e_i^{HD} \text{ 和 } e_i^D = z_H e_i^{DH} + (1 - z_H) e_i^{DD}$$

对策略 i 而言，假设每只鸟每次相遇的收益期望为 e_i：

$$e_i = z_H e_i^H + (1 - z_H) e_i^D$$

或者显式

$$e_i = z_H^2 \left(e_i^{HH} + e_i^{DD} - e_i^{HD} - e_i^{DH} \right) + z_H \left(e_i^{HD} + e_i^{DH} - 2e_i^{DD} \right) + e_i^{DD}$$

特别地，有

$$e_A = -1.2\tau z_H^2 + 0.4\tau z_H + 0.3\tau$$
$$e_B = 0.86\tau(\tau - 1)z_H^2 - (0.72\tau + 0.08)\tau z_H + (0.06\tau + 0.24)\tau$$

这些函数的图形是抛物线，图 5.9(a) ～ (e) 绘制了一些 τ 值对应的抛物线。

我们可以根据一个合理的假设来理解这些图，即种群会选择能够提供最大收益的策略。显然，对于 $\tau = 0.6$ 和 $\tau = 1$ 的情况，最佳策略是 A 策略。在该价格区间，鹰和鸽子都会选择 A 策略，并且与群体中鹰的比例 z_H 无关。

对于更高价格水平的情况则有些复杂，此时图像的最大值 $\max[e_A, e_B]$ 不是凹函数。这为凹化变换提供了可能，参见图 5.9(c) ～ (e)。在 z_H 的某些区间，$\max[e_A, e_B]$ 的凹包络面高于图像本身。群体有可能通过分离来增加预期收益，它们分离为纯鹰和纯鸽群体，其中鹰的比例分数与凹化直线的端点对应，这些直线在图中以虚线表示。在图 5.9(c) 和 (d) 中采用的策略分别是 A 策略和 B 策略，采取 A 策略的群体同时有鹰和鸽子，而采取 B 策略的群体是纯鸽子或纯鹰，这分别取决于鹰的比例分数在左切线下方还是右切线下方。对于 $\tau > 3.505$，凹包络面连接抛物线 e_B 的端点，因此鹰和鸽子被完全隔离在两个群体中，都采用 B 策略。

经过比对，所有曲线都使人联想到具有溶解度间隙的溶液或合金的相图，见图 5.6。当时，我们让吉布斯自由能最小化，从而使收益最大化。相应地，在处理

---

[47] 如果允许惩罚的非线性减少，那么该约束是可以避免的。为了简单起见，我们不做此处理。

溶液时我们对图像 $\max[G',G'']$ 做了凸化处理,而本节我们对图像 $\max[e_A,e_B]$ 做了凹化处理。不过这只是两者肤浅的区别。此外,与之前构造相图的过程类似,可以把凹曲线投影到 (τ,z_H) 图像中合适的水平线上来构建策略图,见图 5.9(f)。我们在图中划分出四个区域。

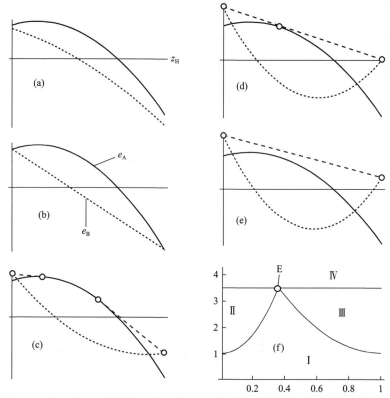

图 5.9　价格 τ 取特定值时,期望值关于 z_H 的函数图(a)、(b),(c)～(e)凹化变换,(f)策略图

- 区域 I：利用 A 策略实现物种的全面混合。
- 区域 II：纯鸽群采用 B 策略,鹰和鸽子的混合种群采用 A 策略,物种部分隔离。
- 区域 III：纯鹰群采用 B 策略,混合群体采用 A 策略,物种部分隔离。
- 区域 IV：纯鸽群和纯鹰群,物种完全隔离。

很容易分别计算出将区域 II、III 与区域 I 分开的曲线：

$$\tau = 20z_H^2 + 1, \ \tau = 6z_H^2 - 12z_H + 7$$

这两条曲线在共晶点相交,这与热力学类似。

虽然我们的社会学模型和溶液热力学两者之间的相似之处相当惊人,但还是有区别。最明显的区别是策略图缺乏横向区域，见图 5.6 的 a 区域和 b 区域。这是因为在这个例子中没有考虑混合熵。关于包括混合熵的社会热力学全部内容，可以参考我近期发表的一篇文章《社会热力学——群体中的整合和隔离》(*Socio-thermodynamics-integration and segregation in a population*)[48]。这篇论文充分讨论了上述类比过程，包括社会热力学第一定律和第二定律，并对做功和加热等概念进行了恰当解释。[49]

目前的研究结果是，如果想要实现物种或族群的融合，或者避免隔离，领导人应该在允许的条件下降低价格。在繁荣时期，融合不成问题；但在萧条时期，种族隔离很有可能发生。这一点我们都清楚。本书的作用是用一些可靠的参数对这一现象进行数学表示，并尝试量化这些参数。

冶金学家尤尔根·米克斯[50]曾注意到人口隔离和溶液/合金中不互溶区的相似性。相较本节内容，他的方法更加唯象，而且没有使用博弈论模型。米克斯研究了北爱尔兰新教徒和天主教徒的融合和隔离，并得出了有趣的结论。

很有意思的是，只有化学工程师和冶金学家才会接触社会热力学，因为他们是唯一熟悉相图及其用处的人。在我们的社会中，不能期望社会学家意识到这些理论的潜力，因为他们一生中从未见过相图。

---

[48] 参见 I. Müller: *Cambridge Scholars Publishing*(2019).

[49] 上面给出的简化陈述遵循 J. Kalisch, I. Müller 的一篇论文: *Strategic and evolutionary equilibria in a population of hawks and doves*, Rendiconti del Circolo Matematico in Palermo, Serie II, Supplemento 78(2006), pp. 163-171. 该文章还包括进化过程，它让鹰的比例分数发生变化，以使群落达到与价格水平相适应的进化稳定策略。

[50] J. Mimkes: *Binary alloys as a model for a multicultural society*, Journal of Thermal Analysis 43(1995).

第六章　热力学第三定律

低温物体中的原子热运动十分微弱，所以原子很难跨越势垒。此时分子间作用力使原本自由运动的气体原子聚集，进而发生液化和凝固现象。如果物体温度趋于零，那么原子将无法跨越任何势垒(无论势垒能量多小)，说明此时物体一定处于能量最低的状态。同时，由于不存在可占据的其他状态，因此物体的熵必定为零。这就是热力学第三定律。

另外，低温物体中的原子运动速率普遍偏低，因此具有较大的德布罗意波长，量子力学的波动性将引起一些宏观现象，如气体简并(但这种宏观效应通常被范德瓦尔斯力的作用掩盖)。

值得注意的是，在低温混合物中，即使是相差甚微的不同物质也会阻止混合过程，从而出现不同组分间互相分离的现象。这已经在 ^{3}He 和 ^{4}He 液体混合实验中观测到。分离过程使混合熵归零。极低温下的熵趋于零，因此混合物必然发生分离。

本章将讨论低温现象，并回顾与低温现象相关的热力学历史，尤其是研究如何实现低温的低温物理学。该领域仍然是如今研究的热点，科学研究能达到的最低温度数值也越来越低。

熵的"屈服"

现实中的化学反应通常会受到一定制约。例如，在给定压强 p 下，根据质量作用律，本应转化为生成物的反应物会在一定温度下仍作为反应物存在；生成物的吉布斯自由能 g 确实低于反应物，但最后生成物并未形成。根据具体情况，我们称反应物是过冷的或过热的。正如我们在氨合成反应中了解到的，发生这种现象是因为反应之前必须跨越或绕过一定的能量势垒；可以使用合适的催化剂来绕过该能垒。

相变过程中也会发生类似现象[1]，尤其是固体：对于同一种物质可能存在不同的晶格结构，一种是稳态，另一种是亚稳态。后者与稳态相近，几乎可以一直保持稳定，但它的吉布斯自由能并不是最小的。赫尔曼•瓦尔特•能斯特(Hermann Walter Nernst，1864～1941 年)就研究过这类情况，特别是在低温和极低温的情

---

[1] 从热力学的观点来看，尽管相变和化学反应在现象上有所不同，但相变很像化学反应。我们甚至可以认为相变是一类特别简单的化学反应。

况下。

以锡为例,锡在室温下处于白锡相。室温下白锡具有标准的四方晶格结构,是一种十分实用的金属,常用于制作镀锡盘、锡杯、风琴管或玩具士兵[2]。在 13.2℃ 和一个大气压条件下,白锡在几个小时内就会碎裂变成具有立方结构的灰锡。但当温度低于 13.2℃ 时,作为亚稳态的白锡又可以长时间存在[3]。

对于锡而言,一个大气压下其相平衡温度为 13.2℃。其他压强下的相平衡温度有所不同,记为 $T_{w \leftrightarrow g}(p)$;对于任意压强 p,相应的 T 的数值都是已知的。13.2℃ 时 $\Delta g = g_w - g_g = 0$,低于此温度时 $g_w > g_g$,因此灰锡是稳定相,Δg 称为相变阻尼力,有时也称为相变亲和势(affinity),其值取决于 T 和 p,并由一个能量项和一个含熵的项两部分组成:

$$\Delta g(T, p) = \Delta h(T, p) - T \cdot \Delta s(T, p)$$

式中,$\Delta h(T, p)$ 为相变潜热;$\Delta s(T, p)$ 为熵变[4]。对于任意给定的 p,可以通过催化的方式(如在白锡中掺杂少量灰锡)加速相变从而测定潜热 $\Delta h(T, p)$ 随温度 T 的变化。而 $\Delta s(T, p)$ 则可以通过对白锡和灰锡这两种成分的 $C_p(T, p)/T$ 进行积分来计算,即从 $T=0$(或 $T \rightarrow 0$)积分到相变发生时的 T 值。因此可以得到

$$\Delta g(T, p) = \Delta h(T, p) - T \cdot \left\{ s_w(0, p) + \int_0^T \frac{c_p^w(\tau, p)}{\tau} \mathrm{d}\tau - s_g(0, p) - \int_0^T \frac{c_p^g(\tau, p)}{\tau} \mathrm{d}\tau \right\}$$

检查该式发现,当 $T \rightarrow 0$ 时,如果保持定压热容 $c_p(T, P)$ 为常数,相变亲和力将变得不确定。事实上,在能斯特的时代,即 19～20 世纪,已经有充分证据表明所有比热在温度 T 趋于零时都以多项式的形式趋于零,例如,绝缘体的比热可以表示为 (aT^3),导体的比热可以表示为 $(aT^3 + bT)$。根据这些结果,$\Delta s(T, p)$ 中的积分项趋于零,故花括号内仅剩 $s_w(0, p) - s_g(0, p)$。这一熵的差值可能与平衡点处的相变热 $\Delta h(T_{w \leftrightarrow g}(p))$ 有关,因为相平衡时,有 $\Delta g(T_{w \leftrightarrow g}(p)) = 0$。也可以写为

$$s_w[T_{w \leftrightarrow g}(p)] - s_g[T_{w \leftrightarrow g}(p)] = \frac{\Delta h[T_{w \leftrightarrow g}(p)]}{T_{w \leftrightarrow g}(p)}$$

---

[2] 古代对锡的需求量很大,这是因为锡与铜形成合金,能够得到青铜,这是一种相对较硬的材料,在青铜时代用于制造武器、工具、珠子和装饰品等物品。

[3] 然而,当它与先前形成的灰锡共存时情况就不同了。在这种情况下,锡制器具在低温下会受到锡病的影响。教堂可能会在短时间内损失风琴管,这在 19 世纪圣彼得堡一个寒冷的冬夜里发生过。

[4] 注意,如果相变发生在过冷区,那么相变的热和熵取决于 T 和 p。但如果相变发生在平衡点,那么相变的热和熵只依赖于其中一个变量,因为此时需满足 $T = T_{w \leftrightarrow g}(p)$。

或

$$s_w(0,p) - s_g(0,p) = \frac{\Delta[T_{w \leftrightarrow g}(p)]}{T_{w \leftrightarrow g}(p)} - \int_0^{T_{w \leftrightarrow g}(p)} \frac{c_p{}^w(\tau,p) - c_p{}^g(\tau,p)}{\tau} d\tau$$

　　经过实验测量，能斯特确认：当 T 趋于零时，该表达式趋于零（即 $\Delta s(T,p)$ 趋于零），并且这一趋势与压强无关，这对所有相变过程均适用[5]。所以他很快宣布了他的定律（或定理），通常表述为：晶体不同相（如白锡与灰锡）的熵在 $\boldsymbol{T \to 0}$ 时趋于相等，这与晶格结构无关，并且这一趋势与压强 $\boldsymbol{p}$ 无关。

　　这就是著名的热力学第三定律（third law of thermodynamics）。

　　贝特洛（Berthelot）的理论认为亲和力由相变热决定，而亥姆霍兹坚定地认为相变过程中的熵变不能忽略。当然亥姆霍兹是正确的，但热力学第三定律使贝特洛的理论适用于低温条件：不仅 $T\Delta s(T,p)$ 趋于零，$\Delta s(T,p)$ 本身也趋于零。熵"屈服"于低温，失去了对化学反应和相变的影响。

绝对零度不可达到

　　能斯特于 1912 年指出，根据热力学第三定律，绝对零度是不可能达到的[6]。事实上，由于 $s(T,p)$ 在 $T \to 0$ 时趋于一个定值，所以在不同压强 p 下熵随温度 T 的变化必须与图 6.1（a）相似。因此，通常的降温方式如等温压缩后绝热可逆膨胀，这确实会使温度降低，但绝不会降到零，因为 $T \to 0$ 时各曲线会越来越接近。

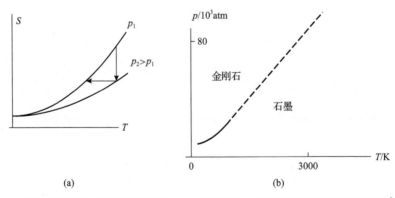

图 6.1　（a）等温压缩（↓）和绝热膨胀（←）；（b）石墨-金刚石相变时的平衡压强（10^3atm）

　　[5] W.Nernst: *Über die Berechnung chemischer Gleichgewichte aus thermodynamischen Messungen*（根据热力学测量计算化学平衡），Königliche Gesellschaft der Wissenschaften Göttingen 1（1906）.

　　[6] W.Nernst: *Thermodynamik und spezifische Wärme*（热力学和比热），Berichte der königlichen preußischen Akademie der Wissenschaften（1912）.

提出这一观点后，能斯特将热力学的三个定律总结如下[7]：

- 不可能制作一个可以凭空做功或产生热量的热机。
- 不可能制作一个仅从环境吸收热量来做功的热机。
- 不可能从一个物体中取走全部热量。

这一系列关于"不可能"的论述深深地吸引了能斯特，此后的物理学家亦为之着迷。

金刚石与石墨

在固体碳中，石墨和金刚石两相共存的情况看起来是不可能出现的。二者是以不同的方式结晶的：石墨由六元环形成的平面层组成，每一层都由六边形密铺而成，层与层之间则松散地结合在一起。如果在一张纸上摩擦石墨，最上面的一层就会被刮掉，并在纸上留下印记，这就是石墨可以用来写字的原因。因此，石墨在希腊语中写作"graphos"（意为"书写"）。我们铅笔里的铅芯是由石墨和黏土（按一定比例）混合而成的。它拥有铅的光泽，所以称为铅笔。

而作为另一种相的金刚石，它是最坚硬的材料。除非使用其他金刚石，否则它不会被刮擦或磨碎，而且它不受大多数化学试剂的影响。希腊语中的单词"adamas"即"无法屈服的"，经过一番演化就成为金刚石的名字——"diamond"。在金刚石中，碳原子位于四面体中心并紧密结合在一起，但却没有石墨层面内原子结合得那么紧密。在常温常压下，石墨是稳定的，而金刚石是亚稳定的。

当然，以上这一切直到近代才为人所知。之前，由于金刚石稀有而美丽，具有极高价值，所以它的存在一直吸引着化学家和炼金术士。为了研究它的性质，需要一个富有的赞助人。托斯卡纳大公，即科西莫三世，沿袭了美第奇家族崇尚艺术和科学的传统，为科学研究提供了一个较大的钻石样本。但为了安全起见，他把它交给了一个由三名科学家组成的小组，并且这三名科学家不能随心所欲地处理它。最后他们用一个凸透镜加热样本。这颗钻石形成了一个光晕，紧接着——它消失了！这份报告自然受到了一些质疑[8]，但没有人愿意冒险去重复这个实验，直到80年后拉瓦锡完成了它。拉瓦锡不负众望，用一个封闭的罐子控制了实验条件。他发现，钻石燃烧后，罐子里的空气中含有一定量的二氧化碳，因此他得出结论：钻石就是碳单质。

在这个实验被人们接受后，人们产生了一种强烈的愿望，即逆转这一过程，

---

[7] W. Nernst: *Die theoretischen und experimentellen Grundlagen des neuen Wärmesatzes*（新热学定律的理论和实验基础）Verlag W. Knapp, Halle（1917），p. 77.

[8] 参见 I.Asimov: *The unlikely twins*, 出自：*The tragedy of the moon*, Dell Publishing Co. New York（1972）.

用石墨制造钻石。因为 $\Delta g(T,p) = g_{dia}(T,p) - g_{graph}(T,p)$ 是该过程中的亲和势，并且当 $\left(\dfrac{\partial g}{\partial p}\right)T = v$ 时，有

$$\Delta g(T,p) = \Delta g(T,0) + \int_0^p \Delta v(T,\pi)\mathrm{d}\pi$$

金刚石的密度比石墨大得多：金刚石的密度为 $3.5\mathrm{g/cm}^3$，而石墨的密度为 $2\mathrm{g/cm}^3$。因此 $\Delta v < 0$，所以 $\Delta g(T,p)$ 随 p 的增加而减小。为了达到相平衡，$\Delta g(T,p)$ 为零，由此得到了所需 p 与 T 的函数关系式，即

$$\int_0^p \Delta v(T,\pi)\mathrm{d}\pi = \Delta g(T,0)$$

根据热力学第三定律，$\Delta g(T,0)$ 是已知的，因为除需要测量的 $p=0$ 时的相变潜热和两相从 $T=0$ 或 $T \to 0$ 开始的比热 $c_p(T,0)$ 外，表达式中没有任何未知常数。同时，$v(T,p)$ 也是压强的函数。当然，要测量所有这些值需要一个漫长的实验过程，但最终结果可以证明这一方法的合理性：即对于每一个固定温度，都可以得到将石墨转化为金刚石的压强。图 6.1(b) 展示了它们之间的关系[9]。

从图中可以看出，在室温下，如果确实在平衡状态下才能发生相变过程，那么在室温下大约需要 15kbar 的压强才能获得金刚石。然而，在两个方向上的转变都受到能量势垒的阻碍：在石墨转变为金刚石这一方向上，必须先破坏石墨的层状苯环结构，然后才能形成金刚石；而在另一个方向，只有弱化金刚石的正四面体结构，才能实现金刚石向石墨的转化。两者都需要高温，因此图 6.1(b) 中的平衡图只有上半部分有意义。1955 年，美国通用电气公司的科学家在温度为 2800K、压强约 100kbar 的条件下最终合成了钻石[10]。

在那之前已经有好几次错误的报道，报道的结果要么是假的，要么是骗局。据说，著名化学家亨利·穆索(Henri Moisseau)在 1893 年展示了一颗他认为是在实验室中制造的钻石，但真相是他的助手骗了他。当然，他永远无法再重复这一壮举了。

瓦尔特·赫尔曼·能斯特(Walter Hermann Nernst，1864～1941 年)

能斯特本人给出了对自己最准确的评价，见图 6.2。他是一位勤奋的教授、操作员和管理人员，同时也是一个享乐主义者。他对事物的偏好充满了欧洲风格。他对酒的品鉴和对女性之美的欣赏都有着超凡的品位，并且他还是一个早期的绅

---

[9] J. Wilks: *Der dritte Hauptsatz der Thermodynamik*(热力学第三定律)，Vieweg, Braunschweig(1963)。

[10] 或者以美国单位计算，每平方英寸 700 吨。

士汽车手。总的来说，他有着健康的取悦自己的方式。仅做到这一点就足以走在世界前列，而能斯特的确很擅长这一点。

能斯特向我们保证，关于进一步热力学定律的出现：

第一定律有三个发现者：迈耶、焦耳和亥姆霍兹。

第二定律有两个发现者：卡诺和克劳修斯。

第三定律只有一个发现者，即他自己：能斯特。

第四定律……(?)

图 6.2　瓦尔特·赫尔曼·能斯特

他曾经获得一种基本上没用的电灯的专利——能斯特管脚。然而，令爱迪生吃惊的是[11,12]，他以一百万马克的价格将管脚的专利权卖给了工业界，这在当时的确是一笔非常可观的钱。能斯特还向伦琴(Röntgen)建议过，他应该为 X 射线申请专利以便赚钱，但伦琴从未有过这种想法，他也没有为此动心。

能斯特定律(或定理)最初建立时并不是十分牢固。现在人们认识到，在一开始[13]这就是一个大胆的命题，几乎没有证据支持它[14]。可以肯定的是，这个定理的提出是有点大胆而非谨慎的。能斯特求解了一个有点不相干的微分方程，在所有的解中，他从其中随意挑选了一个解，因为在能斯特看来，这个先验解是最简单的解[15]。然而，最后就同他的脚管一样，能斯特是幸运的，其他人收集了他没有给出的证据。总的来说，通过多年的艰苦工作，能斯特的主张得到了证实。可以肯定的是，能斯特定理对非晶固体不适用，不过这并不是最重要的。

尽管能斯特自豪地声称自己是热力学第三定律的唯一一发现者，参考图 6.2，但实际上第三定律有两位发现者。事实上，普朗克通过 $T \to 0$ 时所有晶体的熵都趋于零这一结论在统计热力学的基础上发展了这一定律。这是该定律的现代版本，通过比较由比热测量值计算出的熵与物质的理想气体相的已知熵值，该定律在实验中得到了充分证实，见下文。

普朗克的热力学第三定律表述形式远优于能斯特，因为它不局限于化学反应

[11] 托马斯·爱迪生(Thomas Alva Edison, 1847～1931 年)是有史以来最伟大的发明家，他在职业生涯末期拥有 1300 项专利，其中一项就是电灯泡专利。他对像能斯特这样的教授的实践能力评价很差。

[12] 参见第二章脚注 4, I. Asimov: *Biographies*……。

[13] 参见第六章脚注 5, W. Nernst: *Über die Berechnung*……(1906)。

[14] 参见 A. Hermann(ed.)：*Deutsche Nobelpreisträger*(德国的诺贝尔奖获得者), Heinz Moos Verlag, München (1969) pp. 131, 132。

[15] 参见第六章脚注 14, p. 132。

或相变。它可以计算出任何单个物体的绝对熵。物理学家和化学家使用的手册将这些值作为物质固有性质列表的一部分。

需要注意到这超出了化学家的实际需要，因为在他们的公式中，只需要反应的熵，即反应物和生成物的熵之差，见第 5 章。

这和能量相似：化学家只需要反应热，但爱因斯坦的公式 $E = mc^2$ 提供了所有反应组分的绝对能量值。然而，这并没有为化学家的计算提供便利。事实上，化合物的质量亏损太小，无法通过称重来测量。但总的来说，20 世纪的头十年同时提供了确定能量和熵的绝对值的理论可能性。

液化气体

降低温度是不容易的，而创造越来越低的温度本身就是热力学史上一个引人入胜的篇章，我们现在就要讨论这个问题。我们从来没有停止对更低温度的追求，低温物理目前仍是一个活跃的研究领域。目前，宇宙中最低温度的世界纪录为[16] 1.5μK，这是拜罗伊特（Bayreuth）大学在 20 世纪 90 年代初达到的。这一温度只维持了几小时。当然，这是一个远低于 19 世纪先驱者的任务范围的值，他们给自己定下的任务是液化现有气体，然后尽量达到固相。

使气体冷却的最简单的方法是使它与低温物体接触并进行热交换。但这要求有现成的低温物体，而这样的低温物体可能根本不存在。在进行过大部分低温研究的欧洲温带地区，除水蒸气外，没有任何其他气体能够以这种方式液化。

由于在等压条件下，气体体积是同物质的量液体体积的数倍，因此类似于低温，高压可能也有利于液化。两者并施时液化的效果应该更好。1823 年，电磁学和低温物理学的先驱迈克尔·法拉第（Michael Faraday）提出了这个想法。他通过使用一种像回旋镖的玻璃管巧妙地将高压和低温结合在一起，见图 6.3，在一端放置一些二氧化锰和盐酸。然后将管道封闭，缓慢加热混合物使其释放出与管道空气混合的氯气，使压强得以提升。将另一端放入冰水，结果使氯气在另一端凝结，在 0℃和高压下形成了液坑。

当压强缓慢降低时，部分液氯蒸发，如果在绝热条件进行，那么蒸发的热量部分来自液体，因此液体会冷却。通过这种方式，法拉第能够确定在 1atm 条件下氯的沸点为–34.5℃。进一步降低压强可使液化氯冷却到沸点以下，当然前提是还有液化氯剩余。

其他科学家也加入了制造低温的运动，特别是化学家查尔斯·圣安吉·蒂洛里尔（Charles Saint Ange Thilorier，1771～1833 年）。他先在高压下将二氧化碳液

---

[16] 宇宙通过背景辐射，将 3K 的温度传递给那些没有被加热或冷却的物体。

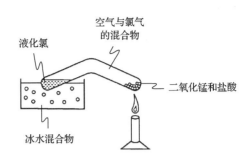

图 6.3 迈克尔·法拉第(1791～1867 年)氯气液化实验

化到一个坚固的回旋镖形金属试管中，然后降低压强使其蒸发，从而得到固态二氧化碳。他收集了足够的二氧化碳固体并进行一系列实验。结果表明，在 1atm 下，温度升至–78.5℃时，二氧化碳会立即从固相变成气相，反之亦然，这一过程分别称为升华和凝华。这使作为干冰的固态二氧化碳十分受欢迎。它可以冷却物品而不会在熔化时浸泡物体：毕竟，它不会熔化，只会升华。

蒂洛里尔还发明了另一个获得低温的方法。他将极易挥发的乙醚[17]与固态二氧化碳混合。乙醚蒸发，从而产生低至–110℃(或 163K)的温度。当有了足够的低温混合物，法拉第和蒂洛里尔就可以通过简单的热交换来液化其他气体了，尽管液化其中一些气体需要高压来辅助。

然而，有八种气体即使在高压下也不能在 163K 液化。它们分别是氧气、氩气、氟气、一氧化碳、氮气、氖气、氢气和氦气，法拉第知道其中的五种；当然他当时并不知道稀有气体的存在。所以他称这五种气体为永久气体。而这也正是低温物理学在一段时间内发展受阻的地方。直到托马斯·安德鲁斯(Thomas Andrews，1813～1885 年)发现了临界点，特别是临界温度以后，低温物理学才迎来转机。

安德鲁斯最先研究了二氧化碳——一种在室温下可以通过加压液化的气体。他在 60～70atm 的高压下采集液态二氧化碳样本，然后观察液体在加热后于某个固定温度下蒸发。然后加大压强，并一次又一次地重复这一过程。这时他观察到，在较高的压强下，相分离变得不那么明显，在 $p=73atm$ 和 $T=31℃$ 时则完全消失。安德鲁斯将该点称为临界点(critical point)。而对于更高的压强，液体不会在加热时蒸发，蒸汽也不会在冷却时液化；蒸汽只会变得越来越浓，而没有出现任何液体和蒸汽分离的迹象。

安德鲁斯推测，所有物质都有临界点，而这些临界点之所以没有引起热力学

---

[17] 这里提到的乙醚(volatile ether)当然不是第二章的发光以太(luminous ether)，这是两个完全不同的概念！

专家的注意，是因为它们远超出了通常容易获得的压强和温度范围。由此，他得出结论，如果在开始提高样本的压强之前，使这个样本的温度比 163K 低，甚至比 163K 低得多（163K 是当时的最低纪录），那么永久气体也可以被液化。

最终实验证实了这一点。但现实问题是如何使温度降下来。这个问题在 1877 年被路易·保罗·卡耶泰（Louis Paul Cailletet，1832～1913 年）解决。他首先在压缩机中将氧气的压强压缩到 $p_H = 66\text{atm}$，冷却至室温 $T_H = 298\text{K}$，然后通过涡轮使气体绝热膨胀至 $p_L = 1\text{atm}$，该过程中气体对外做功。对于绝热膨胀，绝热物态方程可采用形式 $\dfrac{p_H}{p_L} = \left(\dfrac{T_H}{T_L}\right)^{Z+1}$，其中对双原子理想气体 $z = 5/2$，最终氧气以 $T_L \approx 90\text{K}$ 离开涡轮机，非常接近冷凝点，并且已经远低于先前记录的最低温度 163K。实际上，卡耶泰已经观察到涡轮后面有一团液雾了。因此，他成功液化了氧气，当然这些液滴很快就蒸发了。氟气、一氧化碳和氮气及分离后的惰性气体氩气和氖气，均以同样的方式实现液化[18]。

通过有效的分离，科学家最终得到了大量液化的永久气体。他们得到液化气体的量足以用来研究其性质——如沸点。1898 年，詹姆斯·杜瓦（James Dewar，1842～1923 年）最终将氢气液化，其沸点为 20.3K，熔点为 14K。为了隔离氢气与其他气体，杜瓦发明了杜瓦瓶，一种可以长期储存冷液体的保温瓶，因为该保温瓶有两层壁，两壁之间抽成真空，并且内壁被镀上了银，所以即使是热辐射的损失也被限制在最低限度。

杜瓦是一个兴趣广泛且才华横溢的人，但他在天空的蓝和液氧的蓝之间的联系问题上却犯了糊涂。他发明了一种无烟火药——线状无烟火药（cordite），这使他与阿尔弗雷德·伯纳德·诺贝尔（Alfred Bernhard Nobel，1833～1896 年）关于专利权的问题进行了激烈的斗争。因此可以理解的是，杜瓦没有获得诺贝尔奖——尽管该奖项奖给了许多在低温物理学取得开创性贡献的科学家。然而，杜瓦被封成了詹姆斯爵士。经过他在低温物理学领域的努力后，就只有氦气仍然不能液化了。氦气的液化值得用一整个部分来单独描述，见下文。

尽管有了液化气体的方法，但在 1895 年以前，这种冷凝液体仍然只能作为实验室才能使用的稀有物。但随后卡尔·冯·林德（Carl Ritter von Linde，1842～1934 年）发明了一种连续的绝热节流工艺。这种工艺能产生大量的液态氧和液态氮，如

---

[18] 读者一定注意到作者对阿西莫夫的科学论文情有独钟。实际上，目前对气体的液化处理也利用了他这两篇文章，I.Asimov: *Liquefying gases* 和 I.Asimov: *Toward absolute zero*，并且这两篇文章均发表在 *Exploring the earth and the cosmos*，Penguin Books, London（1990）。然而，这些论文显示出阿西莫夫的一个错误，因为他混淆了卡耶泰的绝热膨胀和绝热的焦耳-汤姆森效应。前者本质上是一个熵不变的可逆过程；而后者本质上是不可逆过程，而保持初末状态焓不变。

图 6.4 所示，将它们填充到高压瓶后就可以投入工业使用[19]。当蒸汽或液体被推进或吸入一个狭窄的开口后，就会发生节流过程，从而使压强降低。对于大多数物质，温度也会降低。这一冷却效应称为焦耳-汤姆森效应或焦耳-开尔文效应，第二章中我们介绍过这个效应。对于理想气体，这一效应引起温度的变化为零，但对于非完全理想的气体，该效应可以产生非常微小的温度变化。这意味着想要有效地应用节流，气体必须经历卡耶泰的绝热膨胀，将其转化为接近液化的蒸汽。林德采用了几个节流和回冷步骤，即通过使蒸汽与已节流的蒸汽交换热量，对进入的蒸汽进行预冷却。如今的林德工艺中仍包含这种制冷方法。林德的公司成立于 1879 年，靠销售液化气体而兴旺发达，但事实上公司主推的是林德的另一项发明——无处不在的压缩制冷冰箱。

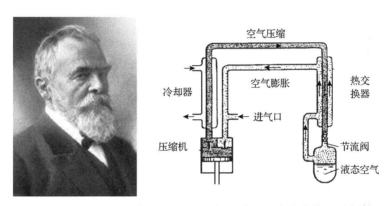

图 6.4 卡尔·冯·林德(1842～1934 年)和他的空气液化装置示意图

约翰内斯·迪德里克·范德瓦尔斯(Johannes Diderik van der Waals，1837～1923 年)

范德瓦尔斯使临界点的概念变得有意义，他证实了安德鲁斯所有气体都应该有临界点的猜想。他认为理想气体定律 $p = \dfrac{1}{v}\dfrac{k}{\mu}T$ 是忽略原子间作用力的理想模型。范德瓦尔斯继续提出，这种相互作用力(现在称为范德瓦尔斯力)在距离较远时表现为轻微的吸引力，而当原子接近时则表现为强烈的排斥力。因此，在距离为 r 的两个原子之间范德瓦尔斯力的势能 $\varphi(r)$ 具有图 6.5 定性描述的形式[20]，基于该假设，范德瓦尔斯导出了理想气体定律的修正形式，参见插注 6.1。

---

[19] 氧气、氮气和氢气分别装在蓝色、绿色和红色的瓶子里，压强为 150bar。

[20] 范德瓦尔斯当时无法知道吸引力的本质。其实这是一种电偶极子的相互作用，偶极子是由电子壳层和相邻原子核的相互吸引所产生的微小位移引起的。

$$p = \frac{\frac{k}{\mu}T}{v-b} - \frac{a}{v^2} \qquad [21]$$

这称为实际气体的范德瓦尔斯方程（van der Waals equation）。很明显，修正值在于正数系数 a 和 b。系数 b 代表一个原子的体积，显然它必须从总的有效体积中减去。而系数 a 代表引力相互作用的范围和大小，这种相互作用降低了作用在容器壁面上的压强。

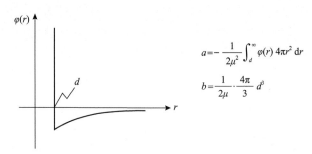

图 6.5　原子间相互作用势与两个原子距离的函数示意图与范德瓦尔斯系数

范德瓦尔斯方程

　　体积为 V、表面为 ∂V、外法向量为 n 的单原子气体中的 N 个原子依据牛顿运动定律运动，有

$$\mu \ddot{x}_\alpha = K_\alpha (\alpha = 1, 2, \cdots)$$

　　将这个微分方程两端乘以 x_α，然后在很长一段时间 τ 内取平均值，并对所有的 α 求和，就得到了

$$-\left\langle \sum_{\alpha=1}^{N} \mu \dot{x}_\alpha^2 \right\rangle = \left\langle \sum_{\alpha=1}^{N} K_\alpha x_\alpha \right\rangle$$

　　因为每个原子在一个自由度上的平均动能为 $1/(2kT)$，所以该式左边的结果等于 $-3NkT$。右侧被克劳修斯称为位力项（virial）。由于一个原子受表面及其他原子对其的作用力，故位力项有两部分：W_s 和 W_i。所以我们可以将其写为

$$-3NkT = W_s + W_i$$

[21] 摘自范德瓦尔斯发表于莱顿的论文: *Over de continuiteit van den gas- en vloeistoftoestand*（论气态和液态的连续性）（1873）。

假设只有表面 ∂V 附近 $\mathrm{d}A$ 上的原子受到表面的影响，并且表面对这些原子作用力之和的平均等于 $-pn\mathrm{d}A$，就可以得到 $W_s = -3pV$。由此上式变为

$$pV = NkT + \frac{1}{3}W_i$$

如果不考虑原子之间的相互作用，就得到了理想气体物态方程。

现在考虑原子之间的相互作用力，原子 α 受到原子 β 的作用力可以写作 $K_{\alpha\beta} = -K\left(\left|x_\alpha - x_\beta\right|\right)\dfrac{x_\beta - x_\alpha}{\left|x_\beta - x_\alpha\right|}$，所以 W_i 为

$$W_i = -\sum_{\alpha=1}^{N}\sum_{\beta=1}^{N}\left\langle K\left(\left|x_\alpha - x_\beta\right|\right)\frac{x_\beta - x_\alpha}{\left|x_\alpha - x_\beta\right|}x_\alpha\right\rangle$$

$$W_i = \frac{1}{2}\alpha = 1N\beta = 1NK\left(\left|x_\alpha - x_\beta\right|\right)\left|x_\alpha - x_\beta\right|$$

$$= \frac{N}{2}\sum_{\alpha=1}^{N}\left\langle K\left(\left|x_\alpha - x_\beta\right|\right)\left|x_\alpha - x_\beta\right|\right\rangle$$

最后一步要求平均而言每个原子都以相同的方式被其他原子包围。我们设 $\left|x_\beta - x_\alpha\right| = r$，并通过定义粒子密度 $n(r)$ 将求和转换为积分。

$$W_i = \frac{N}{2}\int_V K(r)\, r\, n(r)\mathrm{d}V \quad \text{（或者由于各向同性）}$$

$$= 2\pi N\int_0^\infty K(r)n(r)r^3\mathrm{d}r$$

图 6.5 中的力 $K(r)$ 和势能 $\varphi(r)$ 以 $K(r) = -\dfrac{\mathrm{d}\phi}{\mathrm{d}r}$ 的关系关联在一起，粒子密度 $n(r)$ 可以近似由 $\dfrac{N}{V}\exp\left(-\dfrac{\varphi}{kT}\right)$ 给出，因此平均而言，原子被最密集的原子云包围，此时 $\varphi(r)$ 取最小值。由此得出（利用分部积分）：

$$W_i = 2\pi\frac{N^2}{V}\cdot 3kT\int_0^\infty\left[1 - \exp\left(-\frac{\varphi}{kT}\right)\right]r^2\mathrm{d}r$$

当 $r < d$ 时，记 $\varphi = \infty$，而在 $r > d$ 时，有 $\dfrac{\varphi}{kT} \ll 1$。

如图 6.5 所示，可以得到

$$W_i = 3\left[NkT \frac{\frac{1}{2}N\frac{4\pi}{3}d^3}{V} + \frac{N}{2}\int_d^\infty \varphi(r)\frac{N}{V}4\pi r^2 dr \right]$$

再代入图 6.5 的 a 和 b，有

$$W_i = 3\left(NkT \frac{b}{v} - V\frac{a}{v^2} \right)$$

如果合理假设 $b \ll v$，代入消去 pV 方程中的 W_i 即可得出范德瓦尔斯方程。

插注 6.1

在一定的温度范围内，范德瓦尔斯方程描述了 (p,v) 图中的非单调等温线，定性图像如图 6.6 所示。因此，在一个确定的压强和温度下，有可能存在两个甚至是三个比体积。范德瓦尔斯忽略了中间那个，把剩下的两个体积解释为液体和蒸汽的比体积，并得出了一个令人惊讶的结论：他这一针对实际气体而非理想气体的理论，也许可以描述气-液相变。这就是他的论文题目想表达的意思。因此，连接水平拐点形成的等温线即临界等温线，拐点即相变临界点。根据范德瓦尔斯方程，该点坐标为

$$v_c = 3b, \qquad p_c = \frac{1}{27}\frac{a}{b^2}, \qquad \frac{k}{\mu}T_c = \frac{8}{27}\frac{a}{b}$$

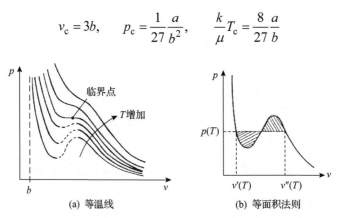

(a) 等温线　　　　　　(b) 等面积法则

图 6.6　范德瓦尔斯气体的等温线与麦克斯韦等面积法则

尽管范德瓦尔斯的这项工作是作为博士论文发表的，而不是发表在科学期刊上，但它很快就为人所知了。玻尔兹曼认为这是一个杰作，他对范德瓦尔斯的推

导给予了很高评价，称他为实际气体领域的牛顿[22]。之后麦克斯韦发现了一种测定范德瓦尔斯气体饱和蒸气压 $p(T)$ 的图解方法，见图 6.6。他把插注 3.7 的相平衡条件用自由能 $F = U - TS$ 写成了如下形式：

$$F'' - F' = -p(T)(V'' - V') \quad 或 \quad p = -\left(\frac{\partial F}{\partial V}\right)_T$$

$$\int_{V'}^{V''} p(V, T)\mathrm{d}V = p(T)(V'' - V')$$

其中，积分必须沿等温线进行。因此，$p(T)$ 是使图 6.6 中的两个阴影区域大小相等的等压线，这种确定 $p(T)$、$v'(T)$、$v''(T)$ 的作图方法称为麦克斯韦等面积法则。

当引入无量纲变量时，由范德瓦尔斯方程得到了一个有趣的推论，即令

$$\pi = \frac{p}{p_c}, \quad v = \frac{v}{v_c}, \quad \tau = \frac{T}{T_c}$$

在这种情况下，方程是普适的，即与特定物质的相关参数无关，有

$$\pi = \frac{8\tau}{3v - 1} - \frac{3}{v^2}$$

范德瓦尔斯把这种关系称为对应态定律 (law of corresponding states)：无论物质性质如何，具有相等的无量纲变量的状态彼此对应。这意味着所有物质的液-汽性质都是相似的：

● 具有凸函数的性质，即单调增加的蒸气压曲线；

● 拥有类似的湿蒸汽区域；

● 具有临界点。

这种一致性源自相当平坦的 (φ, r) 关系曲线 (图 6.5)，并在一定程度上对所有气体都是适用的。

从实际运用的角度来看，对于液化气体，范德瓦尔斯方程最重要的结论是节流实验中的焦耳-汤姆森效应。结果表明，节流并不一定会使气体升温。但众所周知，能量在流经绝热节流阀前后的通量必须相等，因此第一定律要求的比焓值 h 不变 (前提是流体的动能可以忽略不计)。该条件可以用于计算给定压降 Δp 的温度变化 ΔT，见插注 6.2。一个判断标准为

---

[22] 选自 *Encyclopedie der mathematischen Wissenschaften*, Bd.V.1.p. 550。

$$\frac{1}{v}\left(\frac{\partial v}{\partial T}\right)_p - \frac{1}{T} \begin{cases} > 0, & 冷却 \\ = 0, & 无变化 \\ < 0, & 加热 \end{cases}$$

节 流 过 程

节流过程是一个会降低压强(即压强变化 $\Delta p < 0$)的等焓过程。在此过程中温度也会发生相应变化,以满足 $\Delta h = 0$ 的要求。因此,有

$$\frac{\Delta T}{\Delta p} = -\frac{\left(\dfrac{\partial h}{\partial p}\right)_T}{\left(\dfrac{\partial h}{\partial T}\right)_p}$$

式中,右方分母为定压热容 c_p,分子可由吉布斯方程改写为 $\left(\dfrac{\partial h}{\partial T}\right)_p = v - T\left(\dfrac{\partial v}{\partial T}\right)_p$ 的形式,因此上式可以改写为

$$\frac{\Delta T}{\Delta p} = \frac{vT}{c_p}\left[\frac{1}{v}\left(\frac{\partial v}{\partial T}\right)_p - \frac{1}{T}\right]$$

由此得出结论,即等压膨胀系数 $\alpha = \dfrac{1}{v}\left(\dfrac{\partial v}{\partial T}\right)_p$ 大于 $1/T$ 时,经过节流过程后温度会下降。而对于理想气体,有 $\alpha = 1/T$。

插注 6.2

很明显,对于理想气体,上式的值为零,因此理想气体在绝热节流时的温度不变。对于范德瓦尔斯气体,该准则意味着初始状态必须位于 (v,τ)、(π,τ) 或 (π,v) 图反转曲线的下方,即

$$v = \frac{1}{3 - 2\sqrt{\frac{1}{3}\tau}}, \quad \pi = 24\sqrt{3\tau} - 12\tau - 27, \quad \pi = -\frac{9}{v^2} + \frac{18}{v}$$

我们在这里用了对应态定律的无量纲变量。如果一个状态在该曲线上,那么它在节流时温度不变;如果它位于曲线上方,那么气体经历节流过程升温。

图 6.7 显示了 (π,τ) 图和 (π,v) 图中的反转曲线及临界等容线和临界等温线。

通过对比 (π, τ) 图和图 6.7 中的小表格（含氧气和氢气的临界数据），结果表明如果节流温度超过 $T = 140K$ ，在 1atm 下的氢气会升温。因此，林德氢气液化工艺必须在较低温度下进行。另外，对于氧气，这个过程可以在室温进行。但可以肯定的是，在该温度下它的效率不是很高；室温下的冷却效果几乎无法被焦耳和开尔文观察到。

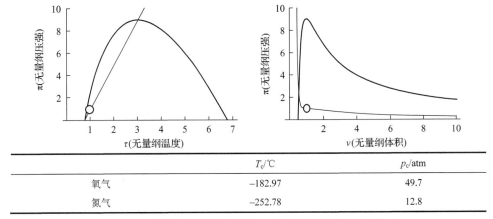

	$T_c/℃$	p_c/atm
氧气	−182.97	49.7
氮气	−252.78	12.8

图 6.7　反转曲线及临界等容线、等温线和临界数据简化表

　　无论如何选择 a 和 b，范德瓦尔斯方程在数值上对任何实际气体都不是特别适用。但它确实有很大的启发价值，因为它从分子角度进行考虑（插注 6.1），是一种形式相当简单的解析物态方程。因此，它一次又一次地被重新提及，如最近我看到一篇很有启发性的文章，名为《十三种看待范德瓦尔斯方程的方式》（*Thirteen ways of looking at the van der Waals equation*）[23]。在我最近的一本书中[24]，我相信自己已经提出了第十四种角度。

　　热力学专业的学生经常被如图 6.6 所示的非单调等温线所迷惑，尤其是曲线中意味着不稳定性的正斜率分支。这些特征反映了函数 $\varphi(r)$ 的非凸性，但我们不会作深入讨论，尽管目前（在我写这篇文章时）人们对固体相变中发生的类似现象（如形状记忆合金）非常感兴趣。本书作者提出并研究了用于理解非单调应力-应变曲线的一个具有指导意义的力学模型[25]。

氦气

　　虽然，氦气和氢气均通过绝热膨胀和节流过程液化，但氦气理应有属于它自

---

[23] M.M. Abbott: *Chemical Engineering Progress*, February（1989）。

[24] 参见第五章脚注 32，I. Müller, W.Weiss: *Entropy and energy*……（2001）。

[25] I. Müller, P. Villaggio: *A model for an elastic-plastic body*, Archive for Rational Mechanics and Analysis 65（1977）。

己的章节。由于氦气的沸点更低(只有 4.2K),所以液化氦气花费了更多的时间。1908 年,海克·卡末林·昂内斯(Heike Kammerlingh-Onnes,1853~1926 年)成功实现氦的液化,并最终利用液氦的绝热蒸发达到了 0.8K。1912 年,卡末林·昂内斯因他的努力而获得了诺贝尔(物理学)奖。

然而,他并没有成功冻结氦,后来的研究发现,在常压下,无论温度多么低都得不到固态的氦。大约在 20 个大气压下才能使氦变成固体。

氦的液相能够持续存在的原因涉及量子力学。根据量子力学原理,一个具有确定动量 p 和能量 $\dfrac{p^2}{2\mu}$ 的粒子可以看作是一个波长为 $\lambda = \dfrac{h}{p}$、频率为 $v = \dfrac{1}{h}\dfrac{p^2}{2\mu}$ 的德布罗意波[26]。这样的粒子出现在空间任何地方的概率相同,因此它不能被限制住。而在量子力学中,一个被限制在线度 Δx 内的粒子的波函数可以由一组德布罗意波叠加组成,即在范围 Δp 内的动量叠加。在 Δx 和 Δp 之间有一个关系式 $\Delta x \Delta p = h$,叫作海森伯不确定性关系。因此,x 或 p 可以分别固定,但不能同时固定。

以上内容是单粒子的量子力学,薛定谔方程其主导作用。现在假设 Δp 为某种液体粒子在热运动过程中的动量,这时可将不确定性关系外推到热力学中。从而得到以下方程,即

$$\Delta p = \sqrt{2\mu E}$$

或者由于 $E = \dfrac{1}{2}kT$,有

$$\Delta p = \sqrt{\mu k T} , \quad \Delta x = \dfrac{h}{\sqrt{\mu k T}}$$

式中,Δx 为在温度 T 时物体粒子典型的德布罗意波长,所以 Δx^3 代表粒子可以被限制的最小体积元。对于 $T = 1K$ 的液氦原子,其位置的不确定度为 $\Delta x = 2 \times 10^{-9}\,\text{m}$,这比将液氦粒子限制在固体晶格结构中时要大得多。因此,固体晶格不能形成,从某种程度上来说这就是氦保持液态的原因。

人们制得了液氦后,就可以用它来冷却其他物质,使其接近绝对零度。实验发现,有些金属(如汞和铅)在冷却后会产生一种非常奇怪的行为。它们在某些特定温度下会失去电阻。我们称它们变成了超导体(super-conductors)———一种具有零电阻率的材料,其中感应电流一旦产生就会一直循环流动。

实际上,氦本身在 2.19K(所谓的λ点)以下也表现出某种类似的独特现象:它的行为就像是一种黏度很小的正常流体和一种完全没有黏度的超流体(super-

---

[26]　$h = 6.626 \times 10^{-34}\,\text{J·s}$ 是普朗克常数。

fluid)的混合物。这种液体混合物称为 He II——区别于温度高于λ点的液氦 He I。温度越低，超流体所占比例就越高。

He II 中还会出现奇怪的现象，或者说那些本应被观察到的现象消失了。这种物质让许多著名的科学家们目瞪口呆，如列夫·达维多维奇·朗道(Lev Davidovich Landau)(1908～1968 年)和他的同事、常年的合作者列夫根尼·米哈维列维奇·栗弗席兹(Evgenii Michailovich Lifshitz，1915～1985 年)。这里值得我们介绍两个比较有代表性的例子，它们令当时的科学家困惑多年而不能解。不出意外的话，这对我们这种没有朗道和栗弗席兹那么出名的人来说将是一个安慰，因为即使是他们也会发现自己很难调整思维去适应新的或不寻常的现象。让我们考虑以下过程。

首先从声音说起。声音在空气(本质上是氮气和氧气的两种成分的混合物)中的传播允许两种波的振动模式都是纵向的。一种是两种组分的联合振荡，没有相对速度；而另一种是两种组分的相对运动，并假设没有混合物的整体运动。两种模式分别称为第一声音和第二声音。两种声波以不同的速度传播，而且通常都是耦合的，即如果第一声音受激产生，那么第二声音也会随之产生，反之亦然。然而在空气中从来没有真正听到过第二种声波模式，因为它在离我们振动的声带不到 1mm 的距离内被阻尼耗散了。这也许是一件好事，因为这样就可以避免每件事都听两遍了。两种声音也会引起空气温度的振荡，但无法被我们人类粗糙的感官察觉。

在低于λ点的氦中，声音在性质上与在空气相似，因为此时的液氦类似于混合物。但在数值上却有所不同，主要是因为其中的超流体没有摩擦，所以没有阻尼。第一声音和第二声音理论首先由拉兹洛·蒂萨(Lazlo Tissa，1907～2009 年)提出[27]。之后，朗道也发表了与之相同的理论[28]，因此其中的主要方程也称为朗道方程。根据这些方程，第二声音理应是可以被探测到的，但实际上却没有，或者说经过多年都没有被探测到。当人们在氦的一侧施加振动膜的激励时，第一声音从氦的另一侧清晰而响亮地传出来，但却没有探测到第二声音。在多次徒劳的尝试后，沮丧的利夫希茨做了一个事前应该完成的简单计算：他计算了振幅[29]，然后他发现，根据朗道方程，由于第一种和第二种振动模式不是耦合的，所以第二声波振动模式不能由振动膜激发。与第一种振动模式不同，第二种振动模式是由温度振荡激发的。因此，利夫希茨用交流电线圈代替薄膜，线圈的焦耳热产生了温度振荡，紧接着就产生了第二种声波(也可以称为热波)。朗道方程预测了

[27] L.Tissa: *Transport phenomena in He II*, Nature 141 (1938)。

[28] L.D.Landau: *The theory of superfluidity of Helium II*, Journal of Physics (USSR) 5 (1941)。

[29] E.M. Lifshitz: *Radiation of sound in Helium II*, Journal of Physics (USSR) 8 (1944)。

它的传播速度。

　　基于朗道方程和其他成就方面的贡献，朗道荣获了 1962 年的诺贝尔(物理学)奖。但从当年 1 月起的整整一年内，他因车祸昏迷。据说他几度病危，但都用特殊手段坚持了下来。最终，利夫希茨在医院为他颁奖。朗道活了下来，但不再是一个活跃的物理学家了。

　　除第二声音外，He II 的另一个特点表现在旋转。由于超流体没有黏性，所以应该不可能使它旋转。因此朗道根据朗道方程预测，将超流体氦的容器放在旋转台上，它的表面也会保持平坦。当然，这对实验物理学家来说是一个挑战，不久之后奥斯本(D.V.Osborne)[30]发明了一个旋转的液态氦容器。实验结果表明，其表面是一个完美的抛物面——就像任何其他旋转的刚性不可压缩液体一样，这与朗道的预期相悖。

　　对此，拉斯·昂萨格(Lars Onsager，1903～1976 年)在一次关于奥斯本现象的小组讨论中提出了一个巧妙的解决办法。昂萨格知道可以用均匀分布的势涡[31]来模拟刚性旋转，即使它们的速度场相同。因此，他认为奥斯本的旋转氦是势涡的叠加。因此，他既保留了朗道理论的正确性，也解释了奥斯本的实验。之后对此持怀疑态度的人也很快就被说服了，因为当事实证明电子束可以通过漩涡的核心而不是其他地方时，漩涡被观测到了。

　　氦具有超流性的物理原因还有待研究。通常的假设似乎是：这种现象是玻色-爱因斯坦凝聚的一种情况，我们将在本章后面了解这一点。

绝热退磁

　　为了研究金属的超导性和氦的超流性，人们希望得到更低的温度，最终找到了使温度降低到 0.5K 以下的新方法。彼得·约瑟夫·威廉·德拜(Peter Joseph Wilhelm Debye，1884～1966 年)和威廉·弗朗西斯·吉奥克(William Francis Giauque，1895～1982 年)独立地提出了绝热退磁(adiabatic de-magnetization)的概念。即将一种磁性盐(在吉奥克的例子中为硫酸钆)置于强磁场中，使这种盐的磁偶极子沿磁场方向排列——因为从能量上来说这是最稳定的位置。将这种材料保持在磁场中并用液氦冷却，然后绝热隔离。将磁场强度缓慢减小，此时热运动使偶极子由规则的方向排列逐渐趋于随机，即有更多磁偶极子的方向与剩余磁场的方向相反。这意味着该盐被冷却了，之后盐再反过来冷却周围的氦。吉奥克用硫酸钆最终达到了 0.25K，后来他用其他盐类得到了 0.02K 的低温。该技术经过改

---

[30] D.V. Osborne: *The rotation of liquid Helium II*, Proceedings Physical Society A 63(1950)。

[31] 势涡就像一个正在排水的浴缸里的漩涡，或者像龙卷风。理想情况下，它们不会耗散，因此其能够存在于超流体氦中。

进，最终得到的温度低至 3mK。通过这种方式再进一步冷却被证明是不可能的，因为之后电子壳层的偶极子开始进行自我排列，所以外磁场对其没有任何影响，在没有外磁场的情况下，随机排列也不会发生。

^{3}He-^{4}He 低温恒温器

然而，在铜等材料中还存在着有核偶极子。为了使它们能够规则排列，需要非常强的磁场和持续低温，这些可以由 ^{3}He-^{4}He 低温恒温器提供。通过 ^{3}He 蒸发保持低温的方法最早由海因茨·伦敦（Heinz London，1907~1970 年）于 1962 年提出。让我们考虑以下过程。

氦有两种同位素 ^{3}He 和 ^{4}He。在自然条件下，^{4}He 原子数约是 ^{3}He 原子数 100 万倍。但 ^{3}He 的混合物可以被浓缩，当浓缩过程完成后，人们发现在 0.87K 以下的液相中产生了混溶度间隙，如图 6.8 所示，这是因为此时缓慢的热运动无法提供形成（^{3}He-^{4}He）相邻络合物所需的能量。所以粗略来说，在 (T,X) 图中，曲线是钟形的，见图 6.8[32]。而因为 ^{3}He 更轻，它漂浮在顶部，此处它可能会蒸发。与通常的绝热蒸发一样，温度会下降 ΔT，并且由于轻组分更易挥发，系统失去了

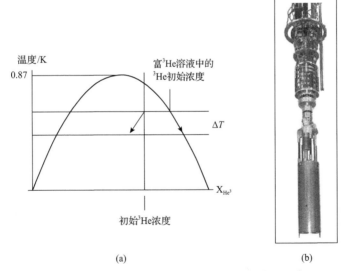

图 6.8　(a) ^{3}He-^{4}He 相图中的混溶间隙（示意图），通过蒸发 ^{3}He 使 ^{3}He 浓缩液富集；
(b) 柏林联邦物理技术研究院的 ^{3}He-^{4}He 低温恒温器[33]

---

[32] 我被告知此处的钟形曲线不是完全对称的，并且当 T 趋于零时曲线似乎并不能覆盖 $0<X<1$ 的整个范围。但就目前情况而言，这些均不重要。

[33] 这张照片来自斯特雷洛(P.Strehlow)的一篇文章：*Die Kapitulation der Entropie–100 Jahre III. Hauptsatz der Thermodynamik*（熵的屈服——热力学第三定律 100 年）Physik Journal 4(12)2005。

^{3}He（即使顶部富含 ^{3}He 的溶液因温度下降而变得更富集，见图 6.8）。进而，更多的 ^{3}He 蒸发并继续吸热，由此可以达到 $10\mu K$ 的低温并维持数天。铜最终也会降至一样的温度，并且在外磁场的作用下，它的核偶极子保持对齐。之后，当退磁发生时，偶极子随机排列，铜进一步冷却到了 $1.5\mu K$，这是人类迄今为止达到的最低温度。

物理学家对热力学第三定律十分信任，以至于他们之间形成了一种行话——根据热力学第三定律，合金及混合同位素内部会出现溶解度间隙，毕竟如果熵要趋于零，混合物必须摆脱其混合熵。

理想气体的熵

虽然本章讨论的是低温和最低温，但出于一些原因，我们不得不考虑理想气体，这主要是因为我们希望对热力学第三定律作进一步的确认。我们也希望能够或者尝试了解超流动性。

我们回顾在玻尔兹曼对熵的外推中，有

$$S = k\ln W$$

其中

$$W = \frac{N!}{\prod\limits_{xc} N_{xc}!}$$

存在严重缺陷（第四章）。本质原因是计算 $\{N_{xc}\}$ 分布采用的方法，因为玻尔兹曼相信，正如他那个时代所有人所做的那样，(x,c) 空间不同元素中相同粒子之间的交换会产生一种新状态。但根据多粒子情况的量子力学，情况并非如此。玻尔兹曼当时并不知晓玻色子、费米子和德布罗意波等概念。因此，如果想修正玻尔兹曼的推理，必须考虑量子力学的两个观察结果。

- 全同粒子不可区分

  经典的想法是我们可以标记粒子，如将它们涂成不同的颜色。但这不仅不切实际，而且与量子力学的理论不相容，因为量子力学中的粒子是德布罗意波。

- 粒子有两种分类——费米子和玻色子

  两个费米子不可能同时占据同一状态，但对玻色子却没有这样的限制，它们可能都堆积在一个状态。

为了统一处理费米子和玻色子，这里假设每个态可能最多被 d 个粒子占据。当然，费米子的 d 取 1，玻色子的 d 取无穷，这应该是自然界中仅有的两种情况[34]。

新的论点是由萨特延德拉·纳特·玻色(Satyendra Nath Bose，1893～1974 年)提出的，他在 1924 年改进普朗克辐射公式的推导时做出了两个重要贡献。

- 玻色是第一个认真对待玻尔兹曼在 (x, c) 空间中的单元并给它们一个明确体积的人[35]。我们还记得玻尔兹曼自己曾认为这些单元是一种没有物理意义的计算技巧，参见第四章。然而玻色并不这样认为，他将由坐标和动量构成的相空间量子化为 h^3 大小的态。为了得到普朗克公式，他需要这个值[36]。
- 同时，玻色引入了一种计算分布的新方法。当然，他没有大张旗鼓地这么做，也没有对此举发表评论，更没有表现出他曾意识到将要对统计机制进行革命性变革的迹象。玻色把他的 4 页论文发给了爱因斯坦，爱因斯坦后来将其翻译成德语，并在物理学杂志(Zeitschrift für Physik)上发表[37]。

爱因斯坦补充了一条译者注："玻色推导的普朗克公式是……向前迈出的重要一步。玻色所使用的方法也可用于改进理想气体的量子理论，我将在别处解释。"事实上，爱因斯坦受到了玻色论文的启发后接着写了两篇自己的论文，分别在 1924 年 7 月和 1925 年 1 月发给了普鲁士科学院[38]。在这些论文中，爱因斯坦发展了简并气体的新理论，即低温和大密度下的理想气体，我们接着对次进行描述。

因为公式 $S = k\ln W$ 固有的合理性，它必须被保留，所以玻色和爱因斯坦都没有对它进行改动。但新理论中分布的实现及分布本身都被修改了，W 也是如此。和以前一样(插注 4.6)，我们集中讨论在 (x, c) 空间中 (x, c) 处的无穷小元素 $dxdc$，有

[34] 任意状态占有数 d 的概念是由詹蒂莱(G.Gentile)提出的：Osservazioni sopra le statistiche intermedie，(对中间统计的观察)，Nuovo Cimento 17, pp. 493-497.

[35] 我们将在下一章讨论辐射时回顾玻色的贡献。简单来说，最早普朗克辐射公式是由两个经验函数的插值得出的。至少对玻色来说这是无法令人满意。爱因斯坦已经通过引入受激发射来改进普朗克的推导方法。但是，当他采用玻尔兹曼因子计算不同能量状态下原子的相对频率时，他也仍然依赖于经典思想，参见第四章。玻色认为这也无法令人满意。

[36] 因此，我之前使用的测量系数 Y 被选为 $Y = \mu^3/h^3$.

[37] S.N.Bose: Planck's Gesetz und Lichtquantenhypothese(普朗克定律和光量子假说)Zeitschrift für Physik 26(1924).

[38] A.Einstein: Quantentheorie des einatomigen idealen Gases(单原子理想气体的量子理论)Sitzungsberichte Physicallisch mathematische Klasse, September 1924, pp. 261-267.

A.Einstein: Quantentheorie des einatomigen idealen Gases II(单原子理想气体的量子理论 II)Sitzungsberichte physikalisch mathematische-Klasse, February 1925, pp. 3-14.

$$P_{\mathrm{d}xd c} = Y\,\mathrm{d}x\mathrm{d}c \qquad\qquad\qquad 记为\,\mathrm{d}x\mathrm{d}c\,中态的数量$$

$$N_{\mathrm{d}xd c} = \sum_{P_{\mathrm{d}xd c}} N_{xc} = f(\boldsymbol{x},\boldsymbol{c})\mathrm{d}x\mathrm{d}c \qquad\qquad 记为\,\mathrm{d}x\mathrm{d}c\,的原子数量$$

在 $\mathrm{d}x\mathrm{d}c$ 中的新分布可以由以下集合表示出：

$$\left\{p_l^{\mathrm{d}xd c}\right\} = \left\{p_0^{\mathrm{d}xd c}, p_1^{\mathrm{d}xd c}, \cdots, p_d^{\mathrm{d}xd c}\right\}$$

它表示被 $0,1,\cdots,d$ 个原子占据的单元数量。显然，$p_l^{\mathrm{d}xd c}$ 的值必须满足约束条件

$$\sum_{l=0}^{d} p_l^{\mathrm{d}xd c} = P_{\mathrm{d}xd c} \ 和 \sum_{l=0}^{d} l p_l^{\mathrm{d}xd c} = N_{\mathrm{d}xd c}$$

这种分布可由 $\{N_{xc}\}$ 给出，即 $(\boldsymbol{x},\boldsymbol{c})$ 附近 $\mathrm{d}x\mathrm{d}c$ 中的一个单元中原子的数目。因此，根据组合数学，分布 $\left\{p_l^{\mathrm{d}xd c}\right\}$ 的状态数等于

$$W_{\mathrm{d}xd c} = \frac{P_{\mathrm{d}xd c}!}{\displaystyle\prod_{l=0}^{d} p_l^{\mathrm{d}xd c}!}$$

所以

$$S_{\mathrm{d}xd c}\mathrm{d}x\mathrm{d}c = k\ln\frac{P_{\mathrm{d}xd c}!}{\displaystyle\prod_{l=0}^{d} p_l^{\mathrm{d}xd c}!}$$

是微元 $\mathrm{d}x\mathrm{d}c$ 中原子的熵，所以有

$$S = k\ln\prod_{\mathrm{d}xd c}\frac{P_{\mathrm{d}xd c}!}{\displaystyle\prod_{l=0}^{d} p_l^{\mathrm{d}xd c}!}$$

是气体的总熵。式中，$\displaystyle\prod_{\mathrm{d}xd c}$ 是空间 $(\boldsymbol{x},\boldsymbol{c})$ 中的所有元素 $\mathrm{d}x\mathrm{d}c$ 的乘积。

这种新形式的熵缺乏玻尔兹曼熵内在的清晰性，因为它与 $N_{\mathrm{d}xd c}$ 或分布函数 $f(\boldsymbol{x},\boldsymbol{c})$ 的关系并不明确。然而，对于费米子确实存在这样一个明确的关系，而对于玻色子，它确实存在于局部平衡中，除平均值外，在 $\mathrm{d}x\mathrm{d}c$ 中几乎没有 N_{xc} 的相关量，即

$$N_{xc} = \frac{N_{\mathrm{d}x\mathrm{d}c}}{P_{\mathrm{d}x\mathrm{d}c}}$$

在这一条件下，熵可以写成

$$S = -k \int \left[\ln \frac{f}{Y} \pm \frac{Y}{f} \left(1 \mp \frac{f}{Y} \right) \ln \left(1 \mp \frac{f}{Y} \right) \right] f \mathrm{d}c\mathrm{d}x \qquad （取–为费米子，取+为玻色子）$$

这是单原子气体中熵的正确形式；它推广了玻尔兹曼关系：

$$S = -k \int \ln \frac{f}{b} f \mathrm{d}c\mathrm{d}x, \qquad b = eY$$

这个表达式在气体动理学理论中被偶然（或者说幸运地）发现过（第四章）。当 $f/Y \ll 1$ 或 $N_{xc} = \dfrac{N_{\mathrm{d}x\mathrm{d}c}}{P_{\mathrm{d}x\mathrm{d}c}} \ll 1$（即表示平均每个 $\mathrm{d}x\mathrm{d}c$ 中的单元占有极少量的粒子数）[39]时，费米子和玻色子之间的差异，即 ± 附加项，变得不那么重要，此时它与玻尔兹曼的形式是一致的。

这一观察结果十分合理，因为假设每个 $\mathrm{d}x\mathrm{d}c$ 中单元的平均原子数少于 1 个，那么该原子是费米子还是玻色子就没有什么区别了，因为实际上连一个单元同时有两个原子的情况都不会发生，更不用说更高的占有数了。

显然，对于分布函数 f 来说，S 通常是一个非平衡熵。在封闭绝热气体中，即对于固定数量的 N 个原子和固定的总能量 U，我们期望 S 在平衡时趋于最大熵 S_{equ}。由计算结果可以得出

$$f_{\mathrm{equ}} = \frac{Y}{\exp\left(-\dfrac{\mu g}{kT} + \dfrac{\mu c^2}{2kT} \right) \pm 1} \qquad （取+为费米子，取–为玻色子）$$

式中，g 为比吉布斯自由能；T 为温度。对于简并气体，这个表达式取代了麦克斯韦分布。简并气体是指量子效应（体现为对+、–的选择）影响了气体本身的性质。其热力学物态方程为

$$p = \frac{2}{3} \frac{U}{V} = p\left(\frac{N}{V}, T \right), \qquad g = g\left(\frac{N}{V}, T \right)$$

[39] 回想一下，对于玻尔兹曼来说，$N_{xc} > 1$ 是理所当然的。事实上，它必须足够大才能应用斯特林公式进行近似处理。这是我之前提到的熵的经典表达式的不一致之处之一。

同时也可以导出[40]

$$\frac{N}{V} = 4\pi Y \sqrt{\frac{2}{\mu}}^3 \int_0^\infty \frac{x^2 \mathrm{d}x}{\exp\left[-\dfrac{\mu g}{kT} + \dfrac{x^2}{kT}\right] \pm 1}$$

$$\frac{U}{V} = 4\pi Y \sqrt{\frac{2}{\mu}}^3 \int_0^\infty \frac{x^4 \mathrm{d}x}{\exp\left[-\dfrac{\mu g}{kT} + \dfrac{x^2}{kT}\right] \pm 1}$$

然后，即可得出平衡时熵 S_{equ} 的表达式为

$$TS_{\mathrm{equ}} = -N\mu g + 5/3U$$

经典极限

　　就如在非平衡情况下一样，当费米子和玻色子的±附加项不重要时就会出现玻尔兹曼分布，如当 $\dfrac{\mu g}{kT} \ll -1$ 时，有

$$p = \frac{N}{V} kT$$

代入 $\dfrac{\mu^3}{Y} = h^3$，有

$$\frac{\mu g}{kT} = \ln\left[\frac{N}{V}\left(\frac{h}{\sqrt{2\pi\mu kT}}\right)^3\right]$$

　　因此,经典极限条件的含义为典型的热德布罗意波长尺寸的相空间相格(见上文)中几乎不包含粒子。相比之下，简并则表现为粒子密度非常大或温度很低，德布罗意波长出现重叠的状态。

　　注意，对于质量较小的粒子德布罗意波长较大。正因如此，即使在室温下，甚至在几千开尔文的温度下，金属中的电子气也会发生强烈简并，当然这也是由于电子密度 N/V 很大。

---

[40] 因此，理想气体的压强和内部能量密度之间的经典关系 $P = \dfrac{2}{3}\dfrac{U}{V}$ 得以在简并气体中保留。

对于非简并态，平衡熵的形式为

$$S_{\text{equ}} = Nk\left\{\frac{5}{2} - \ln\left[\frac{N}{V}\left(\frac{h}{\sqrt{2\pi\mu kT}}\right)^3\right]\right\}$$

这个值是完全明确的！这是因为玻色选择 $Y = \mu^3/h^3$，其中没有未知常数。这个表达式给出稀薄理想气体熵的绝对值。因此，通过将 $c_{\text{p}}(T,p)/T$ 向下积分到较低温度（附带潜热的总和除以潜热出现的温度），人们就可以获得或尽可能接近绝对零度的液体和固体的熵的绝对值了。

如果对热容和潜热等所有物理量进行测量后继续积分，那么在大多数情况下，得出的绝对零度下的熵值为零，从而证实了普朗克对热力学第三定律的扩展。然而，有时却无法获得零值。这种状况似乎只发生在固相非晶态，所以热力学第三定律必须增加一条限定：非晶态固体在绝对零度的熵不为零。一般的手册将该熵值记录为零点熵。

完全简并与玻色-爱因斯坦凝聚

在与经典极限相反的完全简并极限情况下，费米子和玻色子的表现是不同的。

费米子

对于费米子，简并极限的条件为 $\frac{\mu g}{kT} \gg 1$，因此有

$$f_{\text{equ}} = \begin{cases} Y, & \frac{1}{2}c^2 < g \\ 0, & \frac{1}{2}c^2 > g \end{cases}$$

低温下，所有原子都倾向于以零动能状态聚集，但这样的理想状态无法达到，因为每个速度状态只能对应一个原子[41]。因此，原子能达到的最稳定的情形是以自下而上的速度依次填充所有状态。N 和 U 由

$$\frac{N}{V} = 4\pi Y\sqrt{\frac{2}{\mu}}^3\frac{1}{3}g^{3/2}, \quad \frac{U}{V} = 4\pi Y\sqrt{\frac{2}{\mu}}^3\frac{1}{5}g^{5/2}$$

给出。由此可以看出，基态时能量较大，但熵仍然为零。

---

[41] 实际中，如果两个原子的自旋不同，它们的速度是可以相同的。

玻色子

对于分布函数下方符号取负号的玻色子，为了避免出现分布函数取负值的情况，我们必须认识到 g 的最大值应是 $g = 0$，因此代入 $g = 0$ 有

$$f_{\text{equ}} = \frac{Y}{\exp\left[\dfrac{\mu c^2}{2kT}\right] - 1}$$

该分布函数刻画了在完全简并条件下玻色子的分布情形。这种分布的性质和预期的一样，因为它意味着速度较大的粒子较少。但是，有一个问题，因为 f_{equ} 在 $c = 0$ 的条件下是奇异的，但可以肯定的是，N/V 和 $p = 2/3\, U/V$ 的值必须是有限的，即[42]

$$\frac{N}{V} = Y\sqrt{\frac{2}{\mu}}^{\,3}\sqrt{2\pi\frac{k}{\mu}T}^{\,3}\,\zeta\left(\frac{3}{2}\right), \qquad p = Y\sqrt{2\pi\frac{k}{\mu}T}^{\,5}\,\zeta\left(\frac{5}{2}\right)$$

但有件事十分奇怪。事实上，此时的 N/V 和 p 均只是温度 T 的函数，而这被我们视为饱和蒸汽与沸腾冷凝物共存的平衡条件。

这一观察结果可能暗示了原子数 N 的方程是不正确的，因为原子总数 N 不可能依赖于 T。事实上，这个方程只适用于 $c \neq 0$ 的粒子数。而对于 N_0，即 $c = 0$ 的粒子数，尽管其密度是奇异的，却不知为何从黎曼积分中消失了。因此，N/V 的方程必须改写为

$$N = N_0 + YV\sqrt{\frac{2}{\mu}}^{\,3}\sqrt{2\pi\frac{k}{\mu}T}^{\,3}\,\zeta\left(\frac{3}{2}\right)$$

如果 $YV\sqrt{\dfrac{2}{\mu}}^{\,3}\sqrt{2\pi\dfrac{k}{\mu}T}^{\,3}\,\zeta\left(\dfrac{3}{2}\right)$ 为"饱和蒸汽"中的粒子数，那么 N_0 是"冷凝液"中的粒子数。一种说法是：$c = 0$ 的 N_0 粒子形成玻色-爱因斯坦凝聚（Bose-Einstein condensate）[43]。对于 $T \to 0$ 的情况，会有越来越多熵为零的凝聚。因此，对于 $T \to 0$，完全简并的玻色气体的总熵趋于零。

前面提到观察到的液氦可以分成正常流体和超流体的现象，通常认为是玻色-

---

[42] $\zeta\left(\dfrac{3}{2}\right)$ 与 $\zeta\left(\dfrac{5}{2}\right)$ 都是黎曼–泽塔函数的数值，在 $g = 0$ 的分布函数积分中出现。

[43] 我们应该看到，如果一个粒子的速度和动量为零，由于不确定性关系，它就不能被定位。而在目前的情况下，这种影响似乎是次要的，我们在前面的论点中忽略了它。

爱因斯坦凝聚现象的反映。这个想法很吸引人，当然，这一类比（如果是这样的话）必须被修正，因为氦在 2.19K 的温度下转化并非气体。关于简并性的整个论点中忽略了范德瓦尔斯力，它在 4.2K 相对较高的温度下会使氦液化。

埃尔温·薛定谔（Erwin Schrödinger，1887~1961 年）是量子力学的先驱，他出版了一本写得很好且富有思想的统计热力学小册子[44]，其中他详细讨论了费米子和玻色子气体中的量子效应。他称气体的简并性理论是令人满意、失望及惊讶的。他认为理论令人满意是因为对于高温和低密度气体，它趋向于理想气体的经典理论。同时，这一理论又是令人失望的，因为它所有迷人的特性都发生在极低温度下，这导致范德瓦尔斯力早在简并效应出现之前就已经控制了气体并使它们变成液态[45]。而该理论最令人惊讶的特征是，在经典极限下有 $N_{xc} \ll 1$；而经典理论本身要求有 $N_{xc} \gg 1$。事实上，N_{xc} 在经典情况下必须足够大，才能应用斯特林公式。

玻色子和费米子气体的熵在完全简并状态下都趋于零的事实经常被引用为热力学第三定律的间接支撑。然而，由于在绝对零度附近并没有气体存在，这一支撑的说服力并不是很强。

萨特延德拉·纳特·玻色（1893~1974 年）

玻色在学生时期是加尔各答一个小而孤立但专注学术的学者团体中的一员。在很长一段时间里，他是一个拿着 100 卢比微薄薪水的讲师。在杜塔（玻色具有奉承性质的传记的作者）看来[46]，玻色总是因直言不讳而受到惩罚。杜塔没有举例说明这一特点，但他不忘称赞年轻时在大学时代准备炸弹的玻色。这大概是出于玻色反殖民主义的行为。

玻色曾处理过一种光子气体，后来称为光量子气体[47]。正如我之前提到的，爱因斯坦翻译了他的论文，并启发他发展了简并气体的统计力学，在这个过程中，他发现了上文所述现在被称为玻色-爱因斯坦凝聚的类似凝聚的现象。弗里兹·沃尔夫冈·伦敦（Fritz Wolfgang London，1900~1954 年）和他的兄弟亨氏·伦敦（1907~1970 年）在 1937 年首次提出 He II 的超流性可能源自玻色-爱因斯坦凝聚。

在玻色-爱因斯坦统计出现之后不久，恩里克·费米（Enrico Fermi，1901~1954 年）提出满足泡利不相容原理的粒子的统计方法。为了纪念他，称这些粒子

---

[44] E. Schrödinger: *Statistical thermodynamics*, Cambridge at the University Press（1948）。

[45] 对于金属中的电子气来说，这并不正确，原因我已解释过了，但也许液氦在超流动性现象中显示出气体简并的痕迹。

[46] M. Dutta: *Satyendra Nath Bose–life and work*, Journal of Physics Education. 2（1975）。

[47] 后文的插入 7.4 对玻色的论点进行了说明。

为费米子。费米的研究似乎独立于玻色和爱因斯坦的工作，至少贝罗尼在一篇文章中模糊地表达了这一点[48]。保罗·狄拉克(Paul Adrien Maurice Dirac，1902～1984年)认为多粒子的量子力学允许两种类型的统计，即玻色子的玻色-爱因斯坦统计和费米子的费米-狄拉克统计[49]。詹蒂莱(Gentile)对两种统计方法的统一表述在形式上是整洁的，但在物理上(或者就我所知)却没有什么意义。

下面我们说回玻色，他还是个年轻人，但在爱因斯坦的帮助下发表了一篇引人注目的论文，之后他在法国和德国待了两年。后来他回到印度，成为一名有影响力的物理教师和管理者。他以一位受人尊敬的老科学家的身份结束了他的职业生涯；退休后，他试图继续他的研究活动。根据杜塔的说法，这种尝试违反了诗人拉宾德拉纳特·泰戈尔(Rabindranath Tagore，1861～1941年)制定的格言，并引起了一些公开争论和对玻色本人的严厉批评。

玻色子与费米子碰撞概率

费米子和玻色子的平衡分布 f_{equ} 可以通过以下论述来获得一定解释，这个论述涉及速度为 c 和 c^1 的原子之间碰撞时的碰撞概率，碰撞后的速度设为 c' 和 c^v。假设碰撞概率的形式为

$$P_{cc^1 \to c'c^v} = cN_{xc}N_{xc^1}\left(1 \mp N_{xc'}\right)\left(1 \mp N_{xc^v}\right) \qquad \text{(取–为费米子，取+为玻色子)}$$

式中，c 为比例因素。因此，碰撞概率不仅取决于碰撞前单位元 $dxdc$ 的占据数 N_{xc}，还取决于碰撞后的这些占据数。因此，如果碰撞的目标态被很好地占据(对于费米子来说 $N_{xc}=1$)，费米子的转变就不太可能发生，而当目标态已经被玻色子充分占据时，玻色子转变为目标态的可能性反而更大。

对于反碰撞，假设碰撞概率有类似的表达式，即

$$P_{c'c^v \to cc^1} = cN_{xc'}N_{xc^v}\left(1 \mp N_{xc}\right)\left(1 \mp N_{xc^1}\right) \qquad \text{(取–为费米子，取+为玻色子)}$$

平衡状态下，当两个碰撞概率相等时，即可得出结论，即

$$\ln\frac{N_{xc}}{1 \mp N_{xc}} \text{ 为碰撞前后的守恒量}$$

[48] L. Belloni: *On Fermi's route to Fermi-Dirac statistics*, European Journal of Physics 15(1994)。

贝罗尼(Belloni)告诉我们"费米关于理想气体量子化详细而明确的理论是用德语发表的"。他没有说明时间和地点，而只是引用了别人对文章的看法。他为现代科学史写作提供了一个"很好"的范例，即科学史学家引用其他科学史学家的论点而不是原始作者的直接资料。

[49] 实际上费米的文章出现在 E. Fermi: Zeitschrift für Physik 86(1926)，p. 902。而狄拉克的贡献可以在 P.A.M. Dirac: Proceedings of the Royal Society(A) 41(1927)，p. 24 中找到。

所以，这一表达式必须是原子的碰撞守恒量，即质量和能量的线性组合，可以写成

$$\ln \frac{N_{xc}}{1 \mp N_{xc}} = \alpha + \beta \frac{\mu}{2} c^2$$

因此，有

$$N_{xc} = \frac{1}{\exp\left(\alpha + \beta \dfrac{\mu}{2} c^2\right) \pm 1} \qquad （取+为费米子，取-为玻色子）$$

这与之前通过熵最大化计算的平衡态的分布是一致的。因此，求解碰撞概率的方法取得了一些可信度。整个论证与第四章中麦克斯韦和玻尔兹曼在经典情况下得到的类似论点比较，突出了量子力学做出的必要修改。毕竟在经典理论中，没有理论表明目标状态的占用会对碰撞概率产生影响。

当然，对于特殊情况 $N_{xc} \ll 1$，该碰撞公式也就退化为经典公式。

第七章　辐射热力学

地球上可以利用的能量(除了核能和火山能)有两种来源：要么来自于太阳，以辐射的形式穿越太空到达地球；要么来自于先前的地质时代，并以煤、石油、天然气的形式储存。

- 生活在地表上的动物已经进化到能够用眼睛感受到太阳光中强度最大的波段(从红光到紫光)；
- 植物利用可见光中的红光和黄光进行热力学不稳定的光合作用过程，产生葡萄糖和纤维素等生物量；
- 所有生物都能够利用太阳辐射中的红外波段来获取热量，频率范围为 $3\times 10^{12}\,\mathrm{Hz} < \nu < 3\times 10^{14}\,\mathrm{Hz}$，相应的波长范围为 $10^{-6}\,\mathrm{m} < \lambda < 10^{-4}\,\mathrm{m}$。

上述例子中的辐射均属于低频长波波段。也就是说，这一波段的波长长于原子或分子的尺度。然而，太阳辐射中还含有波长与原子尺度相当(甚至更短)的波。因此有理由认为，这种高频辐射与物质的相互作用受原子结构的显著影响，而原子结构又受量子力学定律的支配。

因此，对辐射的科学研究促进了量子力学的建立和发展。当然，这已经不再属于热力学的范畴，但辐射物理学(radiation physics)的先驱们——斯特藩、玻尔兹曼、普朗克和爱因斯坦，要么本身就是热力学家，要么也经历过热力学思维的训练。本章我们将跟随他们的论述，学习从热力学到量子力学的发展过程，直到量子力学形成严谨的逻辑体系。

辐射不仅是将太阳能送到地球，太阳内部的辐射压还使恒星处于稳定的力学平衡状态。恒星物理学是热力学定律应用的典范，辐射理论极大地丰富了该领域。

黑体和空腔辐射

毫无疑问，对光的科学研究始于牛顿，他从棱镜分光实验中得出结论：白光由红光到紫光的多种颜色光混合而成。歌德(偶尔涉足科学领域，但经常得出错误结论)嘲讽这种白光是混合光的观点，说它是牧师才有的想法，因为这让他想到了基督教三位一体的教义：圣父、圣子(耶稣基督)和圣灵合为上帝。众所周知，牛顿是对的，尽管他的棱镜仅能分辨出颜色的不同。

事实上，这些颜色对显微镜、双筒望远镜和天文望远镜的使用者造成了一定困扰：它们不可避免地出现在视野边缘并对物象产生破坏。约瑟夫·冯·夫琅和费(Joseph von Fraunhofer，1787～1826 年)解决了这些难题。夫琅和费是一名对科学有着浓厚兴趣的配镜师，而且还是制造消色差镜片的专家。他制造的棱镜性能优越，这使他观察到了缺失的频率，即太阳和恒星光谱中的数百条暗线。夫琅和费的光学仪器还帮助弗里德里希·威廉·贝塞尔(Friedrich Wilhelm Bessel，1784～1846 年)发现了一些恒星的视差，因此夫琅和费的墓碑上用拉丁文含蓄地刻着："Approximavit sidera——他让人类靠近星辰"。好吧，他至少使天文学家意识到了恒星距离我们是多么的遥远。令人遗憾的是，夫琅和费及同时代的人都没能意识到这些暗线的重要意义。

19 世纪中叶，对热气及其光谱的研究成为热点领域，该领域最突出的研究者是古斯塔夫·罗伯特·基尔霍夫(Gustaf Robert Kirchhoff，1824～1887 年)，见图 7.1。他与本生灯的发明者罗伯特·威廉·本生(Robert Wilhelm Bunsen，1811～1899 年)合作，研究本生灯的发光光谱，由于本生灯燃烧时发出的光十分微弱，以至于所有参与燃烧的物质都可以被轻松辨别。基尔霍夫发现，当本生灯加热到白炽状态时，每种元素都会发出具有特征频率的光。基于这一现象，他利用分光镜发现了几种新的元素，如铯和铷，二者均以其光谱线颜色的拉丁文命名的，分别表示蓝色和红色。

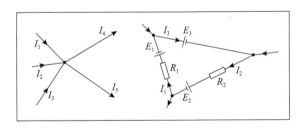

图 7.1　古斯塔夫·罗伯特·基尔霍夫(1824～1887 年)是电气工程和辐射热力学领域的先驱
(基尔霍夫以电路中关于电流和压降的基尔霍夫定律而闻名)

基尔霍夫还发现，当光穿过某种元素组成的薄膜或蒸汽后，光中属于该元素特征频率的部分将消失，这种现象称为基尔霍夫定律(Kirchhoff's law)(阐明于1860 年)。因此，根据太阳光中缺少钠元素特征频率这一现象，基尔霍夫得出结论：太阳表面必然存在钠蒸汽。这是一项伟大的成就，因为它为太阳的组成提供了依据，而在以前这被认为是不可能实现的。阿西莫夫写道[1]：

---

[1] 参见第二章脚注 4，I.Asimov: *Biographies*……，p. 377。

因此，法国哲学家奥古斯特·孔德(Auguste Comte)1835 年的断言"恒星的成分是一种人类绝不可能获得的知识"被推翻，可惜孔德去世(一说发疯)较早，没能看到光谱学的发展。

基尔霍夫设想了一个黑体，它是一种能够发出所有频率辐射的理想物体。根据基尔霍夫定律，它也将吸收所有辐射而不发生反射，因而看起来呈黑色[2]。这种黑体在辐射研究中起着非常重要的作用，但早期并没有真实的黑体作为可靠的研究对象。于是，基尔霍夫提出一种巧妙的替代方案——使用黑色的空腔(例如，空腔内壁用煤灰覆盖，并且空腔壁可以被加热以产生辐射)。任何通过小孔进入空腔的辐射，或被腔壁吸收，或被反射。几乎所有被反射的辐射都会再次与腔壁碰撞，再次被吸收或被反射，如此往复，直到几乎所有进入空腔的辐射都被腔壁吸收。这样，实际上没有反射光从小孔射出，这就相当于小孔如同黑体一样吸收了所有辐射。从小孔发出的辐射称为空腔辐射，可以在空腔壁为任何温度时进行研究。

基尔霍夫发现: 黑体或空腔的辐射频率在 $\nu \sim \nu + \mathrm{d}\nu$ 的能流密度 $J_\nu \mathrm{d}\nu$ 仅取决于物体的温度，也就是说，与物体的力学、电学或磁学性质无关[3]。这样，基尔霍夫把物理学家的兴趣都吸引到能流谱密度(spectral energy flux density) $J_\nu(\nu,T)$ 这一普适函数上。

当然，那时人们已经知道: 除能看见的辐射外，还有许多其他的辐射。早在1800 年，著名天文学家弗里德里希·威廉·赫歇尔(Friedrich Wilhelm Herschel，天王星(Uranus)的发现者，1816 年被封为威廉爵士)将温度计放到太阳光谱的红色段之外，发现温度计的示数迅速升高。由此，他发现了热辐射(heat radiation)——后来称为红外辐射(infrared radiation)。不久之后，药剂师约翰·威廉·里特(Johann Wilhelm Ritter，1776~1810 年)于 1801 年发现氯化银在光照下会分解，颜色从白色转变成黑色(这是摄影技术的关键)。他把氯化银放在太阳光谱的蓝色和紫色端外，氯化银仍会分解。通过这种方式他发现了紫外辐射(ultraviolet radiation)。

1879 年，玻尔兹曼在维也纳的导师约瑟夫·斯特藩(Josef Stefan，1835~1893年)通过精密实验(实验中用到的黑体尽可能接近理想黑体)发现: 黑体辐射的总能流密度 $J = \int_0^\infty J_\nu \mathrm{d}\nu$ 正比于其绝对温度的四次方。也就是说，一个黑体在温度为

---

[2] 前面所述的黑体是在学术上的定义。事实上，在低温下黑体的确是黑的，但当温度升高时，黑体逐渐变红，甚至呈现出明亮的白色。这也就解释了为什么在进行辐射计算时通常将太阳视为黑体。

[3] 实验上很难证明物体的某个属性是普适的，因为这必须对现有的所有物体进行实验。然而在基尔霍夫的时代，前沿的科学家对当时新出现的热力学第二定律非常了解，并且已经知道热力学第二定理不允许热量从低温物体传向高温物体。因此，基尔霍夫用一个复杂的思想实验证明: 如果能流谱密度 $J_\nu(\nu,T)$ 依赖于材料，这将违反热力学第二定律。论证过程极具说服力，但稍显乏味，因此我将它略去。对维恩的一些论证我也做了相同处理，参见下文。

600K 时的辐射能量是温度为 300K 时的 16 倍。斯特藩的实验同时给出了比例因子的粗略值。当然，由于 $J_\nu(\nu,T)$ 是普适的，所以比例因子也是普适的。

　　基尔霍夫的空腔模型不仅是一种获得高质量黑体的手段，也是理论研究的一个重要的启发性工具。这一模型吸引物理学家的重要原因在于，充满辐射场的空腔和气缸极为相似。当把空腔内壁的一个面想象成可移动的活塞时，这种相似性变得更加明显。基于此，与辐射场交换功在理论上是可行的。此外，由于小孔辐射的能流密度 J 是可测量的，因此根据 $e = \dfrac{4}{c}J$，可以得到空腔辐射的能量密度 e。

　　1884 年，玻尔兹曼利用空腔模型证明了斯特藩的 T^4 律：凭着极大的勇气和深刻的洞察力，他给出了空腔辐射场的吉布斯方程：

$$dS = \frac{1}{T}[d(eV) + pdV]$$

　　那时，玻尔兹曼还是名对麦克斯韦电磁学有着浓厚兴趣的学生，他知道辐射场的压强和能量密度存在 $p = \dfrac{1}{3}e$ 的关系（第二章）。因此，由吉布斯方程的可积条件可以得到 $d\ln e = 4d\ln T$，正如斯特藩发现的那样，e 正比于 T^4。从那以后，T^4 律就称为斯特藩-玻尔兹曼定律（Stefan-Boltzmann law）。

　　这仅是空腔对理论或实验研究贡献的开始。实验学家用空腔测量 $J_\nu(\nu,T)$ 的图像（图 7.2），理论学家基于空腔模型推导出与实验曲线符合的函数。

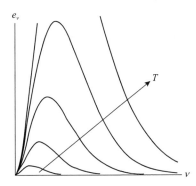

　　图 7.2　威廉·维恩（Wilhelm Wien，1864～1928 年），黑体辐射能量谱密度的测量者
　　　　　　［实验测量的结果（不符合维恩公式！）是 ν 值较小时曲线呈抛物线形］

　　实验学家之一威廉·维恩（1864～1928 年）发现图像的峰值以正比于 T 的方式[4]向高频方向移动，并且对曲线的递减部分（即高频极限[5]）使用如下类型的函数

　　　　[4]　这一发现后来称为维恩位移定律（Wien's Displacement Law）。

　　　　[5]　W.Wien: Wiedemann's Annalen 58（1896）p. 662.

进行拟合[6]：

$$J_v(v,T) = Bv^3 \mathrm{e}^{-\frac{hv}{kT}} \quad \text{（维恩公式）}$$

式中，B 和 h 都是常数。由于整个函数都是普适的，故它们也是普适的。

对曲线低频极限部分的解释使 19 世纪 90 年代的科学家们很是困惑，这部分值得单列为一节。

紫外灾难

出于实用目的，实际的空腔内壁都是用煤灰染黑的，理论学家并不理解为什么只要包含一个温度为 T 的小黑点，腔壁大多数地方就不能进行完美反射。空腔辐射的结果应该也一样，至少在孔足够小时是这样的。毕竟，辐射是普适的，与腔壁的性质无关。只要某处有某种东西在吸收并重新发出辐射，中间的反射过程就无关紧要。事实上，只要将一个质量为 m 的单电荷 e 通过一根仅能在 x 方向振动的线性弹簧与腔壁连接就足够了。弹簧只能与腔壁进行热交换，从而保证振子的平均能量 $\varepsilon = kT$（插注 7.1）。而且每个辐射频率都肯定与一个特征频率为 v 的弹簧振子相对应。

经典振子的平均能量

让我们回忆一下玻尔兹曼因子：一个振子具有能量 $\varepsilon_n (n = 0,1,\cdots,\infty)$ 的概率正比于 $\mathrm{e}^{-\frac{\varepsilon_n}{kT}}$。因此，振子能量的期望值可以表示为

$$\varepsilon = \frac{\sum\limits_{n=0}^{\infty} \varepsilon_n \mathrm{e}^{-\frac{\varepsilon_n}{kT}}}{\sum\limits_{n=0}^{\infty} \mathrm{e}^{-\frac{\varepsilon_n}{kT}}} = kT^2 \frac{\partial}{\partial T}\left(\ln \sum\limits_{n=0}^{\infty} \mathrm{e}^{-\frac{\varepsilon_n}{kT}} \right)$$

如果振子的能量为 $\varepsilon_n = \frac{m}{2}\left(\dot{x}^2 + v^2 x^2\right)$（$m$ 为振子质量，v 为振子的固有频率），指标 n 代表对 $(x,\dot{x})$ 的双重求和，由此可以得到：

---

[6] 当然，维恩当时并没有写 h，他把 h/k 视为普适常数 α。维恩公式并不算太糟糕：它满足 T^4 定律（斯特藩-玻尔兹曼定律）和维恩位移定律。然而，这种依赖于 v^3 的函数关系在低频区与实验不符，低频区曲线应当依赖于 v^2。

$$\ln\left(\sum_{n=0}^{\infty}\mathrm{e}^{-\frac{\varepsilon_n}{kT}}\right)=\ln\left\{\sum_{x,\dot{x}}\exp\left[-\frac{m}{2kT}(\dot{x}^2+v^2x^2)\right]\right\}$$

$$=\ln\left\{Y^{1/3}\int_{-\infty}^{+\infty}\exp\left[-\frac{m}{2kT}(\dot{x}^2+v^2x^2)\right]\mathrm{d}x\mathrm{d}\dot{x}\right\}$$

$$=\ln\left(Y^{1/3}\frac{2\pi kT}{mv}\right)$$

代入第一式，就得到了振子能量 $\varepsilon=kT$。（此处借助之前用过的量化因子 Y 把关于 $(x,\dot{x})$ 的求和转换成积分（第四章和第六章）。由于该因子不影响结果，因此可以把它视为将求和转化为积分的数学工具。玻尔兹曼也是这样认为的，这点在第四章已经予以讨论。）

插注 7.1

那时的物理学家对谐振子非常了解，使用振子模型对他们来说是信手拈来的事。诚然，上述质量为 m、带电量为 e 的振子在运动时存在辐射阻尼，但这难不倒该领域的顶尖科学家。事实上，早在 1895 年普朗克就在发表的一篇长文中[7]给出了质量为 m、电荷量为 e、本征频率为 v 的一维振子（设沿 x 方向运动）在电场 $E(t)$ 中运动方程的近似形式（弱阻尼情形[8]）：

$$\ddot{x}+\gamma\dot{x}+4\pi^2v^2x=\frac{e}{m}E(t)$$

式中，$\gamma=\frac{4\pi^2e^2}{3mc^3}v^2$ 为（辐射）阻尼系数。

虽然空腔中的电场 $E(t)$ 在剧烈且不规则地变化着，但只有其傅里叶分量中频率等于振子本征频率 v 的部分才会与振子发生明显的相互作用。设该分量的能量密度为 $\frac{1}{2}\varepsilon_0E_v^2$（第二章），它是空腔辐射总能量谱密度 e_v 的 $\frac{1}{6}$，这是由于 y、z 方向的电场和磁场对能谱密度 e_v 都有贡献，并且在 x、y、z 三个方向的贡献相等。

[7] M.Planck:*Über elektrische Schwingungen, welche durch Resonanz erregt und durch Strahlung gedämpft werden.* [On electrical oscillations excited by resonance and damped by radiation] Sitzungsberichte der königlichen Akademie der Wissenschaften in Berlin, mathematisch-physikalische Klasse, 21.3.1895. Wiedemanns Annalen 57 (1896) p.1.
　　普朗克对辐射很感兴趣，主要是因为很长一段时间他都认为辐射衰减是不可逆过程的基本**机制**。玻尔兹曼对此持反对意见，普朗克最终也放弃了该观点。

[8] 该方程和后续的论述推导起来过于复杂，即使放在插注中也不合适。但可在电动力学书中查阅到推导的细节，推荐一本讲解得很透彻的书：R. Becker, F. Sauter: *Theorie der Elektrizität.* [Theory of electricity.] Vol. 2 Teubner Verlag, Stuttgart (1959).

因此，从运动方程的解中可以看出，在 γ 已知的情况下，振子的平均能量 $\varepsilon = m4\pi^2 v^2 \overline{x}^2$ 通过 $\varepsilon = \dfrac{1}{6} e_v \dfrac{e^2 \pi}{m\gamma}$ 与辐射能量密度 e_v 相联系：

$$e_v = \frac{8\pi v^2}{c^3}\varepsilon$$

故有

$$J_v = \frac{c}{4}e_v = \frac{2\pi v^2}{c^2}\varepsilon$$

因此，约翰·威廉·斯特拉特(John William Strutt，1842～1919 年，1873 年被封为瑞利勋爵)要做的就是求出振子的平均能量 ε，这样就得到了黑体的辐射能流谱密度 $J_v(v,T)$。基于当时最前沿的认识，平均能量 $\varepsilon=kT$(插注 7.1)。由此瑞利得到[9]：

$$J_v(v,T) = \frac{c}{4}\frac{8\pi v^2}{c^3}kT \quad (\text{瑞利-金斯公式})^{[10]}$$

在低频区，该公式和实验曲线符合得很好，但在高频区则是一场灾难：表达式不可积，而且单调递增，最终趋于无穷。这就是著名的紫外灾难[11]——因为该公式无法描述可见光谱紫色波段外的高频区。

显然，为了合理地描述观测结果(图 7.2)，具有较高本征频率 v 的振子能量必须小于其经典值 $\varepsilon = kT$，而且应随 v 的增大而减少。普朗克提出问题：谐振子到底得到了多少(how much)能量？How much 在拉丁语中是 quantum(复数形式为quanta)。普朗克对该问题的解答及由此得出的所有结论最终发展为量子力学[12]。

紫外灾难宣布了经典物理学大厦的倒塌，预示着科学革命的到来。它始于普朗克在 1900 年发表的论文 Zur Theorie des Gesetzes zur Energieverteilung im Normalspektrum[13]。具有讽刺意味的是，当时竟无人意识到这篇论文的重要性，

---

[9] Lord Rayleigh: Philosophical Magazine 49 (1900) p. 539.

[10] 下文会讲到金斯的贡献。

[11] Paul Ehrenfest 于 1910 年对其命名(参加第四章脚注 8，S.G.布拉什在保罗·埃伦费斯特去世后写道："The kind of motion we call heat……" p.306.)。那时，无论从何种角度考虑，瑞利-金斯的理论都不再适用。

[12] 诚然，普朗克并没有写拉丁语，但拉丁语中 Quantum 一词在德语中常常被使用，意为部分(portion)、份额(share)或配给(ration)。

[13] [On the theory of the law of energy distribution in the normal spectrum] M.Planck: Verhandlungen der deutschen physikalischen Gesellschaft 2 (1900) p. 202.

普朗克将黑体辐射光谱称为标准光谱(Normal spectrum)。

就连普朗克本人也未能意识到，因此它被搁置了许多年。我们将在后面继续讨论这篇论文的重要性。

普朗克分布

这场革命始于一项对维恩公式和瑞利-金斯公式(二者分别适用于高频区和低频区)插值的工作。事实上，一个学生便可以完成这项插值工作——像玩拼图游戏那样将前述的两个公式拼接在一起，并确定维恩公式中的系数 B 即可。普朗克用了些时间获得了如下公式：

$$J_v(v,T) = \frac{c}{4}\frac{8\pi v^2}{c^3}\frac{hv}{\mathrm{e}^{\frac{hv}{kT}}-1}$$

这就是普朗克辐射公式，或者称为普朗克分布。普朗克显然没有意识到获得这一公式有多么容易，他进行了冗长而烦琐的推导(涉及熵的推导)。出于对历史的尊重，我把普朗克的推导过程放在插注 7.2 中。

普朗克对辐射公式的推导

普朗克在热力学方面的造诣颇深，他利用熵谱密度 s_v 的吉布斯方程得到 $\frac{\partial s_v}{\partial e_v} = \frac{1}{T}$ ，并将其代入瑞利-金斯公式和维恩定理，得

$$\frac{\partial s_v}{\partial e_v} = -\frac{8\pi v^2 k}{c^3}\frac{1}{e_v}, \quad \frac{\partial s_v}{\partial e_v} = -\frac{k}{hv}\ln\frac{e_v}{\frac{4}{c}Bv^3}$$

以上两式对 e_v 求偏导，可得

$$\frac{\partial^2 s_v}{\partial e_v^2} = -\frac{8\pi v^2 k}{c^3}\frac{1}{e_v^2}, \quad \frac{\partial^2 s_v}{\partial e_v^2} = -\frac{k}{hv}\frac{1}{e_v}$$

普朗克将两个关于 e_v 的代数方程进行插值，得到

$$\frac{\partial^2 s_v}{\partial e_v^2} = -\frac{k}{hv}\frac{1}{e_v + \frac{c^3}{8\pi hv^3}e_v^2}$$

对上式积分后，将等式左边用 $\frac{1}{T}$ 替换，可得

$$\frac{1}{T} = -\frac{k}{h\nu} \ln \frac{\dfrac{c^3}{8\pi h\nu^3} e_\nu}{1 + \dfrac{c^3}{8\pi h\nu^3} e_\nu}$$

若要求 $T \to \infty$ 时 $e_\nu \to \infty$，则可确定积分常数。解出 e_ν 便得到普朗克分布公式。

插注 7.2

h 的值可以通过函数与观测曲线比对获得，得到 $h = 6.55 \times 10^{-34} \mathrm{J \cdot s}$。$h$ 称为作用量子(action quantum)，因为具有作用量的量纲，更多时候称为普朗克常数(Planck constant)。

我认为普朗克公式最早是否由插值法得出的真实历史永远不能得知。普朗克本人关于这方面的说法略有矛盾。按照教科书的说法，普朗克公式是在维恩公式和瑞利-金斯公式之间进行插值得到的，这点已经在上文中叙述过。但是，普朗克在 1900 年 1 月发表的相关论文[14]中并没有提到瑞利，更不用说金斯了。因此，普朗克可能并不知道瑞利的工作，毕竟瑞利的工作也是在 1900 年才出现的。普朗克表示实验学家费迪南德·库尔鲍姆(F. Kurlbaum)和海因里希·鲁本斯(H. Rubens)的工作[二人的结果证实与此前奥托·卢默(O. Lummer)和 E.普林斯海姆(E. Pringsheim)的测量结果一致][15]使他确信维恩公式在低频区存在严重不足。他接着说道(详细推导见插注 7.2)：

基于这一想法，我开始漫无目的地构造关于熵的表达式，它们要比维恩的表达式复杂……但还可以接受。在那些表达式中，有一个引起了我的注意：

$$\frac{\partial^2 s_\nu}{\partial e_\nu^2} = \frac{\alpha}{e_\nu(\beta + e_\nu)}$$

在简洁性方面，它和维恩公式最接近，并且……值得深入研究。

另外，普朗克在 1920 年的诺贝尔奖演讲中表示[16]，库尔鲍姆、卢默等的测量

---

[14] 共有三篇这样的论文，除上面引用的外，另外两篇是：

M.Planck: *Über eine Verbesserung der Wien'schen Spektralgleichung.* [On an improvement of Wien's spectral equation] Verhandlungen der deutschen physikalischen Gesellschaft 2 (1900) pp. 202-204.

M.Planck: *Über das Gesetz der Energieverteilung im Normalspektrum.* [On the law of energy distribution in the normal spectrum.]《物理年鉴》(4) 4 (1901) pp.553-563.

[15] 这些研究工作发表于 1901 年：

H.Rubens, F.Kurlbaum:《物理年鉴》4 (1901) p. 649.

O.Lummer, E. Pringsheim:《物理年鉴》6 (1901) p. 210.

[16] M.Planck: *Die Entstehung und bisherige Entwicklung der Quantentheorie.* [The origin and subsequent development of quantum theory], 1920 年 6 月 2 日普朗克在瑞典皇家科学院发表的诺贝尔演讲。

结果使他确信低频时熵的表达式应满足 $\dfrac{\partial^2 s_v}{\partial e_v^2} \sim \dfrac{1}{e_v^2}$：

因此，没有什么比令该表达式（的倒数）等于能量的一次幂和二次幂之和更合理了。

当然，两种方法都是经过反复实验得到的，但第二种方法更花费时间和精力。显然，普朗克在 20 年后已经记不清自己的论述了。也许这正印证了爱因斯坦一句意味深长的话[17]："任何回忆都会染上当下的色彩，这使回忆总带有一点欺骗性。"

然而，一位对天文很感兴趣的数学家詹姆斯·霍普伍德·金斯爵士（James Hopwood Jeans，1877～1946 年）不相信瑞利公式在高频区是错误的。直到 20 世纪初，他还在批评空腔模型，并坚持认为空腔中不存在稳态[18]。随着普朗克公式普遍被人们认可，这一观点逐渐被人们遗忘。但这场论战被记录在了教科书中，因为紫外灾难可以很好地使人们了解量子物理学盛行之前经典物理学的知识框架。直到 1910 年，普朗克[19]才出面反驳金斯的观点，他说：

詹姆斯·霍普伍德·金斯的辐射理论是现阶段物理学给予黑体辐射最好的解释；但我们必须摒弃它，因为它和观测结果相矛盾。

需要注意，即使在 1910 年，也就是普朗克辐射公式出现的十年之后，普朗克本人也不认为自己的工作处于物理学的前沿。

还要注意，普朗克公式的低频极限（即瑞利-金斯公式）为计算玻尔兹曼常数 k 提供了一种方法。我们回想一下洛希米特为了确定分子质量 μ 提出的计算 k 值的复杂且不精准的方法（第四章），这种方法现在已经过时了。爱因斯坦在回忆录中写道："……普朗克根据辐射定律确定了原子的真实大小"[20]。相比之下，爱因斯坦在 1905 年关于布朗运动的论文中提出通过观察布朗粒子的运动来测量 k 值（第九章）的方法显得复杂而烦琐。

能量子

基于普朗克插值的结果，得到振子的平均能量为（而不是 kT）：

$$\varepsilon = \frac{hv}{\mathrm{e}^{\frac{hv}{kT}} - 1} = kT^2 \frac{\partial}{\partial T}\left(\ln \frac{1}{1 - \mathrm{e}^{-\frac{hv}{kT}}} \right)$$

[17]　Paul Arthur Schilpp（ed.）：*Albert Einstein*: *Philosopher-Scientist*. Library of living philosophers, New York（1949）.

[18]　J.H.Jeans. Philosophical Magazine, February 1909 p. 229.

J.H.Jeans: Ibidem, July 1909 p. 209.

[19]　M.Planck: *Zur Theorie der Wärmestrahlung*. [On the theory of heat radiation]，《物理年鉴》（4）31（1910）pp. 758-768.

[20]　参见第七章脚注 17，P.A.Schilpp（ed.）: In: *Albert Einstein:Philosopher-Scientist. Autobiographical notes*.

如果将其和插注 7.1 中由玻尔兹曼因子得到 ε 的通式进行对比，可以发现

$$\varepsilon = \frac{\exp\left(-\dfrac{\varepsilon_n}{kT}\right)}{\displaystyle\sum_{n=0}^{\infty}\exp\left(-\dfrac{\varepsilon_n}{kT}\right)} = kT^2\,\frac{\partial}{\partial T}\ln\left[\sum_{n=0}^{\infty}\exp\left(-\frac{\varepsilon_n}{kT}\right)\right],$$

$$\sum_{n=0}^{\infty}\mathrm{e}^{-\frac{\varepsilon_n}{kT}} = \frac{1}{1-\mathrm{e}^{\frac{h\nu}{kT}}}$$

显然，这个等式表示当 $\varepsilon_n = nh\nu$ 时，对无穷几何级数的求和。

因此，我们只能得出如下结论：振子能量不能取连续的数值，只能等距地取 $0, h\nu, 2h\nu, \cdots$。也就是说振子只能吸收或发出大小为 $h\nu$ 的能量子的整数倍能量，随着本征频率 ν 增加，能量子也相应增大。当本征频率 ν 高于某个值时，空腔壁粒子热运动的能量将无法达到相应的 $h\nu$ 值，因而高频振子的振动较弱，至少人们最初是这样认为的。正是这个原因，辐射谱能量密度 e_ν 相对集中地分布在低频区。但当温度升高时，覆盖的频率范围变宽，$e_\nu(\nu, T)$ 曲线的峰值也向右移动(图 7.2)，这点也在维恩位移定律中得到体现。

由此可见，普朗克根据上述内容提出振子能级量子化的概念是相当自然的[21]。当然，这一观点与当时的经典思维方式完全不符，所以物理学家[22]甚至包括普朗克本人都怀疑整个推导过程可能只是一个数学处理的技巧，并不能反映真实的物理世界。普朗克为了合理地解释(符合经典思维方式)自己的辐射公式奋斗了许多年。

在努力寻找合理解释的过程中，普朗克甚至提出了这样一个想法[23]：振子发出的辐射确实具有 $h\nu$ 大小的能级间隔，但其吸收辐射时的能量是连续的。基于这个假设，振子在两个能级之间累计吸收辐射的平均能量应是 $nh\nu$ 和 $(n+1)h\nu$ 的中位数。由此，普朗克得到能量 ε 期望值的另一个表达式，即

$$\varepsilon = \frac{h\nu}{2} + \frac{h\nu}{\mathrm{e}^{\frac{h\nu}{kT}}-1}$$

---

[21] 由于分子相当于高频振子，所以常温下分子的振动自由度对比热容没有贡献。双原子分子绕轴旋转的自由度也是如此。因此，量子力学最终解释了令人费解的比热容观测结果。

[22] 参见第二章脚注 4，I.Asimov: *Biographies*……，p. 506.

[23] M.Planck: *Eine neue Strahlungshypothese.* [A new hypothesis about radiation] Verhandlungen der deutschen physikalischen Gesellschaft, February 3, 1911.

基于上式，振子能级应为 $\varepsilon_n = \left(n + \dfrac{1}{2}\right) h\nu$，而非 $\varepsilon_n = nh\nu$。这样，振子能量将永远不为 0，即使当 $T = 0$ 时，振子也具有零点能。

神奇的是，尽管连续吸收的概念从未被人们重视，但振子平均动能的表达式及零点能的概念却被后来基于薛定谔方程的量子力学所证实。现在，零点能被视为海森堡不确定关系在振子中的体现。

马克斯·卡尔·恩斯特·路德维希·普朗克（Max Karl Ernst Ludwig Planck，1858～1947 年）

马克斯·普朗克在 42 岁时推导出黑体辐射公式。普朗克曾在亥姆霍兹、基尔霍夫和魏尔斯特拉斯门下学习。他非常欣赏克劳修斯的一些想法，其博士论文[24]就是对这些想法的重新阐释。普朗克称亥姆霍兹没有读过他的这篇论文，基尔霍夫阅读后并表示了不认同，而克劳修斯则对此文毫无兴趣。

普朗克的伟大成就在于建立了正确的辐射公式，并认识到辐射公式的本质是振子能量的量子化。普朗克把这篇关于黑体辐射的论文寄给了很多人，其中包括玻尔兹曼。据普朗克所说[25]，"玻尔兹曼表示对此非常感兴趣并对我的推导表示了基本的肯定"。但在玻尔兹曼的工作中并没有反映出这种态度，因此他的回复可能只是出于礼貌。据林德利所说[26]，"玻尔兹曼并没有怎么花时间在普朗克的论文上"。两位科学家曾就普朗克的观点（普朗克认为解释不可逆过程的本质需要考虑由电磁辐射引起的耗散，而不能只用动理学理论）进行了探讨，玻尔兹曼轻而易举地赢得了这场辩论。后来就有了第四章所说的玻尔兹曼与策梅洛的论战，这使两人的关系有所恶化。

普朗克对自己的发现存疑多年，并称自己的质疑是绝望之举[27]。当爱因斯坦认真考虑普朗克的量子理论并加以完善时，普朗克甚至不愿跟着他的脚步进行深入研究。相反，普朗克继续寻找使量子融入经典物理学框架的方法。他说[28]："我花费了数年时间，做了大量工作，想要将作用量的量子化纳入经典理论框架，但徒劳无功。有些同事认为这是一场悲剧，但我并不这样认为……"具有讽刺意味的是，普朗克有一句著名的格言，用于形容不接受新思想的人（图 7.3），这句话经常被人们引用，但用来形容普朗克本人却再合适不过了。不过，普朗克十分长寿，

[24] M.Planck: *Über den zweiten Hauptsatz der mechanischen Wärmetheorie*. [On the second law of the mechanical theory of heat] Dissertation, Universität München（1879）.

[25] 参见第七章脚注 16，普朗克的诺贝尔演讲。

[26] 参见第四章脚注 7，D.Lineley: *Boltzmann's atom*. p. 212.

[27] 参见第六章脚注 14，A.Hermann（ed.）: *Deutsche Nobelpreisträger*, p. 91.

[28] 参见第六章脚注 14，A.Hermann（ed.）: *Deutsche Nobelpreisträger*.

他有幸看到量子力学最终在别人的努力下开花结果。

科学只有在一次次葬礼中才能进步[29]。

图 7.3　马克斯·普朗克(1858~1947 年)

　　普朗克本人的成就加之他与能斯特、爱因斯坦的共同成果，以及他在政治动荡时期表现出的温文尔雅、刚毅正直的品格，使普朗克成为当时仅次于爱因斯坦的著名物理学家。因此，在第二次世界大战即将结束之际，普朗克在躲避苏联军队的途中被正在路边检查护照的美国巡逻队认出，他们用吉普车专程将普朗克送往哥廷根。在普朗克年近九旬之际，他成为威廉皇家科学研究所的代理负责人，也是该研究所的最后一位负责人。因为年轻的负责人马克斯·冯·劳厄(Max von Laue，1879~1960 年)上任后，该研究所被更名为马克斯·普朗克研究所。

　　虽然时间不长，但早期的两版德国马克硬币上使用了普朗克的头像。后来他的头像被一位更合适的政客代替。

光电效应和光量子

　　海因里希·赫兹注意到，光照射在金属上会激发电子逸出，后来这一现象称为光电效应(photoelectric effect)。菲利普·爱德华·安东·冯·莱纳德(Philipp Eduard Anton von Lenard，1862~1947 年)在 1902 年系统研究了这一效应，他发现电子逸出后的动能与入射光的强度无关，增大光强只能增加逸出电子的数量，却不能提高电子逸出后的动能。但提高入射光的频率却能增加电子逸出后的动能。直到爱因斯坦对普朗克的能量子理论加以延伸后，这一现象才得到合理解释[30]。

　　爱因斯坦认为，如果一个谐振子只能与周围的辐射场交换大小为 $h\nu$ 的能量子，那么辐射场本身也应以量子化的形式存在。辐射场中的能量子最初称为光量

---

[29] 这是普朗克的一段简短语录，引自 M.Planck: *A Scientific autobiography and other papers*. Williams and Norgate, London(1950).

　　布拉什写道："我想大多数人读到这句话时都会认为普朗克是在指他的量子理论，但实际上他是在形容自己试图说服 19 世纪 80~90 年代的科学家接受热力学第二定律与不可逆原理存在关联，以及能量从高温物体向低温物体传递的结果。并不像奥斯特瓦尔德和能量学家所说的那样，与水从高处流向低处相同。"参见第四章脚注 8，S.G. Brush: *The kind of motion we call heat*…… p. 640.

[30] A.Einstein: *Über einen die Erzeugung und Verwandlung des Lichtes betreffenden heuristischen Standpunkt.* [On a heuristic point of view concerning the creation and reaction of light.]《物理年鉴》(4) 17(1905).

子(light quanta)，也许可以将其想象成能量为 hv 的粒子。如果一个电子与金属的结合能小于 hv ，那么当能量为 hv 的光量子撞击该电子时，电子就可能脱离金属的束缚而逸出，并且光量子剩余的能量将转化为电子逸出时的动能。入射光的频率越高，剩余能量越大，电子逸出时的动能就越大。另外，对于低频光量子，其携带的能量小于电子与金属的结合能，那么电子就不会逸出。可见，光电效应具有阈值频率，实验表明阈值频率是金属材料的固有特性。

只要可以接受光量子的概念，理论本身是很容易理解的。同时，因为这一理论建立在普朗克能量子理论之上，所以它的成功是除黑体辐射外对能量子理论的首次证实。爱因斯坦对光电效应的解释"使量子理论前进了一大步，甚至可能直接推动新的量子理论建立"[31]。爱因斯坦也因此获得了 1921 年的诺贝尔奖。然而，部分科学家对这一理论仍持怀疑态度，其中就包括普朗克[32]。

尽管用量子理论对光电效应进行解释十分简单，但它对自然哲学产生了深远影响。爱因斯坦[33]"假设光以量子的形态传播，因而光不仅具有波的性质，也具有粒子的特性，这否定了光的传播必须依赖某种介质(以太)的理论"。这样，也就没有寻找相对于以太保持静止的绝对空间的必要了。

辐射与原子

随着时间的推移，普朗克关于谐振子能量量子化的假说得以应用于原子。1913年，尼尔斯·亨利·戴维·玻尔(Niels Henrik David Bohr，1885～1962 年)建立了原子模型：电子在原子核电场中的能量是量子化的，称为能级。这一模型经修改完善后沿用至今，并在基础课程中进行讲授。

原子中存在能级，辐射场也以量子化的形式存在，因此很容易想到原子的能量与辐射场存在某种平衡关系。爱因斯坦[34]首先对这一想法进行深入研究，他引入受激发射这一全新概念，并在不使用内插法的情况下导出了普朗克公式。该过程很简单，下面将用不到一页的篇幅，以简洁的形式重现推导过程。

假设辐射的频率为 v、辐射场的能谱密度为 $e_v(v,T)$ 。如果辐射频率满足 $hv = \varepsilon_n - \varepsilon_m$ ，那么电子在能级 ε_n 和 ε_m 之间跃迁时，就会发射或吸收辐射能。发射和吸收的概率分别是

---

[31] 参见第二章脚注 4，I.Asimov: *Biographies*……，p. 517.

[32] 参见第六章脚注 14，A. Hermann(ed): *Deutsche Nobelpreisträger*，p. 91.

[33] 参见第二章脚注 4，I.Asimov: *Biographies*……，p. 589.

[34] A.Einstein: Strahlungsemission und–absorption nach der Quantentheorie. Deutsche physikalische Gesellschaft, Verhandlungen 18 pp. 318-323(1916).

A.Einstein: Quantentheorie der Strahlung. Physikalische Gesellschaft Zürich, Mitteilungen 16 pp. 47-62(1916).

A.Einstein: Quantentheorie der Strahlung. [Quantum theory of radiation], Physikalische Zeitschrift 18 pp. 121-128 (1917).

$$P_{n \to m} = A + Be_\nu(\nu, T), \quad P_{m \to n} = Ce_\nu(\nu, T)$$

A 和 C 所在项分别代表自发发射和自发吸收的概率，这很容易理解。但 B 所在项则显得格格不入，爱因斯坦将这一项称为诱发发射或受激发射。在本节的最后，我们将认识到这一概念是爱因斯坦为了得到普朗克分布而引入的，他这样说道：

为了得到想要的结果，需要完善我们的假设。

由于原子处于能级 ε_n（或 ε_m）的概率与玻尔兹曼因子 $e^{-\frac{\varepsilon_n}{kT}}$（或 $e^{-\frac{\varepsilon_m}{kT}}$）成正比。因此，发射或吸收的概率期望值分别是

$$(A + Be_\nu(\nu, T)) \frac{e^{-\frac{\varepsilon_n}{kT}}}{\sum e^{-\frac{\varepsilon_i}{kT}}}, \quad Ce_\nu(\nu, T) \frac{e^{-\frac{\varepsilon_m}{kT}}}{\sum e^{-\frac{\varepsilon_i}{kT}}}$$

平衡状态下，上面两式必须相等，由此得到辐射场的能谱密度具有如下形式：

$$e_\nu(\nu, T) = \frac{A}{C} \frac{1}{e^{\frac{h\nu}{kT}} - \frac{B}{C}}$$

由于 $e_\nu(\nu, \infty) \to \infty$，所以 B 和 C 必定相等。同时在低频区，上述公式应退化为瑞利-金斯公式，故可以确定 $\dfrac{A}{C}$ 的值为

$$e_\nu(\nu, T) = \frac{8\pi\nu^2}{c^3} \frac{h\nu}{e^{\frac{h\nu}{kT}} - 1}$$

这就是普朗克分布。

爱因斯坦理论中最具特色的是受激发射。他设想了这样一个过程：辐射能 e_ν 作用在原子上，使其发射量子 $h\nu$ 来实现辐射能的放大，放大的概率与 e_ν 的现有值成正比，从而使辐射能的快速放大成为可能。

在 1917 年的一篇论文中，爱因斯坦对"物质与辐射场间的动量交换"及"发射一个能量为 $h\nu$ 的光量子后，原子的反冲动量为 $\dfrac{h\nu}{c}$（或写为 $\dfrac{h\nu}{c^2}c$）"两个问题进行了详尽讨论但并未给出定论。尽管爱因斯坦对光子动量有很深入的思考，但他似乎有意避免明确给出沿 $\boldsymbol{n}$ 方向运动的光子动量为 $\dfrac{h\nu}{c}\boldsymbol{n}$。

尽管答案近在咫尺，但爱因斯坦未能完全发掘受激发射的重要性：受激发射通过使原子释放出沿辐射线方向传播的光量子来放大其激发射线的能量。20 世纪

20～30 年代，这一事实得到了天体物理学家的公认，并用来处理光子气体，这点我们将在后面谈到。可惜的是，爱因斯坦没有回头审视他的工作，所以当时人们都未能意识到该现象在产生相干、单向和单色光方面的潜在应用价值。这一成果被搁置了 50 年，直到一些聪明的电气工程师在 20 世纪 60 年代用它来构建微波激射器（英文是 maser，是 microwave amplifier by stimulated emission of radiation 的首字母缩略词，意为"基于受激辐射的微波放大器"）。不久，他们将该技术应用于可见光，激光器由此诞生。

尽管如此，爱因斯坦推导普朗克公式的优化方法仍然被人们广泛接受。玻色[35]评论其为相当漂亮的推导[36]。然而玻色持有一些保留意见，主要是因为爱因斯坦在推导最终结果时需要使用属于经典理论框架的瑞利-金斯公式。玻色在自己的理论中避免了这一点。玻色是第一个严格定义相空间中相格的人。早在玻色之前，玻尔兹曼就已经引入相格作为容纳点 (x, c) 或 (x, p) 的最小单元[小单元中粒子的坐标和动量分别为 (x, c) 或 (x, p)]，但他只是将其视为一种简化数学推导而引入的技巧（第四章）。并且，玻尔兹曼的推导中不需要考虑相格大小，因为与相格有关的系数在最后一步计算中会被消去，对最终结果不产生影响。但在玻色的推导中，如果他希望得到普朗克公式，那么相格大小必须等于 h^3。此外，玻色对光量子分布给予了新的描述并提供了计算分布的新方法，我将在插注 7.4 中以最简洁的方式展现玻色的工作。

光子——光量子的新名称

爱因斯坦理论中的光量子具有能量 $h\nu$，但直到它被赋予动量属性后，才被视为真正意义上的粒子。如前所述，爱因斯坦在他关于受激发射的论文中已经接近做到这一点。他得到原子发出光子后的反冲动量为 $\dfrac{h\nu}{c}$，这实际上就是光子的动量。这很容易证明：因为光是一种电磁辐射，光对墙面的辐射压为辐射场能量密度（第二章）的 1/3，即 $p = \dfrac{1}{3}e$。由此可以得到光量子的动量 p 实际上等于 $\dfrac{h\nu}{c}\boldsymbol{n}$，其中，$\boldsymbol{n}$ 是光子的运动方向（插注 7.3）。

阿瑟·霍利·康普顿（Arthur Holly Compton，1892～1962 年）在实验中观察到光量子与电子间的碰撞，从而直接证明了上述动量的表达式，因为碰撞过程中动量和能量自然是守恒的。后来称为康普顿效应（Compton effect）。从此，光量子同

---

[35] S.N.Bose: *Plancks Gesetz und Lichtquantenhypothese*.

[36] 实际上，是爱因斯坦称他自己的表述 *bemerkenswert elegant*（极为优美），因为是他翻译了玻色的文章。不过，我们可以假设玻色在未发布的英文原版中使用的语言已经达到了这种程度。

辐射压和光子动量

插注 4.1 中曾讲到，在能量为 $h\nu$、动量为 p_ν（此时未知）的大量光子中，垂直于立方体六个表面运动的光子数均占总光子数的 $\dfrac{1}{6}$。假设光子与器壁的碰撞是完全弹性的，那么光子对器壁施加的压强应为 $2p_\nu c\dfrac{n_\nu}{6}$，其中，n_ν 为光子数密度。显然光子的能量密度等于 $h\nu \cdot n_\nu$，再结合麦克斯韦方程,光子的能量密度等于压强的 3 倍，可以得到光子的动量 $p_\nu = \dfrac{h\nu}{c}$。

插注 7.3

时具有了能量和动量，因此可以认为其是粒子。康普顿将其称为光子，光子这一名称很快就被普遍接受。

玻色对普朗克公式的推导

假设在体积为 V 的空间中，均匀填充着 N_ν 个频率处在 $\nu \sim \nu + \mathrm{d}\nu$ 的光子，光谱能量 $E_\nu = N_\nu h\nu$。位置为 x、动量大小为 p 的光子在相空间中组成一层球壳，球壳体积为

$$V 4\pi p^2 \mathrm{d}p = V 4\pi \left(\frac{h\nu}{c}\right)^2 \frac{h\mathrm{d}\nu}{c}$$

由于相空间中的相格大小为 h^3，因此球壳中包含 $A_\nu = V 4\pi \dfrac{\nu^2}{c^3}\mathrm{d}\nu$ 个相格。一个相格只能容纳两个光子，对应两种不同的偏振态。

玻色提出这样的设想：光子的分布可以用速度在 $\nu \sim \nu + \mathrm{d}\nu$ 范围的 r 个光子所占据的相格数 p_r^ν 来表示。因此，可以得到光谱熵为

$$S_\nu = k \ln W_\nu$$

式中，$W_\nu = \dfrac{A_\nu!}{\prod_{r=0}^{\infty} p_r^\nu!}$。

在约束条件 $A_\nu = \sum\limits_r p_r^\nu$ 和 $N_\nu = \sum\limits_r r p_r^\nu$ 下，上式应取极大值，从而得到

$$S_\nu = -k \left[\ln \frac{N_\nu}{A_\nu} - \left(1 + \frac{A_\nu}{N_\nu} \right) \ln \left(1 + \frac{N_\nu}{A_\nu} \right) \right] N_\nu$$

$$= -kA_\nu \left[\frac{N_\nu}{A_\nu} \ln \frac{N_\nu}{A_\nu} - \left(1 + \frac{N_\nu}{A_\nu} \right) \ln \left(1 + \frac{N_\nu}{A_\nu} \right) \right]$$

再根据总光子数 $N_\nu = \dfrac{E_\nu}{h\nu}$，可以得到

$$\frac{\partial S_\nu}{\partial E_\nu} = \frac{1}{T} = -\frac{k}{h\nu} \ln \frac{\dfrac{N_\nu}{A_\nu}}{1 + \dfrac{N_\nu}{A_\nu}}$$

因此，$N_\nu = \dfrac{A_\nu}{\exp\left(\dfrac{h\nu}{kT}\right) - 1}$.

将 $A_\nu = V 4\pi \dfrac{\nu^2}{c^3} \mathrm{d}\nu$ 代入并结合光谱能量 $E_\nu = e_\nu(\nu,T)V\mathrm{d}\nu$ 得到

$$e_\nu(\nu,T) = 8\pi \frac{\nu^2}{c^3} \frac{h\nu}{\exp\left(\dfrac{h\nu}{kT}\right) - 1}$$

这样便再次得到了普朗克公式，但这次并没有使用任何经典思维和经典公式，当然也没有涉及经验函数间的插值。

插注 7.4

光子气体

既然光子可以视为具有动量和能量的粒子，那么就可以写出光子气体的输运方程。用 $f(\boldsymbol{x}, \boldsymbol{p}, t)\mathrm{d}\boldsymbol{p}$ 表示动量在 $\boldsymbol{p} \sim \boldsymbol{p} + \mathrm{d}\boldsymbol{p}\left(\boldsymbol{p} = \dfrac{h\nu}{c}\boldsymbol{n} \right)$ 的光子数密度。由于光子速度均为 c，因此密度函数 f 满足光子的输运方程：

$$\frac{\partial f}{\partial t} + c n_k \frac{\partial f}{\partial x_k} = S(f)$$

上式为任意时刻 t，处于位置为 $\boldsymbol{x}$，动量为 $\boldsymbol{p}$ 的光子数密度的平衡方程。该方程与

第四章提到的玻尔兹曼方程较为相似，只是等号右侧多了一项光子源中的光子密度（表达式尚未确定）。通常情况下光子间没有相互作用，因此等号右侧仅取决于光子与物质的相互作用。当辐射场与物质的相互作用达到平衡（发射等于吸收）时，$S(f) = 0$；当然，若空间中没有物质，也就没有光子吸收与发射，$S(f) = 0$。

将输运方程两侧同时乘以任一函数 $\psi(\boldsymbol{x}, \boldsymbol{p}, t)$ 并积分，便得到关于光子密度的输运方程：

$$\frac{\partial \int \psi f \mathrm{d}\boldsymbol{p}}{\partial t} + \frac{\partial \int \psi c n_k f \mathrm{d}\boldsymbol{p}}{\partial x_k} = \int \left(\frac{\partial \psi}{\partial t} - c n_k \frac{\partial \psi}{\partial x_k} \right) f \mathrm{d}\boldsymbol{p} + \int \psi S(f) \mathrm{d}\boldsymbol{p}$$

式中，等号右侧为新产生光子的密度；$\dfrac{1}{y}$ 为坐标和动量组成的相空间中相格的体积，根据玻色的理论，它等于 h^3。

取 $\psi = 1$，$p_j = \dfrac{h\nu}{c} n_j$，$cp = h\nu$ 及 $S(f) = -k \left[\ln \dfrac{f}{y} - \dfrac{y}{f} \left(1 + \dfrac{f}{y} \right) \ln \left(1 + \dfrac{f}{y} \right) \right]$，我们得到了光子数、动量、能量及熵关于密度、通量和光子源密度的平衡方程，如表 7.1 所示。

表 7.1　热力学辐射场 $\left(\text{其中}[*]\text{代表} - k \left[\ln \dfrac{f}{y} - \dfrac{y}{f} \left(1 + \dfrac{f}{y} \right) \ln \left(1 + \dfrac{f}{y} \right) \right]\right)$

	密度	通量	光子源密度
光子数	$n = \int f \mathrm{d}\boldsymbol{p}$	$\int c n_k f \mathrm{d}\boldsymbol{p}$	$\int S \mathrm{d}\boldsymbol{p}$
动量	$P_j = \int \dfrac{h\nu}{c} n_j f \mathrm{d}\boldsymbol{p}$	$p_{jk} = \int h\nu n_j n_k f \mathrm{d}\boldsymbol{p}$	$\int \dfrac{h\nu}{c} n_j S \mathrm{d}\boldsymbol{p}$
能量	$e = \int h\nu f \mathrm{d}\boldsymbol{p}$	$J_k = \int h\nu c n_k f \mathrm{d}\boldsymbol{p}$	$\int h\nu S \mathrm{d}\boldsymbol{p}$
熵	$h = \int [*] f \mathrm{d}\boldsymbol{p}$	$\varphi_k = \int [*] c n_k f \mathrm{d}\boldsymbol{p}$	$\int k \ln \left(1 + \dfrac{y}{f} \right) S \mathrm{d}\boldsymbol{p}$

表格中熵这一行只适用于玻色气体，光子气体是标准的玻色气体（见上文和第六章）。平衡时熵必须具有最大值，从而求得平衡时的密度函数为

$$f_{\text{equ}}(p, T) = \frac{y}{\mathrm{e}^{\frac{h\nu}{kT}} - 1}$$

式中，T 为辐射场的平衡温度。这一结果正是普朗克分布，此时辐射场是均匀且

各向同性的。将 f_{equ} 代入表 7.1 便得到表 7.2 的结果，其中大部分项为 0。

表 7.2 平衡辐射场的取值（其中，$a = \dfrac{8\pi^5}{15}\dfrac{k^4}{h^2 c^3} = 7.8\times10^{-16}\,\text{J}/(\text{m}^3\cdot\text{K}^4)$，$\zeta(3) = 1.202$）

	密度	通量	光子源密度
光子数	$\dfrac{15\zeta(3)}{\pi^4}\dfrac{a}{k}T^3$	0	0
动量	0	$\dfrac{1}{3}aT^4\delta_{ij}$	0
能量	aT^4	0	0
熵	$\dfrac{4}{3}aT^3$	0	0

我们更感兴趣的是球形光子源 S 发射到真空中的光束的热力学性质。在辐射源内部，辐射场应处于平衡状态，并且平衡温度为 T_S（图 7.4）。源外辐射场的密度函数可由下式给出：

$$f_{\text{equ}}(\boldsymbol{x},t,\boldsymbol{p}) = \begin{cases} f_{\text{equ}}(v,T_S), & 0 \leqslant \varphi \leqslant 2\pi, 0 \leqslant \beta \leqslant \beta_0 = \arcsin\dfrac{r}{R} \\ 0, & \text{其他} \end{cases}$$

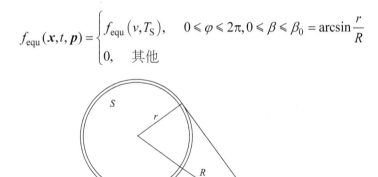

图 7.4 球形光子源的辐射示意图

该分布函数反映出辐射场具有明显的非均匀性和各向异性，因而是非平衡分布。但在立体角为 β_0 的球角锥内，辐射场服从温度为 T_S 的普朗克分布。将辐射场的分布函数代入表 7.1，可以计算得到表 7.1 中各项的值，结果如表 7.3 所示。

利用表 7.3 的结果，可以对太阳和行星的温度进行简单的计算。太阳的半径为 $r_\odot = 0.7\times10^9\,\text{m}$，太阳到地球的距离 $R_E = 150\times10^9\,\text{m}$。通过测量可知，从太阳到达地球的能流密度为 $1341\,\text{W}/\text{m}^2$，也称作太阳常数（solar constant）。因此，有

$$\frac{c}{4}aT_{\odot}^4\frac{r_{\odot}^4}{R_E^2}=1341\frac{W}{m^2}$$

不难算出，太阳的表面温度为 $T_{\odot}=5700\text{K}$ 。

表 7.3　球形光子源辐射线的热力学量 $\left(\text{其中}\sqrt{\,}\text{代表}\sqrt{1-\dfrac{r^2}{R^2}}\right)$

	密度	通量	光子源密度
光子数	$n=\frac{1}{2}\frac{a}{k}\frac{15\zeta(3)}{\pi^4}T_S^3(2-\sqrt{\,})$	$\frac{c}{4}\frac{a}{k}\frac{15\zeta(3)}{\pi^4}T_S^3\frac{r^2}{R^2}\begin{bmatrix}0\\0\\1\end{bmatrix}$	
动量	$P_j=\frac{1}{4c}aT_S^4\frac{r^2}{R^2}\begin{bmatrix}0\\0\\1\end{bmatrix}$	$P_{jk}=\frac{1}{2}aT_S^4$ $\begin{bmatrix}\frac{1}{6}\sqrt{\,}^3-\frac{1}{2}\sqrt{\,}+\frac{1}{3} & 0 & 0\\ 0 & \frac{1}{6}\sqrt{\,}^3-\frac{1}{2}\sqrt{\,}+\frac{1}{3} & 0\\ 0 & 0 & \frac{1}{3}-\frac{1}{3}\sqrt{\,}\end{bmatrix}$	0
能量	$e=\frac{1}{2}aT_S^4(1-\sqrt{\,})$	$J_k=\frac{c}{4}a\,T_S^4\frac{r^2}{R^2}\begin{bmatrix}0\\0\\1\end{bmatrix}$	0
熵	$h=\frac{1}{2}a\frac{4}{3}T_S^3(1-\sqrt{\,})$	$\phi_k=\frac{c}{4}a\frac{4}{3}T_S^3\frac{r^2}{R^2}\begin{bmatrix}0\\0\\1\end{bmatrix}$	0

若某行星半径为 r_P ，与太阳相距 R_P ，那么根据下面的关系式就可以求出行星的温度，即

$$\frac{c}{4}aT_{\odot}^4\frac{r_{\odot}^4}{R_P^2}\pi r_P^2=\frac{c}{4}aT_P^4 4\pi r_P^2$$

行星吸收太阳辐射的面积为 πr_P^2 ，而行星整个表面参与发射辐射，其面积为 $4\pi r_P^2$ 。由于我们知道所有行星到太阳的距离 R_P ，所以可以计算出各行星的温度（表 7.4）。计算出的地球温度略微偏低，地球的实际平均温度是 288K，这是因为计算时忽略了所有次要因素，如反射率（或称为反射系数）及云层的覆盖情况。其他行星温度的计算值也因同样的原因而存在偏差。

现在考虑在太阳辐射下流入和流出行星的熵通量。根据表 7.3，可知太阳到地球的熵通量密度为

$$\varphi_\downarrow = \frac{c}{4} a \frac{4}{3} T_\odot^3 \frac{r_\odot^2}{R_E^2} = 0.30 \frac{W}{m^2 K}$$

表 7.4　行星的温度

	水星	地球	火星	木星
R_P/m	50×10^9	150×10^9	230×10^9	770×10^9
T_P/K	475	275	222	122

此外，若用植物树叶打个比方，假设其温度为 $T = 298K$，那么叶子的辐射熵就为

$$\varphi_\uparrow = \frac{c}{4} a \frac{4}{3} T^3 = 2.00 \frac{W}{m^2 K}$$

可以看出，树叶对熵的释放量大于吸收量，产生了净辐射熵。

沃夫·韦斯(Wolf Weiss)最近对这一现象进行了更详细的调查，这在他关于地球大气熵源的回忆录中有所记录[37]。作为初步工作，韦斯考虑了暴露在阳光下的黑色石板的辐射熵和物质熵。这项工作展现了在不给出熵源详尽表达式的前提下，若仅考虑石板处于平衡状态，可以得到什么结论(插注 7.5)。在这种情况下，可以根据流入和流出石板的熵和能量来计算各个过程中熵的产生。计算结果表明，散射过程产生的熵最大，远大于热传导过程中因耗散所致的熵的增加。

耗散熵源和辐射熵源

考虑一块厚度为 $L = 0.1m$ 的黑色石板，石板暴露在太阳辐射之下，阳光直射石板表面。石板表面薄层的温度为 T_1，该表面吸收太阳辐射后将一部分能量重新发射出去，其余能量以热传导方式向板的另一侧传递。板的暗面(即背离太阳那一面)温度为 T_2，其表面薄层的辐射量由斯特藩-玻尔兹曼定律决定。我们考虑平衡情况，热流由傅里叶定律决定(第八章)，有

$$q = -\kappa \frac{T_1 - T_2}{L}, \qquad T(x) = T_2 + \frac{T_1 - T_2}{L} x, \qquad 0 \leqslant x \leqslant L$$

首先确定 T_1 和 T_2。考虑板吸收与辐射的能量相等，以及流入和流出板暗面的能量相等，可以得到

---

[37] W. Weiss: *The balance of entropy on earth*, Thermodynamics and Continuum Mechanics 8, (1996).

$$Q_\odot - \frac{c}{4}aT_1^4 = \frac{c}{4}aT_2^4, \quad \frac{c}{4}aT_2^4 = \kappa\frac{T_1 - T_2}{L}$$

式中，石质材料的 $\kappa = 0.74\text{W/(m·K)}$，太阳常数 $Q_\odot = 1341\text{W/m}^2$，由此得到有意义的解为

$$T_1 = 355\text{K}, \quad T_2 = 296\text{K}$$

单位面积上熵的变化原则上有四种来源，分别是：Σ_{rr} 为光子-光子相互作用产生的熵，这部分讨论中此项为 0；Σ_{rm} 为物质辐射引起的熵的变化；Σ_{mr} 为辐射引起的物质熵的变化；Σ_{mm} 为热传导耗散过程引发的熵增。

当辐射熵的流入与流出达到平衡时，Σ_{rm} 可由表 7.3 中的结果计算得出

$$\Sigma_{rm} = -\frac{c}{4}a\frac{4}{3}T_\odot^3\frac{r_\odot^2}{R_E^2} + \frac{c}{4}a\frac{4}{3}T_1^3 + \frac{c}{4}a\frac{4}{3}T_2^3 = 5.032\frac{\text{W}}{\text{m}^2\text{K}}$$

Σ_{mr} 可由克劳修斯等式计算得到（第三章）。$\Sigma_{mr} = \dfrac{\dot{Q}}{T}$，即用吸收或发出的热量除以相应的温度，从而得到

$$\Sigma_{mr} = \frac{1}{T_1}\left(Q_\odot - \frac{c}{4}aT_1^4\right) - \frac{1}{T_2}aT_2^4 = -0.243\frac{\text{W}}{\text{m}^2\text{K}}$$

由于平板以外没有物质熵流，所以 $\Sigma_{mm} + \Sigma_{mr}$ 必须为零。因此，有

$$\Sigma_{mm} = 0.243\frac{\text{W}}{\text{m}^2\text{K}}$$

结果表明，任何由热传导引起的熵增都可以被物质吸收并和发射辐射时的熵减抵消，从而保证物质的熵守恒。我们还看到，辐射引起的熵增几乎是耗散引发的熵增的 20 倍。对辐射的吸收、发射和散射似乎是石板熵增的普遍机制。

插注 7.5

若仅从熵的角度来看，只要伴随对辐射的散射过程，物质熵的变化就是负的。薛定谔似乎支持这种解释，因为他声称[38]植物在生长过程中通过散射辐射来减少

---

[38] 参见 E. Schrödinger: *What is Life ?*, Cambridge: At the University Press. New York: The Macmillan Company (1945).

熵,从而完成光合作用并产生葡萄糖。我们将在第十一章中讨论这一命题。

辐射热力学最有趣且最重要的应用是恒星物理学。然而,19世纪物理学家虽然开始关注太空,但他们没能意识到辐射对恒星结构起着决定性作用。也许在他们看来,恒星辐射的唯一作用是释放能量。尽管他们被这一想法误导,但幸运的是他们的工作为后续研究奠定了基础,爱丁顿就是以此为基础进行了更有见地的研究。在讨论恒星的辐射热力学之前,让我们先来讨论这项初步工作。

对流平衡

19世纪,人们唯一可以想到的太阳(或者恒星)能量来源是由星体在万有引力作用下的收缩过程产生收缩,亥姆霍兹首先提出了这一观点(第二章和插注 2.2)。根据收缩假设,恒星各处都会产生热量,而辐射致冷只发生在恒星表面。因此,恒星内部较热,表面较冷。众所周知,因为恒星的热导率很小,所以不能用热传导理论来解释热量从恒星内部到表面的传递。另外,当时人们还没有认识到辐射在恒星内部的重要作用。因此,基于当时的理论,热量必须以对流的方式传递,这与炉子将热量传导到整个客厅的机制相同。下面来深入思考一下对流传热的过程。

上冷下热的情况类似于炎热夏天时的地球大气层,早晨太阳加热地面,地面再使上方的空气升温,因此地表附近的空气比高处的空气更温暖,此时地表附近的空气密度低于其处于平衡状态时的密度[39]。这时,即使施加轻微扰动,也会引起热对流(thermal convection),也就是暖空气的垂直上升。随着上升空气的压强减小,气体发生膨胀。该过程中的热传导可以忽略,故为绝热冷却过程。对流会持续数小时,直到正午,空气达到对流平衡(convective equilibrium)。在对流平衡状态下,设下层空气的密度为 ρ,当其升到平衡压强为 P 的气层时发生绝热膨胀,膨胀过程服从绝热方程,即

$$P = \kappa \rho^\gamma$$

式中, κ 为比例常数,显然这可以由中央大气的压强和密度求得,为 P_C/ρ_C^γ。

在对流平衡条件下,各处的比熵是相同的。记 γ 为比热容的比值,对空气来说 $\gamma = 7/5$,因此高度每升高 100m,空气温度下降 1K。夜晚,大气中的对流停止,对流平衡也就被破坏了。

当然,恒星中没有黑夜,因此对流可能会一直进行直到整个恒星达到对流平衡:

$$\frac{\mathrm{d}P}{\mathrm{d}r} = -G\rho\frac{M_r}{r^2} \quad (\text{力学平衡条件或动量平衡条件})$$

---

[39] 其实它并不比顶层的空气轻,但有一些科普读物会这样写。

$$P = \frac{P_{\mathrm{c}}}{\rho_{\mathrm{c}}^{\gamma}} \rho^{\gamma} \text{（压强-密度关系式）}$$

式中，下标 c 为恒星中心；M_r 为半径 r 的球体包含的恒星质量。

当然，并不是所有人都能接受这套理论。因为，绝热方程适用于理想气体，而太阳的平均密度达到了 $1.4\mathrm{g/cm^3}$，这比水的密度还大，是空气密度的上千倍。这样的物质还能视为理想气体吗？事实上确实可以，至少计算结果与真实值十分接近，但 19 世纪的物理学家们对原子结构一无所知，所以他们无法理解为什么可以做这样的近似处理。他们将这一问题暂且搁置，转而计算在对流平衡下，半径为 R、质量为 M_r 的气态球体的势能（插注 7.6）：

$$E_{\mathrm{pot}} = -\frac{3(\gamma-1)}{5\gamma-6} G \frac{M_R}{R^2}$$

恒星的势能

根据插注 2.2，球体的引力势能为

$$E_{\mathrm{pot}} = -\frac{1}{2} G \frac{M_R^2}{R} - \frac{1}{2} G \int_0^R \frac{M_r^2}{r^2} \mathrm{d}r$$

式中第二项取决于恒星的质量分布。在对流平衡下，就 E_{pot} 本身来说，通过反复使用力学平衡条件、绝热方程及球壳质量 $\mathrm{d}M_r = \rho 4\pi r^2 \mathrm{d}r$，并利用分部积分，可将第二项改写为

$$\frac{1}{2} G \int_0^R \frac{M_r^2}{r^2} \mathrm{d}r = -\frac{1}{2} \int_0^R M_r \frac{1}{\rho} \frac{\mathrm{d}P}{\mathrm{d}r} \mathrm{d}r = -\frac{1}{2} \frac{\gamma}{\gamma-1} \int_0^R M_r \frac{\mathrm{d}\frac{P}{\rho}}{\mathrm{d}r} \mathrm{d}r = \frac{1}{2} \frac{\gamma}{\gamma-1} \int_0^{M_r} \frac{P}{\rho} \mathrm{d}M_r$$

$$= \frac{1}{2} \frac{\gamma}{\gamma-1} 4\pi \int_0^R P r^2 \mathrm{d}r = -\frac{1}{6} \frac{\gamma}{\gamma-1} 4\pi \int_0^R r^3 \frac{\mathrm{d}P}{\mathrm{d}r} \mathrm{d}r = \frac{1}{6} \frac{\gamma}{\gamma-1} G \int_0^{M_R} \frac{M_r}{r} \mathrm{d}M_r$$

$$= -\frac{1}{6} \frac{\gamma}{\gamma-1} E_{\mathrm{pot}}$$

代入 E_{pot} 的原始方程式中便可以得到正文中给出的等式。

插注 7.6

对流平衡理论的开创者是威廉·汤姆森(开尔文勋爵)。他提出了对流平衡的概念，并将其应用于地球大气和太阳[40]。他说：

对流平衡的本质是密度和温度已经充分地分布在整个流体中，即使有轻微扰动而引起流体流动，流体的等密度面和等温度面也保持不变。

对于恒星，他表示：

……我相信，像太阳这样巨大的自由流体，其表面的冷却作用会产生扰动，所以其整体必须维持在近似对流平衡的平衡状态下。

强纳生·荷马·莱恩(J. Homer Lane)对这个问题进行了透彻研究。极长的标题揭示了他最重要的假设(恒星物质应视为理想气体)：在一团气态物质以其内能维持体积的假设下，太阳的理论温度取决于地球实验所知的气体定律(On the theoretical temperature of the sun under the hypothesis of a gaseous mass maintaining its volume by its internal energy and depending on the laws of gases known to terrestrial experiment[41])。

莱恩通过将对流平衡下的动量平衡方程取微分，获得了一个关于 $P(r)$、$\rho(r)$ 或 $\dfrac{P(r)}{\rho(r)}$ 的相当简单的二阶非线性微分方程。该方程式可以写成如下形式：

$$\frac{\mathrm{d}^2 \dfrac{\gamma}{\gamma-1}\dfrac{P}{\rho}}{\mathrm{d}r^2} + \frac{2}{r}\frac{\mathrm{d}\dfrac{\gamma}{\gamma-1}\dfrac{P}{\rho}}{\mathrm{d}r} + \frac{4\pi G}{\left[\dfrac{\gamma}{\gamma-1}\dfrac{P_c}{\rho_c^{\gamma}}\right]^{\frac{1}{\gamma-1}}}\left(\frac{\gamma}{\gamma-1}\frac{P}{\rho}\right)^{\frac{1}{\gamma-1}} = 0$$

这就是著名的莱恩-埃姆登方程[42]，γ 取值为 4/3[43]。莱恩建立了这一方程，而埃

---

[40] W. Thomson: *On the convective equilibrium of temperature in the atmosphere*, Proceedings of the Literary and Philosophical Society of Manchester(3)II(1862)pp. 125-131.

另请参阅: W. Thomson: Philosophical Magazine 22(1887)p. 287 及 W. Thomson: *Mathematical and Physical Papers*, 5 Cambridge(1911) p. 256.

[41] J. Homer Lane: American Journal of Science and Arts. Series 2 Vol. 4(1870)p. 57.

[42] 此式由钱德拉塞卡命名: *An Introduction to the Study of Stellar Structure*, University of Chicago Press (1939)p. 88. 由 Dover 出版社再版(1957). 页码以再版后的为准。

钱德拉塞卡也对里特的工作给予了极高评价，里特也独立地研究了恒星对流平衡的条件。里特发表了 18 篇论文，包括 *Untersuchungen über die Höhe der Atmosphäre und die Constitution gasförmiger Weltkörper*(对大气高度和气态星体构成的研究)，Wiedemann Annalen(1878～1883 年)。这些论文中提到，钱德拉塞卡"……塑造了一个经典，但其价值却从未被充分认识……"他还试图重新命名莱恩-埃姆登方程，并称为莱恩-里特方程。尽管如此，埃姆登仍对里特赏赞有加。

[43] 后来爱丁顿的工作证实了 $\gamma = \dfrac{4}{3}$，尽管在该工作中，γ 的含义并非比热容比。

姆登通过数值方法对其进行了求解，并在γ[44]的不同取值下，制作了数值求解的结果表。如今，使用任何一种数学软件(如 Mathematica®)都能很容易地求解这一方程。基于数值求解的结果，埃姆登计算了太阳中心的密度ρ_c和压强P_c(插注 7.7)：

$$\rho_c = 75.6 \cdot 10^3 \frac{\text{kg}}{\text{m}^3}, \ P_c = 22.5 \times 10^{10} \text{ bar}$$

因此，有

$$T_c = \frac{\mu}{\mu_0} 4.03 \times 10^7 \text{ K}$$

式中，$\dfrac{\mu}{\mu_0}$为太阳内部粒子的相对分子质量。这一结果表明，恒星的中心温度可以达到几千万开尔文；中心密度比最致密金属的密度还要高出许多倍。

$\gamma = \dfrac{4}{3}$ 时莱恩-埃姆登方程的求解

将因变量和自变量无量纲化，得到

$$u = \frac{P}{\rho} \frac{\rho_c}{P_c}, \quad z = r\sqrt{\pi G} \frac{\rho_c}{\sqrt{P_c}}$$

将 $\gamma = \dfrac{4}{3}$ 代入莱恩-埃姆登方程得到

$$\frac{\mathrm{d}^2 u}{\mathrm{d}z^2} + \frac{2}{z} \frac{\mathrm{d}u}{\mathrm{d}z} + u^3 = 0, \quad u(0) = 1, \quad \left. \frac{\mathrm{d}u}{\mathrm{d}z} \right|_0 = 0$$

求解结果如图 7.5 所示。$u(z)$和横轴的交点即为恒星半径，图中表格显示交点处$z(R) = 6.90$。同时，表中还展示了$-z^2 \dfrac{\mathrm{d}u}{\mathrm{d}z}$的值，恒星表面处$\left. -z^2 \dfrac{\mathrm{d}u}{\mathrm{d}z} \right|_{z(R)} = 2.015$。

这些值对计算恒星中心处的密度ρ_c、压强P_c及恒星的半径R、质量M_R非常重要。我们有

---

[44] R. Emden: Gaskugeln: *Anwendungen der mechanischen Wärmetheorie*(气体球：热力学理论的应用)，Teubner, Leipzig and Berlin(1907).

$$z(R) = R\sqrt{\pi G}\,\frac{\rho_c}{\sqrt{P_c}}, \qquad -z^2\frac{\mathrm{d}u}{\mathrm{d}z}\bigg|_{z(R)} = \frac{\sqrt{\pi G^3}}{4} M_R \frac{\rho_c^2}{\sqrt{P_c^3}}$$

后一关系式可由动量平衡方程得出。进而得到

$$\rho_c = \frac{z^3(R)}{-z^2\dfrac{\mathrm{d}u}{\mathrm{d}z}\bigg|_{z(R)}}\frac{1}{4\pi}\frac{M_R}{R^3}, \qquad P_c = \left(\frac{z^2(R)}{-z^2\dfrac{\mathrm{d}u}{\mathrm{d}z}\bigg|_{z(R)}}\right)^2 \frac{G}{16\pi}\frac{M_R^2}{R^4}$$

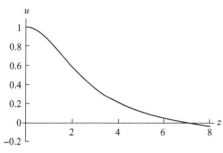

z	u	$-z^2\dfrac{\mathrm{d}u}{\mathrm{d}z}$
1	0.85505	0.2522
2	0.58282	1.0450
3	0.35921	1.6553
4	0.20942	1.9197
5	0.11110	2.0070
6	0.04411	2.0156
6.9011	0.00000	2.0150

图 7.5　莱恩-埃姆登方程的数值解

插注 7.7

　　当时的物理学家既不知道 γ 的值，也不知道 μ 的值。前面讲过，理想气体的 γ 值可以取 5/3、7/5、4/3 三个值，这取决于分子是单原子分子、双原子分子还是多原子分子。后来，当科学家意识到辐射压的重要性时，证实了 $\gamma = 4/3$ 尽管太阳中并不存在分子，但 $\gamma = 4/3$（这点在后文会讲到）。事实上，太阳及其他恒星主要由原子核和自由电子组成，因为在普遍存在的高温下，大部分原子的电子都被剥离[45]。因此，在这种状态下，原子核、电子和一些离子可以在常规状态下被屏蔽的电子壳层内自由运动。鉴于此，尽管恒星中心物质的密度比密度最高的金属还大 100 倍，但仍可以将其视为理想气体。

　　如此强的电离作用还会导致粒子的平均质量 μ 很小，这是因为自由电子对粒子数密度的贡献很大，而对质量密度的贡献却很小。当然，μ 的值取决于恒星的组成，组成恒星的原子越重，μ/μ_0 的值越接近 2，因为重原子贡献的电子数约为

---

[45] 当然，不只是莱恩、埃姆登，同时代的所有人对原子结构都一无所知，他们不知道原子中存在大量的空旷区域，也不知道原子核和电子的存在。我相信直到 1913 年这些知识才由卢瑟福提出，这些知识主要由爱丁顿在 20 世纪 20 年代加以应用，我们在后文会讲到。

$1/2\mu/\mu_0$。另外，假设太阳主要由氢组成，μ/μ_0 的值约为 $1/2$，因为氢原子只提供两个粒子，质子和电子。因此上述的计算结果表明，太阳内部温度高达 20,000,000K[46]。

亚瑟·斯坦利·爱丁顿（Arthur Stanley Eddington，1882～1944 年）

尽管自麦克斯韦方程组诞生以来，辐射压，或者更普遍地说是电磁场的压强，早已被人们熟知（参见第二章），然而人们起初并没有意识到它在恒星物理学中的重要作用。这很可能是因为日常生活中的辐射压 p_{rad} 实在太小了，当我们伸出手来触碰阳光时，都无法感受到它的存在。需要注意，根据表 7.1 可知，动量密度 P_j 与能量通量 J_j 的关系为 $P_j = \dfrac{1}{c^2}J_j$，动量密度远小于能量通量[47]。但根据表 7.2，$p_{rad} = 1/3aT^4$，辐射压与 T^4 成正比。那么，由于恒星内部温度高达数百万度，以至于辐射压不可忽略，对此研究人员决定将辐射的动量平衡方程与能量平衡一并考虑。

卡尔·史瓦西[48]（Karl Schwarzschild，1873～1916 年）应该是第一位在研究太阳大气时考虑了辐射压的人。另一位有影响力的天体物理学家是斯韦恩·罗斯兰（S. Rosseland）[49]，他们共同得到了光子输运方程中光源密度 S 的合理表达式。罗斯兰的假设显然是类比爱因斯坦的光子吸收和发射（自发或者是受激）理论[50]得到的

$$S = \rho[c_n(a + bf) - c_m cf]\,^{[51]}$$

式中，c_m 和 c_n 分别为处于能级 ε_m 和 $\varepsilon_n = h\nu + \varepsilon_m$ 的原子浓度[52]；ρ 为质量密度。仿照史瓦西[53]对热力学平衡的观点，罗斯兰认为平衡状态下等号右边必须为零。

[46] 也许是因为幸运，我们由此算得目前被认为是正确的太阳内部温度：根据费舍尔天文学词典（Fischer Lexikon zur Astronomie），太阳内部温度在 1700～2100 万开尔文。

[47] 从某种意义上说，两者具有不同的规模。

[48] K. Schwarzschild: *Über das Gleichgewicht der Sonnenatmosphäre*（关于太阳大气的平衡），Göttinger Nachrichten 1906, p. 41.

K. Schwarzschild: *Über Diffusion und Absorption in der Sonnenatmosphäre*（关于太阳大气中的扩散和吸收），Berliner Sitzungsberichte 1914, p. 1183.

[49] S. Rosseland: *Note on the absorption of radiation within a star*, Monthly Notices Vol. 84（1924）p. 525.

S. Rosseland: *The theory of the stellar absorption coefficient*, Astrophysical Journal Vol. 61（1925）p. 424.

[50] 参见第七章脚注 34，A. Einstein: *Quantentheorie der Strahlung*（1917）。

[51] 请注意，此表达式与爱因斯坦的理论略有不同。在爱因斯坦的理论中受激发射的射线产生的光子具有自己的频率 ν 和方向 n。这一现象在激光器中得到应用。

[52] 例如，见：S. Rosseland: *Astrophysik auf atomtheoretischer Grundlage*（基于原子理论的天体物理学），Springer, Berlin（1931）。

[53] K. Schwarzschild: Göttinger Nachrichten（1906）。

由于我们知道 f_{equ} 的表达式,可得 $a/c = h^3$,$b/c = 1$,并且 $\dfrac{c_n}{c_m}$ 必须等于 $\exp\left(-\dfrac{h\nu}{kT}\right)$。假设在非平衡态或近平衡态下,系数 a、b、c 服从相同的关系式,所以罗斯兰将源项改写为另一合理形式:

$$S = \rho \underbrace{cc_m\left(1 - \mathrm{e}^{-\frac{h\nu}{kT}}\right)}_{k}\left(f_{\text{equ}} - f\right)$$

因此,源正比于光子密度与其平衡值之差,比例系数为 k(与 ν 和 T 有关)。根据表 7.1 和表 7.2,可以写出辐射的动量平衡方程:

$$\frac{\partial \int \dfrac{h\nu}{c} n_j f \mathrm{d}p}{\partial t} + \frac{\partial \int h\nu n_j n_k f \mathrm{d}p}{\partial x_k} = -\rho k \int \frac{h\nu}{c} n_j f \mathrm{d}p$$

这里忽略了 ν 对 k 的影响。等号右侧的积分代表动量密度 P_j 或 $\dfrac{1}{c^2} J_j$。暂且忽略对时间的导数项,通过计算平衡状态下等号左侧的积分,就可以得到能量通量 J_j 的近似值,进而得到

$$\frac{\partial p_{\text{rad}}}{\partial x_j} = -\rho k \frac{1}{c^2} J_j \quad \text{或} \quad \frac{\partial \dfrac{1}{3} aT^4}{\partial x_j} = -\rho k \frac{1}{c^2} J_j$$

亚瑟·斯坦利·爱丁顿[54](1930 年后被封为亚瑟爵士)在建立统一且完善的恒星标准模型时坚定地使用了这些方程(图 7.6)。他认为恒星内部的压强 P 为气压 $p_{\text{gas}} = \rho k/\mu T$ 和辐射压 $p_{\text{rad}} = 1/3 aT^4$ 的总和。爱丁顿是幸运的,因为他找到了压强与密度关系式,即

$$P = \kappa \rho^{4/3}$$

这一关系被当时的学者们广泛研究,前面讲到的莱恩、里特和埃姆登就对此进行过深入研究。爱丁顿得出的指数 4/3 虽然与恒星气体的比热容比值无关,但结果是正确的,并且反映了 T^4 律(插注 7.8)。式中,比例系数 $\kappa = \dfrac{P_c}{\rho_c^{4/3}}$,由恒星质量决定。基于这一结果,爱丁顿将早期莱恩、里特等的数学推导应用于自己的

[54] A.S. Eddington: *The Internal Constitution of the Stars* (恒星的内部构成), Cambridge, University Press (1926).

研究。然后，他经过一些计算得到了恒星的照度 L_R（发射的总功率）与质量 M_R 的关系（插注 7.8）。通过粗略的解析拟合爱丁顿的数据可以得到质量-照度关系，即

$$\frac{L_R}{L_\odot} = \left(\frac{M_R}{M_\odot}\right)^{3.5}$$

爱丁顿的一生都可以用"神童"来形容。他是最早理解爱因斯坦相对论的人之一，并将其讲授给英国科学家。

据说当时世界上只有三个人理解相对论。当记者问爱丁顿这个问题时，他回答道："哦，是吗？谁是第三位？[55]"

图 7.6　亚瑟·斯坦利·爱丁顿

质量-照度关系

物质和辐射共同的动量平衡及辐射自身的动量平衡分别为

$$\frac{dP}{dr} = -\rho G\frac{M_r}{r^2} \text{ 和 } \frac{dp_{rad}}{dr} = -\frac{\boldsymbol{k}}{c^2}\rho J$$

式中，$J = \dfrac{L_r}{4\pi r^2}$ 为能通密度。两式消去 ρ 可得

$$\frac{dp_{rad}}{dr} = \frac{\boldsymbol{k}}{c^2}\frac{1}{4\pi G}\underbrace{\frac{L_r}{M_r}}_{\eta\frac{L_R}{M_R}}\frac{dP}{dr}$$

积分得

$$p_{rad} = \frac{1}{4\pi c^2 G}\underbrace{\boldsymbol{k}_\eta}_{opacity}\frac{L_R}{M_R}P$$

---

[55] 如今，参加相对论会议的人多达 2000 人。也许我们必须假定，这些人都真正理解相对论。

式中，L_R 为恒星的照度。在爱丁顿的标准模型中，不透明度在一颗恒星中处处相等，而且在所有恒星中均为同一常数。

如果将物质和辐射的分压分别表示为 βP 和 $(1-\beta)P$，可以得到

$$\begin{cases} p_{\mathrm{rad}} = (1-\beta), P = \dfrac{1}{3}aT^4 \\ p_{\mathrm{gas}} = \beta, \qquad P = \rho\dfrac{k}{\mu}T \end{cases}$$

故可得

$$\begin{cases} T^3 = \dfrac{1-\beta}{\beta}\dfrac{3\,k/\mu}{a}\rho \\ P = \left[\dfrac{1-\beta}{\beta}\left(\dfrac{k}{\mu}\right)^4\dfrac{3}{a}\right]^{1/3}\rho^{4/3} \end{cases}$$

可以看出，P 正比于 $\rho^{\frac{4}{3}}$，这与莱恩-埃姆登理论中的 $\gamma = \dfrac{4}{3}$ 相符。在莱恩-埃姆登理论中的比例因子为 $\dfrac{P_c}{\rho_c^{4/3}}$，因此与插注 7.3 中的结果比较便知，

$$\dfrac{1-\beta}{\beta}\left(\dfrac{k}{\mu}\right)^3\dfrac{3}{a} = \dfrac{G^3\sqrt{\pi}^3}{16}\left(\dfrac{M_R}{-z^2\left.\dfrac{\mathrm{d}u}{\mathrm{d}z}\right|_{z(R)}}\right)^2$$

因此，β 只是 M_R 的函数。

另外，根据 p_{rad} 的表达式，可知 β 是 $\dfrac{L_R}{M_R}$ 的函数：

$$1-\beta = \dfrac{1}{4\pi c^2 G}k\eta\dfrac{L_R}{M_R}$$

对于所有距离已知的恒星，L_R 是可测的[56]；对于许多双星系统，M_R 也是

---

[56] 爱丁顿评论道："……据说，加利福尼亚州威尔逊山上的装置精度极高，它甚至能够记录到密西西比河沿岸上燃烧的蜡烛产生的热辐射。"当时是 1926 年，我想知道现在的天文学家能否做到这种事。

可测的；当然，太阳的 L_R 和 M_R 都是已知的。因此，可由太阳数据确定 k_η。

　　消去两式中的 β，便可以得到质量-照度关系的隐式表达式。爱丁顿通过数值求解了该方程并将结果绘制成图像，他将该曲线与许多恒星的天文观测数据进行对比，发现结果符合得很好。

插注 7.8

　　因此，恒星的照度将随质量的增加而急剧增大。这一关系在所有质量已知的恒星上得到了证实，为爱丁顿的模型提供了有力支持。例如，尽管恒星拥有巨大的平均密度和中心密度，但仍可以将恒星视为理想气体。在恒星结构得到了普遍认可后，天文学家便根据恒星的亮度来测定距离已知的恒星质量了。

　　爱因斯坦的广义相对论预言，光线经过太阳时会发生偏折，1919 年的一次日食期间在几内亚湾的普林西比岛上首次观测到这一现象，爱丁顿因对相对论的鼎力支持而获得了参加该观测活动的机会。

　　爱丁顿忙于更换照相底板，实际上他并没有看到日食[57]。

　　由于本章主要讨论辐射，因此我们十分关心辐射压和气压占总压的比值。爱丁顿的计算表明，该比值仅取决于恒星质量，并随质量的增加而增加(插注 7.8)。对于质量较小的太阳，辐射压仅占总压的 5%；而对于质量为太阳 60 倍的大质量恒星，辐射压占比高达 80%。由于几乎不存在更大质量的恒星，爱丁顿认为高辐射压"会降低恒星的稳定性[58]……尽管我们并不能凭借经验知道为什么辐射压比气压更容易引起恒星爆炸[59]。"

　　有一群质量在 5～50 个太阳质量的大质量恒星，它们周期变化的照度展现了其不稳定性。它们被称为造父变星(Cepheids)，因在造父一恒星系统中被首次发现而得名。爱丁顿自然而然地被这一现象吸引并对此进行了研究，但并未明确说明这一现象与辐射压的主导作用存在什么样的联系。直到现在，恒星物理学家都未能给出对这一问题的明确解释。

　　造父变星在天文学中起着重要作用。天文学家亨利爱塔·斯旺·勒维特(Henrietta Swan Leavitt，1868～1921 年)在 1912 年发现了这些恒星的平均照度与振荡周期的关系：恒星照度越强，振荡越慢。起初虽然原因不明，但还是使造父变星成为衡量星系间距离的标准，称为造父标尺(Cepheid yardstick)。由于同等照度的造父变星的亮度取决于它们之间的距离，与振荡周期无关，故由此可以确定两颗造父变星到观察者的距离。爱丁顿的质量-照度关系可以很好地解释勒维特的

[57] 参见第二章脚注 4，I. Asimov: *Biographies ....* p.603.

[58] A.S. Eddington: *The internal Constitution of the Stars*, p. 145.

[59] A.S. Eddington: *The internal Constitution of the Stars*, p. 21.

观测结果:事实上,质量更大的恒星照度更大,想必振荡周期也更长。

爱丁顿于 1924~1925 年撰写的《恒星的内部构成》(*The Internal Constitution of Stars*)一书风格鲜明,论述清晰。当不可避免地提出一些假设时,爱丁顿总会引用观测结果或令人信服的理论来说明假设的合理性。对于一些现象他也只能进行猜测,最显著的例子是恒星能量的来源,他对此虽然没有作出具体说明,但他的猜测十分合理:

……在排除其他所有可能之后,我们发现我们不得不接受这样的结论:恒星的能量只能来自原子内部[60]。

虽然爱丁顿没能确定原子内的能量来源是什么,但他敏锐地察觉到恒星内部极高的温度使核聚变成为可能,他在当时猜想氢与氢结合为氦是主要反应。人们通常认为是汉斯·阿尔布雷希特·贝特(Hans Albrecht Bethe,1906~2005 年)在 1938 年给出了核反应的细节。在贝特之前还有其他先行者,其中最著名的是让·巴蒂斯特·佩兰(Jean Baptiste Perrin,1870~1924 年)。

比较奇怪的是,爱丁顿在谈到辐射时竟坚持过时的以太波观点:

就像必须认为恒星中的压强一部分来自以太波,一部分来自物质分子一样,熵也是由以太部分和物质部分组成的[61]。

尽管爱丁顿一边倒地支持爱因斯坦的相对论,但无论是爱因斯坦的光量子和还是康普顿的光子,似乎都没能给他留下深刻印象,至少在他出版这本书时还没有。

爱丁顿的另一个奇特之处是他相信元素氪(coronium)的存在。氪是德米特里·伊万诺维奇·门捷列夫[62](Dimitrij Iwanowitch Mendelejew,1834~1907 年)为填补元素周期表的空位而假想的元素,其相对分子质量约为 0.4。直到 1926 年,原子物理学家还是坚持不相信这种虚构元素真实存在。但门捷列夫在学术界的声誉很高,许多科学家都坚信该元素存在。著名的地球物理学家阿尔弗雷德·洛萨·魏格纳(Alfred Lothar Wegener,1880~1930 年,大陆漂移学说的提出者)也相信氪元素的存在,他说道[63]:

……由于门捷列夫幸运地预言了元素锗,因此在我看来,他对于元素"氪"的假说值得我们关注。

[60] A.S. Eddington: *The internal Constitution of the Stars*, p. 31.

[61] A.S. Eddington: *The internal Constitution of the Stars*, p. 29.

[62] D.I. Mendelejew: Chemisches Centralblatt(1904)Vol. I p. 137.

[63] A.L. Wegener: *Thermodynamik der Atmosphäre*(大气热力学), Verlag J.A. Barth, Leipzig(1911).

第八章　不可逆过程热力学

　　早在不可逆过程热力学理论建立之前，人们就已经通过观察内摩擦、热传导和扩散等现象，得到了描述动量流、能量流和物质流的唯象方程，甚至在热力学第一定律提出并得到公认之前，人们就已经得到了特殊条件下温度场方程的正确表述。因此，19 世纪的人们虽然还不知晓热的本质，但已经建立了确定理论来解决复杂的热传导问题。

　　然而，在唯象方程得到建立并在工程应用中证实其可靠性后，经过一个多世纪人们才将输运过程纳入热力学理论框架。最早描述不可逆过程的理论由于与平衡或近平衡状态下的热力学理论太过相似，除能够证实 19 世纪提出的唯象公式并证明其与能量和熵理论的一致性外，再无其他用处。

　　直到最近，人们才重新阐释了非平衡态热力学理论，并用对称双曲场方程正式地给出了这一理论的数学结构。虽然这一数学结构也诞生于经典定理，但由于拓展后的理论并没有使用平衡态热力学中的任意一条假设，所以二者之间的关系并不显著。基于这一新理论，人们可以对经典定律做出合理修正，并将其推广到稀薄气体和非牛顿流体中。尽管对于气体动理学的研究在那个时代才刚起步，但它也为热力学理论的完善提供了新思路。

唯象方程

让·巴普蒂斯·约瑟夫·傅里叶男爵（Jean Baptiste Joseph Baron de Fourier，1768～1830 年）

　　傅里叶出生于一个贫困家庭，更不幸的是在他八岁时就成了孤儿。他虽然出身贫寒，但法国大革命和拿破仑·波拿巴的出现帮助他实现了成为数学家和炮兵的梦想。1789 年爆发的法国大革命使傅里叶能够进入军事学校学习，这所学校就是后来 19 世纪初著名的巴黎综合理工学院（第三章）。毕业后，傅里叶留校任教。

　　拿破仑带着傅里叶远征埃及，后来又授予其男爵称号，以表彰他在热传导和温度场计算方面的重大数学发现。傅里叶的这些成果首次发表在 1808 年科学普及协会的科学公报（Bulletin des Sciences）。此后，傅里叶一直活跃在科学研究中。1824 年，傅里叶在《热的解析理论》（Théorie analytique de la chaleur）一书中总结了自己一生的工作。这本书我目前没有找到，我参考的是 1884 年的德语译本[1]。据该版本的译者所说，译著除**更正了许多印刷错误外**，其余完全遵从原文。

这是一本关注分析计算的书。书中完全不涉及热的本质，因而无论把热视为无重量的热质还是一种运动都不会影响书中计算的结论。傅里叶曾说过：

人们只能对热的本质做出假设，而支配热现象的数学理论是独立于所有假设之外单独存在的[2]。

傅里叶曾用一句极其冗长且过时的话对热传导做出了表述：

如果物体中的两个微粒无限靠近且具有不同的温度，那么较热的微粒会向较冷的微粒传递一定的热量；在给定时刻和时间间隔下，如果两个微粒的温差足够小，那么传递的热量正比于温差[3]。

傅里叶将这一烦琐的表述总结为一个简洁的矢量表达式：

$$q_i = -\kappa \frac{\partial T}{\partial x_i}$$

这就是描述热流 q 的傅里叶定律（Fourier's law），式中 κ 为热导率，傅里叶称其为内部热导率（internal conductivity）。他进一步假设微粒温度随时间的变化率正比于流过其相对两面的热流之差，从而建立了热传导的微分方程。

$$\frac{\partial T}{\partial t} = \lambda \frac{\partial^2 T}{\partial x_i \partial x_i}$$

傅里叶称 λ 为外部热导率（external conductivity）。现在人们知道，它等于内部热导率 κ 与容积热容的比值。该方程是所有抛物形方程的原型，傅里叶在他的书中给出了方程在各种边界条件和初值条件下的解。

傅里叶对很多热传导问题都给出了解。这些已解决的问题中包含着这样一个有意思的计算：地球表面温度随季节的周期性变化以阻尼波的形式向地球内部传播，因此在某些特定的深度，夏季的温度低于冬季。

傅里叶发展了解决热传导问题的工具——调和分析（也称为傅里叶分析），该方法将任意函数分解成一系列调和函数之和。傅里叶对这个发现感叹道：

令人惊奇的是，任意曲线和区域都可以用收敛的(调和函数)级数来表示……因此，函数曲线可以在有限区间无限接近，而在其他点上则不同[4]。

调和分析在数学、物理和工程中的应用不胜枚举。不只是在热传导领域，调

[1] M. Fourier: *Analytische Theorie der Wärme*, B. Weinstein 博士翻译，Springer, Berlin（1884）.

[2] 参见第八章脚注 1，引言 p. 11.

[3] 参见第八章脚注 1，p. 451/2.

[4] 参见第八章脚注 1，p. 160.

和分析在诸多领域都起着极为重要的作用。用傅里叶(图 8.1)的原话来说：

　　傅里叶一生都专注于热传导问题，这也
使他形成了一个坚定的观念：

　　他坚信热对健康来说是必不可少的，所
以他总是把自己的住所弄得非常炎热，并把
自己包裹在层层衣服之下。傅里叶因从楼梯
跌落而丧生[5]。

图 8.1　让·巴普蒂斯·约瑟夫·傅里叶男爵

　　(数学分析的)主要特点是明晰；(该理论)没有任何逻辑混乱的表述。它
将各种各样的现象结合起来并发现其中的内在逻辑联系[6]。

　　傅里叶的《热的解析理论》一书具有鲜明的现代感[7]。如果把这本书与同时
代的书(如卡诺于同年出版的书)相比，就更加令人惊叹了。也许这本书中包含的
物理知识比数学技法更难理解，但事实上傅里叶著作的可读性较强，相比之下卡
诺的著作中大部分内容通常需要反复琢磨，最终不得不放弃。

　　年轻的汤姆森(即后来的开尔文勋爵)是傅里叶的忠实读者。傅里叶的研究结
果长期困扰着他，他在 1862 年写道：

　　18 年来，我一直被一个问题困扰，我担心地质学家完全忽视了热力学的基本
结果[8]。

　　开尔文对傅里叶绝妙的解析方法表示称赞，他利用该方法确定了地球处于一
致性状态(consistentior status，即固态)的年龄。这一问题最早可以追溯到莱布尼
兹时代。当时流行的观点是，在过去的某个时期，地球是液态的。显然，在地质
年代开始前，液态的地球要转变成固态并从至多 7000℉ 开始冷却。开尔文由此出
发确定了冷却过程发生的时间。

　　对于初始温度分别为 $T_0 \pm \Delta T$ 的两个半空间，傅里叶给出了其温度场表达式：

$$T(x,t) = T_0 + \frac{2\Delta T}{\sqrt{\pi}} \int_0^{\frac{x}{2\sqrt{\lambda t}}} \mathrm{e}^{-z^2} \mathrm{d}z$$

　　开尔文选取 $\Delta T = 7000℉$，并用傅里叶的上述结果进行曲线拟合，得到

　　[5] 参见第二章脚注 4，I. Asimov: *Biographies*……，p. 234.

　　[6] 参见第八章脚注 1，前言 p. XIV.

　　[7] 当然，对于这一点必须加以说明。这本书的外观像一本写于 20 世纪中期的分析类教科书。然而真正现代的
分析类书籍会让感兴趣的读者在阅读第一页的前半部分时就感到挫败与困惑。

　　[8] W. Thomson: *On the secular cooling of the earth*. Transactions of the Royal Society of Edinburgh(1862).

- 地球表面的恒定温度T_0；
- 傅里叶定义的外部热导率λ；
- 当时地球近表面的温度梯度。

他还计算得到了t的值应为一亿年。于是，地球的地质历史时代应短于一亿年。

开尔文得出的地球年龄与亥姆霍兹在数量级上相同（插注2.2），由于二人的声望极高，生物学家纷纷开始修改自己的进化时间表。相较之下，地质学家却对此犯了难，但对他们来说幸运的是，最终证明开尔文和亥姆霍兹都做出了错误的假设。事实上，由于放射性衰变，地球本身是一个热源，因热传导损失的热量将由放射能来补充。由此地球得以维持它现有的温度，从而塑造了数十亿年的地质历史和生物史。然而，开尔文在1907年离世前始终未能接受放射能的解释，他固守自己的预测结果直到生命的终点。阿西莫夫表示：

19世纪80年代，汤姆森便停止了他的工作……在他生命最后的日子里，汤姆森被快速发展的新理论弄得晕头转向[9]。

阿道夫·菲克（Adolf Fick，1829～1901年）

菲克是一位杰出的生理学家，他极大地拓展了我们对人体的机械和物理过程的认识（图8.2）。尽管后来他成为苏黎世一位很有影响力的教授，但在发表扩散理论的论文[10]时，他还只是一名解剖员。他的工作是在指定位置切开尸体以便解剖学教授对医学生进行讲解和展示。

IV. *Ueber Diffusion; von Dr. Adolf Fick,*

Prosector in Zürich

图8.2　从菲克论文的扉页上剪下来的图样

菲克对溶剂中溶质的扩散很感兴趣，他在分子尺度上对扩散做出了解释。在现代读者看来，这一解释无论是在物理层面，还是在描述的风格和语法上都很奇怪[11]：

假定空间中分布有两种类型的原子，其中一类原子间的相互作用服从牛顿万有引力定律（这类原子是有重量的），而另一类原子（即没有重量的以太原子）则相互排斥。与吸引力类似，这个排斥力正比于质量的乘积和一个与距离有关的函数$f(r)$，但这里$f(r)$要比吸引力中的r^{-2}衰减得更快。进一步假设，有重量的那类

---

[9] 参见第二章脚注4，I. Asimov：*Biographies*……，p. 380.

[10] A. Fick：*Ueber Diffusion*（论扩散），Annalen der Physik 94（1855）pp. 59-86.

[11] 既然这篇论文得以发表，我们就可以肯定这一推导过程在当时得到了科学界的广泛认可。实际上，纳维和泊松在推导纳维-泊松方程时也进行了相似推导，这点在后文会讲到。

原子和以太原子之间存在吸引相互作用，这个吸引力同样与质量的乘积和一个与距离有关的函数 $\varphi(r)$ 成正比，$\varphi(r)$ 比 $f(r)$ 衰减得更快。在做出以上这些假设后，我们可以清楚地看到，每个有重量的原子必将被稠密的以太原子包围；如果将每个有重量的原子视为球形，那么以太气体将形成同心球壳，将距离球心 r 处的以太气体密度记作 $f_1(r)$。精确求解 $f_1(r)$ 的表达式需要进行大篇幅的论证，一般可以用以太海的平均密度近似代替 $f_1(r)$。

菲克沿着这一思路继续推测函数 $f(r)$、$\varphi(r)$ 和 $f_1(r)$ 的形式，但这段论述实在太过晦涩难懂。直到论文的第 7 页，他似乎突然有了灵感，并将论点简单概括为

事实上，对于扩散现象最合理的解释应该为：溶质在溶剂中的扩散……与傅里叶所述的热在导体中的分布遵循同样的规律[12]……

推导到这一步，菲克如释重负，并得到了关于扩散流 J_i 的菲克定律：

$$J_i = nv_i = -D\frac{\partial n}{\partial x_i}$$

式中，n 为溶质分子的数密度；v_i 为溶质分子的速度（这里假定溶剂是静止的）；D 为扩散系数。

再一次与热传导作类比，菲克假定体积微元中 n 的变化率与粒子流的净流入（流入减流出）成正比，从而得到

$$\frac{\partial n}{\partial t} = D\frac{\partial^2 n}{\partial x^2}$$

这就是著名的扩散方程（diffusion equation）。它与热传导方程具有相同的形式，因此有关扩散的边值和初值问题可以直接利用傅里叶的求解结果。

特别地，考虑一维无限长溶剂中溶质的扩散问题，假设初态时 $n(x,t)$ 仅在小区间 $X - \Delta/2 < x < X + \Delta/2$ 为常数 n_0，其余地方为 0，则扩散方程的解写作[13]

$$n(x,t) = \frac{n_0\Delta}{\sqrt{4\pi Dt}}\exp\left[-\frac{(x-X)^2}{4Dt}\right]$$

对于给定点 x，$n(x,t)$ 取最大值的时刻为

$$t_{\max} = \frac{(x-X)^2}{2D}$$

---

[12] 我冒昧地指出菲克对这一结论的含糊其辞。他还提到欧姆（Georg Simon Ohm, 1787～1854 年）已经提出对电传导应用相同的类比。

[13] 求解过程中 $\Delta \to 0, n_0 \to \infty$，但 $n_0\Delta$ 等于溶质粒子的总数。

因此，有

$$\left|x - X\right| = \sqrt{2Dt_{\max}}$$

所以从某种意义上说，扩散是以 $\sqrt{t}$ 为时间单位进行的。这是所有随机游走过程的共同特征。在第九章的布朗运动中，这一特征将再次出现。$n(x,t)$ 的最大值与 D 无关，具有普适性，即

$$n(x,t_{\max}) = \frac{n_0 \Delta}{\sqrt{2\pi e(x - X)^2}}$$

乔治·加布里埃尔·斯托克斯（George Gabriel Stokes，1819～1903 年，1889 年被封为男爵）

斯托克斯 30 岁时被授予剑桥大学卢卡斯数学教授席位，1854 年担任英国皇家学会秘书，1885 年当选为皇家学会主席，是继艾萨克·牛顿(Isaac Newton)之后担任过这三项职务的第二人[14]。斯托克斯的数学和物理论文总共有五卷，加起来近 2000 页[15]，他的主要研究方向是流体力学，侧重于研究液体和气体的黏滞阻力。一提到他的名字，人们总会想起纳维-斯托克斯方程(Navier-Stokes equations)，该方程将流体的黏性应力张量 $t_{ij} + p\delta_{ij}$ 与流体的速度梯度关联起来。这一关系式现在写作[16]

$$t_{ij} + p\delta_{ij} = 2\eta \frac{\partial v_i}{\partial x_j} + \lambda \frac{\partial v_l}{\partial x_l} \delta_{ij}$$

可以肯定的是，斯托克斯当时并没有考虑上式右端包含体积黏度 λ 的第二项，而且当初似乎也并没有为他推导出的第一项中的 η 命名（现在 η 称为切变黏度）。他对这一公式的推导基于下述原理：

> 如果流体周围环境处于相对平衡状态，那么作用在通过运动流体中任意一点 P 的、给定取向的平面上的压强与通过 P 点所有可能方向的压强之差仅取决于流体相对于 P 点的瞬时运动；并且由任何旋转引起的相对运动不会影响上述压强差，因而无须考虑[17]。

[14] 参见第二章脚注 4，I. Asimov：*Biographies*……，p. 354.

[15] G.G. Stokes: *Mathematical and Physical Papers*, Cambridge at the Universities Press(1880～1905).

[16] 尖括号表示对称、无迹的张量。

[17] G.G. Stokes: *On the theories of the internal friction of fluids in motion and of the equilibrium and motion of elastic solids*, Transactions of the Cambridge Philosophical Society. III(1845)p. 287.

现在可以将此简明地表达为黏性应力是速度梯度的线性函数，并且是各向同性的。但不管怎样，斯托克斯用自己的方式得到了结果。经过 13 页冗长而烦琐的推导，斯托克斯得出结论。

斯托克斯表述：$\dfrac{\partial p}{\partial x} - \eta \left(\dfrac{\partial^2 u}{\partial x^2} + \dfrac{\partial^2 u}{\partial y^2} + \dfrac{\partial^2 u}{\partial z^2} \right) - \dfrac{\eta}{3} \dfrac{\partial}{\partial x} \left(\dfrac{\partial u}{\partial x} + \dfrac{\partial v}{\partial y} + \dfrac{\partial w}{\partial z} \right)$

这是应力对动量平衡分量 x 的贡献。那时人们尚未使用矢量和张量符号，而 u, v, w 是用来表示 x, y, z 方向上速度分量的专用字母。

事实上，远在英吉利海峡对岸的两位科学家路易·纳维 (Louis Navier[18]，1785～1836 年) 和西莫恩·德尼·泊松 (Siméon Denis Poisson[19]，1781～1840 年) 也曾给出过与上述斯托克斯公式类似的表达式。与菲克的推导十分类似，他们两人都引入了似乎与问题并不相干的分子模型 (我在前面曾大段地引用过菲克证明的要点)，但不管怎么说，他们二人确实给出了合理的表达式，即

纳维表述：$\dfrac{\partial p}{\partial x} - A \left(\dfrac{\partial^2 u}{\partial x^2} + \dfrac{\partial^2 u}{\partial y^2} + \dfrac{\partial^2 u}{\partial z^2} \right)$

泊松表述：$\dfrac{\partial p}{\partial x} - A \left(\dfrac{\partial^2 u}{\partial x^2} + \dfrac{\partial^2 u}{\partial y^2} + \dfrac{\partial^2 u}{\partial z^2} \right) - B \dfrac{\partial}{\partial x} \left(\dfrac{\partial u}{\partial x} + \dfrac{\partial v}{\partial y} + \dfrac{\partial w}{\partial z} \right)$

这样看来，功劳似乎应该归于泊松，毕竟他的公式中有**两个系数**，也就是说他同时考虑到了剪切黏度和体积黏度。然而，现在却很少提及泊松对这一公式的贡献。

斯托克斯确实在建立这些方程上做了很大贡献，但他更大的贡献是在复杂情况下对方程进行了求解。此外，他还对钟摆的运动及摩擦对其运动的影响十分感兴趣。1851 年，他就这一问题写了很长的文章[20]，其中第二部分的标题是：

球体在无限大流体或与其平衡位置同心的球状流体中的振荡方程的解

方程的一个特解是球体在流体中的匀速运动，设球体半径为 r，匀速运动的速度为 v，则用于抵消黏滞阻力、维持球体匀速运动的力应为

$$F = 6\pi \eta r v$$

这个公式就是著名的斯托克斯黏滞阻力定律 (Stokes Law of Friction)。现在，

[18] L. Navier: Mémoires de l´Académie des Sciences VI (1822) p. 389.

[19] S.D. Poisson: Journal de l´Ecole Polytechnique XIII cahier 20 p. 139.

[20] G.G Stokes: *On the effect of the internal friction of fluids on the motion of pendulums*. Transactions of the Cambridge Philosophical Society IX (1851) p. 8.

在几乎所有的流体力学书中，这一公式的推导都会作为一道练习题出现(图8.3)。

SIR GEORGE GABRIEL STOKES, BART.,
Sc.D., LL.D., D.C.L., PAST PRES. R.S.,
ET PRUSSIAN ORDER *POUR LE MÉRITE*, FOR. ASSOC. INSTITUTE OF FRANCE, ETC.
MASTER OF PEMBROKE COLLEGE AND LUCASIAN PROFESSOR OF MATHEMATICS
IN THE UNIVERSITY OF CAMBRIDGE.

图8.3　乔治·加布里埃尔·斯托克斯及他的学位和荣誉

求解纳维-斯托克斯方程的边值问题不仅需要数学技巧，还必须确定管壁附近或球体表面附近的速度分量。斯托克斯表示：

要解决这门学科中最有趣的问题，我们需要知道在固液接触面流体所满足的边界条件[21]。

经过了一段时间的思考，斯托克斯提出了现在常用来分析层流的无滑移条件：

我首先想到的假设是……与固体表面接触的流体薄层不发生相对移动[22]。

斯托克斯认为，只有当流体的平均速度很小时，这一假设才是合理的。同时，他也意识到湍流可能会给这一问题带来困难。当然，他并没注意到稀薄气体中可能出现的问题，这些问题现今仍困扰着再入太空飞行器的研究者们。

卡尔·埃卡特(Carl Eckart，1902～1973年)

尽管傅里叶、菲克、纳维和斯托克斯于19世纪做出的论证可能显得十分复杂，但无论如何，他们的工作为质量、动量和能量(用热力学的语言，即质量密度、速度和温度)的通量建立了合理的方程。然而，他们并没有建立起一个清晰的图像来描绘热力学过程或者说非平衡态热力学。首个清晰地描述上述过程的物理图像是由卡尔·埃卡特在1940年给出的。整个理论分成两个部分，第一部分描述的是具有黏性、导热的单一流体[23]，第二部分描述的是混合流体[24]。这两部分构成了不可逆过程热力学(thermodynamics of irreversible processes，TIP)的基础。我们先尽可能简短地对其进行讨论。

---

[21] 参见第八章脚注20，G.G Stokes: *On the theories of the internal friction*……, p. 312.

[22] 参见第八章脚注20，p. 309.

[23] C. Eckart: *The thermodynamics of irreversible processes I: The simple fluid*. Physical Review 58 (1940).

[24] C. Eckart: *The thermodynamics of irreversible processes II: Fluid mixtures*. Physical Review 58 (1940).

可以说，研究具有黏性和导热的单一流体的非平衡态热力学就是确定流体中的五个场，即流体中任意位置、任意时刻的

$$\text{质量密度 } \rho(\boldsymbol{x},t) \text{ 、速度 } v_i(\boldsymbol{x},t) \text{ 、温度 } T(\boldsymbol{x},t)$$

为此需要得到场方程，而它们的提出正是基于力学平衡方程和热力学平衡方程，即质量守恒定律、动量守恒定律及内能平衡方程，详见第三章。

$$\dot{\rho} + \rho \frac{\partial v_j}{\partial x_j} = 0$$

$$\rho v_i - \frac{\partial t_{ij}}{\partial x_j} = 0$$

$$\rho \dot{u} + \frac{\partial q_j}{\partial x_j} = t_{ij} \frac{\partial v_i}{\partial x_j}$$

有时也将这些方程称为连续性方程、牛顿运动方程和热力学第一定律。

尽管这里有五个方程，与场的数量相同，但它们并不是描述 ρ、v_i 和 T 的场方程。方程中甚至都没有出现温度 T，而是包含了一些新的量：

　　　　•应力 t_{ij}　　　　•热流密度 q_i　　　　•比内能 u

为了完善方程组，必须找到 t_{ij}、q_i、u 与 ρ、v_i、T 之间的关系。

在不可逆过程热力学中，上述关系是受第三章平衡态热力学吉布斯方程的熵不等式的启发得到的，即

$$\dot{s} = \frac{1}{T} \left(\dot{u} - \frac{p}{\rho^2} \dot{\rho} \right)$$

式中，$\dot{s}$ 为比熵。仿照平衡态流体，$\dot{u}$、$\dot{\rho}$ 通过能态方程和温态方程成为 ρ、T 的函数。这个假设称为局域平衡原理(principle of local equilibrium)。

消去吉布斯方程和质量、能量守恒方程中的 $\dot{u}$ 和 $\dot{\rho}$ 并整理，可以得到[25]

$$\rho \dot{s} + \frac{\partial}{\partial x_i} \left(\frac{q_i}{T} \right) = -\frac{q_i}{T^2} \frac{\partial T}{\partial x_i} + \frac{1}{T} t_{\langle ij \rangle} \frac{\partial v_{\langle i}}{\partial x_{j \rangle}} + \frac{1}{T} \left(\frac{1}{3} t_{kk} + p \right) \frac{\partial v_n}{\partial x_n}$$

可以将此式看作熵平衡方程。这将意味着

---

[25] 和前面一样，尖括号表示对称无迹张量。

$$\phi_i = \frac{q_i}{T} : \text{熵流}$$

$$\sum = -\frac{q_i}{T^2}\frac{\partial T}{\partial x_i} + \frac{1}{T}t_{ij}\frac{\partial v_i}{\partial x_j} + \frac{1}{T}\left(\frac{1}{3}t_{kk} + p\right)\frac{\partial v_n}{\partial x_n} : \text{熵的耗散源密度}$$

仔细观察可以发现，熵源为各热力学流与热力学力的乘积之和，见表 8.1。

表 8.1 单一流体的热力学流与热力学力

热力学流	热力学力
热流 q_i	温度梯度 $\dfrac{\partial T}{\partial x_i}$
偏应力 t_{ij}	偏速度梯度 $\dfrac{\partial v_{\langle i}}{\partial x_{j\rangle}}$
动压 $\pi = -\dfrac{1}{3}t_{ii} - p$	速度散度 $\dfrac{\partial v_n}{\partial x_n}$

因为耗散熵源非负，结合熵流 $\varphi_i = q_i / T$，可以得到一个关于熵的不等式。由于该不等式是杜亥姆对克劳修斯的热力学第二定律在非均匀温度场情形下的推广，因此常称作克劳修斯-杜亥姆不等式。在热力学力与热力学流之间呈线性关系的情况下，克劳修斯-杜亥姆不等式的正确性可由 TIP 中的下述本构关系(用 TIP 中的术语来说就是唯象方程)保证。

$$q_i = -\kappa\frac{\partial T}{\partial x_i}\kappa, x \geqslant 0 \qquad \text{傅里叶公式}$$

$$\left.\begin{array}{l} t_{\langle ij\rangle} = 2\eta\dfrac{\partial v_{\langle i}}{\partial x_{j\rangle}}, \quad \eta \geqslant 0 \\[3mm] \pi = -\lambda\dfrac{\partial v_n}{\partial x_n}, \quad \lambda \geqslant 0 \end{array}\right\} \quad \text{纳维-斯托克斯公式}$$

唯象方程和温态方程 $p = p(\rho, T)$、能态方程 $u = u(\rho, T)$ 共同构成了描述流体性质的方程组。唯象方程中，κ 为热导率，η 和 λ 分别为切变黏度和体积黏度，三者可能都是 ρ 和 T 的函数，但这还需要由实验来进一步确定。

TIP 用这种方式将傅里叶定律和纳维-斯托克斯定律纳入了同一个热力学体系之中。无论是傅里叶还是纳维和斯托克斯，他们都没有使用热力学观点进行论证，也没有使用吉布斯方程。事实上，他们也无需使用这些，因为他们是基于对热传导和内摩擦现象的合理假设提出自己的理论的。

物态方程、唯象方程与质量、动量、能量的守恒方程共同组成了场方程组。从这组方程出发，在给定的初始条件和边界条件，五个场 $\rho(\boldsymbol{x},t)$、$v_i(\boldsymbol{x},t)$ 和 $T(\boldsymbol{x},t)$ 都能够解出，并且几乎在所有常规情况下的解都与实际符合得很好。事实上，从最初计算管道中液体的流动，到后来计算飞机的升力和阻力，毫不夸张地说，99% 单一流体的流动问题都可以用这套场方程解决[26]。当然，上述这两个问题的求解通常都需要应用数值方法。

事实上，除数值求解外，上面这些问题完全可以在埃卡特之前得到解决，毕竟焦曼和洛尔已经建立了完整的方程组[27]。埃卡特的成就在于构建了一个完整自洽的理论体系，并将唯象方程纳入其中。

埃卡特并没有止步于对单一流体的研究，而后他将结论推广到了混合流体中。他从混合物的吉布斯方程出发(第五章)，确定了热力学流与热力学力，见表 8.2。

表 8.2   混合流体的热力学流与热力学力

热力学流	热力学力
热流 q_i	温度梯度 $\dfrac{\partial T}{\partial x_i}$
扩散流 J_i^α	化学势梯度 $\dfrac{\partial \frac{1}{T}(g_\alpha - g_\nu)}{\partial x_i}$
偏应力 $t_{\langle ij \rangle}$	偏速度梯度 $\dfrac{\partial v_{\langle i}}{\partial x_{j \rangle}}$
动压 $\pi = -\dfrac{1}{3} t_{ii} - p$	速度散度 $\dfrac{\partial v_n}{\partial x_n}$
单位浓度的反应速率 λ^a	化学亲合势 $\displaystyle\sum_{\alpha=1}^{\nu} g_\alpha \gamma_\alpha^a \mu_\alpha$

对于混合流体，显然需要考虑扩散及化学反应(用 $\alpha = 1,2,\cdots,n$ 标记不同的化学反应)。化学亲和势的消失来源于第五章所述的质量作用定律。混合流体中的唯象关系要比单一流体复杂得多：

$$\lambda^a = \sum_{b=1}^n l^{ab}\left(\sum_{\alpha=1}^\nu g_\alpha \gamma_\alpha^a \mu_\alpha\right) + l^a \frac{\partial v_i}{\partial x_i}$$

$$-\pi = \sum_{b=1}^n \tilde{l}^{\,b}\left(\sum_{\alpha=1}^\nu g_\alpha \gamma_\alpha^a \mu_\alpha\right) + \lambda \frac{\partial v_i}{\partial x_i}$$

[26] 剩下的 1%不能套用场方程处理，它们与稀薄气体、非牛顿流体、超低和超高温或类似的特殊情况有关。

[27] 参见第三章脚注 53，G. Jaumann：*Geschlossenes System*……

参见第三章脚注 54，E. Lohr：*Entropie und geschlossenes Gleichungssystem*……

$$q_i = L \frac{\partial \frac{1}{T}}{\partial x_i} + \sum_{\beta=1}^{\upsilon-1} L_\beta \frac{\partial \frac{1}{T}(g_\beta - g_\nu)}{\partial x_i}$$

$$J_i^\alpha = \tilde{L}_\alpha \frac{\partial \frac{1}{T}}{\partial x_i} + \sum_{\beta=1}^{\nu-1} L_{\alpha\beta} \frac{\partial \frac{1}{T}(g_\beta - g_\nu)}{\partial x_i}$$

$$t_{\langle ij \rangle} = 2\eta \frac{\partial v_{\langle i}}{\partial x_{j\rangle}}$$

如果矩阵

$$\begin{bmatrix} l^{ab} & l^a \\ \tilde{l}^b & \lambda \end{bmatrix} \text{和} \begin{bmatrix} L & L_\beta \\ \tilde{L}_\alpha & L_{\alpha\beta} \end{bmatrix} \text{是半正定的}$$

且黏性系数 η 是非负的，熵不等式就能得到满足。

我们注意到，化学势作为 p、T 和浓度的函数在这些方程中起到了核心作用。很明显，傅里叶定律和菲克定律如今的应用远比刚提出时更广泛。式中考虑到了交叉效应(cross effects)，从而温度梯度也可以引起扩散，浓度梯度也可以导致热传导。此外，一种成分的浓度梯度可能引起另一种成分发生扩散。类似的交叉效应也可能发生在反应速率和动压之间，虽然我坚信这一现象从未被观察到。

埃卡特的工作并未得到应有的赞誉，因为在他的论文发表后不久，约瑟夫•梅克斯纳(Josef Meixner，1908～1994 年)和伊利亚•普里高津(Ilya Prigogine，1917年～)陆续发表了与之非常相似的理论[28,29]。与埃卡特不同，约瑟夫•梅克斯纳和伊利亚•普里高津留在了这个领域，可以说垄断了这个主题。出于某种原因，他们在输运系数中引入了昂萨格倒易关系，后面我们会讲到。因此，埃卡特的理论经常被说成昂萨格的理论。此外，因为许多荷兰热力学家对此做出了贡献，TIP也称为荷兰学派的热力学。有关这个问题的主要专著是由德格鲁特(de Groot)和马祖尔(Mazur)撰写的[30]，书中对 TIP 的发展过程进行了相当清楚的叙述，并且强调了所谓的居里原理(Curie principle)，意思是热力学力和热力学流不能线性相关，除非它们对应的张量具有相同的秩。

---

[28] J. Meixner: *Zur Thermodynamik der irreversiblen Prozesse in Gasen mit chemisch reagierenden, dissoziierenden and anregbaren Komponenten*(关于具有反应、解离和可激动成分的气体中不可逆过程的热力学问题). Annalen der Physik(5)43(1943)pp. 244-270.

J. Meixner: Zeitschrift der physikalischen Chemie B 53(1943)p. 235.

[29] I. Prigogine: *Étude thermodynamique des phénomènes irréversibles*, Desoer, Liège(1947).

[30] S.R. de Groot, P. Mazur: *Non-Equilibrium Thermodynamics*, North, Holland(1963).

　　克利福德·安布罗德·特鲁斯德尔(Clifford Ambrose Truesdell，1919～2000年)认识到了居里原理的本质：它是各向同性函数表示定理的必然结果。特鲁斯德尔由此公开表示对 TIP 的轻蔑，并在 20 世纪 50～60 年代向昂萨格的理论发难[31,32]，但这反而使大多数热力学家团结一致地支持昂萨格。

　　但是，特鲁斯德尔并没有过多地批评埃卡特，因为埃卡特直截了当地说明了他的假设，而不是把它们包装在定理的华丽外衣下。事实上，特鲁斯德尔在一定程度上表示了对埃卡特的赞扬，他说：

　　　　……卡尔·埃卡特，……试图在不引入新理论的情况下将不等式分解，……他也没有引入任何循环的或不相干的理论来混淆视听[33]。

　　我们必须认识到，特鲁斯德尔自有他的目的，因为他觉得有必要宣扬理性热力学，下面我们会讲到，但在他的一番努力下，反而证明了自己十分主观。

　　最后我们还要介绍一下埃卡特的第三篇重要论文[34]，这篇论文是和前面引用的两篇论文一起发表的。在这篇论文中，埃卡特为流体的相对论不可逆热力学奠定了基础，并对傅里叶定律进行了修正，从而使其能够更好地描述相对论气体。驱动热传导的热力学力不再只有温度梯度，而是等于

$$\frac{\partial T}{\partial x_i} + \frac{T}{c^2}\dot{v}_i$$

式中，$\dot{v}_i$ 为加速度或重力加速度。相应地，在重力场中处于平衡的气体存在温度梯度。原因是显然的：温度越高就意味着能量越大，相应的质量也更大，受到的重力就更大，因此温度场必像质量密度一样随气压而分层。当然，分母中的 $1/c^2$ 表明相对论效应是十分微弱的。

昂萨格关系

　　昂萨格关系的恰当形式涉及一些变量 $u_\alpha (\alpha = 1, 2, \cdots, n)$ 的生成集，这些变量只存在于非平衡态，并且其变化率满足线性定律

$$\frac{\mathrm{d}u_\alpha}{\mathrm{d}t} = -M_{\alpha\beta}u_\beta$$

显而易见，可以将 M 称为弛豫矩阵。

[31] C. A. Truesdell: *Six Lectures on Modern Natural Philosophy*, Springer 1966.

[32] C. A. Truesdell: *Rational thermodynamics*, McGraw-Hill series in modern applied mathematics (1969) Chap. 7.

[33] 参见第八章脚注 32，p. 141.

[34] C. Eckart: *The thermodynamics of irreversible processes III: Relativistic theory of the simple fluid*. Physical Review 58 (1940).

熵 S 由各 u_α 决定，它在平衡状态下取最大值。取二阶近似（这在线性理论中的精度是足够的），此时的熵可以表示为

$$S = S_{equ} + \frac{1}{2}\frac{\partial^2 S}{\partial u_\alpha \partial u_\beta}u_\alpha u_\beta = S_{equ} - \frac{1}{2}\boldsymbol{g}_{\alpha\beta}u_\alpha u_\beta$$

式中，$\boldsymbol{g}$ 为正定对称矩阵。在这种情况下，若不考虑熵流，熵增可以简单地由熵的变化率给出：

$$\dot{S} = \frac{\mathrm{d}u_\alpha}{\mathrm{d}t}\frac{\partial S}{\partial u_\alpha}$$

可以认为这是各热力学流和热力学力的乘积之和，如表 8.3 所示。

表 8.3　泛型的流和力

热力学流	热力学力
$J_\alpha = \dfrac{\mathrm{d}u_\alpha}{\mathrm{d}t}$	$X_\alpha = \dfrac{\partial S}{\partial u_\alpha} = -\boldsymbol{g}_{\alpha\beta}u_\beta$

力与流呈线性关系，可以表示为

$$J_\alpha = L_{\alpha\beta}X_\beta$$

式中，$L_{\alpha\beta}$ 是半正定的。这保证了熵增是非负的。同时，昂萨格关系[35]要求

$$L_{\alpha\beta} = M_{\alpha\beta}\boldsymbol{g}_{\alpha\beta}^{-1}$$

是对称的。

基于昂萨格关于涨落的均值回归假说，这种形式的昂萨格关系及相应的力和流都可以被证明，参见第九章。德格鲁特和马祖尔在他们的畅销专著中证明了该定理。他们非常坦率地表明昂萨格的假说并非完全不合理[36]。

昂萨格关系有两个限制条件，其中一个由昂萨格本人提出[37]。它涉及磁感应强度 $\boldsymbol{B}$ 的存在。众所周知，只有将 $\boldsymbol{B}$ 与带电粒子的速度同时逆转才能实现该粒子

[35] L. Onsager: *Reciprocal relations in irreversible processes*, Physical Review (2) 37 (1931) pp. 405-426 及 38 (1932) pp. 2265-2279.

[36] 参见第八章脚注 30，S.R. de Groot, P. Mazur：p. 102.

人们常说，微观可逆性 (microscopic reversibility) 是证明昂萨格关系的关键假设。的确，这个证明利用了原子轨迹在速度反演时反向这一事实。但这在微观物理世界中十分明显，以至于无需提及。当然，微观可逆性远比均值回归假说更可靠。

[37] 参见第八章脚注 35 中文献，L. Onsager：(1932).

在磁场中运动的反演，若只将带电粒子的速度反向则不能实现反演。另一个限制条件由卡西米尔（Casimir）提出[38]，他通过时间反演区分出了 u_α 中的奇偶变量。我不打算深入讨论这个问题，只说一点：昂萨格关系和卡西米尔的修正在引用时常被缩写为 OCRR，即昂萨格-卡西米尔倒易关系。

　　梅克斯纳（Meixner）[39]将 OCRR 推广到混合物的输运现象中。也就是说，他将 OCRR 应用到了埃卡特的唯象方程中。根据梅克斯纳的理论，有

$$l^{ab} = l^{ba}, l^b = -\tilde{l}^b \text{ 和 } L_{\alpha\beta} = L_{\beta\alpha}, \tilde{L}_\beta = L_\beta$$

　　由于这一情况更加复杂，目前还没能给出令人信服的证明[40]。

　　然而，特鲁斯德尔从动量守恒出发，通过某些宏观参数证明了扩散系数矩阵 $L_{\alpha\beta}$ 的对称性及二元阻力假设的合理性，由此得到两种组分间的相互作用不受第三种组分影响的结论[41]。穆勒[42]又由外推得到在欧拉流体混合物中应满足 $\tilde{L}_\beta = L_\beta$。气体动理学理论常作为昂萨格倒易关系有效性的例证。然而，这些是由特鲁斯德尔和穆勒基于昂萨格倒易关系外推得到的，因此动理学理论并没有真正证实一般的昂萨格关系。

　　此外，梅克斯纳[43]还通过多个化学反应的细致平衡原理证明了 l^{ab} 的对称性，这一证明同样没有参考任何关于涨落的均值回归假说。

理性热力学

　　事实上，理性热力学与 TIP 并无太大区别。这两种理论都基于克劳修斯-杜亥姆不等式和吉布斯方程。两种理论中某些表述会变换位置：TIP 中的居里原理被物质标架无差异原则所取代，理性热力学中的吉布斯方程是由推导得出结果，而在 TIP 的理论中吉布斯方程是一个基本假设。对于克劳修斯-杜亥姆不等式的情况

[38] H.B.G. Casimir: *On Onsager's principle of microscopic reversibility*, Review of Modern Physics 17 (1945), pp. 343-350.

[39] J. Meixner, H.G. Reik: *Die Thermodynamik der irreversiblen Prozesse in kontinuierlichen Medien mit inneren Umwandlungen*（在具有内部转换的连续介质中不可逆过程的热力学）Thermodynamics of irreversible processes in continuous media with internal transformations. Handbuch der Physik III/2, Springer Heidelberg (1959).

[40] 参见第八章脚注 30，pp. 69-74。这是德格鲁特和马祖尔对输运过程中昂萨格关系的证明开展了最深入的研究，他们使用的基本方程是偏微分方程而非速率定律。他们试图证明热导张量是对称的——即昂萨格的原始问题。但他们并没有完全成功，他们所能证明的只是反对称部分的散度为 0。

[41] C. Truesdell: *Mechanical Basis of diffusion*, Journal of Chemical Physics 37 (1962).

[42] I. Müller: *A new approach to thermodynamics of simple mixtures*, Zeitschrift für Naturforschung 28a (1973).

[43] 参见第八章脚注 39，J. Meixner: Annalen der Physik (1943).

则恰好相反。当将两种理论应用于线性黏性的导热流体时，两种理论将给出相同的结果。这对两种理论来说都是一件好事，因为这种流体的场方程早在两种理论建立之前就已经被很好地描述，从而证明了两种理论的可靠性。

两种理论之间的区别源于各自代表者的主张不同：TIP 只打算表述线性理论，并且无法进行外推，而在理性热力学中却没有这一先验的限制。因此，理论工作者们希望从中得到更普适的理论，但结果却令他们失望。也许是他们过于自信，非线性部分的理论崩溃了。

该理论的一个新特点是物质标架无差异原则(principle of material frame indifference)的引入[44]。它由吉泽库斯(Hanswalter Giesekus)[45]在非牛顿流体的研究背景下首次提出，并由沃尔特·诺尔(Walter Noll，1925 年～)在 1958 年将其标准化后推广到连续介质力学中[46]。这一原理源于欧几里得变换，即坐标系间依赖时间的旋转和平移。假设 x_i 和 x_i^* 是坐标系 S 和 S^* 中体积元的坐标，则有

$$x_i^* = O_{ij}(t)\,x_j + b_i(t) \quad \leftrightarrow \quad x_i = O_{ji}(t)\big(x_j^* - b_j(t)\big)$$

正交矩阵 $\boldsymbol{O}(t)$ 和向量 $\boldsymbol{b}(t)$ 可以是时间的任意函数，如此一来，两个坐标系中至少有一个是非惯性坐标系。为了使我们的思路更加清晰，不妨设 S 为惯性系。物质标架无差异原则指出，本构函数不依赖于本征参考系中坐标系的选取。这意味着

- 变量只能是欧几里得向量和张量；
- 本构函数是各向同性的函数。

连续介质力学和热力学中的假设和基本条件的合理性可以用气体动理学理论来检验，这至少可以证明它们对于气体是适用的。然而经过检验[47]，物质标架无差异原则是错误的，见插注 8.1。不过它并没有错得很离谱，因为对标架即参考系的依赖性是由科里奥利力使原子的平均自由程发生弯曲而造成的。因此，为了体现这一影响，人们需要建立一个高速旋转的参考系。从这个意义上说，这个论点甚至证实了标架无差异原则是一个实用工具，并解决了其与伽利略不变性是非相对论唯一真正的不变性这一观点之间的矛盾[48]。

---

[44] 也称为物质客观性原则(principle of material objectivity)。

[45] H. Giesekus: *Die rheologische Zustandsgleichung*(流变学物态方程)，Rheologica Acta 1 (1958) pp. 2-20.

[46] W. Noll: *A mathematical theory of the mechanical behaviour of continuous media*, Archive for Rational Mechanics and Analysis 2 (1958).

[47] I. Müller: *On the frame-dependence of stress and heat flux*, Archive for Rational Mechanics and Analysis 45 (1972).

[48] 伽利略变换是欧几里得变换的子群，其中 $\boldsymbol{O}$ 与时间无关，$\boldsymbol{b}$ 是时间的线性函数。在伽利略参考系中没有像科里奥利力那样的惯性力。

热流的参考系依赖性

考虑两个共轴圆柱体之间的静止气体，并着重考察原子平均自由程尺度上的小体积元。空间中存在辐射状的温度梯度，如图 8.4 所示。由于体积元底部温度较高，因而底部原子具有比顶部原子更大的平均动能，因此向上运动通过 *H-H* 平面的原子比向下运动通过该平面的原子携带了更多的能量。这样就形成了一个自下而上、逆温度梯度的能流(也称为热流)，这与傅里叶定律预测的结果相同。注意到上面的讨论中，气体相对于惯性系静止。现在让内外圆柱及中间的气体共同旋转，旋转轴与圆柱的轴重合。此时，原子的轨迹将在科里奥利力的作用下发生弯曲，因而热流在穿过 *H-H* 平面的同时也穿过 *V-V* 平面，如图 8.4 所示。因此，在转动的非惯性系中，热流有一个垂直于温度梯度的分量，其大小与参考系转动的角速度成正比。从图中可以看出，热流和温度梯度之间的关系是依赖于参考系的(frame-dependent)。

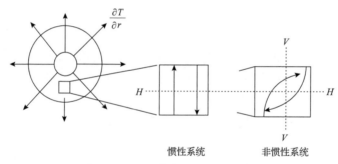

图 8.4　热流对参考系选择的依赖性

对于应力和速度梯度之间的关系也可以得出类似结论。气体动理学理论为本插注中的论述提供了可用的方程。

插注 8.1

但这并非解决问题的办法，理性热力学的支持者们发现了问题。他们没有近似原则可以使用。有些人为了挽救物质标架无差异原则而准备放弃动理学理论。诺尔认为这一原则才是真正普适的原则；与此同时，他改变了该原则的表述，从而排除了外力的影响。在他的新表述中，外力还包括像科里奥利力这样的惯性力[49]，因为该原则只在惯性力存在的情况下不成立。这是个有些奇怪的表述，但除此之

---

[49] W. Noll: *A new mathematical theory of simple materials*, Archive for Rational Mechanics and Analysis 48(1972).

外他可能实在找不到更合理的解释[50]。在谈及插注 8.1 中的观点时，特鲁斯德尔[51]
挖苦地问道空心圆柱与实心圆柱对应的物理规律为什么会不同[52]，并对后来反对
他的意见置之不理。结果是这个话题混乱到对于物质标架无差异原则的讨论从未
停止，甚至在我写下这些文字的几年里还在继续。然而，这些讨论都是老调重弹。

　　理性热力学曾因不能解释非牛顿流体而受到质疑。该领域的早期研究者是伯
纳德·戴维·科尔曼（Bernard David Coleman，1930 年～）和沃尔特·诺尔，他们
之前的研究方向是连续介质力学，特别是黏弹性固体和流体的连续介质力学[53]。因
此，从一开始理性热力学就十分强调本构函数。根据本构函数，应力等物理量取
决于速度梯度变化的历程。对于实际的流动问题，用以 n 个速度梯度对时间的高
阶导数作为自变量的函数来近似描述速度梯度变化的历程似乎是合理的。通过这
种方法，可以得到 n 级流体的理论，该理论在静止时的形式被广泛应用于计算
黏性流动的解[54]。然而，理性热力学预测出平衡状态下 2 级流体的自由能取最
大值[55]，但实际情况中自由能取最小值时系统才是稳定的。后来证明，对于 n 级
流体，当 $n>1$ 时没有稳定解[56]。人们开始质疑理性热力学能否应用于非线性问题，
现在大多数人认为不能。

　　在某种意义上，理性热力学的失败是一种遗憾，因为其确实基于熵不等式进
行了一些优美而合理的论证。这些论证并非毫无意义，因为它们可以推动现今广
延热力学的发展。

　　特鲁斯德尔对理性热力学公开的盲目支持和他高调的风格在 TIP 的支持者和
理性热力学的领军人物（当然，主要是特鲁斯德尔自己）之间引发了激烈的争论

---

[50] 从逻辑上讲，这种新的物质标架无差异性原则与亨利·福德为推销其客户服务而广为流传的广告是一样的：只要 T 型车是黑色的，你们就可以把它漆成任意想要的颜色。

[51] C. Truesdell: *Correction of two errors in the kinetic theory that have been used to cast unfounded doubt upon the principle of material frame indifference*, Meccanica 11（1976）.
特鲁斯德尔观点中的一个"错误"出现在穆勒的论证中，见插注 8.1。特鲁斯德尔支出的另一个错误在埃德伦（D.G.B.Edelen）和麦克伦南（T.A. McLennan）的论文中有所提及，见 *Material Indifference: A Principle or a Convenience*, International Journal of Engineering Science 11（1973）.

[52] 论述中的内圆筒是建立温度梯度所必需的。在实心圆柱中，径向对称、非均匀的温度场是不存在的。

[53] B.D. Coleman: *Thermodynamics of materials with memory*, Archive for Rational Mechanics and Analysis 17（1964）.

B.D. Coleman: *An approximation theorem for functionals, with applications in continuum mechanics*, Archive for Rational Mechanics and Analysis 6（1960）.

[54] 参见 C. Truesdell: *The elements of continuum mechanics*, Springer, New York（1966）及 B.D. Coleman, H. Markovitz, W. Noll: *Viscometric flows of non-Newtonian fluids*, Springer Tract in Natural Philosophy 5（1966）.

[55] J.E. Dunn, R.L. Fosdick: *Thermodynamics, stability, and boundedness of fluids of complexity 2 and fluids of second grade*, Archive for Rational Mechanics and Analysis 56（1974）.

[56] D.D. Joseph: *Instability of the rest state of fluids of arbitrary grade greater than one*, Archive for Rational Mechanics and Analysis. 75（1981）.

（图 8.5）。他在攻击昂萨格理论时充满了讽刺，对于那些不是攻击目标的人来说，这读起来很有趣。而 TIP 的支持者们也竭尽全力地回击特鲁斯德尔。伍兹（Woods）在一篇题为《连续介质力学的伪公理》（*The bogus axioms of continuum mechanics*）的论文中指出了若干理性热力学理论的缺陷[57]。罗纳德·塞缪尔·里夫林（Ronald Samuel Rivlin，1915～2005 年）则经常进行题为《论现代连续介质力学中红鲱鱼和其他不明鱼类》（*On red herrings and other sundry unidentified fish in modern continuum mechanics*）的幽默演讲，使全世界的听众捧腹大笑。

20 世纪 50 年代末，当特鲁斯德尔和里夫林还是朋友时，特鲁斯德尔把他最伟大作品的预印本寄给了里夫林[58]，以寻求他的建议和认可。

里夫林回信指出，书中没有进行稳定性方面的讨论。

然而，特鲁斯德尔并没有理解里夫林的意思。他回信说：“亲爱的里夫林，我寄给你现代连续介质力学的著作，其中你的工作被引用了 84 次，而你所做的只是抱怨你的工作没有被引用 85 次。”

图 8.5　克利福德·安布罗德·特鲁斯德尔 III

广延热力学

正式结构

广延热力学的目的是确定描述系统状态的 n 个场，分别用 $u_\alpha(x,t)$（$\alpha = 1, 2, \cdots, n$）来表示，其中描述系统质量密度、动量密度和能量密度的 5 个场是必不可少的。在广延热力学中，场的数量有所增加，还可能包含应力、热流和其他物理量，后面我们会讲到。

我们需要确定 n 个场方程，它们基于 n 个平衡方程：

$$\frac{\partial u_\alpha}{\partial t} + \frac{\partial F_\alpha^a}{\partial x_a} = \Pi_\alpha \quad (\alpha = 1, 2, \cdots, n)$$

[57] L.C.Woods: Bulletin of Mathematics and its Applications 1（1981）.

[58] C. Truesdell, W. Noll: *The Non-Linear Field Theories of Mechanics*, Handbuch der Physik III/3 Springer Heidelberg（1965）.

式中，场 u_α 也称为密度；F_α^a 为相应的通量；Π_α 为源。根据质量、动量和能量守恒，前五种场的源为零。在平衡态下，所有的源都为零。

为了获得密度 u_α 的场方程，在平衡方程的基础上还必须补充本构方程。本构方程从物质的角度将通量 F_α^a、源 Π_α 与密度联系在一起。在广延热力学中，本构关系有以下形式：

$$F_\alpha^a = \hat{F}_\alpha^a\left(u_\beta\right)\ \text{和}\ \ \Pi_\alpha = \hat{\Pi}_\alpha\left(u_\beta\right)$$

可见，通量 F_α^a 和源 Π_α 在给定点的值只与该点此时的密度 u_α 有关。因而可以说，本构方程在时空坐标下是局域的 (local)[59]。

如果知道本构函数 $\hat{F}_\alpha^a$ 和 $\hat{\Pi}_\alpha$ 的确切表达式，就可以从平衡方程中消去 F_α^a 和 Π_α，从而获得明确的场方程，它们组成一阶偏微分方程的准线性方程组。方程组的每个解都是一个热力学过程 (thermodynamic process)。

对称双曲系统

但现实中的本构函数是未知的，本构理论的任务就是确定这些函数，或者至少使它们变得更具体。本构理论是利用一些普适的物理规律来进行研究的，这些规律是长期经验积累的结果。主要的原理有

- 熵不等式　　　　　　· 凹度条件　　　　　　· 相对性原理

前两个体现了熵原理，特别地，第二个原理保证了场方程的热力学稳定性和双曲性。

熵不等式追加了一个平衡定律。对所有的热力学过程，要求

$$\frac{\partial h}{\partial t} + \frac{\partial h^\alpha}{\partial x_\alpha} = \sum \geqslant 0$$

式中，h 为熵密度；h^α 为熵的通量；$\sum$ 为熵的源。这三个都是本构变量，因此在广延热力学中有

$$h = \hat{h}\left(u_\beta\right),\ \ h^\alpha = h^\alpha\left(u_\beta\right),\ \ \sum = \sum\left(u_\beta\right)$$

凹度条件要求通量 h 是关于 u_α 的凹函数，即

---

[59] 因此，本构方程中不存在变量的梯度或变量对时间的导数。特别地，虽然没有温度梯度，但仍需考虑热传导，因为热流被作为变量考虑在内。

$$\frac{\partial^2 h}{\partial u_\alpha \partial u_\beta} \text{ 是负定的}$$

相对性原理要求场方程和熵不等式在伽利略变换下具有相同的形式[60]。

应用熵不等式的关键在于判断热力学过程（即场方程的解）中的不等式是否成立。换句话说，场方程必须满足熵不等式对场的约束。刘宜实（Liu）的一个引理[61]证明了可以使用拉格朗日乘子 Λ_α（它是 u_α 的函数）来消除这一约束。事实上，新的不等式可以写为

$$\frac{\partial h}{\partial t} + \frac{\partial h^a}{\partial x_a} - \Lambda_\alpha \left(\frac{\partial u_\alpha}{\partial t} + \frac{\partial F_\alpha^a}{\partial x_a} - \Pi_\alpha \right) \geqslant 0$$

这必须对所有场 $u_\alpha(x_i, t)$ 都成立。

这就意味着

$$dh = \Lambda_\alpha du_\alpha, \quad dh^a = \Lambda_\alpha dF_\alpha^a, \quad \Lambda_\alpha \Pi_\alpha \geqslant 0$$

因此在平衡状态下，除前五个拉格朗日乘子外，其他方程中的乘子都为 0。最后一个不等式 $\Lambda_\alpha \Pi_\alpha \geqslant 0$ 代表熵增或耗散。

为了更好地展现场方程组的数学结构，将原来的变量 u_α 视为参数，将拉格朗日乘子 Λ_α 视为变量，并获得标量势和矢量势—— $h' = -h + \Lambda_\alpha u_\alpha$ 和 $h^a = -h^{a'} + \Lambda_\alpha F_\alpha^a$，有

$$\frac{\partial h'}{\partial \Lambda_\alpha} = u_\alpha, \quad \frac{\partial h'^a}{\partial \Lambda_\alpha} = F_\alpha^a$$

因此，场方程可以写为

$$\frac{\partial^2 h'}{\partial \Lambda_\alpha \partial \Lambda_\beta} \frac{\partial \Lambda_\beta}{\partial t} + \frac{\partial^2 h'^a}{\partial \Lambda_\alpha \partial \Lambda_\beta} \frac{\partial \Lambda_\beta}{\partial x_a} = \Pi_\alpha, \quad \alpha = 1, 2, \cdots, n$$

系统中的四个矩阵都是对称的，并且第一个矩阵是负定的[62]。因此，用拉格

[60] 在相对论热力学中，要求方程在洛伦兹变换下具有不变性，但这不是这本书讨论的内容，尽管相对论热力学是广延热力学的一个有趣应用。参考：I-Shih Liu, I. Müller, T. Ruggeri: *Relativistic thermodynamics of gases*, Annals of Physics 100(1986)。I. Müller, T. Ruggeri: *Rational Extended Thermodynamics*, Springer, New York(1998)第二版。

[61] I-Shih Liu: *Method of Lagrange multipliers for the exploitation of the entropy principle*, Archive for Rational Mechanics and Analysis 4(1972)。

[62] 这源于熵密度在 u_α 上体现出的凹性，因为 $h = -h + \Lambda_\alpha u_\alpha$ 定义了与映射 $\Lambda_\alpha \leftrightarrow u_\alpha$ 相关的勒让德变换。

朗日乘子表示的场方程组是一个对称双曲系统(symmetric hyperbolic system)。

对称双曲系统具有方便且理想的数学性质，它满足柯西问题的使用条件——存在性、唯一性和连续性。双曲性还保证了场具有有限的传播速度。获得有限的传播速度便是建立广延热力学的初衷，后面我们会讲到。系统有 n 个传播速度，它们可由场方程组的特征方程计算得到，即

$$\det\left(\frac{\partial^2 h'}{\partial \Lambda_\alpha \partial \Lambda_\beta}V - \frac{\partial^2 h'^a}{\partial \Lambda_\alpha \partial \Lambda_\beta}n_a\right) = 0$$

式中，n_a 和 V 分别为传播的方向和速度。显然，为了区分 $h'\left(\Lambda_\beta\right)$ 和 $h'^a\left(\Lambda_\beta\right)$，在计算波速前，本节应使用更具体的关系代替方程的普适性。在目前的标准框架下，最直接的具体化方法是矩的广延热力学，参见下文。

波的增长与衰减

即使初值是平滑的，非线性双曲方程在场中的解也可能随着演化而变得不连续。另外，陡峭的梯度包含强耗散，这使方程的解有趋于平滑的趋势。因此，非线性和耗散之间存在竞争，最终可能使方程在任何时候都能得到平滑解。这对于真实的场方程组十分重要，因为几乎所有真实发生的现象都是平滑的，毕竟"大自然没有骤变"[63]。

加速度波的增长与衰减是体现非线性和耗散之间竞争关系的一个极具启发性的例子，即沿 $u_\alpha(\boldsymbol{x},t)(\alpha = 1,2,\cdots,n)$ 移动的奇异曲面的解是连续的，但其梯度并不连续。当波移动到一个齐次且与时间无关的平衡区域时，其振幅 A 代表了梯度的跳变，并且服从伯努利方程[64]。

$$\frac{\delta A}{\delta t} \underbrace{- \frac{\partial V}{\partial u_\beta}d_\beta}_{a}A^2 \underbrace{- l_\alpha \frac{\partial \Pi_\alpha}{\partial u_\beta}d_\alpha}_{b}A = 0$$

式中，V 为特征速度；l_α 和 d_α 分别为一维场方程矩阵 $\frac{\partial F_\alpha^1}{\partial u_\beta}$ 的左右特征值。

---

[63] 基于 Aristoteles: *Historia animalium*。亚里士多德的这句话是用希腊语说的，当然，是在完全不同的语境下说的。这句俗语常用于描述激波陡峭但平稳的结构。

[64] 对于波，特别是加速度波，P. Chen 提供了极佳的描述：*Growth and decay of waves in solids. Mechanics of Solids III*, Handbuch der Physik 6A/3 Springer, Heidelberg (1973)。

我认为第一个计算加速度波振幅 $A(t)$ 变化率的人是格林(W.A. Green)：*The growth of plane discontinuities propagating into a homogeneous deformed material*, Archive for Rational Mechanics and Analysis 16 (1964)。

这里给出紧凑形式的伯努利方程及左右特征值都是基于布瓦拉(G. Boillat)的工作：*La propagation des ondes*, Gauthier-Villars, Paris (1965)。

$$\frac{\partial u_\alpha}{\partial t} + \frac{\partial F_\alpha^1}{\partial x_1} = \Pi_\alpha \quad (\alpha = 1, 2, \cdots, n)$$

伯努利方程的解为

$$A(t) = \frac{A(0)\mathrm{e}^{-bt}}{1 - A(0)\dfrac{a}{b}\left(\mathrm{e}^{bt} - 1\right)}$$

因此，$A(t)$ 将保持为有限值，除非初始振幅 $A(0)$ 很大。

一般来说，对于任意情况，得到光滑解的条件是不确定的。对于光滑解有一个充分但不必要的条件[65]。

单原子气体的特征速度

让我们回忆第四章气体动理学理论中普适的输运方程。设 $\psi = \mu c_{i_1} c_{i_2} \cdots c_{i_l}$，将输运方程应用到速度分量的多项式中，从而得到关于分布函数 f 的矩（moments）$\mu_{i_1 i_2 \cdots i_l} = \int \mu c_{i_1} c_{i_2} \cdots c_{i_l} f \mathrm{d}c$ 的平衡方程：

$$\frac{\partial u_{i_1 i_2 \cdots i_l}}{\partial t} + \frac{\partial u_{i_1 i_2 \cdots i_l a}}{\partial x_a} = \Pi_{i_1 i_2 \cdots i_l} \quad (l = 0, 1, 2, \cdots, N)$$

由于每个指标可以取值 1、2、3，所以方程的个数有

$$n = \frac{1}{6}(N+1)(N+2)(N+3)$$

前面提到，这些方程适用于广延热力学的标准框架，但形式更简洁。的确，上式左端只涉及一个通量 $u_{i_1 i_2 \cdots i_l a}$（也就是最后一项），而且它与 $u_{i_1 i_2 \cdots i_l}$ ($l = 1, 2, \cdots, N$) 之间没有明确关联。

因此，前几节讨论的结论可以应用到目前的讨论中，特别是对熵不等式的应用。基于气体动理学理论(第四章)，该不等式可以写为

$$\frac{\partial}{\partial t}\left[-k \int f \ln \frac{f}{eY} \mathrm{d}c \right] + \frac{\partial}{\partial x_a}\left[-k \int c_a f \ln \frac{f}{eY} \mathrm{d}c \right] \geqslant 0$$

利用拉格朗日乘子 $\Lambda_{i_1 i_2 \cdots i_l}$ ($l = 1, 2, \cdots, N$) 及密度和通量的矩的特性，得到分布

[65] S. Kawashima: *Large-time behaviour of solutions to hyperbolic-parabolic systems of conservation laws and applications*, Proceedings of the Royal Society of Edinburgh A 106(1987)。

函数具有以下形式：

$$f = Y \exp\left(-\frac{1}{k}\sum_{l=0}^{N} \Lambda_{i_1 i_2 \cdots i_l} \mu c_{i_1} c_{i_2} \ldots c_{i_l}\right)$$

因此，标量势和矢量势可以写成

$$h' = -kY\int \exp\left(-\frac{1}{k}\sum_{l=0}^{N} \Lambda_{i_1 i_2 \cdots i_l} \mu c_{i_1} c_{i_2} \ldots c_{i_l}\right)\mathrm{d}\boldsymbol{c}$$

$$h'^a = -kY\int c_a \exp\left(-\frac{1}{k}\sum_{l=0}^{N} \Lambda_{i_1 i_2 \cdots i_l} \mu c_{i_1} c_{i_2} \ldots c_{i_l}\right)\mathrm{d}\boldsymbol{c}$$

将上式代入计算波速的特征方程中，可以得到

$$\det\left(\int (c_a n_a - V) c_{i_1} \ldots c_{i_l} c_{j_1} \ldots c_{j_n} f_{\mathrm{equ}}\mathrm{d}\boldsymbol{c}\right) = 0$$

此式要求波传播到平衡区域。式中，f_{equ} 为麦克斯韦分布，参见第 4 章。

因此，对于特征速度，特别是最大脉冲速度的计算，只需进行简单的积分和一个 n 阶代数方程的求解。行列式的维数随着 N 的增大而迅速增加：当 $N=10$ 时，行列数为 286；而当 $N=43$ 时，行列数达到了 15180。但行列式元素的计算和 $V_{\max}$ 的确定可由计算机程序实现，沃夫·韦斯（1956 年～）已经实现了这一程序，只需按下按钮就可以得到任意可能 N 值的计算结果（图 8.6）。我们发现脉冲速度随着 N 的增大而增加，并且不收敛[66]。盖·布瓦拉（Guy Boillat，1937 年～）和托马索·鲁盖里（Tommaso Ruggeri，1947 年～）还确定了 $V_{\max}$ 的下界，当 $N\to\infty$ 时，这个下界也趋于无穷[67]。

$V_{\max}$ 无界这一事实使广延热力学显得有些虎头蛇尾，因为该理论的初衷是寻找有限的热传导速度。让我们考虑如下情况。

卡洛·卡塔尼奥（Carlo Cattaneo，1911～1979 年）

傅里叶的热传导方程是典型的抛物形方程，它预测扰动在温度场中的传播速度为无限大。这种现象后来称为热传导佯谬（paradox of heat conduction）。无论是工程师还是物理学家都不太在意这个佯谬。对于固体和液体，甚至在正常压强和

---

[66] W. Weiss: *Zur Hierarchie der erweiterten Thermodynamik*（关于广延热力学的层次），Dissertation TU Berlin。另参见第八章脚注 60：I. Müller, T. Ruggeri: *Rational Extended Thermodynamics*.

[67] G. Boillat, T. Ruggeri: *Moment equations in the kinetic theory of gases and wave velocities*, Continuum Mechanics and Thermodynamics 9（1997）.

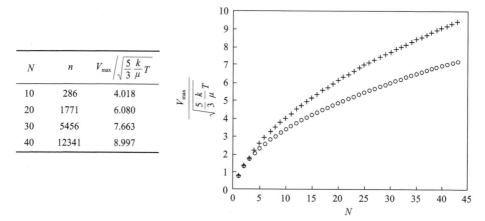

N	n	$V_{max}\bigg/\sqrt{\dfrac{5}{3}\dfrac{k}{\mu}T}$
10	286	4.018
20	1771	6.080
30	5456	7.663
40	12341	8.997

图 8.6　脉冲速度与正常声速的关系(表格和右图中的十字：韦斯的计算结果[68]；

右图中的圆圈为布瓦拉和鲁盖里计算的下界 $\sqrt{\dfrac{6}{5}\left(N-\dfrac{1}{2}\right)}$ [69])

温度的气体中，它的定量影响是微乎其微的。然而，这一佯谬在热力学理论中显得十分不和谐。1948 年，卡洛·卡塔尼奥试图解决这一问题。

　　卡塔尼奥经过深思熟虑后认为傅里叶定律存在错误，并对其进行了修正。请参考图 8.7，并回忆动理学基本理论中对气体热传导机理的描述。考虑一个与平均自由程具有相同尺度的小体积元，如果其内部存在向下的温度梯度，那么向上运动的原子携带的平均能量比向下运动的原子大。因此，能量存在向上的净流入，与温度梯度方向相反，并且与穿过中间层的粒子对有关。显然，热流正比于温度

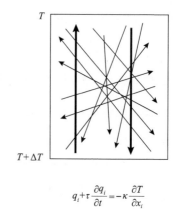

$$q_i+\tau\frac{\partial q_i}{\partial t}=-\kappa\frac{\partial T}{\partial x_i}$$

图 8.7　卡洛·卡塔尼奥及卡塔尼奥方程

[68] 参见第八章脚注 66，W. Weiss：*Zur Hierarchie der erweiterten Thermodynamik*.

[69] 参见第八章脚注 67，G. Boillat, T. Ruggeri：*Moment equations*…….

梯度，正如傅里叶定律描述的那样。

卡塔尼奥对这个观点略加修改[70]。他认为，粒子从出发点出发的时刻与穿过中间层的时刻存在时间差。很显然，如果温度随时间变化，那么 t 时刻的热流取决于 $t-\tau$ 时刻的温度梯度，其中 τ 与粒子的平均自由时间的数量级相同。因此，可将非稳态傅里叶定律写成如下形式：

$$q_i = -\kappa\left(\frac{\partial T}{\partial x_i} - \tau\frac{\partial}{\partial t}\frac{\partial T}{\partial x_i}\right), \quad \tau > 0$$

但这个方程存在严重缺陷，因为它预测出当 $q_i = 0$ 时，温度梯度将以指数速度发散到无穷。而且修正后的傅里叶定律也没有导出一个有限的速度，所以仍未解决佯谬。卡塔尼奥肯定知道这一点(尽管他没有这样说!)。因为他后来通过三步计算，将非稳态傅里叶定律转换成另一种形式，结果堪称数学奇迹。

$$q_i = -\kappa\left(\frac{\partial T}{\partial x_i} - \tau\frac{\partial}{\partial t}\frac{\partial T}{\partial x_i}\right) \Rightarrow \frac{1}{1-\tau\frac{\partial}{\partial t}}q_i = -\kappa\frac{\partial T}{\partial x_i}$$

$$\Rightarrow \left(1+\tau\frac{\partial}{\partial t}\right)q_i = -\kappa\frac{\partial T}{\partial x_i}$$

$$\Rightarrow q_i + \tau\frac{\partial q_i}{\partial t} = -\kappa\frac{\partial T}{\partial x_i}$$

最终结果是可以接受的，现在通常称为卡塔尼奥方程。当热流为 0 时，它给出了 $\frac{\partial T}{\partial x_i} = 0$ 的稳态解，如果结合能量方程，就能导出一个电报方程，从而计算出扰动在温度场中的有限传播速度。

因此，不管卡塔尼奥的推导有怎样的缺陷，他是第一个用双曲形方程描述热传导的人。让我们引用他的话，看看他是如何为从非稳态傅里叶定律到卡塔尼奥方程的推导辩护的：

Nel risultato ottenuto approfitteremo della piccolezza del parametro τ per trascurare il termine che contiene a fattore il suo quadrato, conservando peraltro il

在结果中，我们利用参数 τ 是一个小的量，这使得具有 τ 平方的

[70] C. Cattaneo: *Sulla conduzione del calore*(关于热传导)。Atti del Seminario Matematico Fisico della Università di Modena, 3(1948).

termine in cui τ compare a primo grado. Naturalmente, per delimitare la portata delle conseguenze che stiamo per trarre, converrà precisare un po' meglio le condizioni in cui tale approssimazione è lecita. Allo scopo ammetteremo esplicitamente che il feno-meno di conduzione calorifica avvenga nell'intorno di uno stato stazionario o, in altri termini, che durante il suo svolgersi si mantengano abbastanza piccole le derivate temporali delle varie grandezze in giuoco.

项可以被忽略。但是，τ 的一阶项需要被保留。当然，为了理解这一近似对推导结果的影响，我们应当研究近似成立的条件。为此，我们强调热传导应维持准静态。或者换句话说，当静态变化缓慢时，不同量对时间的导数应足够小。

上述说法存在一定问题。到底如何才能将一个不稳定的抛物线方程转化为一个稳定的双曲线方程呢？

请允许我针对这一点提出看法：卡塔尼奥导出非稳态傅里叶定律的方法，只不过是气体动理学理论中经常使用的迭代方法中第一步的简化版本。这一领域的目标是在纳维-斯托克斯-傅里叶理论的基础上，改进对黏性导热气体的处理方法。这种迭代方法称为查普曼-恩斯科格方法，其扩展方法称为伯内特近似和超级伯内特近似。这种方法会产生固有不稳定性的方程，因此应被人们抛弃。这一事实之所以几十年来都没有被认识到，是因为作者把所有注意力都集中到了稳态过程上[71]。而该方法仍被使用的原因在于人们天生的惰性，以及想象力和主动性的缺乏。

这种情况无论是在数学上还是在心理上都与 n 级流体在 n>1 时不稳定平衡的情况非常相似，参见前文。

然而，无论推导过程有多么奇特，卡塔尼奥方程对热传导佯谬的解决仍然起到了推动作用。穆勒在 TIP 的框架下概括了卡塔尼奥的处理方法[72]，同时也处理了与剪切运动相关的佯谬。接着，在理性热力学出现后，穆勒和刘宜实(I-Shih Liu,

---

[71] 斯特鲁特鲁普(Henning Struchtrup，1956 年~)最近评述了恰普曼-恩斯科格(Chapman-Enskog)迭代方法的不稳定性。H. Struchtrup: *Macroscopic Transport Equations for Rarefied Gases–Approximation Methods in Kinetic Theory*, Springer, Heidelberg(2005).

[72] I. Müller: *Zur Ausbreitungsgeschwindigkeit von Störungen in kontinuierlichen Medien*(论连续介质中扰动的传播速度)，Dissertation TH Aachen(1966).

另见 I. Müller: *Zum Paradox der Wärmeleitungstheorie*(论热传导理论的悖论)，Zeitschrift für Physik 198(1967).

1943 年～）构建了第一个理性广延热力学理论[73]，该理论仍然限制在 13 阶矩的框架内，但他们是用本构熵流和拉格朗日乘子法完成的，而没有使用克劳修斯-杜亥姆的表达式。

因此，这门学科可以与双曲系统的数学理论相结合。数学家研究准线性一阶系统是出于他们自己的需要，并非受热传导佯谬的启发。戈杜诺夫[74]、弗里德里西斯、拉克斯[75]和布瓦拉[76]发现，如果这一系统与凸扩展（convex extension）联立，即类似于熵不等式的附加关系，那么该系统可以转化为对称双曲形。鲁盖里和斯特鲁米亚[77]意识到拉格朗日乘子（这是他们的主要研究领域）可以作为热力学场方程的变量，如此一来，广延热力学的场方程就转化成了对称双曲形。该理论的标准结构由布瓦拉和鲁盖里[78,79]进行了改进，最终他们证明了虽然在有限时间的脉冲速度总是有限的，但在时间趋于无限长时的脉冲速度将趋于无穷，前面我们讲到过[80]。

这一结果对于一个以计算有限速度为初衷的理论来说无疑是一种遗憾。然而，虽然极限情况有它自己的吸引力，但无论如何广延热力学此时已经超越了它的原始动机，成为一个能够预测具有大变化率和陡峭梯度过程的理论，这类过程可能发生在冲击波中。让我们考虑如下情况。

矩的场方程

上面通过拉格朗日乘子法求得了分布函数，原则上就可以通过逆变换将拉格朗日乘子 $\Lambda_{i_1 i_2 \cdots i_l}$ 转换为矩 $u_{i_1 i_2 \cdots i_l}$，即

$$u_{i_1 i_2 \cdots i_l} = \int \mu c_{i_1} \ldots c_{i_f} Y \exp \left(-\frac{1}{k} \sum_{l=0}^{N} \Lambda_{i_1 i_2 \cdots i_l} \mu c_{i_1} c_{i_2} \ldots c_{i_l} \right) dc$$

[73] I-Shih Liu, I. Müller: *Extended thermodynamics of classical and degenerate gases*, Archive for Rational Mechanics and Analysis 46（1983）.

[74] S.K. Godunov: *An interesting class of quasi-linear systems*, Soviet Mathematics 2（1961）.

[75] K.O. Friedrichs, P.D. Lax: *Systems of conservation equations with a convex extension*, Proceeding of the National Academy of Science USA 68（1971）.

[76] Boillat: *Sur l'éxistence et la recherche d'équations de conservations supplémentaires pour les systèmes hyperbolique*（论双曲系统附加守恒方程的存在和寻找）, Comptes Rendues Académie des Sciences Paris. Ser5. A 278（1974）.

[77] T. Ruggeri, A. Strumia: *Main field and convex covariant density for quasi-linear hyperbolic systems. Relativistic fluid dynamics*, Annales Institut Henri Poincaré 34 A（1981）.

[78] Ruggeri: *Galilean invariance and entropy principle for systems of balance laws. The structure of extended thermodynamics*, Continuum Mechanics and Thermodynamics 1（1989）.

[79] 参见第八章脚注 67, G. Boillat, T. Ruggeri: *Moment equations ....*

[80] 顺便说一句，在相对论下的广延热力学中，无限阶矩的最大脉冲速度是光速 c。

变换之后，就可以依据 $u_{i_1 i_2 \cdots i_l}$ $(l = 1, 2, \cdots, N)$ 确定最后一种热力学流：

$$u_{i_1 i_2 \cdots i_{N}a} = \int \mu c_{i_1} \ldots c_{i_N} c_a Y \exp\left(-\frac{1}{k}\sum_{l=0}^{N} \Lambda_{i_1 i_2 \cdots i_l} \mu c_{i_1} \ldots c_{i_l}\right) \mathrm{d}\boldsymbol{c}$$

原则上，如果为原子的相互作用选择一个合适的模型，如麦克斯韦分布分子模型（第四章），也可以计算得到源。

由于最后一步的积分计算没有解析解，所以实际计算通量 $u_{i_1 i_2 \cdots i_{N}a}$ 和源 $\Pi_{i_1 i_2 \cdots i_l}$ $(l = 6, 7, \cdots, N)$ 时需要做一些近似[81]。当一切工作完成后，我们得到场的显示方程（图 8.8），这些方程适用于 $N=3$ 的情况，共有 20 个独立方程。图中的方程都是线性化的，并且它们都使用了规范表达，如用 ρ 表示 u，用 ρv_i 表示 u_i，用 $3\rho k/\mu T$ 表

图 8.8　$N=3$ 时广延热力学的场方程(重复展现 4 次)

[左上：欧拉；右上：纳维-斯托克斯；左下：卡塔尼奥；右下：13 阶矩]

[81] 如前所述，前五个方程的源都为零，反映了质量、动量和能量的守恒。

示迹 u_{ii}，用 $t_{\langle ij \rangle}$ 表示偏应力，用 q_i 表示热流。矩 $u_{\langle ijk \rangle}$ 没有通用的名称（除"无迹三阶矩"外），因为它不会出现在质量、动量和能量的方程中。同时它必须满足图中的场方程。

图 8.8 将相同的 20 个方程展现了四次，以便能够指出不同方框内表示的特殊情况。

- 左上角可以看到欧拉流体方程，它完全没有耗散，因此也没有剪切应力和热流。

- 右上方框包含纳维-斯托克斯-傅里叶方程，其中应力与速度梯度成正比，热流与温度梯度成正比。这组方程说明唯一未确定的系数 τ 与剪切黏度 η 有关。由于 $\eta = \dfrac{4}{3}\tau\rho\dfrac{k}{\mu}T$，因此 η 关于 T 呈线性增长，与麦克斯韦分布分子理论预测的结果相同（第四章）。

- 第三个方框的第五个方程是我强调的卡塔尼奥方程，它推动了广延热力学的发展，见上文。卡塔尼奥方程本质上是傅里叶方程，尽管忽略了其他项，但包含了热流的变化率。

- 第四个方框展示了 13 阶矩的方程。这在广延热力学最为人所熟知，方程不包含附加条件，只有经典热力学中已经熟知的 13 个矩，即 ρ、v_i、T、$t_{\langle ij \rangle}$ 和 q_i。

为了方便解释，我们聚焦于图 8.8 右上的方框，这个方框强调了纳维-斯托克斯理论。通过这种方式，我们看到一些特定的项被排除在该理论之外，即

$$\frac{\partial t_{\langle ij \rangle}}{\partial t}, \quad \frac{\partial q_i}{\partial t}, \quad \frac{\partial t_{\langle ik \rangle}}{\partial x_k}, \quad \frac{\partial q_i}{\partial x_k}$$

当变化率与梯度较大时，式中的小量也应被考虑，我们必须使用完整的 20 个方程，甚至更高阶的矩。但由于较大的变化率和陡峭的梯度是由平均自由时间和平均自由程来测量的，因此广延热力学对稀薄气体的研究就显得没那么必要。

激波

准确地说激波是不存在的，至少在密度、速度、温度等方面无法做到不连续。实验中观察到的所谓激波应为激波结构（shock structures），即当假定激波两侧具有不同的平衡值时，场方程拥有光滑但陡峭的解。科学家和工程师对计算激波的精确结构很感兴趣，他们已经意识到纳维-斯托克斯-傅里叶理论无法对观测到的激波厚

度进行预测[82]。由于此处梯度陡峭或变化率较大，也许应用广延热力学更为恰当。

诚然，我们不能使用图 8.8 中的公式，因为这些公式是线性化的。其非线性的形式过于复杂，不便于在此书写。就目前而言，广延热力学的确更加完善地描述了激波结构。但这项工作是极为困难的，因为即使是对于相当弱的激波（马赫数为 1.8），所需的矩也高达数百个，这在沃夫·韦斯和约尔格·奥(Jörg Au)的工作中[83,84]有所展现。

这项研究中有一个特点十分有趣，当马赫数达到并超过脉冲速度时，激波结构会发生剧烈振荡，这由格拉德首先注意到[85]，但他没能理解产生该现象背后的原因。显然这些马赫数是真正的超音速而不仅是大于 1。也就是说，如果激波的速度比脉冲速度更大，上游区域就无法得到警告。对于数学家来说，这明显表明他过度外推了理论：他应该考虑更多的矩，这样剧烈的振荡就消失了，但这倒不如说他们将更高的马赫数用到了进一步扩展的理论和更大的脉冲速度中去。

边界条件

穆勒和鲁盖里在一本书中总结了 1998 年前的广延热力学[86]。自该书出版以来，边值问题一直是该领域的研究焦点，同时 13 阶矩理论中的一些问题也得到了解决。

- 已经证明，对于两个同轴圆柱体间的热梯度，接触式温度计测量出的温度不等于动理学温度(即对于原子平均动能的量度)[87]，详情见插注 8.2 和插注 8.3。

- 已经证明，如果气体传热，它就不能进行刚性旋转[88]。

---

[82] 这被吉尔巴格（D. Gilbarg）、保卢奇（D. Paolucci）明确地证明，见：*The structure of shock waves in the continuum theory of fluids*, Journal for Rational Mechanics and Analysis 2（1953）.

[83] W. Weiss: *Die Berechnung von kontinuierlichen Stoßstrukturen in der kinetischen Gastheorie*（气体动力学理论中连续激波结构的计算）, Habilitation thesis TU Berlin（1997）。也可以参见 I. Müller, T. Ruggeri: *Rational Extended Thermodynamics*, Chapter 12, W. Weiss.

W. Weiss: *Continuous shock structure in extended Thermodynamics*, Physical Review E, Part A 52（1995）.

[84] Au: *Lösung nichtlinearer Probleme in der Erweiterten Thermodynamik*（广延热力学中非线性问题的求解）, Dissertation TU Berlin, Shaker Verlag（2001）.

[85] H. Grad: *The profile of a steady plane shock wave*, Communications of Pure and Applied Mathematics 5 Wiley, New York（1952）.

[86] 参见第八章脚注 60, I. Müller, T. Ruggeri：*Rational Extended Thermodynamics*.

[87] I. Müller, T. Ruggeri: *Stationary heat conduction in radially symmetric situations*——*An application of extended thermodynamics*, Journal of Non-Newtonian Fluid Mechanics 119（2004）.

[88] E. Barbera, I. Müller: *Inherent frame dependence of thermodynamic fields in a gas*, Acta Mechanica, 184（2006）pp. 205-216.

圆柱体间的热传导

傅里叶理论和 **13 阶**矩理论[89]

在描述两个同心圆柱体间气体中的稳定热传导时，BGK 版本[90]的 13 阶矩方程为

$$\text{动量平衡：}\quad \frac{\partial\left(p\delta_{ik}-t_{\langle ik\rangle}\right)}{\partial x_k}=0,\quad \text{能量平衡：}\quad \frac{\partial q_k}{\partial x_k}=0$$

$$t_{\langle ij\rangle}\text{平衡：}\quad -\frac{2}{5}\left(\frac{\partial q_i}{\partial x_j}+\frac{\partial q_j}{\partial x_i}\right)=-\frac{1}{\tau}t_{\langle ij\rangle}$$

$$q_i\text{平衡：}\quad \frac{\partial\left(5p\dfrac{k}{\mu}T\delta_{ik}-7\dfrac{k}{\mu}Tt_{\langle ik\rangle}\right)}{\partial x_k}=-\frac{2}{\tau}q_i$$

该问题适于在柱坐标下求解，结果为

$$p\sim\text{常数},\quad t_{\langle ij\rangle}=\begin{bmatrix} -\dfrac{4}{5}\tau\dfrac{c_1}{r^2} & 0 & 0 \\[2mm] 0 & +\dfrac{4}{5}\tau\dfrac{c_1}{r^2} & 0 \\[2mm] 0 & 0 & 0 \end{bmatrix}$$

$$q\langle i\rangle=\begin{bmatrix} \dfrac{c_1}{r} \\[2mm] 0 \\[2mm] 0 \end{bmatrix},\quad T=c_2-\frac{c_1}{5\dfrac{k}{\mu}\tau p}\ln\left(\frac{28}{25}\frac{\tau}{p}c_1+r^2\right)$$

---

[89] 参见第八章脚注 87，I. Müller，T. Ruggeri：*Stationary heat conduction*……(2004)．

[90] P.L. Bhatnagar, E.P. Gross, M. Krook: *A model for collision processes in gases. I. Small amplitude processes in charge and neutral one-component systems*, Physical Review 94(1954)．

该模型中的 $\dfrac{1}{\tau}\left(f_{\text{equ}}-f\right)$ 近似于玻尔兹曼方程中的碰撞项，弛豫时间 τ 具有平均自由飞行时间的数量级。BGK 模型在快速检验和获得定性结果方面应用广泛。在目前情况下它可以得到解析解，但对于更精确的碰撞项则不再适用。

图 8.9 比较了在图示边界条件下，在 $p=1\text{mbar}$ 的稀薄气体中，上式解得的温度场与纳维-斯托克斯-傅里叶解得的温度场之间的不同。

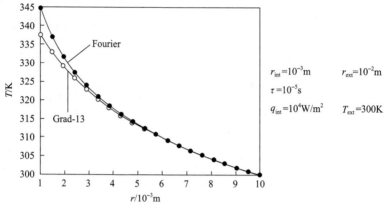

图 8.9 同轴圆柱间的温度场

正如预期，在温度梯度较大的地方，这种差异变得明显。注意到，傅里叶的解在 $r \to 0$ 时会发散，但格拉德的解仍保持有限。

插注 8.2

动理学温度和热力学温度[91,92]

回忆插注 4.5 中对单向流动的熵通量 Φ_i 的计算，它不等于 q_i/T。事实上它等于

$$\Phi_i = \frac{q_i}{T} + \frac{2}{5}\frac{t_{\langle ij\rangle}q_j}{pT}$$

因此，T 在一个导热的、无熵产的壁的两侧是不连续的，这样垂直于壁面的热流和熵通量保持连续。

插注 8.2 已经处理过热传导问题，在那里 Φ 和 q 只有径向分量，可以得到

$$\Phi\langle 1\rangle = \underbrace{\frac{1}{T}\left(1 + \frac{2}{5}\frac{t\langle 11\rangle}{p}\right)}_{\frac{1}{\Theta}}q\langle 1\rangle$$

---

[91] 参见第八章脚注 87，I. Müller, T. Ruggeri：*Stationary heat conduction ...* (2004).

[92] I. Müller, T. Ruggeri：*Kinetic temperature and thermodynamic temperature*，出自 Dean C. Ripple（ed.），*Temperature: Its Measurement and Control in Science and Industry*, Vol. 7 American Institute of Physics（2003）.

可以看出，Θ 为热力学温度 (thermodynamic temperature)，即接触式温度计显示的温度。在非平衡状态下，Θ 不等于动理学温度 T。图 8.10 展现了基于 13 阶矩理论获得的稀薄气体中两种温度的比值 (插注 8.2)。

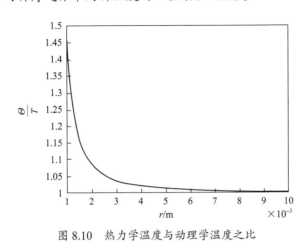

图 8.10　热力学温度与动理学温度之比

插注 8.3

这两个结果都与纳维-斯托克斯-傅里叶理论预测的结果不同，事实上，无论是从定性还是定量上讲，两者都是不同的。

因此，对于一些常见的偏离平衡态的外推结果，必须根据广延热力学加以修正。值得注意的是，修正后的结果满足局域平衡原理和克劳修斯-杜亥姆不等式。但当偏离平衡态较远时，两者就失去了作用。

超过 13 阶矩时出现的问题是，无法规定和控制如 $u_{\langle ijk \rangle}$ 或 u_{iijk} 等更高阶矩的初值和边界条件。因此，我们面临的情况是，拥有关于这些矩明确的场方程，但这却因缺乏初值和边界条件而无法计算。

另外，可以证明 u_{iijk} 边界值的选取会以一种剧烈的、完全不能接受的 (因为尚未被实际观测过) 方式影响着温度场。因此，似乎只能得出这样的结论，气体本身可以调节难以控制的边界值。问题是气体在调节过程中的标准是什么。有人曾提出[93]，在某些范数下边界值可以自行调整以使熵增最小。另一种想法是不可控的边界值随热运动而发生涨落，而气体根据边界值的平均值做出相应的反应[94]。

[93] H. Struchtrup, W. Weiss: *Maximum of the local entropy production becomes minimal in stationary processes*, Physical Review Letters 80 (1998).

[94] E. Barbera, I. Müller, D. Reitebuch, N.R. Zhao: *Determination of boundary conditions in extended thermodynamics*, Continuum Mechanics and Thermodynamics 16 (2004).

　　然而，坦率地说，在广延热力学中数据分配的问题到目前为止仍未解决。目前，在超过 13 阶矩的问题中，只有这类不需要边界条件和初值或只需要平凡条件的问题可以用广延热力学解决。这些问题包括激波问题（已被很好解释，见上文）和光散射问题（已被彻底解决，参见第九章）。

　　通过对理论的严谨重构，广延热力学中少许的不自洽得以消除[95,96]。

　　[95] I. Müller, D. Reitebuch, W. Weiss: *Extended thermodynamics–consistent in order of magnitude*, Continuum Mechanics and Thermodynamics 15（2003）.

　　[96] D. Reitebuch: *Konsistent geordnete Erweiterte Thermodynamik*（一致有序的广延热力学），Dissertation TU Berlin（2004）.

第九章 涨   落

涨落是一种随机现象，具有不可预测性，只能通过统计平均的方法描述。涨落现象源于原子的无规则热运动。悬浮在溶液中的近宏观粒子的布朗运动是涨落现象的一个典型例子，这也是第一个可以定量描述的例子。布朗粒子的速度在零值附近的涨落本身并无规律，但速度涨落的均值回归却有一定的规律性。事实上，在一定的近似下，布朗粒子速度涨落的均值回归结果与被扔进溶液中的宏观小球速度（不存在涨落）相似。

拉斯·昂萨格（Lars Onsager）在此基础上将布朗粒子速度的涨落推广到任意物理量的涨落，并提出均值回归假说。这一假说不仅适用于气体或液体密度场的涨落，也成为深入探讨光的散射实验的基础：虽然气体宏观上处于平衡态，但光在气体中的散射可以反映出该气体的热导率、黏度等输运系数。

对于稀薄气体这一适合用广延热力学理论进行研究的体系，人们可以利用昂萨格假说对光的散射谱波形进行预测，而这一预测最终也被实验结果所证实。

布朗运动

布朗运动是人们在显微镜下观察到的悬浮微粒所做的无规则、不稳定的运动。1828 年，罗伯特·布朗（Robert Brown，1773～1858 年）描述了这一现象[1]，这一运动因而也称为布朗运动（Brownian Motion）。布朗并不是首个观察到这一现象的人，但他却最早认识到这绝非生物自主的运动现象，并通过观察悬浮着的有机和无机颗粒来证明自己的观点。其中一种无机颗粒是研磨好的狮身人面像碎片——这显然不是一种生物：即使上面曾经有过生物，现在也一定已经死亡了。观察结果是：所有样品都表现出相同的行为。在接下来的近 80 年，这一现象一直没有得到合理的解释或描述。根据布拉什的表述，一些讲述显微镜的书籍在介绍布朗运动时告诫读者：不要认为这是一种生命现象，更不要试图在上面建立一些看似华美的理论[2]。

随着气体动理论逐渐被广泛接受，人们认识到布朗运动为分子热运动理论提供了一项美妙而又直接的实验验证[3]：布朗运动在高温下变得更加剧烈的现象为

[1] R. Brown: *A brief account of microscopic observations made in the months of June, July and August 1827 on the particles contained in the pollen of plants; and on the general existence of active molecules in organic and inorganic bodies*, Edinburgh New Philosophical Journal 5 (1828), p. 358.

[2] S.G. Brush: *The kind of motion we call heat*, p. 661.

[3] G. Cantoni: Reale Istituto Lombardo di Scienze e Lettere. (Milano) Rendiconti (2) 1 (1868), p. 56.

这一理论提供了有力支持。然而，气体分子动理论的主倡者们，无论是克劳修斯，还是麦克斯韦和玻尔兹曼，均没能对布朗运动做出解释，或许是因为他们不愿意涉足液体领域吧。

解释布朗运动的难点在于：布朗粒子的质量约为溶剂分子质量的 10^8 倍，但布朗粒子竟然能够在溶剂分子的撞击下发生明显移动，这显得匪夷所思。

最终，数学家庞加莱（Poincaré）确定了布朗运动的机理。他曾数次利用自己深刻的思考为早期热力学添砖加瓦，在这个问题上他指出[4]：

> 对于那些尺度大的物体（如尺度为 $\frac{1}{10}$ mm），它们虽在各个方向都受到运动原子的撞击，但它们并不移动。这是因为它们受到的撞击数量巨大，在概率的约束下相对方向的撞击相互抵消。而对于尺度较小的颗粒，由于它们所受的撞击数量太少，抵消后的总效果仍具有不确定性，粒子在这样的撞击下不停地运动。

庞加莱同时注意到，布朗运动现象的存在与热力学第二定律相矛盾。他指出：

> ……但我们现在亲眼看到摩擦将运动转化成热，反过来热也转化成运动。又由于布朗运动是持续存在的，因而在这两个过程中热与运动均没有损失，这与卡诺定理矛盾[5]。

事实上，布朗运动的存在恰恰说明热力学第二定律是一个概率性的定律。当只涉及数量很少的颗粒或数量很少的碰撞时，热力学第二定律就显得不那么有效了。在这种情况下，平衡态附近将出现相当大的涨落。

布朗运动是一种随机过程

接下来让我们看看爱因斯坦在"奇迹之年"发表的第三篇开创性论文——《热的分子动理学理论所要求的静液体中悬浮粒子的运动》（*On the movement of small particles suspended in a stationary liquid demanded by the molecular-kinetic theory of heat*）[6]。庞加莱对布朗运动做出的物理解释已经闻名于世，剩下的就是需要对布朗运动进行数学描述。

---

[4] J.H. Poincaré 著作，出自 *Congress of Arts and Science. Universal Exhibition Saint Louis 1904*, Houghton, Miffin & Co. Boston and New York (1905).

[5] 见第九章脚注 4，J.H. Poincaré：……

[6] A. Einstein: *Die von der molekularkinetischen Theorie der Wärme geforderte Bewegung von in ruhenden Flüssigkeiten suspendierten Teilchen*, Annalen der Physik (4) 17 (1905)，pp. 549–560.

爱因斯坦早期关于布朗运动的所有论文都被菲尔特（R. Fürth）收录进 *Untersuchungen über die Theorie der Brownschen Bewegungen*（关于布朗运动理论的研究），Akademische Verlagsgesellschaft, Leipzig (1922)。这一文集已被考珀（A.D. Cowper）译成英文版。多佛出版社还将这一文集整理成一本小册子。

事实上，爱因斯坦宣称自己已经同时给出了布朗运动的物理解释和数学表达式，甚至还宣称自己在事先完全不知道布朗运动的情况下，就已经根据普遍的原理对这一现象做出了预测。布拉什对此持怀疑态度，他指出[7]：

　　……这些（说法）的准确性还存在一些疑问。

他同时引用爱因斯坦本人的一句言论提醒读者。这一言论曾在第七章中引用过：

　　任何回忆都染上了当前的色彩，因而也笼罩着虚假的面纱[8]。

但出于对爱因斯坦学术名声的敬仰，不少人还是相信了他关于预测布朗运动的说法。然而事实上，晚年的爱因斯坦有时会表现得有些自大。他声称自己当时并不知道玻尔兹曼和吉布斯在 1905 年的工作，因此是自己独立发展了统计力学[9]。但事实上，爱因斯坦在他 1902 年发表的一篇论文中就引用过玻尔兹曼的著作[10]。

但即便如此，不可否认的是爱因斯坦对布朗运动的研究翻开了热力学的新篇章。

显然，在庞加莱提出对布朗运动的见解后，人们只好将布朗运动视为一种随机过程，即没有规律的、由概率决定的过程。针对这种随机过程，爱因斯坦创造了一种处理方法[11]。下面我们来考察这一方法的一维简化形式。

将 x 轴进行等间隔划分，区间长度设为Δ；布朗粒子每隔时间τ移动到其临近区间，其向左和向右移动的概率相等，均为 1/2。爱因斯坦认为布朗粒子发生移动是由于受到了溶剂分子的碰撞，但他并没有明确说明碰撞的机制。

根据爱因斯坦的说法，t 时刻布朗粒子位于 x 处的概率 $w(x,t)$ 必须满足差分方程：

$$w(x,t) = \frac{1}{2}w(x-\Delta,t-\tau) + \frac{1}{2}w(x+\Delta,t-\tau)$$

如果Δ和τ充分小，那么可以将等号右侧展开成 Taylor 级数，并且展开到Δ和τ的首个非零项即可，由此可以得到微分方程：

$$\frac{\partial w}{\partial t} = \frac{\Delta^2}{2\tau}\frac{\partial^2 w}{\partial x^2}$$

[7]　参见第九章脚注 2，S.G. Brush：*The kind of motion we call heat*，p. 673.

[8]　P.A. Schilpp（ed.）：*Albert Einstein Philosopher-Scientist*，New York.'Library of Living Philosophers'（1949）。

[9]　参见第九章脚注 8 引文文集，p. 17/18.

[10]　A. Einstein：*Kinetische Theorie des Wärmegleichgewichtes und des zweiten Hauptsatzes der Thermodynamik*（热平衡动力学理论和热力学第二定律），Annalen der Physik（4）9（1902），pp. 417-433.

[11]　参见第九章脚注 6，爱因斯坦文集，§4.

爱因斯坦说："这就是著名的扩散方程，$D = \Delta^2/2\tau$ 是扩散系数。"

扩散方程的很多解是已知的（主要基于第八章介绍的傅里叶的解法）。特别地，如果在 $t=0$ 时刻，布朗粒子位于 X 处，则在 t 时刻，布朗粒子位于 x 处的概率为

$$w(x,t) = \frac{1}{\sqrt{4\pi Dt}} \exp\left(-\frac{(x-X)^2}{4Dt}\right)$$

布朗粒子的位置 x 到 X 的均方根距离 λ 为

$$\lambda = \sqrt{\overline{(x-X)^2}} = \left(\int_{-\infty}^{\infty} (x-X)^2 w(x,t)\mathrm{d}x\right)^{1/2} = \sqrt{2Dt}$$

上式说明 λ 取决于扩散系数 D，而 D 可以通过对布朗运动进行重复细致的观测并对观测结果取平均得到。

但爱因斯坦更喜欢 λ 的另一表达式。他确定了半径为 r 的布朗粒子在溶剂中的扩散系数 D（未知）和溶剂黏度 η 之间的关系式（具体过程详见插注 9.1）：

$$D = \frac{kT}{6\pi\eta r}$$

这样，λ 就可以写为 $\lambda = \sqrt{\dfrac{kT}{3\pi\eta r}t}$。

扩散系数 D 和黏度 η 之间的关系

设有大量质量为 μ、半径为 r 的布朗粒子悬浮在温度为 T 的溶液中，粒子数密度为 $n(x,t)$。当这群布朗粒子处于宏观静止状态时，底部的粒子要比顶部更密集。这是因为它们必须满足静止条件下的动量平衡方程，即

$$\frac{\partial p(n,t)}{\partial x} = -n\mu g$$

结合第五章所说稀溶液的范特霍夫定律（渗透压定律）$p = nkT$，有

$$\frac{\partial n}{\partial x} = -\frac{\mu g}{kT}n \qquad \text{（压强公式）}$$

我们可以认为，布朗粒子宏观静止是上下两股流动相互抵消的结果。

根据第八章中在重力作用下球状颗粒的斯托克斯定律，其下降流速为

$$v_\downarrow = \frac{\mu g}{6\pi\eta r}$$

根据第八章的菲克定律，其上升流速为

$$v_\uparrow = -D\frac{1}{n}\frac{\partial n}{\partial x}$$

再结合压强公式，得到

$$\frac{\mu g}{6\pi\eta r} = D\frac{\mu g}{kT} \quad 或 \quad D = \frac{kT}{6\pi\eta r}$$

这就是 D 和 η 的爱因斯坦关系。

插注 9.1

对已知的 η 和 r，测得 λ 便能确定玻尔兹曼常数 k 的值。因此，爱因斯坦在他的论文结尾写道，"希望布朗运动的研究者不久之后能够解决这一问题(指在实验上确定 k 的值)……这一点对建立布朗运动与热理论的联系非常重要"。

这一评述显然是针对当时马赫(Mach)和玻尔兹曼在维也纳展开的辩论而提出的，尽管二人辩论的话题已经老旧。马赫坚持认为原子是一种虚构和想象，因为它们的性质无法确定(马赫忽略了洛施密特于 1865 年做出的粗略计算，见第四章)。尽管当时的人们都认为这场过时的辩论是场闹剧[12]，但爱因斯坦似乎对它非常重视[13]。

在我看来，爱因斯坦略微夸大了用这种方法测量玻尔兹曼常数 k 的重要性和可行性。毕竟这种方法需要进行反复观察以获得布朗粒子运动的平均行为。虽然这可以实现，但有必要这样做吗？根据第七章提到的瑞利-金斯公式已经很好地测得了玻尔兹曼常数，它在低频辐射下的结果很有说服力，而且毋庸置疑是正确的。

---

[12] 罗伯特·安德鲁·密立根(Robert Andrews Millikan, 1868～1953 年)(测定了基本电荷 e 的电量)在他的自传中写道："神奇的是，当时(1904 年)竟然还有人争论这一问题……甚至是富有智慧的哲学家马赫在那个时代竟然还会反对原子学说。"

R.A.Millikan: *The autobiography of Robert A. Millikan*, Arno Press, New York(1980).

第四章脚注 4 中 *Boltzmann's atom* 的作者林德利(D.Lindley)写道："对新世界中的年轻科学家来说，这场辩论就像是旧世界框架对新世界的一次入侵。"

[13] 爱因斯坦写道："如果这里讨论的运动确能被观测到……那么原子尺寸的精确测量便可能实现。反过来，如果关于布朗运动的这一假说被证明是错误的，那么这将成为反对热的分子动理学理论的观点的支柱。"

　　无论是从积极的方面，还是从消极的方面来看，爱因斯坦的论文都显示了其天才的一面。值得肯定的地方是，爱因斯坦把随机过程的观点引入布朗运动，这被热力学家所接受。但同时，这篇论文撰写得并不严谨，它巧妙地避开了布朗运动的细节和方向，这可能会(事实上也确实)让人们"误入歧途"。因此，布拉什对这篇论文的混乱之处抱怨道[14]：

　　　　爱因斯坦并没有强调他得出的"λ与时间的平方根成正比"这一结论的意义。事实上，大多数早期的读者很可能在读到结论之前就因迷惑不解而放弃了。

　　事实上，根据"λ与时间的平方根成正比"这一结果推断出"λ的时间增长率在初始时刻为无穷大"是错误的，论文中本应该对这一推断做一番评论。其实，这是用随机模型描述布朗运动的一个缺陷：随机模型中，布朗粒子随机跳跃，但并未考虑其惯性。物理学家保罗·朗之万(Paul Langevin，1872～1946年)[15]仔细考察爱因斯坦的上述论述后，将布朗粒子的惯性一并纳入考虑，得到改进方程：

$$\lambda^2 = 2D\left\{t - \frac{\mu}{6\pi\eta r}\left[1 - \exp\left(-\frac{6\pi\eta r}{\mu}t\right)\right]\right\}$$

可以肯定，对通常的η、μ、r而言，方括号中的第二项可以忽略不计，这时爱因斯坦的结果近似成立。但当考虑的时间尺度很小时，这一近似并不成立。

涨落的均值回归

　　从前面的论述可以看到，近宏观的布朗粒子在原子和分子的撞击下以庞加莱设想的方式运动。分子与布朗粒子碰撞的合力$F(t)$存在涨落，但同时有理由认为，作用在同一布朗粒子上的涨落力的长时间平均值或同一时刻作用在大量布朗粒子上的涨落力的平均值均为零。因为布朗粒子在黏性流体中运动，它的运动方程应写作

$$\dot{v} + \frac{6\pi\eta r}{\mu}v = \frac{1}{\mu}F(t)$$

　　这就是著名的朗之万方程。朗之万基于这一方程对爱因斯坦得出的方均根距离λ做出了修正，修正后的结果前面已经提及。

　　如果布朗粒子的质量μ很大，其运动方程将不受涨落力$F(t)$的影响，布朗粒子的速度将成为时间的指数衰减函数：

[14] 见第九章脚注 2，S.G. Brush：*The kind of motion we call heat*，p. 681.

[15] P. Langevin: Comptes Rendues Paris 146(1908)，p. 530.

$$v(t) = v(t_0)\exp\left[-\frac{6\pi\eta r}{\mu}(t - t_0)\right]$$

我们称这个解为宏观衰减定律(macroscopic law of decay)。该定律表明布朗运动中的衰减呈指数形式。这一结论对于其他情形的涨落而言并不总是成立。在其他情形下，衰减可能表现为阻尼振荡的形式。

而当布朗粒子的质量很小时，涨落不定的力使其速度在平均值(零)附近也涨落不定，图 9.1(a)就说明了这一点。图中速度的涨落似乎毫无规律，更谈不上与宏观衰减定律有什么联系。然而，在这看似混乱的涨落中却恰恰隐藏着规律。只要建立涨落的均值回归(mean regression of fluctuations),图中隐藏的规律就显现出来了。

考虑大量的速度涨落事件，记其数量为 N。设布朗粒子在 $t_\alpha^\beta(\alpha = 1, 2, \cdots, N)$ 时刻具有特定大小的速度涨落 v_β，而我们想知道在 $t_\alpha + \tau$ 时刻速度涨落的大小。它们显然各不相同，但求平均值后可以得到

$$\overline{v(\tau, v_\beta)} = \frac{1}{N}\sum_{\alpha=1}^{N} v\left(t_\alpha^\beta + \tau\right)$$

这是关于 τ 的函数，称为速度 v_β 涨落的均值回归。$\overline{v(\tau, v_\beta)}$ 的图像如图 9.1(b) 所示。根据拉斯·昂萨格的说法，均值回归函数可以统一写成宏观衰减定律那样的函数形式。插注 9.2 就布朗粒子这一特例，对这一说法进行了粗略的证明。

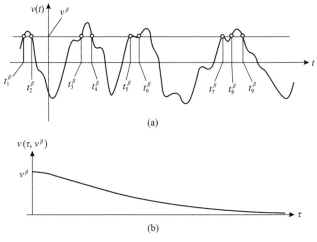

图 9.1　(a)布朗粒子的速度涨落；(b)涨落的均值回归

布朗粒子涨落的均值回归

朗之万方程的形式解为

$$v(t) = v(t_0) \mathrm{e}^{-\frac{t-t_0}{\tau_0}} + \frac{1}{\mu} \mathrm{e}^{-\frac{t}{\tau_0}} \int_0^t \mathrm{e}^{\frac{t'}{\tau_0}} F(t') \mathrm{d}t'$$

式中，$\tau_0 = \dfrac{\mu}{6\pi\eta r}$。这样，速度涨落 v_β 的均值回归函数为

$$\overline{v(\tau, v_\beta)} = \frac{1}{N} \sum_{\alpha=1}^{N} \left(v(t_\alpha^\beta) \mathrm{e}^{-\frac{(t_\alpha^\beta+\tau)-t_\alpha^\beta}{\tau_0}} - \frac{1}{\mu} \mathrm{e}^{-\frac{t_\alpha^\beta+\tau}{\tau_0}} \int_{t_\alpha^\beta}^{t_\alpha^\beta+\tau} \mathrm{e}^{\frac{t'}{\tau_0}} F(t') \mathrm{d}t' \right)$$

$$= \mathrm{e}^{-\frac{\tau}{\tau_0}} \left(v_\beta - \frac{1}{\mu} \frac{1}{N} \sum_{\alpha=1}^{N} \mathrm{e}^{-\frac{t_\alpha^\beta}{\tau_0}} \int_{t_\alpha^\beta}^{t_\alpha^\beta+\tau} \mathrm{e}^{\frac{t'}{\tau_0}} F(t') \mathrm{d}t' \right)$$

在给定的时间段内，被积函数中的力 $F(t)$ 在正负之间涨落不定，因而积分本身也正负不定，但必为一个有限值。因此，对于足够大的 N，上式的第二项可以消去，这样，均值回归函数变成：

$$\overline{v(\tau, v_\beta)} = v_\beta \mathrm{e}^{-\frac{\tau}{\tau_0}}$$

这与宏观衰减函数一致。以上论证或许可以看作是昂萨格假说的证明——至少是针对布朗粒子这一特例的证明。

[当 τ 的值很小时，以上论证明显存在问题——当 τ 很小时，处在时间段 $t_\alpha^\beta < t' < t_\alpha^\beta + \tau$ 的力 $F(t')$ 更有可能接近 $F(t_\alpha^\beta)$（尽管力可能变化得很快，但它的值并不会突变）。因此，昂萨格假说在 τ 很小时并不成立。这还可以用另一种方法看出这一点：当 τ 很小时，速度大于 $v(t_\alpha^\beta)$ 和小于 $v(t_\alpha^\beta)$ 的 $v(t_\alpha^\beta + \tau)$ 在数量上显然相等，所以 $\overline{v(\tau, v_\beta)}$ 图像的初始阶段一定是一条水平线，而不会在一开始就呈指数衰减。]

插注 9.2

自相关函数

自相关函数是不同初始速度 v_β（设为 M 个）的涨落均值回归函数的平均值。将布朗粒子速度的自相关函数记作 $\langle v(0)v(\tau)\rangle$。为了避免求平均后的结果为零（平凡解），求平均前需要在均值回归函数前乘以 v_β。这样，自相关函数的定义式为

$$\langle v(0)v(\tau)\rangle = \frac{1}{M}\sum_{\beta=1}^{M} v_\beta \overline{v(\tau, v_\beta)}$$

$$= \frac{1}{MN}\sum_{\alpha,\beta=1}^{N,M} v(t_\alpha^\beta) v(t_\alpha^\beta + \tau)$$

由于求和涉及 M 个速度 v_β，每个速度 v_β 又对应 N 个时刻 t_α^β，因此在 M、N 很大时可以视为在求和范围覆盖了一个很长的连续时间段，这样自相关函数也可以写作：

$$\langle v(0)v(\tau)\rangle = \frac{1}{T}\int_0^T v(t)v(t+\tau)\mathrm{d}t$$

依据昂萨格假说，由于各涨落均值回归函数都呈现出宏观衰减，所以它们的平均值（如自相关函数）也应与宏观衰减定律具有相同的函数性质。一般说来，自相关函数要比涨落均值回归函数更容易计算，也更容易测量。因此，人们通常将昂萨格假说表述为：自相关函数与宏观衰减函数的函数形式相同。

昂萨格假说的推广

布朗运动是人们研究的首个涨落现象。布朗粒子这一简单的研究对象使人们可以对其进行直观的论证和计算，因此布朗粒子也成为处理涨落问题的原型，并用于证明昂萨格假说，见插注 9.2。

事实上，昂萨格假设并不局限于布朗粒子，它适用于所有的涨落系统。因而，昂萨格假说也经常称为昂萨格定理。也许是因为昂萨格定理的证明存在缺陷，或是人们并没有真正理解昂萨格定理的证明，所以这一定理时常受到质疑。大概是由于 1968 年昂萨格被授予了诺贝尔奖（图 9.2），每当此时，物理学家总会出面为昂萨格和他的理论做出辩护。尽管如此，辩护却并不容易。我们前面引用的德格鲁特（de Groot）和马祖尔（Mazur）所著的书中[16]就明褒实贬地"称赞"了昂萨格定理——"昂萨格假说也不是完全不合理"[17]。

---

[16] 参见第八章脚注 30，S.R. de Groot，P. Mazur：*Non-Equilibrium*……。

[17] 我们在前面已经看到为什么即使对布朗运动，昂萨格假说的证明对于很短的时间范围仍然存在缺陷。下面我将忽略这一问题，因为物理学家告诉我，抓住这一问题不放显得有些迂腐了。

　　1928 年，昂萨格离开家乡挪威来到美国。之后，他在耶鲁大学担任理论化学的主席，向化学专业的学生教授统计力学 I 和统计力学 II 两门课程。

　　他的学生将这两门课程戏称为挪威 I 和 II[18]。

图 9.2　1968 年拉斯·昂萨格获得诺贝尔化学奖

光的散射

　　虽然布朗粒子及其无规则运动在显微镜下可以观测，但空气中质量密度、速度和温度的涨落却无法直接观察。然而它们确实存在，并影响光的传播。事实上，由于分子和原子的随机运动，空气(或者一般的气体)发生着微小且短暂的局部压缩和膨胀，从而影响介电常数的值(因为介电常数与质量密度有关)。

　　由于上述这些涨落，一部分光会被散射，如图 9.3 所示。大部分散射光的频率与入射单色光频率 $\omega^{(i)}$ 相同，但同时也存在一些邻近的频率 ω。一个典型的例子是：光在气体中发生散射，经过干涉仪到达光电倍增管形成光谱 $S(\omega)$。对于正常密度的气体，散射光谱有三座峰；而对于中等稀薄气体，散射光谱则更加平坦，主峰两侧带有肩峰(图 9.4)。

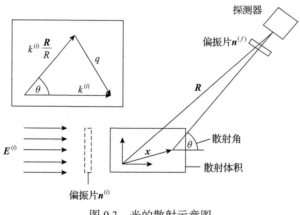

图 9.3　光的散射示意图

　　太阳光中蓝光的散射效率是红光的 16 倍，所以晴朗无云的天空呈现出蓝色。这一现象是约翰·丁达尔(John Tyndall)(罗伯特·迈耶的仰慕者)在研究瑞利勋爵

[18] J. Meixner: Chemie Nobelpreis 1968 für Lars Onsager(1968 年诺贝尔化学奖得主 Lars Onsager)，Physikalische Blätter 2(1969).

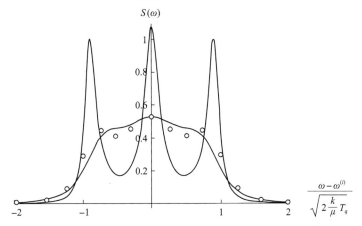

图 9.4 正常密度气体和中等稀薄气体中的散射光谱 $S(\omega)$ (图中的点为克拉克对稀薄气体的测量值[19],曲线为根据纳维-斯托克斯-傅里叶理论得到的计算值)

有关电磁波的工作后发现的。

低温物理学家詹姆斯·杜瓦(James Dewar)曾根据液氧呈蓝色而错误地认为天空呈蓝色是因为空气中存在氧气。

如果承认昂萨格假说, $S(\omega)$ 也可以通过气体的场方程(如纳维-斯托克斯方程)计算得到。对于稠密气体,实验所测曲线与计算所得曲线完美地符合(这也支持了昂萨格假说);但对于稀薄气体,二者符合得并不好,如图 9.4 所示。二者之间的差异可能是由于纳维-斯托克斯方程对于稀薄气体并不适用(第八章)。

这里,广延热力学的实用性就体现出来了。沃尔夫·韦斯(Wolf Weiss)[20]分别用 20 阶、35 阶、56 阶、84 阶矩的线性化场方程处理了这一问题,得到中等稀薄气体的散射光谱,如图 9.5(a)所示。用这些不同矩的方程得到的结果各不相同,而且它们与实验结果符合得都不是很好。那么,是否可以通过调整方程中的参数使计算结果与实验值符合得更好呢?结果是否定的。广延热力学理论中并没有参数可以调节,或者更准确地说,矩和矩方程的阶数是唯一可以调节的参数。因此,韦斯进一步从 120 阶矩方程计算到 286 阶矩方程,获得了既收敛又与实验值吻合的结果,如图 9.5(b)所示。

在这里我们又一次看到,热力学理论得出的结果使人既满意、又惊讶、也失望[21]。

[19] N.A. Clarke: *Inelastic light scattering from density fluctuations in dilute gases. The kinetic-hydrodynamic transition in a monatomic gas*, Physical Review A 12(1975).

[20] 参见第八章脚注 66, W. Weiss: *Zur Hierarchie der Erweiterten Thermodynamik*。

另见 W. Weiss, I. Müller: *Light scattering and extended thermodynamics*, Continuum Mechanics and Thermodynamics 7(1995).

[21] 请回顾第六章中薛定谔对气体简并的评述。

● 满意之处：只要利用广延热力学理论结合昂萨格假说就足以解释光在稀薄气体中的散射现象；

● 惊讶之处：矩方程在某些有限阶数的矩下收敛，这一发现蕴含着广延热力学理论的适用范围（详见下文）；

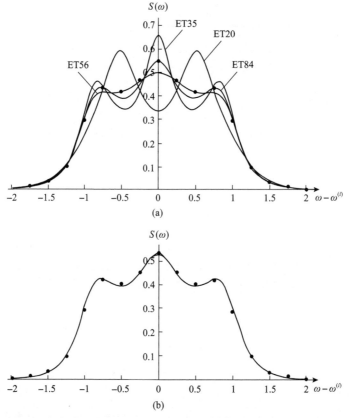

图 9.5 光在中等稀薄气体中的散射光谱：(a)广延热力学计算值，矩方程阶数 N=20，35，56，84；(b)广延热力学计算值，矩方程阶数 N=120，165，220，286
（图中的点为 N.A.克拉克的实验测量值[22]）

● 失望之处：为了获得收敛的解，矩的阶数需要很高。我们希望 13 阶、14 阶或 20 阶就能给出很好的结果（阶数低的方程组才易于操作），然而却恰恰相反，我们需要 120 阶矩，至少对如图 9.5 所示曲线代表的低压气体是这样的。

根据图 9.5 中的收敛特征，可以得到结论：广延热力学理论本身决定了其适用范围，无须任何实验做参考。这是通常所说的理论无法做到的。但同时，广延热力学并不是一个单一的理论，而是基于众多理论的理论，每个给定阶数的矩自成

[22] 参见第九章脚注 19，N.A. Clarke：……．

一个理论。如果在增加矩阶数前后所得的光谱 $S(\omega)$ 相同，那么说明结果已经收敛。此时，我们完全可以相信广延热力学理论并用它来预测散射光谱，无须做任何实验。

有关光散射的更多信息

上节我们用光的散射说明了广延热力学理论中昂萨格假说的正确性和实用性。这仅是光散射应用中非常特殊的一个方面，还有其他更为实用的方面。下面将简要介绍光散射的实际应用。

到达干涉仪的散射电场由高频载波组成（如用激光做实验，频率将高达 $\omega^{(i)} = 4.7 \times 10^{15}\,\mathrm{Hz}$），其振幅受密度场中涨落的空间傅里叶谐波调制，谐波的波数 q 由探测器的位置决定。图 9.6 的法布里-珀罗（Fabry-Perot）干涉仪[23]可以使在之前不同时刻发生散射的光彼此叠加。这样，利用法布里·珀罗干涉仪可以表征散射场的自相关函数 $\langle E(0)E(\tau) \rangle$，或者更准确地说，是该函数在时域上的傅里叶变换，即光谱密度 $I(q, \omega)$。前面讨论过的散射光谱 $S(\omega)$ 正是光谱密度的一个重要组成部分。

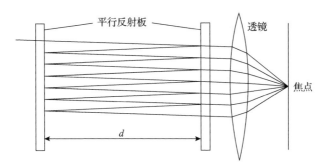

图 9.6　法布里-珀罗干涉仪示意图

在应用物理和工程方面，光的散射已经成为测量热力学状态函数及输运系数的强大而完美的工具。我们来看一个例子。

利用昂萨格假说，可以通过气体的场方程计算得到散射光谱。特别地，对于正常密度的气体（此时纳维-斯托克斯-傅里叶理论也适用），散射光谱中包含三个轮廓清晰的峰（图 9.4）。根据峰的高度、宽度及峰与峰之间的距离可以确定气体的本构关系（表 9.1）。因此，对于平衡态下的气体，通过光在其中的散射性质，可以得到气体的比热、声速及输运系数，如热导率 κ、黏度 η 等。

[23] G. Simonsohn 对这一非凡的仪器做了清晰的描述，参见 *The role of the first order auto-correlation function in conventional grating spectroscopy*, Optics Communications 5（1972）。另见 I. Müller, T. Ruggeri: *Rational Extended Thermodynamics*, pp. 233-236.

表 9.1　决定散射光谱的气体本构数据

	主峰	侧峰
位置	$\omega = 0$	$\omega = \pm \sqrt{\dfrac{c_p}{c_v} \left(\dfrac{\partial p}{\partial \rho} \right)_T} \, q$
高度	$\dfrac{c_p - c_v}{c_p} \dfrac{\rho c_p}{\kappa} \dfrac{1}{q^2}$	$\dfrac{c_v}{c_p} \left(\dfrac{c_p - c_v}{c_v} \dfrac{\kappa}{\rho c_v} + \dfrac{4}{3} \dfrac{\eta}{\rho} \right)^{-1} \dfrac{1}{q^2}$
半宽	$\dfrac{\kappa}{\rho c_p} q^2$	$\dfrac{1}{2} \left(\dfrac{c_p - c_v}{c_v} \dfrac{\kappa}{\rho c_v} + \dfrac{4}{3} \dfrac{\eta}{\rho} \right) q^2$

第十章　相对论热力学

相对论给热力学理论带来了两方面的影响。第一，物体在热的时候要比冷的时候重。这是因为在热的时候，组成物体的原子或分子的运动速度更快，从而使物体的质量更大。第二，粒子的运动速度不会超过光速，其速度分布必须要反映出这一事实。

当然，这两种影响都非常小，只有在极端条件下（如极端高温）才有必要对经典理论中的公式进行相对论性修正。太阳中心温度的数量级在百万开尔文，但仍算不上极端高温。在不进入科幻领域的前提下，似乎只有对白矮星这一类星体在应用热力学理论时才需要考虑相对论的影响。对于白矮星，由于此类星体的密度极大，星体内部自由电子的德布罗意波彼此重叠，因此除了需要考虑相对论效应，还需要考虑量子效应。

在本书一开始，我就用充分篇幅介绍了热力学领域早期先驱们的怪癖。但不要认为只有 19 世纪的物理学家才会有疯狂的想法、过度简化问题和进行粗浅解答的毛病。事实上，这些缺陷存在于任何时代的物理学家身上，尤其是那些最杰出的人。关于这一点，我将简要讲述一个例子，即人们熟知的奥特-普朗克之争。

费伦茨·尤特纳（Ferencz Jüttner）

普朗克虽然花了很长时间才接受自己的量子理论，但却很快就接受了爱因斯坦提出的相对论。因此他很快就明白了：为了使分布函数与"原子速度具有上限"这一事实吻合，麦克斯韦分布需要做出修正。第二章提到，物体不能被加速到超过光速 c。普朗克向费伦茨·尤特纳提出了这一问题，后者在其论文中写到：

我要向枢密院议员[1]普朗克表达我最热烈的感谢，他提出了这个问题并给出了十分诚恳的建议。

尤特纳圆满地解决了这一问题并于 1911 年发表了他的结果[2]。他获得平衡分

---

[1] 枢密院议员。这是一战前对德国和奥地利杰出科学家的尊称。

[2] F. Jüttner: *Das Maxwellsche Gesetz der Geschwindigkeitsverteilung in der Relativtheorie*（相对论中的麦克斯韦速度分布律），Annalen der Physik 84（1911），pp. 856-882.

Jüttner: *Die Dynamik eines bewegten Gases in der Relativtheorie*（相对论中运动气体的动力学），Annalen der Physik 35（1911），pp. 145-161.

第一篇论文针对静止气体，第二篇则针对运动气体。第二篇论文深受下文将要提到的普朗克关于"温度在两个洛伦兹坐标系之间也应当进行变换"这一错误观点的影响。我将用一个现代的简要版本来叙述这一点。

布的方法本质上非常简单：在固定原子数 N、能量 cp^0 和动量 p^a 的约束下，平衡分布应使熵最大：

$$S = k \ln W$$

其中，$W = \dfrac{N!}{\prod\limits_{x,p} N_{xp}!}$。

$$N = \sum_{x,p} N_{xp}$$

且有 $P^A = \sum\limits_{x,p} p^A N_{xp}$。式中，$N_{xp}$ 是位置为 x，动量为 p 的粒子数。

这里，我再次为上面"不合时宜"地论述致歉：当时尤特纳并没有使用相对论公式的四维表示法，这一优美的表示法成为规范也是后来的事。在四维表示法中，上标范围为 $0\sim3$，其中 $x^0 = ct$ 代表时间坐标，其他的 x^a 为空间坐标。设原子的三个速度分量为 q^a，其质量为 $\mu = \mu' \Big/ \sqrt{1 - \dfrac{q^2}{c^2}}$，则它的四维动量综合了其能量 $cp^0 = \mu c^2$ 及三个动量分量 $p^a = \mu q^a$ $(a = 1, 2, 3)$，并可写成一个四维矢量 p^A。在这样的记号下，我们必须对任一矢量是协变量还是逆变量做出区分。我们分别将协变矢量和逆变矢量记作 V_A 和 V^A，它们之间通过张量 g_{AB} 联系：$V_A = g_{AB} V^B$。张量 g_{AB} 在洛伦兹坐标系下的表达式为

$$g_{AB} = \begin{bmatrix} 1 & 0 & 0 & 0 \\ 0 & -1 & 0 & 0 \\ 0 & 0 & -1 & 0 \\ 0 & 0 & 0 & -1 \end{bmatrix},$$

因此，$p_A p^A = \mu'^2 c^2$。

熵取最大值分布的求法与经典理论相同，求得的结果就是著名的麦克斯韦-尤特纳分布：

$$N_{xp}^{\text{equ}} = a \cdot \exp\left(-\frac{U_A p^A}{kT} \right)$$

其中，$N = a \sum\limits_{xp} \exp\left(-\dfrac{U_A p^A}{kT} \right)$。式中，$U_A$ 是气体速度 v^a 的四维矢量：

$$U^A = \left(\frac{c}{\sqrt{1-v^2/c^2}}, \frac{v^a}{\sqrt{1-v^2/c^2}} \right)$$

式中，T 为气体温度，是洛伦兹变换下的标量；a 为拉格朗日乘子，根据粒子数 N 守恒这一约束条件可将 a 视为 N 和 T 的函数。这一计算最好在相对于气体静止的坐标系下进行，这样 $U^A = (c,0,0,0)$ 为常矢量。而在一般的坐标系下，约束条件中的求和或积分项会使表达式因含汉克尔（Hankel）函数而显得烦琐。当然，汉克尔函数的函数值已经通过数值计算得到并已制成表格。如果确实需要汉克尔函数的函数值，那么可以通过查表得到。

然而，比汉克尔函数完整解更有意义的是它关于 $\dfrac{\mu'c^2}{kT}$ 的展开式。这一项称为相对论冷度（relativistic coldness），它是原子静止时的能量 $\mu'c^2$ 与热能 kT 的比值。显然，它在常温下是一个很大的数。通过展开式，可以得到温态方程（即物态方程）和能态方程。神奇的是，物态方程并不受相对论效应的影响，它仍然可以写作 $p = nkT$，与马略特（Mariotte）和阿伏伽德罗（Avogadro）在非相对论情形下导出的结果相同。但能态方程变复杂了，即

$$u = \mu'c^2 \left[1 + \frac{3}{2}\left(\frac{kT}{\mu'c^2} \right) + \frac{15}{8}\left(\frac{kT}{\mu'c^2} \right)^2 - \frac{15}{8}\left(\frac{kT}{\mu'c^2} \right)^3 + \cdots \right]$$

因此，内能仍然只是 T 的函数，但内能关于 T 的导数即比热 c_v 则与经典理论有所不同：经典理论只保留上述展式中的一阶项，c_v 是一个对所有单原子分子普适的常数；而在相对论中，c_v 既与 T 有关，也与 μ' 有关，因而能量均分定理对混合气体来说并不成立。

尽管尤特纳圆满完成了这一工作，但他对所有这些结果的可观测性及实用性并不抱有希望。他计算了相对论冷度的值：对氦而言，$\dfrac{\mu'c^2}{kT} = \dfrac{4.32 \times 10^{13}}{\text{T/K}}$。他对这一结果评论道：

　　　　我们意识到，就所有实验上可以达到的温度而言，所有单原子气体的相对论冷度都相当之大：即使是对于温度高达 20000K 的某些恒星中的气体，其相对论冷度也不会降到十亿以下[3]。

如果当初尤特纳知道太阳中心的温度高达两千万开尔文，或许他就不会那么沮丧。但即使如此，相对论冷度的值仍在一百万左右，因而在太阳内部，相对论的影响也不显著。

---

[3]（原文中的）billion 是来自美国华尔街的用法，billion 在世界其他地区称为 milliard，即 10^9。

尽管如此，尤特纳的工作最终被证明是有意义的，而在此之前他需要等待。

在这一工作的 17 年后，也就是 1928 年，量子简并现象引起了尤特纳的注意。他研究了爱因斯坦[4]、费米[5]和狄拉克[6]的工作，这些工作均应用了玻色关于状态统计的新方法，并且都对玻色子和费米子进行了区分。尤特纳把对经典物理(即不考虑量子效应的物理理论)的修正融入他的相对论性公式中，得到[7]

$$N_{xp}^{\text{equ}} = \frac{1}{\dfrac{1}{a}\exp\left(\dfrac{U_A p^A}{kT}\right) \mp 1}$$

式中，$N = \sum\limits_{xp} \dfrac{1}{\dfrac{1}{a}\exp\left(\dfrac{U_A p^A}{kT}\right) \mp 1}$ (取−为玻色子，取+为费米子)。

然而，这一修正将使物态方程中含有比汉克尔函数更复杂的特殊函数，这对外行而言几乎没有任何价值。这一问题的一般性结果可以参见有关相对论热力学的文献[8-10]。比一般性结果更有意义的是在相对论冷度非常小或量子力学简并效应非常大的极限条件下平衡态分布函数的表达式。我们将这些表达式列在表 10.1 中。

表 10.1　静止气体(即 $U_A = (c,0,0,0)$)的平衡分布函数(表中列举了相对论简并气体及弱简并、强简并、非相对论、极端相对论情形下的平衡分布函数)

	非相对论 $\dfrac{\mu'c^2}{kT} \gg 1$	相对论	极端相对论 $\dfrac{\mu'c^2}{kT} \ll 1$
非简并 $\ln a \ll 1$	$a\exp\left(-\dfrac{\mu'c^2}{kT}\right)\exp\left(-\dfrac{p^2}{2\mu'kT}\right)$ 麦克斯韦分布	$a\exp\left(-\dfrac{\mu'c^2}{kT}\sqrt{1+\dfrac{p^2}{(\mu'c)^2}}\right)$	$a\exp\left(-\dfrac{cp}{kT}\right)$
简并	$\dfrac{1}{\dfrac{1}{a}\exp\left(\dfrac{\mu'c^2}{kT}\right)\exp\left(\dfrac{p^2}{2\mu'kT}\right)\mp 1}$	$\dfrac{1}{\dfrac{1}{a}\exp\left(\dfrac{\mu'c^2}{kT}\sqrt{1+\dfrac{p^2}{\mu'c^2}}\right)\mp 1}$ 麦克斯韦-尤特纳分布	$\dfrac{1}{\dfrac{1}{a}\exp\left(\dfrac{cp}{kT}\right)\mp 1}$

[4] 参见第六章脚注 38，A. Einstein：Sitzungsbericht……(1924).

[5] 参见第六章脚注 48，E. Fermi：Zeitschrift für Physik(1926).

[6] 参见第六章脚注 48，P.A.M. Dirac：Proceedings of the Royal Society(1927).

[7] F. Jüttner: *Die relativistische Quantentheorie des idealen Gases*(理想气体的相对论量子理论)，Zeitschrift für Physik 47(1964)，pp. 542-566.

[8] S.R. de Groot, W.A. van Leeuwen, Ch.G. van Weert: *Relativistic Kinetic Theory*, North Holland Publishers Amsterdam(1980).

[9] 参见第八章脚注 60，I. Müller，T. Ruggeri：*Rational Extended Thermodynamics*(1998).

[10] C. Cercignani, G.M. Kremer: *The Relativistic Boltzmann Equation. Theory and Applications*, Birkhäuser Verlag, Basel(2002).

续表

	非相对论 $\frac{\mu'c^2}{kT}\gg1$	相对论	极端相对论 $\frac{\mu'c^2}{kT}\ll1$
强简并费米气体 $\ln a-\frac{\mu'c^2}{kT}\gg1$	当 $0\leqslant\sqrt{2\mu kT\left(\ln a-\frac{\mu'c^2}{kT}\right)}$ 时，等于1 其他情形，等于0	当 $0\leqslant\frac{p}{\mu'c}\leqslant\sqrt{\left[\frac{\ln a}{\frac{\mu'c^2}{kT}}\right]^2-1}$，等于1 其他情形，等于0	当 $0\leqslant p\leqslant\frac{kT}{c}\ln a$，等于1 其他情形，等于0
强简并玻色气体 $\ln a-\frac{\mu'c^2}{kT}\leqslant0$	$\dfrac{1}{\exp\left(\dfrac{p^2}{2\mu'kT}\right)-1}$，$p\neq0$	$\dfrac{1}{\exp\left[\dfrac{\mu'c^2}{kT}\left(\sqrt{1+\dfrac{p^2}{(\mu'c^2)}}-1\right)\right]-1}$，$p\neq0$	$\dfrac{1}{\exp\left(\dfrac{cp}{kT}\right)-1}$，$p\neq0$ 对于 $p=h\nu/c$，此即普朗克分布

至于理论的现实意义，尤特纳仍持悲观态度。他说道：

> 然而，这两种广义气体理论，即只进行相对论修正的理论及同时进行相对论修正和量子修正的理论，基本只有理论上的意义。我们必须注意到，只有当温度极高以至于粒子的速度可以与光速相比拟时，牛顿力学才会较相对论力学有所偏差。另外，平动能量量子化引起的气体简并只在低温条件下有较大影响。因此，为了对整套理论进行检验，必须选取适中的温度并合理地考虑范德瓦尔斯修正，而且检测还必须极为精确。

也就是说，尤特纳认为自己的公式在任何地方都找不到实际意义。然而，我们即将看到，他这种悲观的想法是错误的。

白矮星

1884 年，杰出的天文学家弗里德里希·威廉·贝塞尔(Friedrich Wilhelm Bessel，1784~1846 年)发现了第一颗白矮星。贝塞尔当时并没有真正看到这一星体，他仅从明亮的天狼星的正常运动轨迹中出现的波动推测出白矮星的存在。因此，具有讽刺意味的是，第一颗被载入史册的白矮星竟然是天狼星的黑暗伴星(也称为天狼星 B)。1862 年，天文学家阿尔文·格雷厄姆·克拉克(Alvan Graham Clark，1832~1897 年)首次观察到这颗天狼伴星，它形如一个黯淡的小点。1914 年，沃尔特·悉尼·亚当斯(Walter Sidney Adams，1876~1956 年)成功测量了天狼星 B 的光谱，并由此得出结论：天狼星 B 的表面温度大约为 10000K，是一颗比太阳温度高得多的白色星体。基于这一事实，该星体的体积必须相当之小才会显得黯淡，因此人们称其为白矮星(white dwarf)。根据已知的距离，可以估算出天狼星 B 的直径为 $2.7\times10^7\text{m}$，是太阳直径的 4%。再根据第七章中的爱丁顿质量-光度关系，天狼星 A 的质量应为太阳的 2 倍。这样，为了使天狼星 A 在其伴星的作用下沿观测到的轨道运行，伴星的质量必须与太阳的质量相当。这意味着伴星的平均密度必须达到太阳的 140000 倍，或者说是水的密度的 200000 倍——1cm³ 体积内的质量就达到 200kg！

在爱丁顿的建议下，亚当斯重新检查了自己的光谱数据并发现了谱线的相对论 红移。由于质量与密度巨大的白矮星具有强引力场，所以谱线的相对论红移必然发 生，这也打消了人们对上一段所列数据的怀疑。随着时间的推移，人们发现了更 多的白矮星（尽管它们非常黯淡），一些白矮星甚至比天狼星 B 的密度更大、温度 更高。

白矮星中显然不存在任何原子，只有原子核和电子。因为白矮星是恒星演化 后期的产物，所以它们内部的“轻质燃料”（即质子）已经燃烧殆尽，所以原子核 都相当重。因此，白矮星中包含的大量电子和相对少量的中等质量原子的原子核 （如铁原子的原子核）并不能作为进一步燃烧的燃料。如果真的是这样，那么根据 第七章的分析，由于白矮星中绝大部分的粒子都是电子，那么粒子的平均相对分 子质量 $\mu/\mu_0 = 2$。

按照亥姆霍兹的说法，白矮星的能量只能来自引力收缩。引力收缩使白矮星 中心保持高温，这一高温大约是太阳中心温度的 1000 倍，所以白矮星内部的气体 必须视为相对论性气体。气体呈相对论性也和电子质量很小有关：在相同温度下， 电子的相对论冷度 $\dfrac{\mu' c^2}{kT}$ 要比原子核或原子小 1000 多倍。另外，电子的高速运动 使其德布罗意波长很短，量子效应本应很弱，但白矮星内部巨大的引力压使这些 波也会发生干涉，因此白矮星内部存在量子简并。综上所述，白矮星中的电子气体 很可能既是相对论性气体，又是量子气体。钱德拉塞卡接受了这一假设，并将其作 为白矮星理论的基础。由此，他找到了尤特纳公式的应用实例（插注 10.1）。

白矮星内部的物态方程

在相对论热力学中，质量守恒为粒子数守恒所取代，动量守恒和能量守恒 合并成一个矢量方程。故有：

$$N^A{}_{,A} = 0, \quad T^{AB}{}_{,B} = 0$$

式中，N^A 为粒子流矢量；T^{AB} 为能量-动量张量。下表列出了平衡时的物理量 n、 e、p 与 N^A、T^{AB} 的关系。

粒子数密度	能量密度	压强
$n = \dfrac{1}{c^2} U_A N^A$	$e = \dfrac{1}{c^2} U_A U_B T^{AB}$	$p = \dfrac{1}{3}\left(\dfrac{1}{c^2} U_A U_B - g_{AB}\right) T^{AB}$

处于平衡态的气体，N^A 和 T^{AB} 是尤特纳平衡分布 F 的矩，即

$$F = \frac{Y}{\dfrac{1}{a}\exp\left(-\dfrac{U_A p^A}{kT}\right) \mp 1}$$

这样就有

$$N^A = \int p^A F \frac{\mathrm{d}p^1 \mathrm{d}p^2 \mathrm{d}p^3}{p_0}, \quad T^{AB} = c\int p^A p^B F \frac{\mathrm{d}p^1 \mathrm{d}p^2 \mathrm{d}p^3}{p_0}$$

式中，$\dfrac{\mathrm{d}p^1 \mathrm{d}p^2 \mathrm{d}p^3}{p_0}$ 为动量空间中的微元，其中 $p_0 = \mu' c \sqrt{1 + \dfrac{p^2}{\mu'^2 c^2}}$。$1/Y = h^3$ 决定了相空间的相格大小。

对于强简并费米气体，根据表 10.1，可以得到

$$n = 4\pi(\mu' c)^3 Y \int_0^x z^2 \mathrm{d}z, \quad p = \frac{1}{3} c 4\pi(\mu' c)^4 Y \int_0^x \frac{z^4}{\sqrt{1+z^2}} \mathrm{d}z$$

这里，$x = \sqrt{(kT\ln a)^2 - 1}$。由此可知，$p$ 仅依赖于 n，而与 T 无关。将上面两个积分并消去 x，可以得到一个简明的关系式，即物态方程。

如果忽略相对论效应，则上述 p 的表达式积分内的平方根项将不存在。

插注 10.1

苏布拉马尼扬・钱德拉塞卡（Subramanyan Chandrasekhar，1910～1995 年）

天体物理学家钱德拉塞卡对白矮星有着浓厚的兴趣。和爱丁顿（Eddington）对普通恒星的看法一致，钱德拉塞卡认为：白矮星内部的原子解离成原子核和电子，所以即使白矮星的密度如前文所描述的那样大，粒子还是有足够的空间可以自由移动，然而当白矮星的质量足够大时，粒子自由移动的空间就会被压缩。这时，电子被挤压到一起形成密实的电子簇，并与白矮星内部的引力相抵抗。这一平衡始终存在，直到白矮星冷却变成红矮星并最终变为黑矮星。但我们即将看到，并非所有恒星都遵循这一过程。

钱德拉塞卡认为，白矮星中的电子气体是一种强简并相对论性费米气体[11]，所以很容易计算出白矮星的质量上限。质量达到上限的终极白矮星(ultimate white dwarf)的半径为零，中心质量密度为无穷大。显然，其他白矮星的密度并不会比这还大，因而可以推测出它们的质量也没有终极白矮星大。根据插注 10.2 的计算结果，终极白矮星的质量大约是太阳质量的 1.4 倍。白矮星的这一质量上限就是著名的钱德拉塞卡极限(Chandrasekhar limit)。这一结论已被观测结果证实：至今尚未发现质量超过钱德拉塞卡极限的白矮星。

钱德拉塞卡极限

插注 10.1 中已经给出了白矮星内的粒子数密度和压强的表达式，再根据白矮星内部粒子的相对分子质量等于 2，这时星体内质量密度和压强分别写作：

$$\rho = Ax^3$$

其中，$A = 2\mu_0 \dfrac{4\pi}{3}(\mu'c)^3 Y$。

$$p = B\int_0^x \frac{z^4}{\sqrt{1+z^2}}\,\mathrm{d}z$$

其中，$B = \dfrac{4\pi}{3}c(\mu'c)^4 Y$。

第七章曾提到过动量平衡方程：

$$\frac{\mathrm{d}p}{\mathrm{d}r} = -\rho G \frac{M_r}{r^2}$$

其中，$M_r = 4\pi\displaystyle\int_0^r \rho(r')r'^2\mathrm{d}r'$

动量平衡方程两边同时乘以 $\dfrac{r^2}{\rho}$ 后，对 r 求导数，并利用插注 10.1 中的物态方程，整理可得

---

[11] S. Chandrasekhar: *The maximum mass of ideal white dwarfs*, Astrophysical Journal 74(1931)，p. 81.

S. Chandrasekhar: *The highly collapsed configurations of a stellar mass, I and II*. Monthly Notices of the Royal Astronomical Society 91(1931) p. 456 和 95(1935) p. 207.

另见 S. Chandrasekhar: *An Introduction to the Study of Stellar Structure*, University of Chicago Press(1939)。这本书由多佛出版社于 1957 年首次出版。

$$\frac{1}{r^2}\frac{d}{dr}\left(r^2\frac{d\sqrt{1+(\rho/A)^{2/3}}}{dr}\right) = -\underbrace{\frac{4\pi GA^2}{B}}_{1/L^2}\left(\sqrt{1+(\rho/A)^{2/3}}^2 - 1\right)^{3/2}$$

用中心密度 ρ_c（未知）对上式进行无量纲化，得到

$$\frac{1}{\eta^2}\frac{d}{d\eta}\left(\eta^2\frac{d}{d\eta}\underbrace{\sqrt{\frac{1+(\rho/A)^{2/3}}{1+(\rho_c/A)^{2/3}}}}_{\Phi(\eta)}\right) = -\left(\underbrace{\sqrt{\frac{1+(\rho/A)^{2/3}}{1+(\rho_c/A)^{2/3}}}^2}_{\Phi^2(\eta)} - \frac{1}{1+(\rho_c/A)^{2/3}}\right)^{2/3}$$

式中，$\eta = \sqrt{\left(1+(\rho_c/A)^{2/3}\right)}\frac{r}{L}$ 为无量纲半径。

考察中心密度 ρ_c 为无穷大的情况，这很可能是终极白矮星的特征：其他白矮星密度不可能比它还大，进而推测出其他白矮星的质量应该不会比它更大。在这种情况下，结合中心处的初值条件 $\Phi(0)=1$ 和 $\Phi'(0)=0$，很容易对上述微分方程进行数值求解，结果见图 10.1。在白矮星表面（即 $r=R$ 处）必然有 $\rho=0$，进而有 $\Phi=0$。根据图像可知，此时 $\eta=6.9$（有限值），从而得知终极白矮星的半径 R 等于零（才会使 η 为有限值）。但终极白矮星的质量却并不为零，其质量计算如下。

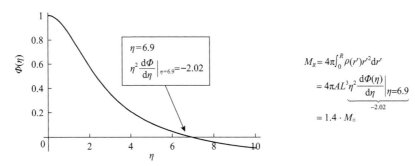

图 10.1 终极白矮星的一种密度分布

其中，用到了微分方程的另一种形式，即

$$\rho = -AL^2\frac{1}{r^2}\frac{d}{dr}\left(r^2\frac{d\sqrt{1+(\rho/A)^{2/3}}}{dr}\right)$$

> 显而易见，电子气体的简并性在上述分析中起着决定性作用。但 p 的表达式体现出相对论性的平方根项看起来似乎对结果并不是很重要。然而，它的确起着重要的作用！如果没有相对论项，将不会有质量上限。

插注 10.2

通常对钱德拉塞卡极限的解释是：电子气体无法承受质量超过 $1.4M_⊙$ 的引力。假设在巨大的压强下，电子被挤压进入铁原子核中，并与质子复合形成中子，白矮星由此而变为中子星（neutron star）。中子星的质量密度巨大，甚至是白矮星的 10^{15} 倍。中子星也有其质量上限：根据奥本海默（J.Robert Oppenheimer，1904～1967年）于 1939 年提出的理论，中子星的质量上限为 $3.2M_⊙$。一旦中子星的质量超过这一数值，如果它没有通过新星爆炸或超新星爆炸来释放多余的质量，中子星就会坍缩成黑洞（至少目前的观点是这样）。人们似乎尚未想出阻止中子星发生坍缩的机制。我原本很想进一步探讨这一问题，但遗憾的是，这样难免会涉及科幻领域，因此本书对此不再深究。

钱德拉塞卡在物理学的众多领域都有所建树。他在自传中写到"……科学研究的动机主要是出于对符合自己品味、能力和气质的想法的探求……"。恒星动力学只是他探索的第一个领域，之后还有布朗运动、辐射转移、流体动力学稳定性、相对论天体物理学和黑洞的数学理论。每当钱德拉塞卡对某个领域有所理解，他都会出版一本可读性很强的书。用他自己的话说，这类书是"一个顺序、形式与结构俱佳的连贯描述"。这样，他为学生和老师们留下了大量令人称赞的专著。由于他在白矮星方面的工作及他终生对科学的模范奉献精神，在发现钱德拉塞卡极限 50 年后的 1983 年，钱德拉塞卡被授予诺贝尔物理学奖（图 10.2）。

白矮星的质量上限并不是唯一一个用钱德拉塞卡名字命名的对象。NASA 的 X 射线天文台称为钱德拉塞卡天文台；一颗小行星（大约共 15000 颗）于 1958 年被命名为钱德拉（Chandra）。

图 10.2　苏布拉马尼扬·钱德拉塞卡

最大特征速度

在尤特纳之后，相对论热力学的发展陷入了一段停滞期，但人们对相对论热力学的兴趣尚存。1957 年，约翰·莱顿·辛格（John Lighton Synge，1897～1995

年)在一本小册子[12]中对尤特纳的结果进行了简化。但与此前的研究相比，这并没有带来任何实质性突破。

此外，埃卡特(Eckart)给出了不可逆过程热力学的相对论形式[13]。在该理论中，他对能量的惯性原理做出了诠释，并由此改进了傅里叶热传导定律，见第八章。然而，他给出的关于温度的微分方程仍然是抛物线形的，所以热传导中的超光速佯谬依然存在。这一佯谬给相对论领域的物理学家带来的冲击显然要比非相对论领域的物理学家大：如果原子、分子的速度不可能超过光速，那么热传导速度就不应该达到无限大。这一问题成为穆勒发展广延热力学(第八章)及其相对论形式的原始动机[14]。不久之后，伊斯雷尔(Israel)[15]也发表了一个与之极为相似的理论。最终，布瓦拉(Boillat)和鲁盖里(Ruggeri)[16]证明了：无穷阶矩的广延热力学理论表明热传导速度也受光速限制，上述佯谬得以解决。最终，由穆勒在其近期发表的一篇综述文章中对这一佯谬做出了彻底的解释[17]。

1964 年，切尔尼科夫(N.A.Chernikov)导出了相对论性的玻尔兹曼方程[18]，使这一具有普适性的理论向前迈出了关键的一步。现在让我们考察这一方程。

玻尔兹曼-切尔尼科夫方程

我之前曾提到过目前已经成为规范的、优美的相对论四维形式。这一形式是由赫尔曼·闵可夫斯基(Hermann Minkowski，1864~1909 年)引入的。闵可夫斯基曾是爱因斯坦在苏黎世联邦理工学院时的老师，但在爱因斯坦发表了狭义相对论论文后，闵可夫斯基也曾虚心向他请教关于新理论的相关问题。闵可夫斯基建议：相对论可以把时间作为第四维度纳入考虑。他又引入了发生在不同时间、不

[12] J.L Synge: *The Relativistic Gas*, North Holland, Amsterdam(1957).

[13] 参见第八章脚注 34，C. Eckart: *The thermodynamic of irreversible processes III: Relativistic theory of the simple fluid*.

[14] 参见第八章脚注 72，I. Müller: *Zur Ausbreitungsgeschwindigkeit*……，Dissertation(1966).

相对论情形下广延热力学的一个简化版本可参见 I-Shih Liu, I. Müller, T. Ruggeri: *Relativistic thermodynamics of gases*, Annals of Physics 169(1986).

[15] W. Israel: *Nonstationary irreversible thermodynamics: A causal relativistic theory*, Annals of Physics 100(1976).

[16] G. Boillat, T. Ruggeri: *Moment equations in the kinetic theory of gases and wave velocities*, (1997).

[17] I. Müller: *Speeds of propagation in classical and relativistic extended thermodynamics*, http://www.livingreviews.org/Articles/Volume2/1999-1mueller.

[18] N.A. Chernikov: *The relativistic gas in the gravitational field*, Acta Physica Polonica 23(1964).

N.A. Chernikov: *Equilibrium distribution of the relativistic gas*, Acto Physica Polonica 26(1964).

N.A. Chernikov: *Microscopic foundation of relativistic hydrodynamics.*, Acta Physica Polonica 27(1964).

同地点的两个事件的"间隔" $\mathrm{d}s$[19]，即

$$\mathrm{d}s^2 = g'_{AB}\mathrm{d}x'^A\mathrm{d}x'^B = c^2\mathrm{d}t'^2 - \left(\mathrm{d}x'^1\right)^2 - \left(\mathrm{d}x'^2\right)^2 - \left(\mathrm{d}x'^3\right)^2$$

（在洛伦兹坐标系下，坐标为 ct'，x'^a）

以张量 g'_{AB} 作为不变量定义了洛伦兹坐标系，所以它可以理解为时空的度规张量（metric tensor）。它在任意坐标系 $x^A = x^A\left(x'^B\right)$ 下各分量的计算式为

$$g_{AB} = \frac{\partial x'^C}{\partial x^A}\frac{\partial x'^D}{\partial x^B}g'_{CD}$$

特别地，在转动坐标系下，其坐标 (ct, r, θ, z) 由下式给出：

$$t' = t, x'^1 = r\cos\left(\theta + \omega t\right), \quad x'^2 = r\sin\left(\theta + \omega t\right), \quad x'^3 = z$$

度规张量写作

$$g_{AB} = \begin{pmatrix} 1 - \dfrac{\omega^2 r^2}{c^2} & 0 & -\dfrac{\omega r}{c} & 0 \\ 0 & -1 & 0 & 0 \\ -\dfrac{\omega r}{c} & 0 & -r^2 & 0 \\ 0 & 0 & 0 & -1 \end{pmatrix}$$

度规张量的意义在于：可以通过它将自由粒子的运动方程写成如下形式：

$$\frac{\mathrm{d}^2 x^B}{\mathrm{d}\tau^2} = -\Gamma_{AC}^B\frac{\mathrm{d}x^A}{\mathrm{d}\tau}\frac{\mathrm{d}x^B}{\mathrm{d}\tau}$$

其中

$$\Gamma_{AC}^B = \frac{1}{2}g^{BD}\left(\frac{\partial g_{DA}}{\partial x^C} + \frac{\partial g_{DC}}{\partial x^A} - \frac{\partial g_{AC}}{\partial x^D}\right)$$

事实上，在洛伦兹坐标系下，当 $\Gamma_{AC}^B = 0$ 时，上述方程的解表示沿一条直线的匀速运动，这正是惯性系的决定性特征。参数 τ 通常选为粒子运动的固有时

[19] H. Minkowski: *Raum und Zeit*（空间和时间）。本文是 1908 年 9 月 21 日闵可夫斯基在科隆举办的第 80 届德国自然科学家与物理学家大会上发表的演讲。这一演讲已被译成英文，并被翻印为 *The Principle of Relativity. A collection of original memoirs on the special and general theory of relativity*, Dover Publications, pp. 75-91.

(proper time)，即从与洛伦兹坐标系保持共同运动的钟上读出的时间。这样，粒子的运动方程可以写作：

$$\frac{\mathrm{d}p^B}{\mathrm{d}\tau} = -\frac{1}{\mu'}\Gamma^B_{AC}p^A p^B$$

式中，$p^A = \dfrac{\mathrm{d}x^A}{\mathrm{d}\tau}$ 是前面提到的粒子的四维动量。

粒子的运动方程正是时空的测地线方程！这一特点深受理论物理学家的喜爱，因为它为理论物理学家偏爱的、却又模棱两可的相对论的几何解释提供了很好的支持。相对论的几何解释在爱因斯坦发展广义相对论时起到了重要作用，但在大多数情况下，用这一看法去谈论如弯曲空间时总会把外行人弄糊涂。

当然，没有人会为了得到自由粒子的运动轨迹而尝试求解一般形式下的测地线方程。更简单的做法是：先在洛伦兹坐标系下求解测地线方程，再将求得的直线轨迹变换到任意坐标系中。

切尔尼科夫在他三篇出色的论文中导出了考虑相对论并忽略量子效应的玻尔兹曼方程。它是关于相对论性分布函数 $F\left(x^A, p^a\right)$ 的积分微分方程：

$$p^A\frac{\partial F}{\partial x^A} - \Gamma^d_{AB}p^A p^B\frac{\partial F}{\partial p^d} = \int\left(F\left(p'^C\right)F\left(q'^C\right) - F\left(p^C\right)F\left(q^C\right)\right)h\langle pq\rangle\mathrm{d}e\mathrm{d}Q$$

与第四章经典情形下的玻尔兹曼方程进行比照，很容易得出每一项的物理意义。我在这里不做深入讨论，只提及以下两点：

●　含 Γ 的项代表粒子在相邻两次碰撞之间的加速度[20]；

●　对于麦克斯韦-尤特纳分布，由于能量守恒和动量 p^A 守恒，等号右边的碰撞项等于零。

切尔尼科夫应用上述方程建立了分布函数的矩的输运方程。他重点考察了 13 阶矩的分布函数，这一做法对于相对论理论来说显得过于主观了，更为合适的做法应该是将动压纳入考虑并最终建立一个 14 阶矩的理论[21]。由于目前多阶矩理论只用来导出热传导中有限的特征速度，而在埃卡特改进的傅里叶定律的基础上尚未做出任何实质性突破（第八章），所以这里不去深究这一问题。下面我们来考察平衡分布。

由于玻尔兹曼-切尔尼科夫方程中的碰撞项在麦克斯韦-尤特纳分布中等于

---

[20] 为了简单起见，我在第四章忽略了碰撞项。这一项只在非惯性系中出现。

[21] 参见第八章脚注 60，I. Müller, T. Ruggeri: *Rational Extended Thermodynamics*.

零，所以我们必须追问：该方程是否适用于这一分布？或者说，玻尔兹曼-切尔尼科夫方程要求场 $a(x^B)$、$T(x^B)$ 和 $U^A(x^B)$ 满足什么样的条件？事实上，将麦克斯韦-尤特纳分布代入玻尔兹曼-切尔尼科夫方程，经过计算可得

$$\frac{\partial a}{\partial x^A} = 0 \ , \quad \left(\frac{U_B}{kT}\right)_{;A} + \left(\frac{U_A}{kT}\right)_{;B} = 0$$

式中，分号表示协变导数。

由于 a 是 n 和 T 的函数，所以可以进一步得到：如果平衡态下存在密度梯度，那么一定同时存在温度梯度。对转动参考系中的静止气体这一特例而言，这一结论可以更具体：进一步研究上述第二个公式，可以得到

$$\frac{T}{\sqrt{g_{00}}} \ 为常数或 \ \frac{T(r)}{\sqrt{1 - \frac{\omega^2 r^2}{c^2}}} \ 为常数$$

这一结果体现了离心势场 $\omega^2 r^2$ 中热能的惯性，这显然是合理的。事实上，如果能量具有质量（从而具有重量），那么它在离心作用下就会沉淀。

爱因斯坦在他的广义相对论中假设：惯性力和引力是等价的。相应地，引力场也会同离心力场一样造成质量密度分层，进而引起温度场的不均匀。这一点在我们叙述埃卡特关于相对论的论文时已经做过描述。

鉴于下面的论述，我在这里需要强调：上述最后一个关系式并非温度的洛伦兹变换公式，它仅代表标量温度场是"离心力场中能量平衡方程的解"。

奥特-普朗克之争

1907 年，刚刚兴起的相对论给力学带来了根本性的变化，物理学也由此进入风云变幻的时代。人们显然希望将相对论提出的新概念延伸到热力学中去。延伸的方法多种多样，普朗克认为需要对吉布斯方程做出修正[22]。爱因斯坦仔细考察了这一想法后，针对运动物体产生的热量引入做功项 $-q\mathrm{d}G$[23]，其中，q 为物体的运动速度，G 为物体的动量。由于相对论中物体的质量为 $m' + \frac{U}{c^2}$，所以动量包含了一项相对论修正的小量。这样，修正后的吉布斯关系式可以写作

[22] M. Planck: *Zur Dynamik bewegter Systeme*（论运动系统的动力学），Sitzungsberichte der königlichen preußischen Akademie der Wissenschaften（1907）。印刷版：Annalen der Physik 26（1908），p. 1.

[23] A.Einstein: *Über das Relativitätsprinzip und die aus demselben gezogenen Folgerungen*（论相对性原理及其推论），Jahrbuch der Radioaktivität und Elektronik 4（1907），pp. 411-462.

再版：*Albert Einstein, die grundlegenden Arbeiten*（爱因斯坦的基本工作），K.v. Meyenn（ed），Vieweg Verlag（1990）.

$$TdS = dQ = dU + pdV - qdG$$

当一个物体分别处于运动和静止状态时，两者间 dU、p、dV 和 dG 的变换关系是已知的。由此，爱因斯坦得出物体运动和物体静止时所产生热量之间的关系式：

$$dQ = \sqrt{1 - \frac{q^2}{c^2}} dQ_0$$

而普朗克却认为，因为物体的熵不随物体运动而改变，因此热力学第二定律 $dQ = TdS$ 要求

$$T = \sqrt{1 - \frac{q^2}{c^2}} T_0$$

这一论断的支持者后来将上述关系表述为：物体在运动时更冷。

　　这一论断表面上看起来很合理，然而它却忽略了吉布斯关系只适用于静止物体这一事实：热量是能量流动时不可双向流动的部分，而内能正是单向流动的能量。由此可知，功率项或者说力 dG 所做的功在吉布斯方程中不会出现——它本就不应该出现。

　　此外，吉布斯方程中物体的热量是热流在整个物体表面的积分。而在相对论中，热流成为能量-动量张量的三个分量。正是这一事实决定了热量的相对论变换，而并非由热量在吉布斯方程中的位置决定。

在此后的数年甚至数十年内，严谨的物理学家，无论是埃卡特，还是辛格，或是切尔尼科夫，都没有在普朗克和爱因斯坦这一没有定论的热力学论断基础上继续开展研究。普遍观点认为：这一论断作为早期对相对论热力学的一次勇敢试错，已经被抛弃了。

然而，事实绝非如此！1962 年，奥特将焦耳热纳入考虑，以一个略微不同的角度重新审视了这一论断[24]。他得出的结论是

$$dQ = \frac{dQ_0}{\sqrt{1 - \frac{q^2}{c^2}}}$$

成立，因此

[24] H. Ott: *Lorentz-Transformation der Wärme und der Temperatur*〈热和温度的洛伦兹变换〉Zeitschrift für Physik 175（1963），p. 70-104.

$$T = \frac{T_0}{\sqrt{1 - \dfrac{q^2}{c^2}}}$$

即物体在运动时更热。

热力学领域严谨的物理学家大多不去考虑上述话题，伊斯雷尔和斯图尔特
(Stewart)[25]将该话题恰当地称为奥特-普朗克之争。然而，闹剧仍在继续：彼
得·托马斯·兰茨伯格(Peter Thomas Landsberg)[26]作为这场争论的积极参与者，
直到 20 世纪 90 年代末关于狭义相对论中温度变换的论文中才做了相关评述[27]。

---

[25] W. Israel, J.M. Stewart: *On transient relativistic thermodynamics and kinetic theory II*, Proceeding of the Royal Society London Ser. A 365(1979).

[26] www.maths.soton.ac.uk/staff/Landsberg.

[27] 关于这一切，我有一段个人记忆：奥特辞世时他的论文尚在出版过程中，当时论文样张(在电脑尚未出现的时代，样张由技术编辑做彩色标记)被送到约瑟夫·梅克斯纳(Josef Meixner)审阅。当时梅克斯纳是我的导师，他将论文转给了我这个最年轻的助手。我想当然地认为他可能需要我的看法。由于之前已经研读过尤特纳的论文和辛格编写的小册子，但年轻又青涩的我并不看好这篇论文。由于奥特曾是德国物理学会的重要成员，所以不能让他陷入尴尬的境地，哪怕是在他死后也不能，特别是不能发生在《德国物理学杂志》上。所以论文最终还是发表了，奥特-普朗克之争还在继续。

第十一章 新陈代谢

　　相较动植物生命活动包含的丰富过程，热力学能够解释的部分看上去并不算多。这其实类似于热力学在热机中的应用：热力学不能给出热机的具体构造方案，不能指导如何布置润滑用的密封圈和开孔，也不能指导如何安装和使用阀门；热力学**能**做到是的明确质量、动量、能量及熵进出热机前后的平衡关系。这也正是热力学在生命科学领域中能做到的事。热力学已经出色地完成了热机相关的任务，但在动植物方面仍有很多工作要做。

　　这里必须强调一点，热力学已经提供了足够知识供我们驳斥那些晦涩难懂的理论，并使开明的人确信生命体中并不存在任何违背自然规律的过程。热力学为我们证明，既不存在古老的生命力，尼尔斯·玻尔提出的生命与物理的互补原理(类似于量子力学中的波粒二象性)[1]也是无稽之谈。

　　第四章我曾提醒过不应将熵过度解读成无序性的度量，我在此再次强调这一点。诚然，由于原子分布松散，一个动物看起来比构成它的原子集合更为有序，因此它可能具有更低的熵。这里的问题是，如何定义动物的熵？或者更具体地说，对血红蛋白这类简单的、由 500 个氨基酸组成的蛋白质分子而言，它的熵是多少？也许分子生物学家能给出我不知道的答案。但我能肯定的是，薛定谔提出的"动物因进食高度有序的食物而得以保持高度有序的状态"[2]是一种过分简化的论断。事实上，无论动物在体内如何利用食物最终实现有序，都需要将食物先行分解为低有序度的碎片。

　　在撰写新陈代谢这一章时，我忽视了薛定谔的警告："科学家尽量不要去写任何他不擅长的主题"[3]，但薛定谔自己也未遵从这个警告。本章主题确实有趣，其中存在许多未解决的问题。因此，我虽然是个门外汉，也决定探究这个主题。

碳循环

　　关于生命和生命功能，影响最为深远的发现之一就是观察到太阳辐射驱动下碳、氢、氧在生物体之间的循环：植物从土壤中吸收水分，从空气中吸收二氧化

---

　　[1] 玻尔晚年曾对生命活动可以简化为物理和化学过程表示怀疑。参见 N.Bohr: *Atomphysik und menschliche Erkenntnis.* [Atomic physics and human knowledge], Vieweg Verlag, Braunschweig(1985).

　　[2] E. Schrödinger: *What is life? The physical aspect of the living cell.* Cambridge: At the University Press. New York: The Macmillan Company(1945), p. 75.

　　[3] 参见第十一章脚注 2, E. Schrödinger：p. vi.

碳，从而形成植物组织并释放氧气；动物吸入氧气用以分解植物组织，同时释放二氧化碳和水。植物体内发生的上述过程只有在阳光下才能进行。

扬·巴普蒂斯塔·范·海尔蒙特(Jan Baptista van Helmont，1577～1644 年)是一位接近于化学家或者说生物化学家的炼金术士。一方面，他声称看到并使用了炼金术假想的终极工具——贤者之石；另一方面，他在实验中敏锐地发现水是植物生长所必需的，而土壤不是，至少没有那么重要。海尔蒙特没有意识到二氧化碳对植物的重要性，尽管他的确发现了这种气体。他把发现的这种气体称为 gas sylvestre(来自木头的气体)，也就是木气，因为他发现这种气体是从燃烧的木头中释放出来的。又过了一百年，史蒂芬·黑尔斯(Stephen Hales，1677～1761 年)认识到这项实验观测结果的重要意义。二氧化碳来源于植物叶子周围的空气，是植物生长过程中仅次于水的必要物质。

后来，氧气的发现者之一约瑟夫·普里斯特利(Joseph Priestley，1733～1804 年)注意到呼吸会消耗空气中的氧气，而植物可以释放氧气从而抵消氧气的消耗。这些发现是基于当时已经过时的燃素理论[4]表述的，但詹·英格豪斯(Jan Ingenhousz，1730～1799 年)能透过晦涩赘述的描述观察到自然界中广泛存在的平衡规律：植物消耗空气中的二氧化碳并释放氧气，而动物呼吸空气中的氧气并释放二氧化碳。这样就形成了一种稳定的平衡。英格豪斯阐明了植物需要光来形成植物组织。这就是现在我们称这个过程为光合作用(photosynthesis)的原因。

最早发现这一伟大自然规律的英格豪斯现在并不十分出名，但他当时确实是名人。作为医生，他是早期疫苗接种的专家，尤其是天花疫苗。他周游整个欧洲，为皇家成员接种天花(smallpox)疫苗。正如它的名字，接种的是小剂量的！

呼吸商

1807 年，第四章中提到的著名化学家贝采利乌斯提出区分有机和无机物质。他认为有机物质构成了生物体，是一种与化学元素或化合物不同的化学物质。这一观点在当时非常流行。此外，当时有种模糊的观念认为生物体中存在一种有生命的力量——生命力，即生命的火花。贝采利乌斯和他的追随者甚至认为构成生物体和非生物体的化学物质之间有着严格区别。

如果只去观察岩石和蜥蜴之间的区别，我们必须承认上述观点具有一定的合理性，人们至少用了半个世纪的时间来驳斥它。这需要对生命活动有更深入的了解，并具备精确测量的能力。呼吸是第一个被研究清楚的有机过程。即使是拉瓦

---

[4] 燃素理论是拉瓦锡热质理论的前身，参见第二章。18 世纪，当某个物体燃烧、生锈或冷却时，科学家们猜测有一种称作燃素的无重流体流过这个物体。对于燃烧和生锈这两个过程，拉瓦锡驳斥了燃素这一概念。他指出产生这两种现象的原理都是物体与氧气的结合。加热与冷却是另一种过程。拉瓦锡坚持认为热是一种无重量的流体，称为热质。

锡和亨利·卡文迪许(Henry Cavendish，1731～1810年)也明白呼吸使动物体内发生某种燃烧过程，从而消耗空气中的部分氧气使其转化为二氧化碳和水。显然这种燃烧过程必须涉及含有碳和氢的物质，但除此之外的化学成分都是未知的，因此无法得出定量结论。但无论如何，供应给动物或人类的食物中必然包含支撑这种燃烧过程的物质。

早在19世纪，通过分析动物的食物，人们清楚地认识到食物可以分为三种主要类型：

• 碳水化合物   • 脂质   • 蛋白质

碳水化合物是谷物、水果和蔬菜的主要成分。碳水化合物有多种不同类型，但彼此关系密切。这里以糖或确切地说葡萄糖作为代表进行讨论。葡萄糖的化学式是$C_6H_{12}O_6$，因此盖-吕萨克(理想气体物态方程的发现者之一)假设葡萄糖由6个碳原子串联在一起，每个碳原子上以水合物的形式连接一个水分子。我们现在知道葡萄糖的结构更复杂(图11.1)，但盖-吕萨克的想法使碳水化合物这个误称一直沿用至今。实际上我们吃的并不是葡萄糖分子，而是淀粉及由数个或许多葡萄糖分子构成的其他物质。葡萄糖分子通过糖苷键结合形成这些大分子，在称为脱水缩合的过程中脱去水分子(因为该过程可以产生液态水)。

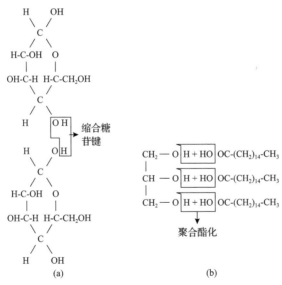

图11.1   (a)两个葡萄糖分子通过糖苷键结合；(b)油酸甘油酯(甘油与油酸脱水缩合的酯化反应)

脂质或脂肪同样有多种类型。米歇尔·欧仁·谢弗勒尔(Michel Eugène Chevreul，1786～1889年)是研究这方面的先驱。谢弗勒尔年轻时参与了使用脂肪生产肥皂的工作。他能够分离出多种不溶性有机酸，也称为含碳酸或脂肪酸，如硬脂酸、棕榈酸和油酸。脂质本身就是由含碳酸与甘油 $C_3H_8O_3$ 发生酯化反应合成的，并产生水，即如图 11.1 所示的脱水缩合过程。这类物质的典型代表是油酸 $C_{54}H_{104}O_6$，它是橄榄油、鲸脂(即鲸油)的主要成分。

碳水化合物和脂质只含有碳、氢和氧三种元素，但以蛋白为代表的第三类食物(蛋白质)还含有氮和少量硫，有时还含有少许磷。蛋白质分子是由氨基酸通过肽键(脱水缩合形成的键)结合在一起组成的聚合物。蛋白质的具体结构复杂多变，无法简单描述。1838 年，格拉尔杜斯·约翰内斯·穆德(Gerardus Johannes Mulder)提出了一个由 88 个独立原子组成的分子模型，希望用它来构建其他蛋白性(albuminous)物质。"albuminous" 源于 "albus"，即拉丁语中的白色，有时用作蛋白一类物质的统称[5]。这些物质在英语中通常称为蛋白质(proteins)，因为穆德称其分子模型为 "Protein"，即希腊语的第一等重要。如果没有穆德提出的命名，这个过于简单的模型可能早已淹没在历史中了。

如果食物确实参与了动物体内的燃烧过程，并且 CO_2 和 H_2O 是反应产物，那么碳水化合物和脂质的化学反应必须遵循化学计量方程：

$$\frac{1}{6}C_6H_{12}O_6 + O_2 \longrightarrow CO_2 + H_2O$$

$$\frac{1}{77}C_{54}H_{104}O_6 + O_2 \longrightarrow \frac{54}{77}CO_2 + \frac{52}{77}H_2O$$

呼出 CO_2 与吸入 O_2 的体积比称为呼吸商(respiratory quotient)，缩写为 RQ。由于 CO_2 和 O_2 都是理想气体，所以由化学计量方程可得

对于碳水化合物，RQ=1

对于脂质，RQ=0.71

蛋白质的呼吸商介于二者之间，大约为 RQ=0.8。

因此，如果呼吸过程涉及某种化学物质，那么其 RQ 应该在 0.7～1。化学家亨利·维克托·勒尼奥(Henri Victor Regnault)[6]把动物放在笼子里，仔细测量氧气输入量和二氧化碳输出量，证实了该比值是正确的。此外，他发现若喂给动物富含碳水化合物的食物，RQ 将趋于 1，而在高脂肪饮食中 RQ 趋于 0.7。科学卫生学的创始人，化学家马克思·冯·佩滕科弗(Max von Pettenkofer，1818～1901年)在之后的人体实验中也证实了这些结果。以上结果提供了强有力的证据表明生命活动中并没有生命力参与其中，至少没有在呼吸过程中发现生命力。

---

[5] 实际上，德语中的蛋白质称作 "Eiweisse" (英译：egg whites，即蛋白)。

[6] 我们曾通过他 700 页的回忆录中遇见过他，这本回忆录记载了对蒸汽性质的详细测量，参见第三章。

代谢率

那么从食物中获得的能量会遵循何种规律？是满足热力学第一定律，还是由于生命力的介入使热力学定律在营养学领域中失效了呢？

假设一个动物吃下的糖、脂肪和蛋白质混合物在热量计中燃烧，它们所提供的反应热为[7]

$$\Delta h_R = \begin{cases} 17.1\times10^3\,\text{kJ/g，糖类} \\ 23.6\times10^3\,\text{kJ/g，蛋白质} \\ 39.5\times10^3\,\text{kJ/g，脂质} \end{cases}$$

现在的问题是，当通过进食消耗这些食物时，上述数值是否仍具有意义。

这里的实验测量要比呼吸商的确定困难得多。首先，这需要研究量热，即使在最好的情况下这也很困难。其次，测量中需要对粪便进行分析，以便找出摄入食物中有多少未被身体消耗。同时也需要对尿液进行定量分析，确定尿素的含量。通过排出尿素人体得以排出通过蛋白质摄入的氮元素。此外，RQ 也是研究的一部分。

生理学家马克思·鲁布纳(Max Rubner，1854～1932 年)开展了精细的测量工作。他在一份报告[8]中提出自己的发现，并得出这样的结论：与通常的燃烧过程完全一致，能量守恒定律在营养类过程中也一丝不苟地成立。截至目前，科学家已经相信物理定律同时主导着生命和非生命过程。

一旦理解了这一点，有机化学和无机化学之间的区别就开始失去它原来的意义。有机化学成为一个研究碳化合物的分支学科。

发生在动物和人类身上的化学变化称为新陈代谢(metabolism)，该词源于希腊语重排(rearrange)。类似于热机功率，代谢率的测量单位为瓦特。一个人能达到的最大代谢率约为 700 瓦，但只能维持几分钟。那么，一个人能达到的最小代谢率即基础代谢率又是多少呢？

基础代谢率的缩写为 BMR(basal metabolic rate)。我们让一个人躺在温暖舒适的房间里，通过禁食一段时间并保持精神放松来达到。这种情况下，我们测量一个典型成年男子的 BMR 为 50 瓦，即维持其生命所需提供能量的速率。一个正常活动的人可能需要大约 2 倍于此的量。此外，人体会以热量的形式将新陈代谢产

---

[7] 这里恢复使用通常的质量单位，而不使用摩尔单位。一般而言，对于有机化学中那些大分子来说，使用摩尔单位是完全不现实的。但在葡萄糖的合成和分解中可以使用摩尔单位，见下文。

[8] 参见 M.Rubner: *Gesetze des Energieverbrauchs bei der Ernährung*. Laws of energy consumption in nutrition (1902).

生的能量散发出来，这就是拥挤的房间不需要暖气的原因。

消化分解代谢

到目前为止，一切都进行得还不错。然而事实是，食物在火中燃烧与在体内消耗存在很大的区别。例如，糖和氧之间的直接反应需要很大的活化能（activation energy），以至于需要明火条件才能发生，这在身体里当然是不可行的。在体内，需要借助合适的催化剂来绕过能量势垒，而不是只用蛮力（如体内的热量）。这种催化剂最初称为发酵剂（ferments）。随后的研究进一步揭示了其本质，它们被称为酶（enzymes），是一种蛋白质。在学习生物化学时会有这样一种印象：我们对人体内的体热力学知之甚少，我们知道的只是碳水化合物、脂类或蛋白质燃烧后产生 CO_2 和 H_2O。真正关键的问题是，这一过程是如何在体内进行的？对该问题的回答使生物化学成为一门关于酶催化的科学。此处我插入一点补充：在接下来的内容中，尽管我们总是在讨论酶催化，但会在很大程度上忽略酶本身。之所以这么做，是因为根据推测或定义，催化剂对反应物和生成物的能量和熵没有贡献。这的确成立，因为酶在催化反应结束后得以恢复。

在明火中燃烧食物与动物体内消化食物最明显的区别是后者发生缓慢并能在体温下进行。众所周知，当人发烧超过 42℃时生命就会受到严重危害。莱纳斯·卡尔·鲍林（Linus Carl Pauling，1901～1994 年）发现了有机物对热具有如此高敏感性的原因。他在 1936 年提出，以蛋白质为例，其正常功能在很大程度上取决于强度较弱的氢键（hydrogen bonds）。当有机大分子以特定方式折叠时，这种键为它提供了一种不算牢靠的稳定性。鲍林还设想出螺旋状的蛋白质分子，也因此成为遗传密码的生物化学先驱[9]。

肝脏等体内组织需要的是淀粉、脂类和蛋白质的结构单元——葡萄糖、脂肪酸和氨基酸。我们吃掉的淀粉、脂类和蛋白质无法直接抵达能够吸收其结构单元的部位。的食物中的大分子必须分解后才能被组织吸收，这种分解发生在消化的分解代谢过程中。"catabolism"是希腊语中的分解。让我们以淀粉为例进行介绍，它实际上是由一长链葡萄糖分子组成的。

众所周知，胃里含有酸液，它们可能会经历复杂的过程将淀粉分解成葡萄糖。对胃消化的研究始于 1819 年的北美西部，威廉·博蒙特（William Beaumont，1785～1853 年）是密歇根北部边防哨所的外科医生。他的一个病人受了枪伤，留下一个胃部的瘘管。瘘管是一个通向胃的开口，博蒙特恰好借此研究胃中食物的

---

[9] 分子螺旋的概念帮助弗朗西斯·哈利·康普顿·克里克（Francis Harry Compton Crick, 1916～2004 年）和詹姆斯·杜威·沃森（James Dewey Watson, 1928 年～）揭示了核酸（DNA）的形状。

变化。博蒙特过于狂热的研究最终吓跑了病人。从病人的角度看这是个明智的决定，离开博蒙特后他带着瘘管活到了 82 岁[10]。

后来，在世界的另一地区，生理学家克劳德·伯纳德(Claude Bernard，1813～1878 年)在动物消化道的不同部位通过人工制造了瘘管。他因此受到了包括他妻子在内当时反活体解剖者的猛烈抨击，他的妻子最终离开了他。伯纳德发现消化并不仅仅发生在胃部。通过将食物插入小肠，他发现在胰腺(位于胃下方的大腺体)分泌物的影响下，消化主要发生在小肠中。

随着时间的推移，人们发现了酶，以及酶的本质是蛋白质，并且具有催化反应的特殊能力。消化酶的作用开始于口腔，唾液中含有淀粉酶(amylase)，能够分解淀粉或帮助水分解淀粉中葡萄糖分子之间的糖苷键。这就是面包放在口腔里足够长时间后会产生独特甜味的原因。在消化道的更深处，其他的酶也参与进来，于是食物流经小肠后基本都被分解为其结构单元：淀粉转化为葡萄糖，脂质转化为脂肪酸，蛋白质转化为氨基酸。而没有被分解的东西就会被排出。从化学上讲，分解是通过酶辅助水解(hydrolysis)实现的，即在大分子结构单元之间插入水分子，或者说是脱水缩合的逆反应。水解使其中的糖苷键、酯键和肽键断裂。这些水解反应都是放热反应，尽管反应热很小。

这就是新陈代谢的第一步——食物分解。在这一步中，小尺寸的分解产物即葡萄糖、脂肪酸和氨基酸能够通过肠膜离开消化道进入机体组织，并在那里进一步分解。要记得最终产物一定是 CO_2、H_2O 和尿素。

组织呼吸

20 世纪上半叶，人们发现了葡萄糖在机体组织中的分解方式。对于我这类非化学专业出身的人来说，它代表使用着极为脆弱的证据但成功地组装出最令人惊叹的创造性发现。起初，人们已经知道葡萄糖(比如说)通过肠壁进入组织，氧气通过肺部进入血液并由血红蛋白(使血液呈红色的物质)运输到机体细胞。但这两种成分是如何结合在一起，以便按照如下化学计量方程进行反应、释放能量并消耗熵的呢？

$$C_6H_{12}O_6 + 6O_2 \longrightarrow 6CO_2 + 6H_2O, \qquad \begin{aligned} \Delta h_R &= -2798 kJ/mol \\ \Delta s_R &= 241 J/(mol \cdot K) \end{aligned}$$

如果该反应发生在 37℃ 的体温下，吉布斯自由能将减少 2873kJ/mol。

事实上，我们发现葡萄糖分子需要首先分解成两个乳酸分子 $C_3H_6O_3$，才会有

---

[10] 参见第二章脚注 4，I.Asimov：*Biographies*……，p. 268.

之后有趣的过程发生。由此 $C_3H_6O_3$。我们可以重新阐述上述问题：乳酸是如何与氧气反应从而生成 CO_2 和 H_2O 的？

　　回答该问题需要从两个相反的角度入手：氧气的消耗和乳酸的氧化。两个过程会分开发生以确保乳酸和氧气不会直接发生化学反应。该过程的早期发现者是化学家海因里希·奥托·威兰（Heinrich Otto Wieland，1877～1957 年）和奥托·海因里希·瓦尔堡（Otto Heinrich Warburg，1883～1970 年），两人都曾参与过一场成果颇丰的科学论战（图 11.2）。

图 11.2　中间代谢的先驱：威兰、瓦尔堡和克雷布斯

　　瓦尔堡发明了一种压力计，可以测量组织吸收的氧气量，并发现氧气会与血红素酶结合。他并不清楚氧气在该过程中发生了什么，但凭借自身的洞察力与实验敏锐度瓦尔堡获得了 1931 年的诺贝尔奖。威兰则发现乳酸氧化是通过脱氢进行的，即从有机分子中脱离出两个氢原子。因氢原子的脱离，乳酸产生了两个游离的键，这两个键结合形成双键 C=O 即酮基，它与水反应生成一个 CO_2 分子和另一对氢原子。反应余下的有机化合物乙酸 CH_3COOH 有待进一步分解。

　　继威兰之后，瓦尔堡的学生汉斯·阿道夫·克雷布斯（Hans Adolf Krebs，1900～1981 年），即 1958 年后的汉斯·阿道夫爵士，开始研究脱氢问题。他创造性地提出了三羧酸循环（Krebs cycle），该循环可以将乙酸分子吸附到酶上，并将其分解成独立的氢原子和 CO_2，然后酶恢复到初始状态并准备接受下一个待分解的乙酸分子，如此循环往复。从乳酸阶段开始，整个过程可以写成公式：

$$C_3H_6O_3 + 3H_2O \longrightarrow 3CO_2 + 12H$$

　　这六对氢原子在一系列酶之间传递，在此过程中形成逐级增强的键，并最终遇到氧气生成水。每对氢原子反应放出的能量将激活 3 个三磷酸腺苷分子。三磷酸腺苷分子通常称为 ATP，是分子能量的载体，我们很快会对其进行描述并讨论其作用。

　　三羧酸循环不仅出现在糖酵解（即糖的分解）过程中，还存在于脂肪酸和氨基酸的分解代谢中。脂肪酸和氨基酸首先被分解成乙酸，与乳酸分解产生的乙酸类似，进入三羧酸循环。脂肪酸的分解代谢可以产生很多 ATP，这点在下面会继续讨论。

同化作用

组织中反应的能量或焓显然并不会像火焰燃烧一样全部转化为热。动物和人体都能够使用能量，他们也必须这样做以满足基础代谢率的需求。另外，动物会成长并能在体内产生脂肪，即使它们主要摄入的是碳水化合物。动物和人体利用组织吸收的简单分子来合成更复杂的分子。这个过程称为同化作用(anabolism)，即希腊语中的合成。

早在 1856 年，活体解剖学家贝纳尔就发现了第一个同化作用的例子。他注意到在肝脏中葡萄糖能转化为糖原——一种淀粉样的物质。他还发现，糖原调节着血液中的糖分含量：如果血液中的葡萄糖过多，糖原就会形成；如果血液中的葡萄糖太少，糖原就会变回糖。当这种平衡功能失效时就会得糖尿病。因此，肝脏显然能够将葡萄糖合成淀粉，这与消化道的功能正好相反。我们把这个例子作为同化作用的范例。

关于葡萄糖和糖原之间的平衡，有两件事情很有趣：第一，它通过磷酸糖类进行，尽管磷酸糖类只是作为一种中间产物出现[11]；第二，三磷酸腺苷会参与其中。这是一种有机化合物，常缩写为 ATP，由生化学家 K.罗曼于 1929 年发现。罗曼发现曾被长期认为属于无机化学领域的磷酸(H_3PO_4)在肌肉活动中扮演着重要的角色。

ATP 是由三个磷酸分子和一个腺苷分子缩合形成的磷酸产物。由于我们并不关心腺苷分子的具体形式，所以可以写成 R-OH 的形式。因此，ATP 具有如下所示的结构式：

$$R—O—\overset{\overset{O}{\|}}{\underset{\underset{OH}{|}}{P}}—O—\overset{\overset{O}{\|}}{\underset{\underset{OH}{|}}{P}}—O—\overset{\overset{O}{\|}}{\underset{\underset{OH}{|}}{P}}—OH$$

生物化学家弗里茨·艾伯特·利普曼(1899～1986 年)注意到，上述结构式中箭头标记的两个磷酸酯键比腺苷附近的键更容易水解。他对此的解释是这两个键处于自由能较高的状态。定量地说，从一个涉及高能键的反应中大约可以获得 30kJ/mol 的能量，这是从低能键中获得能量的 2 倍。

现在我们继续讨论葡萄糖-糖原平衡的问题，这将有助于我们理解 ATP 中高能键的作用。如果用 OH—⟨ ⟩—OH 来表示一个葡萄糖分子，那么糖原分子可以

---

[11] 人体组织内的代谢反应称为中间代谢，因为中间物质是起决定作用的物质。

写成如下形式：

$$OH - \langle \rangle - O - \langle \rangle - O - \langle \rangle - O \cdots \langle \rangle - OH$$

有人曾设想

$$OH - \langle \rangle - O - \langle \rangle - O - \langle \rangle - O \cdots \langle \rangle - OH$$

　　这个分子链是通过葡萄糖的多重缩合直接形成的。然而事实并非如此。事实上，20 世纪 30 年代卡尔·斐迪南·科里(Carl Ferdinand Cori，1896～1984 年)和他的妻子格蒂·特蕾莎·拉德尼茨·科里(Gerty Theresa Radnitz Cori，1896～1957 年)发现，糖原的形成分两步进行，如下所示。

　　步骤(一)：由葡萄糖和 ATP 形成葡萄糖磷酸和 ADP。

$$OH - \langle \rangle - OH + R - O - \overset{O}{\underset{OH}{\overset{\|}{P}}} - O - \overset{\downarrow \atop O}{\underset{OH}{\overset{\|}{P}}} - O - \overset{\downarrow \atop O}{\underset{OH}{\overset{\|}{P}}} - OH \rightarrow$$

$$\rightarrow OH - \langle \rangle - O - \overset{O}{\underset{OH}{\overset{\|}{P}}} - OH + R - O - \overset{O}{\underset{OH}{\overset{\|}{P}}} - O - \overset{\downarrow \atop O}{\underset{OH}{\overset{\|}{P}}} - OH$$

　　　　　　葡萄糖磷酸　　　　　　　　二磷酸腺苷(ADP)

　　步骤(二)：磷酸脱落。

$$n \text{ X } OH - \langle \rangle - O - \overset{O}{\underset{OH}{\overset{\|}{P}}} - OH \rightarrow$$

$$\rightarrow OH - \langle \rangle - O - \cdots - O - \langle \rangle - OH + n \text{ X } OH - \overset{O}{\underset{OH}{\overset{\|}{P}}} - OH$$

　　　　　　　　　　糖原　　　　　　　　　　　　　磷酸

　　步骤(一)中发生如下反应。

　　形成葡萄糖磷酸需要消耗能量，该能量来自 ATP 中一个高能键的去活化(de-activation)过程。ATP 在能量降低后成为 ADP，即只有一个高能键的二磷酸腺苷。

$$n \ X \ OH - \langle \ \rangle - O - \overset{\displaystyle O}{\underset{\displaystyle OH}{\overset{\|}{P}}} - OH \rightarrow$$

$$\rightarrow OH - \langle \ \rangle - O - \cdots \cdots - O - \langle \ \rangle - OH + n \ X \ OH - \overset{\displaystyle O}{\underset{\displaystyle OH}{\overset{\|}{P}}} - OH$$

糖原   磷酸

我们可以做一种机械性的类比，即将高能键当成压缩的弹簧。此时上述反应中的步骤（一）就是释放弹簧，利用释放的能量将生成的葡萄糖磷酸提升到较高的能级。事实上，在利普曼发现 ATP 中的高能磷酸键后，在人体化学中需要能量的各个部位都发现了 ATP。我们也可以这样理解：食物中所含的大量能量通过上述组织的呼吸过程被分解，成为适合"支付"同化作用过程中分子反应所需的"能量零钱"。因此，包含 ATP 的反应可以使化合物的能量升高。

代谢热力学

人们经常听到这样一种说法：生命活动是一种能够创造有序度的过程，因而应该使熵减小，参见第四章。至少对于动物而言[12]，这种说法是需要前提条件的。事实上，生命活动的主要过程之一就是葡萄糖的分解，正如我们上面介绍的，这个过程会使熵增加。虽然缺乏一些具体的数值，脂肪酸和氨基酸的分解过程在熵的变化方面毫无疑问应当与葡萄糖分解过程相同，都使熵增加。

不过，葡萄糖在组织中的分解伴随着同化作用过程，如葡萄糖生成磷酸葡萄糖和糖原，这也是生命活动中的一种过程。如前面所述，ATP 会把能量带到构建磷酸葡萄糖的部位，同时糖原和磷酸葡萄糖拥有同样水平的能量。因此，它们涉及的两个反应可以写成如下形式：

$$葡萄糖 + ATP \longrightarrow 葡萄糖磷酸 + ADP + \Delta h_R^{(I)}, \quad \Delta h_R^{(I)} < 0$$

$$n \times 葡萄糖磷酸 \longrightarrow 糖原 + n \times 磷酸 + \Delta h_R^{(II)}, \quad \Delta h_R^{(II)} = 0$$

当然，人们要问为什么会发生步骤（一）和步骤（二）？为什么葡萄糖 ↔ 糖原的平衡不是简单地通过大量的水解和缩合来维持？反应的熵变又是多少？直观看上去熵变小了，因为长的糖原链的形成创造了有序结构，但我们还是缺乏具体的数值[13]。如果熵确实减少了，那么 $\Delta h_R^{(I)}$ 一定有足够大的负值，即步骤（一）是某种程

---

[12] 稍后我们就会讨论到植物。

[13] 我为写本章而参考的书籍中并没有给出像葡萄糖磷酸和糖原链这些分子的熵。

度上很强的放热反应，只有这样才能抵消熵减导致的自由能增加，从而保证反应的顺利进行。

在我看来，从反应能和反应熵的角度来研究同化作用的热力学是值得的。虽然这可能并不会带给我们更多关于这些反应的知识，但它可以解释为什么特定的反应会发生，而不是其他看起来更简单的反应。

此外，对于那些解决了中间代谢过程复杂反应机制的人，他们可能并不太关心热力学问题。即使他们的研究没有考虑热力学，我们也必须承认他们的工作非常出色。他们也因此得到广泛认可。几乎所有前面提到的生物化学家都获得了诺贝尔奖：维兰德、沃伯格、克雷布斯、利普曼、鲍林[14]和克里斯。其中的德国人都与阿道夫·希特勒有矛盾，或者说希特勒与他们有矛盾[15]。他们中的大多数人移居到国外，而留下来的人则艰难度日。

生命是什么？

著名量子物理学家埃尔温·薛定谔（Erwin Schrödinger，1887～1961 年）移民爱尔兰，在都柏林高等研究学院找到了一个相当舒适的临时住所。1943 年，他在那里举办了一个题为"What is life ?"（生命是什么）的公开讲座，讲座内容后来被收录到一本小册子里[16]。

对于已经充分了解 DNA 和人类基因组的现代读者来说这本书稍微有些过时，但它仍然受到理论物理学家的推崇。薛定谔在书中阐述了这样一个观点：为了避免由于热运动而持续产生变化，基因必须是一个分子。他观察到，一个基因似乎在很多代中都是稳定的。这一点可由长期存在的"哈布斯堡唇"性状证明。根据大量的文献记载，这个声名显赫的家族其成员的嘴唇都有轻微畸形。此外，为了解释突变现象，薛定谔强调基因应处于亚稳态。也就是说在基因所处的能量极小值附近存在更低的极小值，二者通过能垒分开（图 11.3）。他认为热运动、X 射线或宇宙射线是越过这些能垒的唯一手段。这似乎为突变这个很罕见的事件提供了一个令人满意的解释，毕竟我们不会经常暴露在 X 射线下，而且体温也不会比 37℃高太多。

最接近薛定谔本人对其提出的有关生命的问题的回答来自下面一段话[17]：

---

[14] 鲍林是仅有的两位获得两个诺贝尔奖的人之一——其中一个是和平奖，因为他致力于反对核武器。另一位获得两次诺贝尔奖的是玛丽·居里（Marie Sklodowska Curie, 1867～1934 年）。

[15] 出于对 1935 年诺贝尔和平奖颁给卡尔·冯·奥西茨基（Carl von Ossietzky, 1889～1938 年）的愤怒，希特勒禁止 1930 年代的德国科学家接受诺贝尔奖。奥西茨基很愤怒。是著名的和平主义者，他被授予诺贝尔奖时被关在集中营，不久后在集中营中去世。

[16] 参见 E. Schrödinger: *What is life? The physical aspect of the living cell*. Cambridge: At the University Press. New York: Macmillan Company（1945）.

[17] 参见第十一章脚注 2，E. Schrödinger：*What is life?*……，p. 70.

1918 年，第一次世界大战结束后，薛定谔下定决心放弃物理学而转向哲学。然而他原本希望能够获得大学职位的那座城市却在和平条约中归属给了奥地利。薛定谔因此保留了物理学家的职业[18]。

图 11.3　埃尔温·薛定谔（1887～1961 年）

生命的特征是什么？什么时候我们会说一个物体是活的？答案是，当它持续"做着某种事情"，如移动、与环境交换物质等，当它持续这些活动的时间比我们预期一个无生命的物体能够在类似条件下维持"这种活动"的时间要长得多时，我们就说它是活的。

当然，这个答案听上去似乎是在回避问题。不过我们也许再也找不到比这更好也更简短的答案了。但对我来说，当然还是希望能够找到的。既然我们谈到了这个问题，不妨再次引用阿西莫夫的格言[19]——他本人也是一名生物化学家：

生物体的特点是能够通过酶催化的化学反应使熵暂时、局部地降低。

由此我们回到熵的问题上。在薛定谔的小册子的最后一部分他专门讨论了这个问题。他说，"生命以负熵为食"。意思是，动物保持高度有序，是因为它以高度有序也就是拥有较低熵的植物为食。他写道：

事实上，以高等动物为例，我们对它们所赖以生存的那种有序性已经再熟悉不过了，这就是被它们作为食物的、多少有些复杂的有机化合物中那种极其有序的物质状态。

我认为这种说法多少有些肤浅。毕竟我们已经看到，在动物对进食的食物进行任何重构（即同化作用）之前，食物总是先在消化过程中分解成有序性较低的物质。因此，至少我们可以说生命体并没有充分利用它所得到的有序性。

然而"以负熵为食"这一隐喻很快就演化成了负熵（negentropy）一词，并激发了那些喜欢深奥难懂概念的物理学家和神学家的想象。我听说信仰耶稣会的古生物学家和人类学家泰亚尔·德·夏尔丹——一个试图调和进化论与天主教教义的

---

[18] 参见第二章脚注 4，I. Asimov: *Biographies*……，p. 621.

[19] 参见 I. Asimov: *Life and Energy*，Avon Publishers of Bard，New York（1972）.

本章中的大部分信息来源于对阿西莫夫这本书的研究。我经常引用阿西莫夫撰写的传记，偶尔也会引用他的论文。除了阿西莫夫写的科幻小说，我非常欣赏他的写作风格。

人——受到了负熵的启发。或许薛定谔不该因此受到指责，毕竟他是在给形形色色的听众做公开演讲。而且他此后一直都在为这场报告后悔。事实上，他在 1950 年出版的德语译本中写道[20]：

> 我关于"负熵"的言论受到了物理专家们的批评。我必须对他们说：如果是面向他们演讲的话，我应该使用"自由能"这个词。

下面让我们讨论植物，即动物的负熵来源之一。这本身就是一个有趣的话题。植物体内的化学反应是光合作用，反应过程中空气的 CO_2 和土壤中的 H_2O 反应生成葡萄糖并释放氧气。其化学计量式与葡萄糖的分解过程相同，不过要把顺序颠倒一下，这是因为光合作用是合成葡萄糖的过程。

$$6CO_2 + 6H_2O \longrightarrow C_6H_{12}O_6 + 6O_2, \qquad \begin{aligned} \Delta \bar{h}_R &= 2798 \frac{kJ}{mol} \\ \Delta \bar{s}_R &= -241 \frac{J}{mol} \end{aligned}$$

从某种程度上讲，这是最不可能发生的一种化学反应：能量或焓增加的同时伴随着熵减少。由于这个过程发生在 $p_R = 1atm$ 的恒定压强和 $T_R = 298K$ 的常温下，热力学第一定律要求我们为反应提供热量，而热力学第二定律要求我们从反应中撤走热量。即

$$根据热力学第一定律：\bar{q} = \Delta \bar{h}_R > 0$$

$$根据热力学第二定律：\bar{q} \leqslant T_R \Delta \bar{s}_R < 0$$

这是一个明显的矛盾。如果对此没有更深入的认识，我们可能会得出该过程不可能发生的结论。

另一种强调矛盾的方法是计算吉布斯自由能的变化：

$$\Delta \bar{g}_R = \Delta \bar{h}_R - T_R \Delta \bar{s}_R = 2870 kJ/mol > 0$$

我们清楚地知道，根据吉布斯、亥姆霍兹和任何其他热力学家的理论，等温等压条件下化学反应自发进行必然伴随着自由能的减少。但是，这个反应的自由能是增加的。

所以，这确实是一个困境！唯一的出路指向这样一个结论：这个反应不能自发进行。除提供必需的能量外，这个反应的进行还必须伴随一个熵增加的过程，该过程的熵增足以抵消反应的熵减。事实上，熵的增加必须足够大，大到能使整

---

[20] 参见 E. Schrödinger: *Was ist Leben? Die lebende Zelle mit den Augen des Physikers betrachtet*, 2nd edition。A. Francke Verlag, Bern and Leo Lehnen Verlag, München(1951).

体的吉布斯自由能下降。

乍一看，能量的供应似乎没有问题，因为太阳会向地球表面垂直于入射方向的每平方米面积辐射 1341 瓦的光照能量[21]。这些辐射能的 75% 能到达地球表面，植物平均每片叶子吸收其中 65% 的能量——主要是太阳光谱中的红光和黄光，这就是树叶呈现出绿色的原因。

平均每片叶子接收到的能量为 650 瓦每平方米，而它释放的能量则为 $\frac{c}{4}aT^4$ [22]，具体数值由温度 T 决定。根据植物生理学家的说法[23]，叶片正常进行光合作用时 1 小时内可在每平方米上产生 1g 或 1/180mol 葡萄糖。由此可写出能量平衡关系：

$$650\frac{W}{m^2} - \frac{c}{4}aT^4 = 2789\frac{kJ}{mol} \cdot \frac{1}{180}mol\frac{1}{3600s \cdot m^2} = 4.3\frac{W}{m^2}$$

并求出温度 $650\frac{W}{m^2} - \frac{c}{4}aT^4 = 2789\frac{kJ}{mol} \cdot \frac{1}{180}mol\frac{1}{3600s \cdot m^2} = 4.3\frac{W}{m^2}$

T=327K（或 54℃），这是足以使叶子枯萎和死亡的温度。此外，植物生理学家告诉我们，温度超过 35℃ 时不会发生光合作用。因此，即使只考虑热力学第一定律，光合作用如何进行也存在着问题。解决问题的可能突破点在于农民、园丁和家庭主妇都知道的事实：植物需要非常多的水，比化学计量式规定的多得多的水，如是计量式要求的水的 x 倍。植物吸收了根部中的所有水分，向上传递给叶子，并在那里把水分蒸发掉[24]。因此，植物冷却叶子的方式与动物冷却皮肤的方式相同——都是通过水的蒸发来散热。若要求温度保持在 298K，则很容易计算出 x 的值，得到 $x \approx 500$。也就是说，每消耗 1g 水用于合成葡萄糖，植物需要蒸发 500g 水以保持较低的温度。

因此，伴随着光合作用的进行会发生蒸发，而蒸发过程确实会增加熵。然而，这对减少吉布斯自由能并没有帮助，因为蒸发不会改变自由能。虽然熵确实增加了，但焓也增加了，自由能 $h-Ts$ 保持不变。因此，我们仍然需要找到可以使自由能减小，并同时产生熵的过程。薛定谔给出了一个简短的表述：

这些（植物）当然在阳光下拥有最充足的负熵来源。

[21] 我们当然需要知道植物利用辐射能的化学"机制"。生物物理学家正在努力研究这个问题，我听说他们还没完全搞懂反应的所有部分，但正在靠近问题的最终答案。

[22] $\frac{c}{4}a = 5.67 \times 10^{-8}$ W/(m² · K⁴)，参见第七章。

[23] 如 W. Larcher: *Ökophysiologie der Pflanzen. Leben, Leistung und Stressbewältigung der Pflanzen in ihrer Umwelt*（植物生态生理学。植物在其环境中的寿命、性能和压力管理）5.Auflage, Verlag Eugen Ulmer Stuttgart（1994）.

[24] 据我所知，这个想法是我和克利佩尔在论文中首先提出的，参见：A. Klippel, I. Müller: *Plant growth–a thermodynamicist's view*, Continuum Mechanics and hermodynamics 9,（1997）.

　　让我们来看如何理解这句话。参见第七章，每平方米树叶表面通过吸收和发射辐射而产生熵的速率为 1.7W/K，该数值远大于前面提到的在光合作用过程中所需的熵产生速率 0.014W/K。因此纯粹从数字大小的角度看，薛定谔的阳光带来负熵的假设可以是正确的。不过我认为这个答案还是过于简单了：我们还不知道树叶是如何将这些熵全部或部分融入在化学反应过程中的。据我所知，这个问题一直没有解决[25]。

　　所有这些论述都不能真正帮助我们回答"生命是什么"这个问题。尽管有众多杰出人物已经失败了，我还是想试着自己做出回答：一个复杂体系尚不明确的运行方式构成了生命。即使是蒸汽机或火车头也拥有生命的特征。那么一个显然的问题是：要多复杂才算复杂？火车头的运行机制太容易理解，因此过于简单而不能称之为生命。人们常用艺术来做比喻：如果我能做到，就不能称之为艺术。因此我要说：如果我能理解它，它就不能称之为生命。

　　毫无疑问，如同现在已经理解了火车头如何运行，我们最终会理解动植物的运作方法。生物物理学家和生物化学家正逐渐把生命机制阐述得愈发清晰。但可以肯定的是，他们不会发现生命，就像一个工程师在拆卸蒸汽机时不会发现蒸汽一样。

　　就目前的情况而言，我们对生命的理解仍然没有比伊萨克·迪尼森[26]领先多少，她曾说道：

　　　　通过无限的技巧，人体这台精巧的机器能够将西拉葡萄酒转化成尿液。

　　[25] 我提出了一种完全不考虑辐射的伴随过程，即将树叶蒸发的水分与周围空气混合。参见第十一章脚注 24，A. Klippel, I.Müller: *Plant growth*……

　　[26] 参见 I.Asimov: *The Relativity of Wrong*. Pinnacle Books, New York（1990）.

人 名 列 表

A

Abbott, M.M.	阿博特
Adams, H.	亨利·亚当斯(美)
Adams, W.S.	沃尔特·悉尼·亚当斯
Amontons, G.	阿蒙顿(法)
Ampère, A.M.	安培
Andrews, T.	托马斯·安德鲁斯(爱尔兰)
Arago, D.F.J.	阿拉果(法)
Aristoteles	亚里士多德
Asimov, I.	艾萨克·阿西莫夫
Au, J.	约尔格·奥
Avogadro, A., Conte de Quaregna	阿伏伽德罗

B

Bacon, F.	F·培根
Barbera, E.	E·巴贝拉
Baur, C.	卡尔·鲍尔
Beaumont, W.	威廉·博蒙特
Becker, R.	R·贝克尔
Belloni, L.	L·贝洛尼
Bérard	贝拉尔
Bergius, F.K.R.	弗里德里希·贝吉乌斯
Bergman, T.O.	托贝恩·奥洛夫·贝格曼
Bernard, C.	克劳德·伯纳德
Bernoulli, D.	丹尼尔·伯努利
Bernoulli, Johann	约翰·伯努利
Bernoulli, Jakob	雅各布·伯努利
Berthelot, P.E.M.	贝特洛

Berthollet, C.L., Comte de	贝托莱
Berzelius, J.J.	永斯·雅各布·贝采利乌斯
Bessel, F.W.	贝塞尔(德)
Bethe, H.A.	汉斯·贝特
Bhatnagar, P.L.	普拉布·拉尔·巴特纳加尔
Biot, J.B.	J·B·毕渥
Black, J.	约瑟夫·布莱克
Bohr, N.H.D.	尼尔斯·玻尔
Boillat, G.	G·布瓦拉
Boltzmann, L.E.	玻尔兹曼
Bosch, K.	卡尔·博施
Bose, S.N.	萨特延德拉·纳特·玻色
Boulton, M.	马修·博尔顿
Boyle, R.	罗伯特·波义耳
Broda, E.	E·布罗达
Brown, R.	罗伯特·布朗
Brush, S.G.	史蒂芬·布拉什
Bunsen, R.W.	罗伯特·威廉·本生
Burnett, D.	伯内特
Buys-Ballot, C.H.D.	白贝罗

C

Cailletet, L.P.	凯泰
Camus, A.	阿尔贝·加缪
Cantoni, G.	G·坎托尼
Carnot, L.	拉扎尔·卡诺
Carnot, N.L.S.	萨迪·卡诺
Casimir, H.	亨德里克·卡西米尔
Cattaneo, C.	卡洛·卡塔尼奥
Cauchy, A.L., Baron de	奥古斯丁·路易斯·柯西
Cavendish, H.	亨利·卡文迪许
Celsius, A.	安德斯·摄尔修斯
Chandrasekhar, S.	苏布拉马尼安·钱德拉塞卡
Chapman, S.	西德尼·查普曼

Chardin, T. de	德日进
Charles, J.A.C.	查尔斯
le Chatelier, W.L.	勒夏特列
Chen, P.	
Chernikov, N.A., Chevreul, M.E.	切尔尼科夫
Clapeyron, E.	克拉珀龙
Clark, A.G.	阿尔万·格雷厄姆·克拉克
Clarke, N.A.	N·A·克拉克
Clausius, R.J.E.	克劳修斯
Coleman, B.D.	伯纳德·科尔曼
Compton, A.H., Comte, A.	康普顿
Cori, C.F.	卡尔·斐迪南·科里
Cori Radnitz, G.T.	格蒂·特蕾莎·科里
Coriolis, G. de	科里奥利
Cosimo III di Medici	科西莫三世·德·美第奇
Cranach, U. von	乌尔里克·冯·克拉纳赫
Crick, H.C.	弗朗西斯·哈里·康普顿·克里克
Curie, P.	皮埃尔·居里
Curie Sklodowska, M.	玛丽·居里

D

Dalton, J.	约翰·道尔顿
Darwin, C.	查尔斯·罗伯特·达尔文
Davy, H.	汉弗里·戴维
de Broglie, L.	路易·维克多·德布罗意
Debye, P.J.W.	彼得·德拜
Delaroche	德拉罗什
Democritus	德谟克里特斯
Denbigh, K.	K·登比
Désormes, N.G.	德索尔姆
Dewar, J.	詹姆斯·杜瓦
Dirac, P.A.M.	保罗·狄拉克
Duhem, P.M.M.	杜恒（又译为皮埃尔·迪昂）
Dulong, P.L.	皮埃尔·路易斯·杜隆

G

Galenos, K.　　　　　　　　　　克劳迪欧斯·伽兰诺斯

Galilei, G.　　　　　　　　　　伽利略·伽利雷

Galland, A.　　　　　　　　　　阿道夫·加兰德

Gassendi, P.　　　　　　　　　皮埃尔·伽桑狄

Gauss, C.F.　　　　　　　　　约翰·卡尔·弗里德里希·高斯

Gay-Lussac, J.L.　　　　　　　约瑟夫·路易·盖-吕萨克

Gentile, G.　　　　　　　　　乔瓦尼·詹蒂莱

Georgescu-Roegen, N.　　　　尼古拉斯·乔治埃斯库-罗根

Giauque, W.F.　　　　　　　威廉·弗朗西斯·吉奥克

Gibbs, J.W.　　　　　　　　约西亚·威拉德·吉布斯

Giesekus, H.　　　　　　　　H·杰塞库斯

Gilbarg, D.　　　　　　　　大卫·吉尔巴格

Godunov, S.K.　　　　　　　S·K·戈杜诺夫

Goethe, J.W. von,　　　　　约翰·沃尔夫冈·冯·歌德

Grad, H.　　　　　　　　　H·格拉德

Green, W.A.　　　　　　　W·A·格林

Griesinger, W.　　　　　　W·格里辛格

de Groot, S.R.　　　　　　S·R·德格鲁特

Gross, E.P.　　　　　　　E·P·格罗斯

Guldberg, C.M.　　　　　古尔贝格

H

Haber, F.　　　　　　　　弗里茨·哈伯

Hahn, O.　　　　　　　　奥托·哈恩

Hales, S.　　　　　　　　史蒂芬·黑尔斯

Hankel, H.　　　　　　　赫尔曼·汉克尔

Hasler, J.　　　　　　　乔安尼斯·哈斯勒

Hegel, G.W.F.　　　　　格奥尔格·威廉·弗里德里希·黑格尔

Heisenberg, W.　　　　沃纳·卡尔·海森堡

Helmholtz, H.L.F. von　赫尔曼·路德维希·斐迪南德·冯·亥姆霍兹

van Helmont, J.B.　　　扬·巴普蒂斯塔·范·海尔蒙特

Herapath, J.	约翰·赫帕斯
Hermann, A.	A·赫尔曼
Herschel, F.W.	弗里德里希·威廉·赫歇尔
Herschel, J.	约翰·赫歇尔
Hertz, H.R.	亨利希·鲁道夫·赫兹
Hess, G.H.	盖斯
Hippokrates	希波克拉底
Hooke, R.	罗伯特·胡克
Huygens, C.	克里斯蒂安·惠更斯

I

Ingenhousz, J.	詹·英格豪斯
Ising, E.	恩斯特·伊辛
Israel, W.	W·伊斯雷尔

J

Jaumann, G.	古斯塔夫·焦曼
Jeans, J.H.	詹姆斯·霍普伍德·金斯
Joseph, D.D.	D·D·约瑟夫
Joule, J.P.	詹姆斯·普雷斯科特·焦耳
Jüttner, F.	费伦茨·约特纳

K

Kalisch, J.	J·卡利施
Kammerlingh-Onnes, H.	海克·卡末林·昂内斯
Kastner, O.	O·卡斯特纳
Kawashima, S.	
Kelvin, Lord	开尔文
Kestin, J.	J·科尔斯汀
Kirchhoff, G.R.	古斯塔夫·罗伯特·基尔霍夫
Klein, F.	菲利克斯·克莱因
Klein, M.J.	M·J·克莱因

Klippel, A.	A·克利佩尔
Krebs, H.A.	汉斯·阿道夫·克雷布斯
Krönig, A.K.	克仑尼希
Krook, M.	马克思·克鲁克
Kuhn, T.S.	托马斯·库恩
Kuhn, W.	维尔纳·库恩
Kurlbaum, F.	费迪南德·库尔鲍姆

L

Lagrange, J.L. Comte de	约瑟夫·拉格朗日
Lamé, G.	加布里埃尔·拉梅
Landau, L.D.	列夫·达维多维奇·朗道
Landsberg, P.T.	P·T·兰茨贝格
Lane, J.H.	强纳生·荷马·莱恩
Langevin, P.	保罗·朗之万
Laplace, P.S. Marquis de	拉普拉斯
Larcher, W.	W·拉尔谢
Lavoisier, A.L.	安托万-洛朗·拉瓦锡
Law, R.J.	R·J·劳
Lax, P.D.	拉克斯·彼得
Leavitt, H.S.	勒维特
Leibniz, G.W.	莱布尼茨
Lenard, P.E.A.	菲利普·莱纳德
Leukippus	留基伯
Liebig, J. von	利贝格
Lifshitz, E.M.	叶夫根尼·利夫希茨
Linde, C. von	卡尔·冯·林德
Lindley, D.	D·林德利
Lipman, F.A.	弗里茨·艾伯特·里普曼
Liu, I.-S.	
Locke, J.	约翰·洛克
Lohmann, K.	卡尔·洛曼

M

Moisseau, H.	亨利·莫索
Morley, E.W.	爱德华·莫雷
Mulder, G.J.	约翰内斯·穆德
Muller, I.	英格·穆勒

N

Navier, L.	克劳德-路易·纳维
Nernst, H.W.	赫尔曼·瓦尔特·能斯脱
Neumann, J. von	约翰·冯·诺伊曼
Newcomen, T.	托马斯·纽科门
Newton, I.	艾萨克·牛顿
Nobel, A.B.	阿尔弗雷德·贝恩哈德·诺贝尔
Noll, W.	沃尔特·诺尔

O

Ohm, G.S.	格奥尔格·西蒙·欧姆
Onsager, L.	拉斯·昂萨格
Oppenheimer, J.R.	罗伯特·奥本海默
Osborne, D.V.	D·V·奥斯本
Ossietzky, C. von	卡尔·冯·奥西茨基
Ostwald, F.W.	威廉·奥斯特瓦尔德
Ott, H.	H·奥特

P

Paolucci, D.	D·保卢奇
Papin, D.	丹尼斯·帕潘
Patrick, J.	约翰·帕特里克
Pauling, L.C.	莱纳斯·卡尔·鲍林
Perrin, J.B.	J·B·佩兰
Peruzzi, G.	G·佩鲁奇
Petit, A.T.	A·T·佩蒂特
Pettenkofer, M. von	马克斯·冯·佩滕科弗

S

Sagredo, G.	吉安弗朗西斯科·萨格雷多
Salomon, E. von	恩斯特·冯·所罗门
Sartre, J.P.	让-保罗·萨特
Sauter, F.	弗里茨·索特
Savery, T.	托马斯·萨弗里
Schilpp, P.A.	保罗·席尔普
Schmolz, H.	H·施莫尔茨
Schopenhauer, A.	亚瑟·叔本华
Schrodinger, E.	埃尔温·薛定谔
Schwarzschild, K.	卡尔·史瓦西
Seyffer, O.	O·塞弗
Shakespeare, W.	威廉·莎士比亚
Shannon, C.E.	克劳德·艾尔伍德·香农
Simonsohn, G.	G·西蒙松
Sinatra, F.	弗兰克·辛纳特拉
Smorodinsky, Ya.A.	Ya·A·斯莫罗丁斯基
Sommerfeld, A.A.	阿诺德·索末菲
Spengler, O.	奥斯瓦尔德·斯宾格勒
Stefan, J.	约瑟夫·斯蒂芬
Stewart, J.M.	J·M·斯图尔特
Stirling, J.	詹姆斯·斯特林
Stokes, G.G.	斯托克斯
Straffin, P.D.	P·D·斯特拉芬
Strehlow, P.	P·施特雷洛
Struchtrup, H.	H·格拉奇特鲁普
Strumia, A.	A·斯特鲁米亚
Strutt, J.W., see Rayleigh	约翰·威廉·斯特拉特
Synge, J.L.	约翰·莱特顿·辛格
Szilard, L.	利奥·西拉德

Wilks, J.   J·维尔克斯
Woods, L.C.   L·伍兹

Y

Young, T.   托马斯·杨

Z

Zermelo, E.F.F.   恩斯特·策梅洛
Zhao, N.R.   赵南蓉